水産食品の
加工と貯蔵

小泉千秋・大島敏明　編

恒星社厚生閣

序

　本格的な 200 海里時代を迎えて以来，わが国の漁業生産量は漸減し続け，今や水産物の自給率は 60％前後にまで低下している．その主な原因は，沿岸国の 200 海里排他的経済水域の設定による漁場の囲い込みと公海における厳しい国際的な漁業規制にあるものと思われる．今後も消費者の需要に応えて水産物を十分に供給するためには，引き続き大量の水産物を輸入する必要がある．しかし，世界の水産物に対する需要は年々拡大する傾向にあるため，今後も世界各国からこれまでのように大量の水産物を確保できるか，疑問視されている．

　わが国の漁業生産の低迷する主な原因が国際的に規制の厳しい漁業環境と漁業資源の減少にあるとすれば，その回復は容易ではなく，またかなりの時間を要することは明らかである．しかし，今後も消費者の要望に応えていくためには，これからも続くであろう国内漁業生産の減少傾向に歯止めをかけることが必要であり，水産界あげてこの課題に取り組むことが重要である．一方，限られた水産資源の有効利用を強力に推進することも必要である．例えば，未利用・低利用水産資源の高度利用はもとより，水産物の流通・加工・貯蔵中における質的・量的な損失，消費段階における食べ残し等による量的損失の低減を図ることなどは重要な研究課題である．

　戦後，水産領域における研究は急速に進展し，多大の成果を収めてきた．それらの研究成果は，逐次専門書として編集・出版されて教育・研究のために広く活用され，水産学の発展に寄与すると共に，今後の水産資源の有効利用をはじめとする水産利用分野の研究の進展にも大いに資するものと思われる．

　本書は，最近の研究成果に基づいて，第一線で活躍中の研究者が分担して執筆した，水産食品の加工・貯蔵に関する解説書である．専門用語については「水産学用語辞典」に従い，できるだけ平易に記述するよう努めた．また，主要な化学名や専門用語には，前記用語辞典の範囲内で英語を付記した．

　水産系，食品系大学で学ぶ学生には教科書として，また水産業ならびに関連産業に携わる研究者，技術者には参考書として活用していただければ幸いである．なお，分担執筆のため記述内容に精粗や不統一などが気になるところである．忌憚のないご批判，ご叱正をお願いする次第である．

　　平成 17 年 3 月　　　　　　　　　　　　　　　　　　　編　者

編著者一覧（50音順）

*は編集者

天野　秀臣　東京大学大学院（農・博）修了，農博
　　　　　　現在，三重大学生物資源学部　教授

猪上　徳雄　北海道大学大学院（水・博）修了，水博
　　　　　　現在，北海道大学大学院水産科学研究院　教授

※大島　敏明　東京水産大学大学院（水・修）修了，農博
　　　　　　現在，東京海洋大学海洋科学部　助教授

加藤　登　　日本大学農獣医学部卒，水博
　　　　　　現在，東海大学海洋学部　教授

※小泉　千秋　東京水産大学水産学部卒，農博
　　　　　　現在，東京海洋大学名誉教授

鈴木　健　　東京水産大学大学院（水・修）修了，農博
　　　　　　現在，東京海洋大学海洋科学部　教授

田中　宗彦　ロードアイランド大学大学院（農・博）修了，農博
　　　　　　現在，東京海洋大学海洋科学部　教授

御木　英昌　鹿児島大学大学院（農・修）修了，農博
　　　　　　現在，鹿児島大学水産学部　教授

望月　篤　　日本大学農獣医学部卒，農博
　　　　　　現在，日本大学生物資源科学部　教授

目　次

第1章　水産物の利用 ………………（小泉千秋・大島敏明）……… 1
1・1　食料としての水産物 ……………………………………………… 2
1・2　水産物の特性 ……………………………………………………… 4
1・2・1　鮮度低下が速い …………………………………………… 4
1・2・2　漁場・漁期が限定的 ……………………………………… 5
1・3　漁業生産と輸出入の概況 ………………………………………… 6
1・3・1　漁業生産 …………………………………………………… 6
1・3・2　水産物の輸出 ……………………………………………… 9
1・3・3　水産物の輸入 ………………………………………………10
1・4　水産加工品の分類と生産の概況 …………………………………12
1・4・1　加工品の分類 ………………………………………………12
1・4・2　加工品の生産 ………………………………………………14

第2章　水産物の性状 ……………………………………………………19
2・1　魚介類筋肉の成分 …………………………………………………19
2・1・1　一般成分 ……………………………………（鈴木　健）…19
2・1・2　タンパク質 …………………………………（加藤　登）…21
2・1・3　脂　質 ………………………………………（大島敏明）…26
2・1・4　炭水化物 ……………………………………（鈴木　健）…37
2・1・5　エキス成分 …………………………………（鈴木　健）…38
2・1・6　無機質 ………………………………………（鈴木　健）…41
2・1・7　色　素 ………………………………………（鈴木　健）…44
2・2　魚介類の死後変化と鮮度 ……………………（鈴木　健）…46
2・2・1　死後硬直 ………………………………………………………46
2・2・2　解硬及び自己消化 ……………………………………………50
2・2・3　腐　敗 …………………………………………………………51
2・2・4　鮮度判定 ………………………………………………………53

第3章　冷凍品 ··(御木英昌)············*59*
　3・1　低温による貯蔵原理 ···*59*
　　3・1・1　低温と酵素 ··*59*
　　3・1・2　低温と微生物 ··*60*
　3・2　冷蔵法 ···*61*
　　3・2・1　氷蔵法 ···*62*
　　3・2・2　冷却貯蔵 ···*63*
　　3・2・3　スーパーチリング ···*63*
　　3・2・4　水産物の冷蔵法 ···*65*
　3・3　凍結法 ···*67*
　　3・3・1　食品の凍結理論 ···*67*
　　3・3・2　凍結法の種類 ··*69*
　　3・3・3　水産物の凍結法 ···*70*
　3・4　冷凍食品 ···*71*
　　3・4・1　冷凍食品とは ···*71*
　　3・4・2　加工基準と保存基準 ··*72*
　　3・4・3　調理冷凍食品の製造法 ··*73*
　3・5　凍結貯蔵温度と貯蔵期間 ··*75*
　3・6　凍結貯蔵中の物理的変化 ··*77*
　　3・6・1　成分の濃縮 ··*77*
　　3・6・2　膨張と内圧 ··*77*
　　3・6・3　乾　燥 ···*78*
　3・7　凍結貯蔵中の化学的変化 ··*79*
　　3・7・1　タンパク質の変性 ···*79*
　　3・7・2　脂質の劣化 ··*80*
　　3・7・3　変　色 ···*81*
　3・8　冷凍品の流通 ···*82*
　　3・8・1　低温流通体系 ···*82*
　　3・8・2　品質保持 ···*82*
　3・9　解　凍 ···*83*
　　3・9・1　解凍条件 ···*84*
　　3・9・2　解凍方法 ···*86*

3・9・3　解凍魚の品質 …………………………………………………… 91
第4章　乾製品 ………………………………………………（大島敏明）……… 93
　4・1　概　要 …………………………………………………………………… 93
　4・2　乾燥による貯蔵性獲得の原理 ………………………………………… 95
　　　4・2・1　食品中の水 ……………………………………………………… 95
　　　4・2・2　水分活性 ………………………………………………………… 96
　　　4・2・3　微生物の繁殖と水分活性 ……………………………………… 97
　　　4・2・4　乾製品の貯蔵性と水分活性 …………………………………… 99
　4・3　乾燥法 …………………………………………………………………… 101
　　　4・3・1　乾燥理論 ………………………………………………………… 101
　　　4・3・2　乾燥法の種類 …………………………………………………… 103
　4・4　各種乾製品の製造 ……………………………………………………… 106
　　　4・4・1　素干し品 ………………………………………………………… 106
　　　4・4・2　煮干し品 ………………………………………………………… 110
　　　4・4・3　塩干し品 ………………………………………………………… 114
　　　4・4・4　凍乾品 …………………………………………………………… 115
　　　4・4・5　海藻乾製品 ……………………………………………………… 116
　　　4・4・6　節　類 …………………………………………………………… 117
　4・5　乾製品の貯蔵 …………………………………………………………… 120
　　　4・5・1　吸湿と乾燥 ……………………………………………………… 120
　　　4・5・2　虫害とその防除 ………………………………………………… 120
　　　4・5・3　貯蔵中の品質低下 ……………………………………………… 121

第5章　燻製品 ………………………………………………（猪上徳雄）……… 129
　5・1　燻製による貯蔵原理 …………………………………………………… 129
　　　5・1・1　貯蔵性と水分活性 ……………………………………………… 129
　　　5・1・2　燻煙成分と保存効果 …………………………………………… 132
　5・2　燻製法 …………………………………………………………………… 133
　　　5・2・1　原　料 …………………………………………………………… 133
　　　5・2・2　燻製室 …………………………………………………………… 133
　　　5・2・3　燻　材 …………………………………………………………… 134
　　　5・2・4　冷燻法 …………………………………………………………… 135

- 5・2・5 温燻法 ……………………………………… *135*
- 5・3 各種燻製品の製造 ……………………………… *135*
  - 5・3・1 冷燻品 …………………………………… *136*
  - 5・3・2 温燻品 …………………………………… *137*
  - 5・3・3 調味燻製品 ……………………………… *138*
- 5・4 燻製品の貯蔵 …………………………………… *139*

第6章 塩蔵品 ……………………………(小泉千秋・大島敏明)…… *143*
- 6・1 概 要 …………………………………………… *143*
- 6・2 塩蔵による貯蔵原理 …………………………… *145*
  - 6・2・1 食塩の防腐効果 ………………………… *145*
  - 6・2・2 貯蔵性と水分活性 ……………………… *147*
- 6・3 塩蔵法 …………………………………………… *149*
  - 6・3・1 塩蔵法の種類 …………………………… *149*
  - 6・3・2 塩蔵中における食塩の浸入 …………… *151*
- 6・4 各種塩蔵品の製造 ……………………………… *157*
  - 6・4・1 魚類塩蔵品 ……………………………… *157*
  - 6・4・2 魚卵塩蔵品 ……………………………… *160*
  - 6・4・3 海藻塩蔵品 ……………………………… *163*
- 6・5 貯蔵中の品質劣化 ……………………………… *164*
  - 6・5・1 微生物による劣化 ……………………… *164*
  - 6・5・2 自己消化 ………………………………… *165*
  - 6・5・3 脂質の酸化 ……………………………… *167*
  - 6・5・4 貯蔵性と用塩量 ………………………… *167*

第7章 缶詰，瓶詰及びレトルト食品 ……………(田中宗彦)…… *171*
- 7・1 密封加熱食品の歴史 …………………………… *171*
- 7・2 密封加熱による貯蔵原理 ……………………… *172*
  - 7・2・1 密封加熱食品の変敗と微生物 ………… *172*
- 7・3 容 器 …………………………………………… *179*
  - 7・3・1 金属缶 …………………………………… *179*
  - 7・3・2 ガラス瓶 ………………………………… *182*

7・3・3　レトルト食品用容器 ……………………………………… *183*
　7・4　缶詰，瓶詰，レトルト食品の一般的製造法 ……………… *184*
　　7・4・1　脱　気 ……………………………………………………… *185*
　　7・4・2　巻　締 ……………………………………………………… *185*
　　7・4・3　殺　菌 ……………………………………………………… *186*
　　7・4・4　冷　却 ……………………………………………………… *188*
　7・5　水産缶詰，瓶詰，レトルト食品の製造 …………………… *188*
　　7・5・1　水産缶詰 …………………………………………………… *188*
　　7・5・2　水産瓶詰食品 ……………………………………………… *192*
　7・6　製造，貯蔵中における品質変化 …………………………… *193*
　　7・6・1　容器の変化 ………………………………………………… *193*
　　7・6・2　内容物の化学的変化 ……………………………………… *194*
　7・7　規格と検査 …………………………………………………… *196*
　　7・7・1　缶詰，瓶詰の規格 ………………………………………… *196*
　　7・7・2　レトルト食品の規格 ……………………………………… *196*
　　7・7・3　検　査 ……………………………………………………… *196*

第8章　魚肉ねり製品 ……………………………………（加藤　登）……… *201*
　8・1　かまぼこの製造原理 ………………………………………… *202*
　　8・1・1　タンパク質と水和 ………………………………………… *202*
　　8・1・2　かまぼこの弾力 …………………………………………… *203*
　8・2　原　料 ………………………………………………………… *204*
　　8・2・1　原料魚 ……………………………………………………… *204*
　　8・2・2　副資材 ……………………………………………………… *210*
　　8・2・3　冷凍すり身 ………………………………………………… *217*
　8・3　かまぼこ製造 ………………………………………………… *221*
　　8・3・1　かまぼこの種類 …………………………………………… *221*
　　8・3・2　一般的製造法 ……………………………………………… *225*
　　8・3・3　各種かまぼこの製造 ……………………………………… *228*
　　8・3・4　かまぼこの品質鑑定 ……………………………………… *237*
　　8・3・5　かまぼこの変敗 …………………………………………… *238*
　8・4　魚肉ハム・ソーセージの製造 ……………………………… *239*

8・4・1　魚肉ハム……240
　　　8・4・2　魚肉ソーセージ……241

第9章　発酵食品……………………………………(望月　篤)……245
　9・1　発酵食品と酵素……245
　　　9・1・1　発酵生産物と酵素……245
　　　9・1・2　発酵食品の保存性……246
　9・2　各種発酵食品の製造……247
　　　9・2・1　塩　辛……247
　　　9・2・2　魚醤油……253
　　　9・2・3　すし類……256
　　　9・2・4　水産漬物……261
　9・3　貯蔵中の品質低下……262

第10章　調味加工品…………………………………(望月　篤)……265
　10・1　調　味……265
　　　10・1・1　調味による貯蔵原理……265
　　　10・1・2　保存性と水分活性……265
　10・2　調味煮熟品……267
　　　10・2・1　佃煮の味の変遷……267
　　　10・2・2　原　料……268
　　　10・2・3　調味料……269
　　　10・2・4　一般的製造法……274
　　　10・2・5　主な調味煮熟品の製造……275
　10・3　調味乾製品……277
　　　10・3・1　主な調味乾製品の製造……277

第11章　海藻工業製品………………………………(天野秀臣)……281
　11・1　寒　天……281
　　　11・1・1　寒天の製造法……281
　　　11・1・2　性質と用途……284
　　　11・1・3　生理機能……286
　11・2　アルギン酸……287

11・2・1　アルギン酸の製造法 ……………………………………287
　　　11・2・2　性質と用途 ………………………………………………288
　　　11・2・3　生理機能 …………………………………………………290
　　11・3　カラギーナン ……………………………………………………291
　　　11・3・1　製造法 ……………………………………………………291
　　　11・3・2　性質と用途 ………………………………………………293
　　　11・3・3　生理機能 …………………………………………………295

第12章　フィッシュミール，魚油及びフィッシュソリュブル
　　　　　　………………………………………………(大島敏明)………297
　　12・1　概　　要 …………………………………………………………297
　　12・2　フィッシュミール ………………………………………………297
　　　12・2・1　フィッシュミールの輸出入と国内生産 ………………297
　　　12・2・2　フィッシュミールの製造工程 …………………………301
　　　12・2・3　フィッシュミールの利用と栄養 ………………………305
　　12・3　魚　　油 …………………………………………………………306
　　　12・3・1　魚油の国内生産と輸出入 ………………………………306
　　　12・3・2　製　　造 …………………………………………………307
　　　12・3・3　魚油の利用 ………………………………………………315
　　　12・3・4　魚油の生理活性 …………………………………………321
　　　12・3・5　エイコサノイドの生物活性 ……………………………324
　　12・4　フィッシュソリュブル …………………………………………329

第13章　その他の水産加工品 ……………………………………………331
　　13・1　エキス ………………………………………(鈴木　健)………331
　　　13・1・1　一般的製造法 ……………………………………………332
　　　13・1・2　各種魚介類エキスの製造 ………………………………334
　　13・2　食品素材 ……………………………………(鈴木　健)………336
　　　13・2・1　食品素材の種類 …………………………………………336
　　　13・2・2　各種食品素材の製造 ……………………………………337
　　13・3　キチン，キトサン …………………………(田中宗彦)………338
　　　13・3・1　製造法 ……………………………………………………339

13・3・2　キチン，キトサンの用途 …………………………………………340
13・4　その他の加工品……………………………………(田中宗彦)………343
　　13・4・1　コンドロイチン硫酸…………………………………………343
　　13・4・2　プロタミン …………………………………………………344

第1章　水産物の利用

わが国は，世界一の長寿国といわれて久しい．長寿社会の形成は，医学・医療の進歩，福祉関連制度の拡充，経済の発展などによるところが大きいものと思われるが，その他の要因として，魚介類を多食する伝統的な食生活の存在も見落とすことはできない．

日本型食生活が，欧米型食生活より健康上優れていることは，すでに1980年の農政審議会答申「80年代の農政の基本方向」の中で謳われている．欧米型の食事内容と比較して，① カロリー量・タンパク質量・脂肪量が少ないこと，② 栄養構成から見た植物性食品（デンプン質）の比率が高いこと，及び ③ 動物性食品の中で水産物の占める比率が高いことの3点が，その特徴としてあげられた．日本型食生活が国際的に高く評価されるようになったのも，また米国で日本食ブームが始まったのも丁度このころからである．

水産物の脂質が注目されるようになったのは，1970年代からである．水産物と畜産物の相違点の一つは，水産物の脂質が心筋梗塞や脳梗塞などの血栓性疾患に対する予防効果のある高度不飽和脂肪酸（highly unsaturated fatty acid），エイコサペンタエン酸（eicosapentaenoic acid, EPA）やドコサヘキサエン酸（docosahexaenoic acid, DHA）を比較的豊富に含んでいることである．水産物を多食する人々が血栓性疾患に比較的罹患しにくいのは，血中のEPA・DHA濃度が比較的高いレベルで維持されているためであることが実証され，このことは，長寿社会の形成・維持に，魚食文化が少なからず寄与していることを示唆している．

ところで，わが国は水産物の自給率が現在約60％で，必ずしも高いとはいえない．しかも，国連海洋法条約によって国際的な規制が強化された厳しい漁業環境のもとで，今後も自給率の改善を図ることは容易ではない．限られた水産資源を有効利用するとともに，保存性を付加し，嗜好性を高めた安全で高品質の水産加工食品を安定的に供給することが，今，業界に強く求められている．

1·1　食料としての水産物

　一般に，食品を構成するタンパク質，脂質，炭水化物及び無機質の成分組成は，食品の種類によって著しく異なる．

　タンパク質は，構成アミノ酸の中に8種類の必須アミノ酸をバランスよく含むものが，栄養上良質のタンパク質であるとされる．魚介類のタンパク質は，概して必須アミノ酸をバランスよく含んでいるので鶏卵には及ばないが，鶏・豚・牛などの食肉類や乳製品などと何ら遜色のない良質のタンパク質である．ただし，貝類，イカ・タコ類はメチオニンのような含硫アミノ酸が少ないため，魚類よりやや劣る．海藻類は，米や麦と同様にリジンが不足しているので，評価はやや低い．一般に，リジンは植物性タンパク質に少ないが，魚介類のような動物性タンパク質には豊富に含まれている．従って，米飯の主食に，主菜として魚介類を添える伝統的日本型食生活は，栄養上，理にかなっているといえよう．

　表1·1に，国民1人1日当たりのタンパク質供給量の推移を示す．2000年におけるタンパク質総供給量は86.6 g（100％）で，その内訳は動物性タンパク質が47.5 g（54.8％），植物性タンパク質が39.1 g（45.2％）である．また，動物性タンパク質のうち28.4 g（32.8％）が畜産物由来で，残りの19.1 g（22.0％）は魚介類由来である．すなわち，魚介類は，動物性タンパク質の約40％を占める重要なタンパク質供給源である．最近の5年間における，魚介類由来のタンパク質供給量はほぼ横ばい状態であるが，2000年の国民1人当たり年間供給粗食料で見ると魚介類は67.1 kgで依然として高く，日本人が世界有数の魚食民族であることに変わりはない．

　魚介類は，魚種，魚体の大きさ，成熟度，肥満度などにより脂質含量が著しく異なる．一般にイワシ，サバ，サンマなどの赤身魚はタイ，ヒラメ，タラなどの白身魚より脂質含量が高い．また，部位によっても異なり，腹肉は背肉より，血合肉は普通肉より脂質に富んでいる．脂質には，栄養機能とともに健康機能があるといわれている．それらの機能は，主として脂質を構成する脂肪酸，特に多価不飽和脂肪酸（polyunsaturated fatty acid）に基づくものである．リノール酸（linoleic acid），リノレン酸（linolenic acid）及びアラキドン酸（arachidonic acid）は必須脂肪酸と呼ばれ，ヒトの成長や健康維持に特に重要

である．また，多価不飽和脂肪酸には，心筋梗塞や脳梗塞などの動脈硬化性疾患に関与する血中コレステロール値の低下作用のあることは，古くから知られている．最近では，魚介類に特異的に存在する高度不飽和脂肪酸の EPA 及び DHA が注目されている．すなわち，EPA や DHA の抗血栓症・抗腫瘍機能や，DHA と記憶学習能との関係などについて盛んに研究が行われている．

表1・1　国民1人1日当たりの供給タンパク質　　　　（単位：g）

年 区 分	1996	1997	1998	1999	2000
合計	88.8 (100)[*2]	87.3 (100)	85.9 (100)	85.5 (100)	86.6 (100)
動物性タンパク質	48.3 (54.6)	47.7 (54.6)	46.4 (54.1)	46.4 (54.3)	47.5 (54.8)
畜産物	28.1 (31.8)	28.3 (32.4)	27.8 (32.4)	28.0 (32.7)	28.4 (32.8)
肉　類	14.1	14.3	14.0	14.2	14.4
鶏　卵	5.8	5.8	5.7	5.7	5.7
牛乳・乳製品	8.2	8.2	8.1	8.1	8.3
魚介類	20.2 (22.9)	19.4 (22.2)	18.6 (21.7)	18.4 (21.5)	19.1 (22.0)
生鮮・冷凍品	9.1	8.8	8.0	8.7	8.8
加工品[*1]	10.3	9.8	9.9	9.0	9.6
缶　詰	0.8	0.8	0.7	0.7	0.6
植物性タンパク質	40.1 (45.4)	39.6 (45.4)	39.3 (45.9)	39.1 (45.7)	39.1 (45.2)
穀　類	21.5	21.3	20.9	20.9	20.9
豆　類	7.8	7.6	7.8	7.5	7.5
その他	10.8	10.7	10.6	10.7	10.7

[*1]　塩・乾・燻・その他
[*2]　（　）内は全タンパク質に対する割合（％）

（農林水産省統計情報部，2002）

炭水化物は，貝類ではグリコーゲンとして存在するが，その他の魚介類にはほとんど含まれていない．海藻類には比較的多く含まれ，その主な成分はアルギン酸（alginic acid），カラゲナン（carrageenan）及び寒天質（agar）である．これらの炭水化物は，栄養機能より食物繊維としての健康機能が高く評価されている．

海藻類は，多種類の無機質を含み，Ca, P, Na, K, Mg, Fe, Cu, Zn, Mn, I などの優れた供給源である．ヒジキ，ワカメには Ca が，ヒジキ，アオノリ，アマノリには Fe が，またコンブ，ヒジキ，ワカメには I が多い．

このように，水圏で生育する動植物には，陸上動植物とは異なる栄養機能・健康機能性成分が含まれている．今後は，水産物を単に動物性タンパク質の供給源としてばかりでなく，機能性成分の給源としてさらに有効利用することが

重要である.

1・2 水産物の特性

1・2・1 鮮度低下が速い

　水産物は,鮮度低下が速く,著しく腐敗しやすい.魚類は死後ある時間を経過すると,次第に筋肉が硬く短縮し,魚体は硬化する.この現象を死後硬直(rigor mortis)という(第2章2・2・1参照).この硬直状態はある時間継続するが,その後,魚体は元の状態にまで軟化する(解硬, rigor resolution).さらに時間が経過すると,自己消化(autolysis)が進行して魚体の軟化はさらに進み,ついには細菌の作用により腐敗する.この死後硬直から解硬を経て自己消化に至るまでの一連の死後変化は,主として魚類の各組織内に本来存在する酵素系の作用によって起こる.魚類が,陸上動物に比べて鮮度低下が速く腐敗しやすい理由は,この死後変化の進行が著しく速いことにある.その外,魚肉は畜肉に比べて水分が多い,筋繊維間に分布する結合組織含量が少なく筋肉組織がぜい弱である,体表面や鰓に多数の細菌が付着しているなど,細菌の作用を受けやすいことも腐敗しやすい理由としてあげられる.特に,マグロ・カジキ類などの大型魚を除く小型魚類は,内臓を除去せずに貯蔵されることが多いので,内臓に含まれる細菌や自己消化酵素の作用により腐敗が進行しやすい.一般に,赤身魚は白身魚より,また小型魚は大型魚より鮮度低下が速く変質しやすいが,死後変化,特に自己消化の速さの相違がその一因と思われる.

　魚介類の鮮度保持には,死後硬直の開始を遅らせ,硬直の持続時間を引き延ばすような処理が有効である.漁獲後,直ちに低温貯蔵するのは,死後変化の進行を遅延させるとともに細菌の活動を抑制するためである.短期貯蔵には氷蔵または冷蔵法が,長期貯蔵には凍結貯蔵法が用いられる.

　近年,凍結貯蔵技術や水産加工技術は,目覚しい発展を遂げ,凍結貯蔵した原料からも品質の優れた加工食品が製造されるようになった.例えば,かまぼこは魚肉タンパク質の性質を巧みに利用した加工品であるが,原料魚の凍結貯蔵中に起こる魚肉タンパク質の冷凍変性が長い間かまぼこ製造の障害になっていた.しかし,生鮮魚肉をすり身に加工してからであれば,冷凍してもタンパク質の変性はあまり進行しないことが分かり,今では冷凍すり身から各種のかまぼこや魚肉ソーセージが製造されている.

漁業は，農業や畜産業と異なり計画生産が困難な産業である．その主な理由は，後述するように，魚介類には限定された漁場で，特定の時期に，大量に漁獲されるという特徴があるためである．製造加工施設の処理能力を超えて大量に漁獲された魚介類は直ちに用途に応じて，例えば調味加工品の原料なら乾燥，燻製品の原料なら塩蔵，缶詰やかつお節の原料なら冷凍など，適切な方法で処理してから貯蔵される．このときの処理を第一次加工という．後日，加工施設の処理能力に余裕ができたとき，第一次加工品を原料として各種の加工品が製造される．これを第二次加工という．高品質の製品は，高鮮度の原料から作られるという水産加工の原則に従って，原料魚の鮮度保持には常に細心の注意を払う必要がある．

　また，水産物は鮮度低下を起こすと加工適性が失われるばかりでなく，嗜好性や栄養価が損なわれ，さらに腐敗すれば不可食化して貴重な食料資源を損失することになる．このように，鮮度保持は水産資源の有効利用の観点からも極めて重要である．

1・2・2　漁場・漁期が限定的

　水産物は，限定された海域で，特定の時期に集中して漁期が形成されるため，一時期に大量に漁獲されることが多い．その理由は，回遊魚類が魚群を形成して広い海域を回遊，移動するためである．表1・2に，太平洋系群マイワシのうち大回遊型マイワシの房総及びその周辺海域における回遊群の識別と分布，漁

表1・2　マイワシ太平洋系群の房総及びその周辺海域における発育段階・生活年周期・回遊群の識別と分布の概要

発育段階	生活年周期回遊群	体長(cm)	銘柄	肥満度	成熟係数	漁期(月)	主漁場
未成魚	北上群	7〜16	小羽・小中羽	高	—	7〜9	九十九里〜鹿島灘南部
	南下群	12〜15	〃	中	—	11〜12	三陸南部〜塩屋埼周辺
	越冬群	12〜15	〃	低	—	12〜3	塩屋埼〜九十九里
成魚	索餌北上群* {16〜19 / 19〜22}		中羽・ニタリ / ニタリ・大羽	高	低	5〜8	塩屋埼〜九十九里
	越夏群	17〜20	ニタリ	〃	〃	8〜9	外房〜金華山南
	索餌南下群	18<	ニタリ・大羽	中	〃	10〜12	金華山〜常磐南部
	産卵準備群	18<	〃	〃	中	12〜1	常磐南部〜犬吠埼周辺
	産卵群	18<	〃	低	高	2〜4	鹿島灘〜外房

＊　7月〜10月に道東沖，八戸沖に出現する中羽・ニタリ・大羽群も含む．ただし，9月〜10月に八戸沖に現われる群は索餌南下群の一部と考えられる．回遊群の識別は肥満度で可能．（堀，1975年を改変）

(平本，1995)

場と漁期などの概要を示す．この系群は房総半島近海を主な産卵場とし，関東近海以北から塩屋埼沖付近の太平洋沿岸を主な分布域としている．大きな魚群を形成してこの生息海域を索餌回遊し，その間に成長，肥満していき，表1・2に示すそれぞれの漁場で漁獲対象とされる．また，この表からマイワシは，周年に亘って沿岸海域のどこかで漁獲されること及び漁場・漁期によって漁獲量，魚体の大きさ（小羽，中羽，大羽など，第6章6・4・1参照），成熟度，肥満度，脂質含量などが異なることが分かる．

　また，マイワシは長期的に見て資源変動の大きな魚種で，数十年単位で豊凶が繰り返されるといわれている．1936年には第二次世界大戦前における最高の160万トンを記録したが，この年を境として急激な減少に転じ，1945年には16万トンにまで激減した．その後，漁獲量は長期間数万トンの低水準で推移していた．ところが，1972年になると急激に増加し始め，1976年には100万トンを超え，さらに1988年には449万トンの史上最高の漁獲量を記録した．しかし，その翌年から，漁獲量は毎年40～80万トンずつ減少し続け，2001年には僅かに18万トンで，カタクチイワシの30万トンにも及ばなかった．このように，マイワシは歴史的に見て数十年毎に大幅な資源変動を繰り返しているので，今後もしばらくは漁獲量の減少が続くものと予想される．

　スケトウダラもマイワシと同様に資源変動の大きい魚種である．第二次世界大戦後における漁獲量は，1972年の304万トンが最高で，その後減少の一途をたどり，1993年以降は30万トン前後に低迷している．

　このように漁獲量は魚種によっても異なるが，毎年または長期的に見て大きく変動するので，大きさ，肥満度，成熟度，脂質含量などが加工目的に適した原料の確保が問題となる．近年，海外から輸入される魚介類も加工原料としてしばしば利用されている．

1・3　漁業生産と輸出入の概況

1・3・1　漁業生産

　世界の漁業生産は，漁業・養殖業の伸展により，1980年代の終盤まで年々増加し，1988年に初めて1億トンを超えた．その後，横ばい状態がしばらく続くが，1994年を境に再び増加に転じ，2000年には1億4千万トンに達した．最近5年間の生産量の推移を主要国別に見ると，中国は著しく増加したが，わ

が国は減少し,ペルーは変動幅が大きく,インドと米国はほぼ横ばい状態にある(表1・3).

わが国の漁業・養殖業の区分別に見た漁業生産量の推移を表1・4に示す.第

表1・3 主要国別漁業生産量[*1]　　　　　　(単位:1,000 t)

年 国名	1996	1997	1998	1999	2000
世界計	128,556	130,976	127,466	123,468	141,797
中　国[*2]	36,542	39,937	44,472	47,500	49,636
ペルー	9,522	7,878	4,348	8,439	10,667
日　本	7,437	7,416	6,671	6,638	6,400
インド	5,326	5,483	5,376	5,693	5,790
米　国	5,454	5,493	5,181	5,310	5,216

[*1] 水生ほ乳類(鯨類,アシカ等),ワニは除く.
[*2] 中国は,香港,マカオ及び台湾を除く.　　　(農林水産省統計情報部,2002)

表1・4 漁業・養殖業等区分別生産量の推移　(単位:1,000 t)

年次	総生産量[*1]	海面		内水面	
		漁業	養殖業	漁業[*2]	養殖業[*3]
1991	9,977.7	8,511.1	1,261.9	107.4	97.4
1992	9,265.6	7,771.5	1,306.3	97.0	90.8
1993	8,706.8	7,256.2	1,273.9	91.2	85.5
1994	8,102.6	6,589.6	1,343.9	92.5	76.6
1995	7,488.6	6,007.2	1,314.6	91.8	75.1
1996	7,417.1	5,973.9	1,276.4	93.8	73.0
1997	7,410.7	5,984.9	1,272.7	85.9	67.2
1998	6,684.3	5,314.8	1,226.8	78.9	63.7
1999	6,626.0	5,239.4	1,252.7	71.4	62.6
2000	6,384.1	5,021.6	1,230.8	70.8	61.0
	(6,375.4)[*4]			(64.5)	(58.5)
2001	6,093.0	4,730.2	1,245.6	61.5	55.7

[*1] 2001年から内水面漁業及び内水面養殖業の調査対象を限定したことから,2000年までの数値と2001年の数値は意味合いが異なるので,利用に当たっては注意されたい.
[*2] 2000年までは,すべての河川・湖沼の漁獲量であり,2001年は,主要148河川及び28湖沼の漁獲量である.
[*3] 2000年までは,すべての魚種の収穫量であり,2001年は,マス類,アユ,コイ及びウナギの収穫量である.
[*4] ( )内の数値は,2000年内水面漁業生産統計調査結果を2001年の調査対象河川・湖沼及び調査対象養殖魚種に限定して集計した数値である.

(農林水産省統計情報部,2002)

二次世界大戦後伸び続けてきた漁業生産量は，1984年に1,282万トンの最高を記録した．しかし，1988年を境に減少に転じ，2001年の生産量は609万トンで，最盛期の50％弱にまで減少した．海面・内水面ともに，漁業・養殖業のいずれの区分においても生産量は減少傾向にあるが，特に海面漁業において著しい．表1・5には，最近5年間の海面漁業における魚種別生産量を示した．2001年にはイワシ類が57万トンで最も多く，ついでイカ類，貝類，サバ類，カツオ類，マグロ類などが，いずれも30万トン以上で多い．この5年間の生産量の推移では，多くの魚種は減少傾向を示すが，しかし，一方的な減少

表1・5　海面漁業の主要魚種別生産量　　　　　　　　（単位：t）

区分＼年	1997	1998	1999	2000	2001
合　計	5,984,857	5,314,826	5,239,352	5,021,610	4,730,187
魚　類	4,530,109	4,104,877	3,937,995	3,573,060	3,462,145
うち，マグロ類	338,901	298,006	329,499	286,321	294,692
カジキ類	27,913	30,867	26,830	23,868	22,193
カツオ類	346,492	407,060	316,861	368,609	314,470
サ　メ類	21,324	24,341	25,157	21,744	20,518
サ　ケ類	261,390	194,483	174,620	153,741	211,003
マ　ス類	15,894	24,980	17,105	25,610	10,193
イワシ類	631,829	738,557	943,554	629,050	567,378
ア　ジ類	373,239	370,389	258,235	282,404	254,575
サ　バ類	848,967	511,238	381,866	346,220	371,031
サンマ	290,812	144,983	141,011	216,471	267,388
ブ　リ類	47,211	45,484	54,918	77,461	63,692
カレイ類	78,164	75,069	71,291	71,067	64,144
マダラ	58,477	57,243	55,292	51,052	43,876
スケトウダラ	338,785	315,987	382,385	300,001	241,821
ホッケ	206,763	240,971	169,481	165,118	161,070
タチウオ	20,932	22,268	26,200	22,947	16,507
タ　イ類	26,867	26,658	26,407	24,106	24,304
イカナゴ	108,666	90,688	82,918	49,819	86,937
エ　ビ類	30,367	28,436	28,307	28,589	27,184
カ　ニ類	44,968	43,576	40,350	42,151	37,915
貝　類	381,732	407,236	412,150	404,822	378,954
イ　カ類	635,072	385,363	498,128	623,887	513,458
タ　コ類	56,593	61,260	57,427	47,374	45,244
ウ　ニ類	14,297	13,653	13,530	12,455	10,923
海産ほ乳類	1,883	1,242	1,705	1,767	1,837
海藻類	149,616	116,794	120,794	118,886	121,912

（農林水産省統計情報部，2002）

を示す魚種はほとんど見られない．イワシ類にはマイワシ，ウルメイワシ，カタクチイワシ及びシラスが含まれ，カタクチイワシとマイワシの変動が大きい．カタクチイワシは，1997年には23万トン程度であったものが，2001年には30万トンにまで増加した．一方，マイワシは1988年以降減少し続け，1997年には28万トンに，そして2001年には18万トンにまで激減した．1997年から2001年までの5年間における海面漁業の総生産量の減少は著しく，約120万トンに達している．

1・3・2 水産物の輸出

水産物の主要品目別輸出量を表1・6に示す．最近の5年間における輸出量は，20〜34万トンの範囲で推移している．比較的輸出量の多い品目はマグ

表1・6 水産物の主要品目別輸出量　　　（単位：t, 干のり：1,000枚）

年 品　名	1997	1998	1999	2000	2001
合　計	343,385	281,023	204,364	222,304	313,304
マグロ・カジキ類	57,908	40,332	38,307	24,155	26,876
（生鮮・冷蔵・冷凍）					
イワシ類	3,712	3,169	8,362	2,498	1,306
（生鮮・冷蔵・冷凍）					
サンマ（冷凍）	19,329	13,490	7,118	6,374	24,318
サメ（生鮮・冷蔵・冷凍）	3,228	3,793	3,921	3,576	3,258
さめひれ（乾燥）	369	347	301	242	230
ホタテガイ	6,784	6,466	3,730	3,477	2,884
（生鮮・冷蔵・冷凍・塩蔵・乾燥）					
イ　カ	27,110	12,331	2,752	3,481	26,449
（生鮮・冷蔵・冷凍・塩蔵・乾燥）					
食用海藻	1,894	1,602	1,637	1,664	1,308
うち, 干しのり（1,000枚）	59,083	29,249	16,351	29,804	22,962
缶　詰	10,693	6,625	7,221	5,529	6,312
うち，いわし缶詰	2,598	1,102	1,090	940	946
さば缶詰	5,438	3,816	4,521	3,912	3,799
ねり製品	12,537	8,429	6,794	6,440	6,588
貝柱（調製品*）	1,889	1,809	1,493	1,522	1,451
水産油脂（肝油を含む）	2,379	995	857	361	307
真珠（真珠及び真珠製品）	56	58	63	64	65
魚　粉	1,013	100	1,161	14,881	14,323
上記以外	194,484	181,477	120,647	148,040	197,629

* 調製品：調理しまたは調理用に調味したもの．　　　（農林水産省統計情報部，2002）

ロ・カジキ類，イカ，サンマ，魚粉などであるが，いずれも4万トン以下で，多いとはいえない．注目されるのは，わが国の伝統食品であるねり製品が7千トン程度米国などに輸出されていることである．

　輸出水産物は，生鮮・冷蔵・冷凍品ばかりでなく，塩蔵品，乾燥品，缶詰，ねり製品，調製品*など多岐にわたる．また，2001年における主な仕向け先は，マグロ・カジキ類がタイとグアム，ホタテガイが米国とオーストラリア，イカが中国，食用海藻が米国と台湾，貝柱が香港，そしてねり製品が米国，香港及び台湾などである．

1・3・3　水産物の輸入

　最近5年間における水産物の主要品目別輸入量を表1・7に示す．1997年～2001年の輸入量は310～350万トンの範囲で推移している．2001年における輸入量は，わが国の総漁業生産量の55％に相当し，金額にすると1兆7,206億円にも上る．わが国は水産物の輸入大国といわれ，輸入量，輸入金額ともに世界第1位である．10万トンを超えて輸入された品目は魚粉，マグロ・カジキ類，サケ・マス類，エビ，タラ類，サバ，カニなどである．魚粉は輸入量が最も多く，1997年には43万トンが，また，2001年には47万トンが輸入された．輸入量の変動幅が比較的大きいのは，生産国における原料魚の豊凶の影響を受けるためであろう．主な仕入れ先はチリとペルーで，2001年の輸入量の約80％を占めている．魚類ではマグロ・カジキ類，サケ・マス類，エビの輸入が多い．マグロ・カジキ類及びサケ・マス類は，それぞれ30万トン前後及び20～27万トンで推移し，変動幅は比較的小さい．一方，エビは1997年には28万トンが輸入されたが，その後減少し2001年は25万トン強にとどまった．主な仕入れ先は，マグロ・カジキ類が台湾と大韓民国，サケ・マス類がチリ，ノルウェー及び米国，エビがインドネシア，インド及びベトナムである．この外，タラ類，サバ，イカ及びタコの輸入量は1997年にはそれぞれ19万トン，15万トン，9.6万トン及び7.9万トンであったが，2001年には18万トン，17万トン，8.2万トン及び8.6万トンでほぼ横ばいで推移している．タラ類にはすり身が含まれ，主な仕入れ先は米国，サバはノルウェー，イカはタイ，タコはモロッコとモーリタニアである．ロシアやカナダなどから輸入されるカニは12万トン前後で，この数年来横ばい状態が続いている．輸入品の多くは

---

* 調製品：調理したまたは調理用に調味したもの．

生鮮・冷蔵・冷凍品であるが，それら以外にウナギ，エビ，カニ，イカ，アサリなどは一部が活魚として，またニシン卵及びサケ・マス卵は一部が塩蔵・乾燥・燻製品として，さらにウナギ，エビ及びタラ卵は一部が調製品として輸入されている．ウナギ調製品は大部分が中国からで，増加傾向にある．

表1・7 水産物の主要品目別輸入量 （単位：t，真珠：kg）

年 品名	1997	1998	1999	2000	2001
合　計	3,411,359	3,103,007	3,415,876	3,544,167	3,349,567
ウナギ（活）	13,635	13,033	11,626	14,357	17,375
ウナギ（調製品）	55,276	52,002	56,717	71,313	69,385
ニシン（生鮮・冷蔵・冷凍）	61,396	57,761	66,859	62,379	52,548
タラ類（生鮮・冷蔵・冷凍）	188,132	148,628	152,348	154,740	175,685
アジ（生鮮・冷蔵・冷凍）	76,540	56,358	63,996	62,307	64,122
サバ（生鮮・冷蔵・冷凍）	152,448	131,684	170,699	159,528	173,956
カツオ（生鮮・冷蔵・冷凍）	62,672	55,451	76,254	77,584	56,647
マグロ・カジキ類 （生鮮・冷蔵・冷凍）	279,670	316,063	292,585	323,200	321,137
サケ・マス類（生鮮・冷蔵・冷凍）	208,785	223,611	238,446	231,933	276,480
ヒラメ・カレイ類 （生鮮・冷蔵・冷凍）	78,898	65,449	69,968	75,894	67,439
メヌケ（冷凍）	56,004	45,791	45,955	47,837	38,300
ニシン卵（生鮮・冷蔵・冷凍）	5,518	4,972	4,600	5,660	5,037
ニシン卵（塩蔵・乾燥・燻製）	11,159	9,563	7,747	8,510	7,920
タラ卵（生鮮・冷蔵・冷凍）	49,885	41,091	41,677	30,507	40,728
タラ卵調製品（気密以外）	15,294	11,898	9,941	9,465	7,055
サケ・マス卵（塩蔵・乾燥・燻製）	6,604	4,990	4,888	4,662	4,410
エビ（活・生鮮・冷蔵・冷凍）	281,765	251,395	259,554	260,165	256,189
エビ調製品（気密以外）	23,381	25,102	28,071	35,952	39,040
カニ（活・生鮮・冷蔵・冷凍）	123,966	123,358	123,415	124,293	108,139
イカ（活・生鮮・冷蔵・冷凍）	95,647	93,377	105,909	97,516	82,122
タコ（生鮮・冷蔵・冷凍）	79,056	77,398	103,283	116,289	85,683
アサリ（活・生鮮・冷蔵・冷凍）	67,264	74,114	69,399	76,581	75,625
ウニ（生鮮・冷蔵・冷凍）	5,365	11,895	12,600	13,328	16,284
真　珠	30,324	32,021	37,191	37,930	33,404
魚　粉	432,032	323,830	340,717	333,463	473,160
上記以外	950,625	852,158	1,021,423	1,108,765	835,067

（農林水産省統計情報部，2002）

1・4 水産加工品の分類と生産の概況

1・4・1 加工品の分類

わが国で生産される主な水産加工品は製造方法，加工・貯蔵原理，製品の形状，原料魚介類・海藻類の種類などに基づいて次のように分類される．

① 冷凍水産物（frozen fishery product）

まぐろ・かじき類，かつお類，さけ・ます類，さば類，いわし類，えび，すり身 など．

② 冷凍食品（frozen food）

魚介類：魚類の切り身，貝類・えび類の生むき身 など．

水産物調理食品：魚類のフライ，パン粉付きスティック など．

③ 乾製品（dried product）

素干し品：するめ，田作り（ごまめ），身欠きにしん，棒だら，干しかれい，たたみいわし など．

煮干し品：煮干しいわし・いかなご，干しあわび，煮干し貝柱，干しえび，海参（いりこ）など．

焼き干し品：焼き干したい・ふぐ・あゆ・わかさぎ・はぜ など．

塩干し品：いわしの丸干し・目刺し・開き干し，開き干しあじ・さば・さんま，くさや，すき身だら，ぶりわら巻き，からすみ など．

凍乾品：凍乾すけとうだら．

海藻乾製品：干しのり（焼き・味付けのり），干し昆布，干しわかめ（素干し・塩抜き・鳴門・湯抜きわかめ）など．

節類：かつお節，まぐろ節，さば節，いわし節，削り節 など．

④ 燻製品（smoked product）

冷燻品：冷燻にしん・さけ・ます・ぶり・たら・さば・ほっけ，べにざけ棒燻 など．

温燻品：温燻さけ・ます・にしん・いか など．

調味燻製品：いか・たこ・たら・すけとうだら・ほたて貝柱調味燻製品．

⑤ 塩蔵品（salted product）

魚類塩蔵品：塩蔵さけ・ます（新巻・改良漬け）・さば・いわし・たら など．

魚卵塩蔵品：すじこ，イクラ，たらこ，塩かずのこ など．
⑥ 缶詰・瓶詰・レトルト食品（canned food・bottled food・retort pouched-food）
　水煮缶詰：さば・さけ・ます・かに・あさり・ほたて貝柱水煮缶詰．
　油漬缶詰：びんながまぐろ・きはだまぐろ・かつお・さばフィレー・かき燻製・いわし油漬缶詰．
　味付缶詰：まぐろフィレー・さば・いわし・さんま蒲焼・いか・赤貝味付缶詰．
　瓶詰：いか塩辛・かつお塩辛・うに塩辛・イクラ醬油漬け・のり佃煮瓶詰．
　レトルト食品：まぐろ油漬け，あさり水煮，さば味噌煮，シーフードカレーなどのレトルト食品．
⑦ 魚肉ねり製品（fish meat paste product）
　蒸しかまぼこ：蒸し板，簀巻き，昆布巻き，細工かまぼこ など．
　焙りかまぼこ：ちくわ，焼き抜き，ささかまぼこ など．
　焼きかまぼこ：なんば焼き，梅焼き，厚焼き など．
　ゆでかまぼこ：はんぺん，しんじょ，なると，すじ など．
　揚げかまぼこ：さつま揚げ，つけ揚げ など．
　魚肉ハム・ソーセージ：ツナハム，魚肉ソーセージ．
⑧ 発酵食品（fermented food）
　塩辛：いか塩辛（赤づくり，白づくり，黒づくり），かつお・うに・あみ塩辛，うるか，このわた，めふん など．
　魚醬油：しょっつる，いしる（いか醬油）．
　すし類：ふな・あゆ・さばずし，飯ずし，ます早ずし，さんま棒ずし など．
　水産漬物：いわし・さば・ふぐ糠漬け，あゆ・あわび・まぐろ粕漬け，たい・あじ・いわし・さば酢漬け など．
⑨ 調味加工品（seasoned product）
　調味煮熟品
　　佃煮：こうなご・いか・あさり・昆布・のり佃煮
　　甘露煮：はぜ・あゆ・ふな・わかさぎ・しらうお甘露煮
　　飴煮：切りするめ佃煮，のしするめ，あられ煮 など．
　　角煮：かつお・まぐろ角煮

でんぶ：たい・すけとうだらでんぶ．
調味乾製品：みりん干し，儀助煮，魚せんべい，裂きいか，のしいか など．
その他：からしめんたいこ．
⑩ 海藻工業製品（seaweed industrial product）
天然・工業寒天，アルギン酸，カラゲナン など．
⑪ 油脂・飼肥料（fish oil・fertilizers and feed）
油脂：魚体油，肝油（すけとうだら・さめ）など．
飼肥料：魚粉，身粕，荒粕，フィッシュソリュブル など．
⑫ その他の水産加工品
エキス，魚肉タンパク質濃縮物，畜肉様タンパク濃縮物，キチン・キトサン，コンドロイチン硫酸，プロタミン など．

このように，水産加工品の原料には，近海性及び遠洋性回遊魚類から底生魚類，淡水魚類，イカ・タコ類，貝類，エビ・カニ類，ウニ・ナマコ類，コンブ・ワカメなどの海藻類にいたるまで極めて多種類の水産物が用いられる．また，水産加工品には，冷凍食品，乾製品，塩蔵品，缶詰，冷燻品などのように主として貯蔵性の付加を目的としたものと，かまぼこ，すし，温燻品などのような主として嗜好性の向上を目的としたものとがある．それ故，種類は極めて多く多様であり，動物性タンパク質の給源としてばかりでなく，日常の食卓を豊かにする点からも重要な役割を担っている．

1・4・2 加工品の生産

延べ経営体数からみた加工種類別経営体数は，表 1・8 に示すように，塩干し品製造業が最も多く，ついでかまぼこ類，冷凍水産物，煮干し品，塩辛類，乾燥・焙焼・揚げ加工品，素干し品，塩蔵品，水産物佃煮類の順に多い．延べ経営体数は，最近の 5 年間にかまぼこ類で減少が明らかな外は，横ばい状態か漸減傾向で，大幅な変動は見られない．しかし，実経営体数は明らかに減少している．なお，2001 年に塩辛類が激減しているのは，調査方法の変更によるものと思われる．

2001 年における水産加工食品の生産量を表 1・9 に示す．最も生産量の多いのは冷凍水産物で，総生産量約 581 万トンの 50％弱を占め，ついで油脂・飼肥料，魚肉ねり製品，乾製品，その他の食用加工品，冷凍食品，塩蔵品，缶詰の順に多い．油脂・飼肥料では，飼肥料が約 68 万トンで大部分を占め，油脂は飼肥料の 10％にも満たない．魚肉ねり製品は約 71 万トンで，そのうち焼ち

くわ・かまぼこ類が65万トンを占め，魚肉ハム・ソーセージは少ない．乾製品は約50万トンが生産され，塩干し品（24万トン）と節類（13万トン）が主なもので，両者で全体の約73％を占めている．その外に，煮干し品が8.7万トン，素干し品が3.7万トンである．単品としては塩干しあじ（6.3万トン）の生産量が最も多い．その他の食用加工品は48万トンで，この中には塩辛類（3.7万トン），水産物漬物（7.0万トン）及び調味加工品（33万トン）が含まれ，単品ではいか塩辛（3.2万トン），昆布佃煮（4.6万トン），さくら干し・みりん干し（2.4万トン），からしめんたいこ（6.3万トン）などが多い．塩蔵品は25万トン弱で，さけ・ますが12万トンで最も多く，ついでさば（4.3万ト

表1·8 陸上加工品の経営体数　　　　　（単位：経営体数）

年 種類・品目	1997	1998	1999	2000	2001*
加工種類別経営体数					
計（実経営体数）	15,066	14,863	14,590	14,117	11,520
加工種類別延べ経営体数					
かまぼこ類	2,549	2,446	2,406	2,319	2,203
魚肉ハム・ソーセージ類	39	38	37	34	33
冷凍食品	818	829	764	753	761
素干し品	1,884	1,865	1,721	1,686	1,265
塩干し品	3,261	3,341	3,254	3,167	2,723
煮干し品	2,280	2,260	2,203	2,134	1,831
塩蔵品	1,341	1,388	1,330	1,286	1,185
燻製品	269	294	300	292	268
節製品	1,185	1,156	1,120	1,086	1,046
塩辛類	2,055	2,093	1,996	1,909	797
水産物漬物	924	918	918	900	826
水産物佃煮類	1,036	1,125	1,118	1,110	1,087
乾燥・焙焼・揚げ加工品	1,751	1,665	1,674	1,651	1,432
その他の調味加工品	749	837	863	848	759
その他の食用加工品	392	471	424	407	347
寒天	58	57	55	52	…
焼・味付のり	481	431	427	424	411
油脂	80	78	91	84	…
飼肥料	382	385	376	350	…
冷凍水産物	2,369	2,427	2,371	2,288	1,866

* 2000年までは，全国の水産加工品を生産するすべての加工経営体を調査対象としていたが，2001年調査からは，加工場または加工施設があり，専従の従業員がいる経営体を調査対象としたほか調査対象品目の内容の変更を行ったので利用に当たっては注意されたい．

(農林水産省統計情報部, 2002)

表1·9 水産加工品の生産量（2000年）　　　　　（単位：t）

品目	生産量	品目	生産量
合計	5,812,897	缶詰[*3]	152,154
冷凍水産物[*1]	2,641,050	うち，まぐろ類	57,336
陸上	1,864,494	さば類	29,845
船上	776,556	いわし類	15,416
冷凍食品[*2]	329,447	魚肉ねり製品	706,592
魚介類	145,732	うち，焼きちくわ	153,285
水産物調理食品	183,715	かまぼこ類	493,021
乾製品	497,546	魚肉ハム・ソーセージ	60,286
素干し品	37,001	その他の食用加工品	483,173
うち，するめ	13,241	塩辛類	37,466
にしん	11,579	うち，うに塩辛	1,030
煮干し品	87,088	いか塩辛	31,546
うち，いわし	38,915	水産物漬物	70,172
しらす干し	31,156	調味加工品	327,119
塩干し品	237,072	うち，水産物佃煮	109,156
うち，いわし	28,615	乾燥・焙焼・揚げ加工品	133,276
あじ	63,338	その他の調味加工品	84,684
さんま	24,658	寒天	1,253
節類	125,340	天然寒天	307
うち，かつお節	40,339	工業寒天	946
削り節	49,338	焼・味付のり（1,000枚）	9,045,118
燻製品	11,125	油脂・飼肥料	739,671
うち，さけ・ます	4,591	油脂（陸上）	59,974
いか	3,822	飼肥料	683,901
塩蔵品	248,486	陸上	679,697
うち，さば	43,202	船上	4,204
さけ・ます	119,225		
たらこ・すけとうたらこ	24,189		

[*1] 水産物の生鮮品を凍結室において凍結したものである．
[*2] 水産物を主原料として加工または調理した後，−18℃以下で凍結し，凍結した状態で保持した「包装食品」である．
[*3] 日本缶詰協会の「缶詰時報」によるものであり，内容重量である．

（農林水産省統計情報部，2002）

ン），たらこ・すけとうたらこ（2.4万トン）などが多い．水産缶詰の生産量は15万トンで，まぐろ類（5.7万トン），さば類（2.9万トン），いわし類（1.5万トン）などの魚類缶詰が主なものである．

　最近の5年間における加工品生産の動向をみると，ほとんどの製品は漸減傾向か，横ばい状態にある．総生産量でみても，1996年には約656万トンが生

産されたが，その後減少し，2000年には581万トンにとどまっている．また，冷凍水産物を除く陸上加工品の生産量は，1996〜2000年の5年間に331万トンから301万トンにまで漸減している．このことと前述の実経営体数の減少傾向を考え併せると，総じて水産加工品の生産体制は，この数年来縮小傾向にあるといえよう．

（小泉千秋・大島敏明）

引用文献

平本紀久雄（1995）：平成6年度資源管理型漁海況予測技術開発試験報告書，漁業情報サービスセンター．
農林水産省統計情報部編（2002）：ポケット水産統計－平成14年版－，農林統計協会．

参考資料

日本水産学会編（2001）：水産学用語辞典，恒星社厚生閣．
小倉通男・竹内正一著（1990）：漁業情報学概論，成山堂書店．
奥積昌世・藤井建夫編著（2000）：イカの栄養・機能成分，成山堂書店．
小野征一郎（1990）：起死回生 これからの魚 はるかな鯨，日本経済評論社．
太田冬雄編（1980）：水産加工技術，恒星社厚生閣．
清水 亘（1958）：水産利用学，金原出版．
須山三千三・鴻巣章二編（1993）：水産食品学，恒星社厚生閣．
谷川英一（1954）：水産製造学，紀元社出版．
東京水産大学第8回公開講座編集委員会編（1994）：暮らしとさかな，成山堂書店．
山澤正勝・関 伸夫・奥田拓道・竹内昌昭・福家眞也編（2001）：水産食品の健康性機能，恒星社厚生閣．

第2章　水産物の性状

2・1　魚介類筋肉の成分

2・1・1　一般成分

　魚介類筋肉を構成する一般成分（proximate composition）は水分，タンパク質，脂質，炭水化物，灰分である．「五訂日本食品標準成分表」に収録されている代表的成分を表2・1に示す．

表2・1　魚介類一般成分　　　　　　　　(g / 100g)

	水分	タンパク質	脂質	炭水化物	灰分	備考
メバチ	74.4	22.8	1.2	0.2	1.4	
キハダ	74.0	24.3	0.4	tr.	1.3	
カツオ	72.2	25.8	0.5	0.1	1.4	春獲り(初ガツオ)
カツオ	67.3	25.0	6.2	0.2	1.3	秋獲り(戻りガツオ)
シロサケ	72.3	22.3	4.1	0.1	1.2	
ギンザケ	66.0	19.6	12.8	0.3	1.3	養殖
マイワシ	64.4	19.8	13.9	0.7	1.2	
カタクチイワシ	68.2	18.2	12.1	0.3	1.2	
マアジ	74.4	20.7	3.5	0.1	1.3	
マサバ	65.7	20.7	12.1	0.3	1.2	
サンマ	55.8	18.5	24.6	0.1	1.0	
スケトウダラ	80.4	18.1	0.2	0.1	1.2	
ホッケ	77.1	17.3	4.4	0.1	1.1	
マガレイ	77.8	19.6	1.3	0.1	1.2	
カキ	85.0	6.6	1.4	4.7	2.3	養殖
ホタテガイ	82.3	13.5	0.9	1.5	1.8	
クルマエビ	76.1	21.6	0.6	tr.	1.7	養殖
ブラックタイガー	79.9	18.4	0.3	0.3	1.1	養殖
ズワイガニ	84.0	13.9	0.4	0.1	1.6	
スルメイカ	79.0	18.1	1.2	0.2	1.5	

(科学技術庁資源調査会，2000)

　一般成分の中で最も組成比の高いのは水分で65〜85％を占め，陸上動物より高い．生体中の水の基本的な役割は，無機物や有機物を溶解し，これら成分を細胞から細胞へ，さらには細胞内へと運搬する働きである．

生体中に含まれるタンパク質や炭水化物などは水を引きつける力が強く，周囲が水で囲まれた状態で存在する．この現象を水和（hydration）と呼ぶ．生体組織内の水は存在状態により自由水（free water）と結合水（bound water）に分けられる．一般に自由水とは生体成分に拘束されることなく自由に動き回ることができる水，他の成分と緩く結合している水，微細な組織中に閉じ込められている水などをいう．一方，結合水は生体成分に強く引き付けられた状態の自由度の低い水をいう．食品の水分測定には，加熱乾燥法（常圧加熱乾燥法，減圧加熱乾燥法）が基準法として広く用いられ，自由水及び結合水の全量が測定される．

　タンパク質は，ケルダール法により測定された全窒素量に，窒素‐タンパク質換算係数（6.25，多くのタンパク質は約16％の窒素を含むため）を乗じて算出される．この方法で求めたタンパク質量は，試料中のタンパク質やアミノ酸以外に核酸，低分子含窒素化合物（トリメチルアミンオキシド，グアニジノ化合物，ベタイン類など）などに由来する窒素量も測定され，タンパク質として計算されていることから，粗タンパク質（crude protein）と呼ばれる．表 2・1 に示すように，魚類のタンパク質含量は 17～25％であるが，貝類，エビ・カニ類にはこれより低いものがみられる．

　魚類の脂質含量は部位により異なり，背肉に比べ腹肉で高い．また，季節により変動し，表 2・1 に示すようにカツオでは，春獲り（例えば初ガツオ）と秋獲り（戻りガツオ）の脂質含量が 0.5％及び 6.2％で，脂がのった秋獲りが生食用として好まれる．カツオは産卵期に向け摂餌量が増加するため脂質含量は増加し，一方，水分は減少する．全脂質量はエーテル（ソックスレー法），クロロホルム・メタノール混液，あるいは酸分解法で試料から抽出した可溶性成分の重量から求められる．

　炭水化物は，水分，タンパク質，脂質，灰分の合計値（％）を 100（％）から差し引いて求める「差し引きの炭水化物」方式で算出される．魚介類の炭水化物含量は全般的に低いが，カキ及びホタテガイは 4.7％から 1.5％と高く，その大部分はグリコーゲンである．

　灰分は試料をある条件下で燃焼したときに残る灰の量をいい，食品中の無機質の総量と考えられている．実際の灰化は 550℃程度で加熱をする．表 2・1 に示すように灰分は 1～2％で，魚種間による相違はほとんど見られない．

（鈴木　健）

2・1・2 タンパク質

魚類筋肉にはタンパク質（protein）が 15〜22％含まれている．魚の切り身は筋肉（muscle）に相当し，食品としてもつ食感や調理及び保存中に起こる変化は，筋肉タンパク質の構造や生化学的変化と密接に関係している．筋肉は一般に横紋筋（骨格筋や心筋）と平滑筋（血管や腸に存在）に分類されるが，魚類ではその機能から普通肉（ordinary muscle）と血合肉（dark muscle）に分けられる．普通肉は可食部の大部分を占める筋肉であり，一方，血合肉は魚類特有の暗赤色ないし黒褐色を呈し，多量の色素タンパク質のミオグロビン（myoglobin，Mb）を含んでいる．その分布は魚種によって異なり，白身魚と呼ばれるタイやカレイ類では側線の表皮下に表層血合肉と呼ばれる筋肉がわずかに存在するが，赤身魚である沿岸性回遊魚のマイワシやサバでは表層血合肉がよく発達し，全筋肉の 25％を占める．同じ赤身魚でも外洋性回遊魚のカツオ，マグロでは表層血合肉の外，深部血合肉と呼ばれる組織がよく発達している．

筋肉タンパク質は，その存在部位や機能から，筋形質タンパク質（sarcoplasmic protein），筋原繊維タンパク質（myofibrillar protein）及び筋基質タンパク質（stroma protein）に大別される．表 2・2 にそれらのタンパク質の特性を示す．

表 2・2　魚類筋肉タンパク質の分類

	溶解度	存在個所	代表例
筋形質タンパク質[*1] 20〜50％[*2]	水溶性 （低イオン強度の 中性緩衝液の可溶）	筋細胞間または 筋原繊維間	解糖酵素 クレアチンキナーゼ パルブアルブミン ミオグロビン
筋原繊維タンパク質 50〜70％	塩溶性 （高イオン強度， $I = 0.5$ 程度の中性 緩衝液に可溶）	筋原繊維	ミオシン アクチン トロポミオシン トロポニン
筋基質タンパク質 ＜10％	不溶性 （高イオン強度の 中性緩衝液に不溶）	筋隔膜， 筋細胞膜， 血管などの 結合組織	コラーゲン

[*1] 筋漿タンパク質，ミオゲンとも呼ばれる
[*2] 普通筋全筋肉タンパク質中の割合．

（渡部，2000）

1）筋形質タンパク質

筋形質タンパク質は pH 中性でイオン強度 0.1 以下の溶液に溶解し，全筋肉タンパク質の 20～50％を占める．数百種類にのぼる不均一な異種タンパク質が含まれ，解糖系に関与するすべての酵素類や炭水化物及びタンパク質代謝に関与する多数の酵素を含む．血液中の酸素は血色素ヘモグロビン（hemoglobin, Hb）によって筋肉まで輸送され，筋肉色素 Mb によって貯蔵される．これらの色素タンパク質も筋形質タンパク質に分類される．

2）筋原繊維タンパク質

全筋肉タンパク質の 50～70％を占め，収縮タンパク質（ミオシン myosin, アクチン actin）と収縮を調整するタンパク質（トロポミオシン tropomyosin, トロポニン troponin, α-またはβ-アクチニン actinin, M タンパク質, C タンパク質）からなる．筋原繊維は図 2・1 に示す模式図のように，細いフィラメントと太いフィラメントが規則正しく交互に重りあった構造をしている．直径は太いフィラメントで 12～16 nm，細いフィラメントで 6～8 nmである．太いフィラメントは約95％のミオシンと，約5％のCタンパク質からなり，また，細いフィラメントは，アクチン，トロポミオシン，トロポニン及びβ-アクチニンからなり，これらは Z 膜（Z line）と結合している．Z 膜はα-アクチニン，トロポミオシン及びアクチンから構成される．また，太いフィラメントの中央に位置する線状構造がM 線（M line）であり，M 線はMタンパク質からなる．普通肉，血合肉はともにアクチンやミオシンなどの収縮タンパク質が占める割合が多く，これらの性状が魚肉の貯蔵性や加工適性に大きな影響を及ぼす．かまぼこは食塩の添加で溶出した筋原繊維タンパク質を加熱してゲル化させた，典型的な魚肉加工品である．

ミオシン　　分子は 6 つのサブユニットからなり，円筒状の部分とだ円形の頭部を有しており，分子量は約 500,000 である．トリプシンの作用で，重い H-メロミオシン（heavy meromyosin）と軽い L-メロミオシン（light meromyosin）とに分割される．ミオシン頭部を含む H-メロミオシンは，水溶性であり，ATPase 活性中心とアクチンとの結合部位をもっているが，フィラメントは形成しない．L-メロミオシンは水に不溶であるが，イオン強度が 0.3 以下の低イオン強度の溶液中でも溶解し，そのほとんどがαヘリックス構造である．ミオシン分子は，L-メロミオシンの部分でフィラメントを形成し，分子の相互作用は，主としてイオン結合による．

ミオシンはATPase活性を有し，その活性はアクチン非存在下ではCa^{2+}イオンによって促進されるが，Mg^{2+}イオンによって阻害される．一方，アクチン存在下ではMg^{2+}イオン，Ca^{2+}イオンのいずれによっても促進され，ミオシンはアクチンと可逆的に結合する．ミオシン-アクチン複合体は，Mg^{2+}の存在下で，アデノシン5'-三リン酸（adenosine 5'-triphosphate，ATP），ピロリン酸などによって特異的に解離する．

アクチン　　単量体のアクチンは，1本鎖のポリペプチド（G-アクチン）であり，球状構造をして分子量は4.2万．G-アクチン1分子は，1分子ずつの

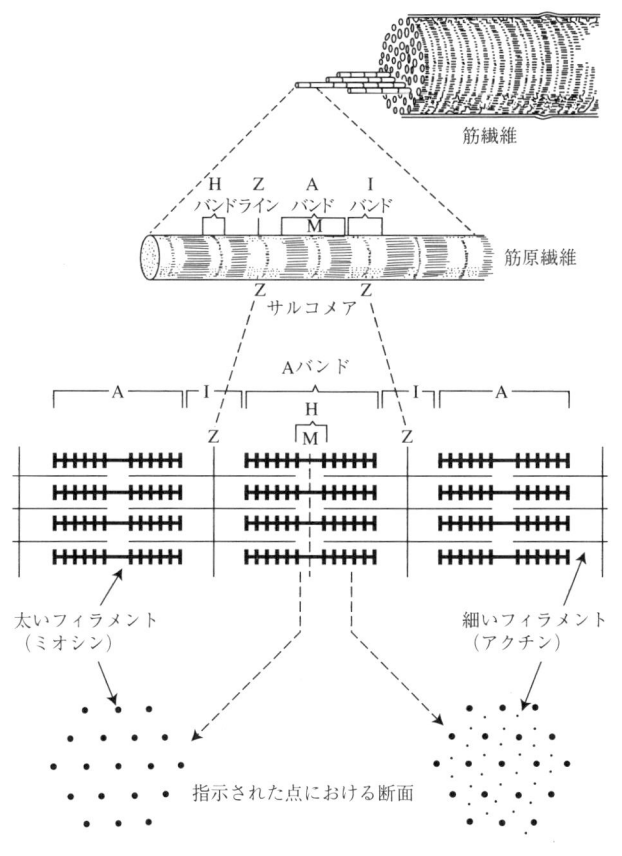

図2·1　筋原繊維構造の模式図
（レーニンジャー，1973）

ATPとCa^{2+}を結合している．一定条件下（Ca^{2+}イオンとMg^{2+}イオンの濃度が1 mMより高いか，一価の塩の濃度が50～10 0mMの場合）で，G-アクチンは重合してフィラメント（F-アクチン）を形成し，二重らせん構造をとる．F-アクチンが形成する際に，G-アクチンに結合していたATPは加水分解し，アデノシン5'-二リン酸（adenosine 5'-diphosphate，ADP）と無機リン酸になり，その際，生成したADPは単量体に結合したまま残存する．

　トロポニン　　トロポニンT，I及びCと呼ばれる3種のサブユニットから成り，F-アクチンに沿って一定間隔で配置している．トロポニンTは，トロポミオシンと可逆的に結合している．トロポニンIは，T及びCのいずれにも結合し，またアクチンにも弱く結合している．トロポニンIは，ATPase活性を制御する機能を有する．トロポニンCは，Ca^{2+}イオンが結合する4つの部位をもち，T及びIと結合している．トロポニンCにCa^{2+}イオンが結合すると，トロポミオシンがアクチンのヘリックス構造に沿って移動し，これによってアクチン上に，ミオシンの頭部と結合する部位が現れる．

　トロポミオシン　　$α$ヘリックス構造をもつ2本鎖ポリペプチドからなり，分子量は約70,000である．トロポミオシン分子は，2本のF-アクチンフィラメントに結合しており，トロポミオシン分子同士は両端でイオン結合によって連結している．トロポミオシンの各分子は，トロポニンTを固定する部位を1つ有す．

　パラミオシン　　パラミオシン（paramyosin）は，無脊椎動物特有の筋肉タンパク質であり，二枚貝の閉殻筋やホタテガイの無紋筋部で筋原繊維タンパク質の50％を占める．パラミオシンの機能性は未だ明らかにされていない．

3）筋基質タンパク質

　筋形質膜，筋小胞体，ミトコンドリア膜及び結合組織（筋外膜，筋周膜，筋内膜）を構成するタンパク質で，コラーゲン（collagen）とエラスチン（elastin）が主な成分である．

　コラーゲン　　コラーゲンは，結合組織の主要な構成成分である．骨，皮，腱，軟骨，心臓血管系にも存在する．繊維状のタンパク質で弾力性がなく，筋外膜や筋周膜として筋肉が極度に伸長するのを防ぐ．筋原繊維の収縮は，それらを保持している腱や結合組織を介して骨に伝達される．コラーゲンはその構造や組織の起源の違いから5つの型に分けられる．タイプIは腱，皮，骨などに存在するコラーゲン繊維で，同一の$α$1鎖2本と異なる一次構造をもつ$α$2

鎖1本で構成される．タイプⅡは軟骨などに存在するもので，3本の同一のα鎖で構成されている．タイプⅢは血管系の主要成分であり，同一の3本のα鎖からなる．Ⅰ，Ⅱ，Ⅲ型コラーゲンは繊維状であるが，Ⅳ，Ⅴ型コラーゲンは無定形で，膜に存在する．

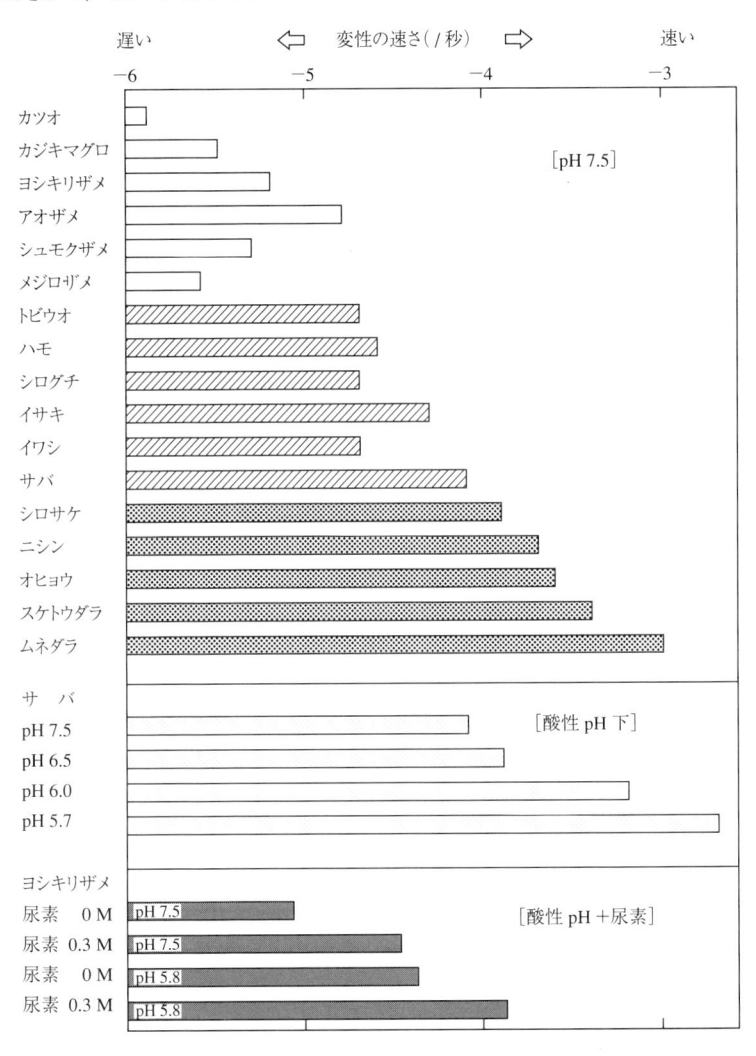

図2・2 魚類筋原繊維Ca-ATPase変性速度（K_D）

（新井，1986）

エラスチン　　筋肉組織中のエラスチンは，弾性繊維の性質をもち，血管の構成タンパク質として重要である．組織中でのコラーゲンとエラスチンの量的割合は4：1でコラーゲンが多いことが知られている．また，希酸および希アルカリに対して比較的安定であり，これはコラーゲンと同様にリジンの酵素的酸化による特殊な分子間架橋によるものである．

4）筋肉構成タンパク質の変性と制御

　筋原繊維を構成しているミオシン分子は，その魚種が生息する環境水温に適応しており，アクチンとの間に起こる運動機能は，その温度において最もよく働く．環境水温に適応して，寒海性の魚類のミオシンは，熱力学的に変性しやすい無秩序な高次構造となり，暖海性の魚類のミオシンは秩序だった安定した高次構造をとる．この性質はミオシン分子断片である S-1 や H-メロミオシンにも引き継がれ，アクトミオシンや筋原繊維にも受け継がれている．従って，このことは魚を貯蔵したり，加工する際に極めて重要である．また赤身魚のイワシやサバの場合は，死後における筋肉中の pH 低下が筋原繊維タンパク質の変性を速める．これらを用いてねり製品をつくる場合には，アルカリ晒し法を適用して pH を調整することが有効である（図2・2）．マイワシの筋原繊維 Ca-ATPase の変性は，微酸性下（pH5.8）では極めて速く進行するが，中性（pH7.0）では抑制される．なお，微酸性下における変性は氷冷しても阻止できないので，可及的速やかに晒すことが必要である．ナンキョクオキアミの場合は，その筋原繊維タンパク質の変性が極端に速いことと，中腸腺由来のプロテアーゼが肉質中に混入しやすいことが欠点である．この変性防止には，高濃度（10～20％）のソルビトール液に浸漬することが，筋原繊維タンパク質の変性防止にもプロテアーゼ活性の阻害にも有効である．

　筋原繊維タンパク質の魚類による安定性の相違は，変性の要因が加熱によるばかりでなく，冷凍，乾燥，尿素処理，塩処理，酸処理及びプロテオリシスなどによっても認められ，分子の全体にわたる普遍的な性状である（新井，1994）．

〔加藤　登〕

2・1・3　脂　　質

1）魚類筋肉脂質の種類

単純脂質　　脂肪酸とアルコールとがエステル結合している脂質を単純脂質といいアセトンに可溶である．魚類にとっては代謝エネルギー源として重要であるほか，断熱作用による保温効果や低比重に基づく浮力調節作用があるとさ

2·1 魚介類筋肉の成分   27

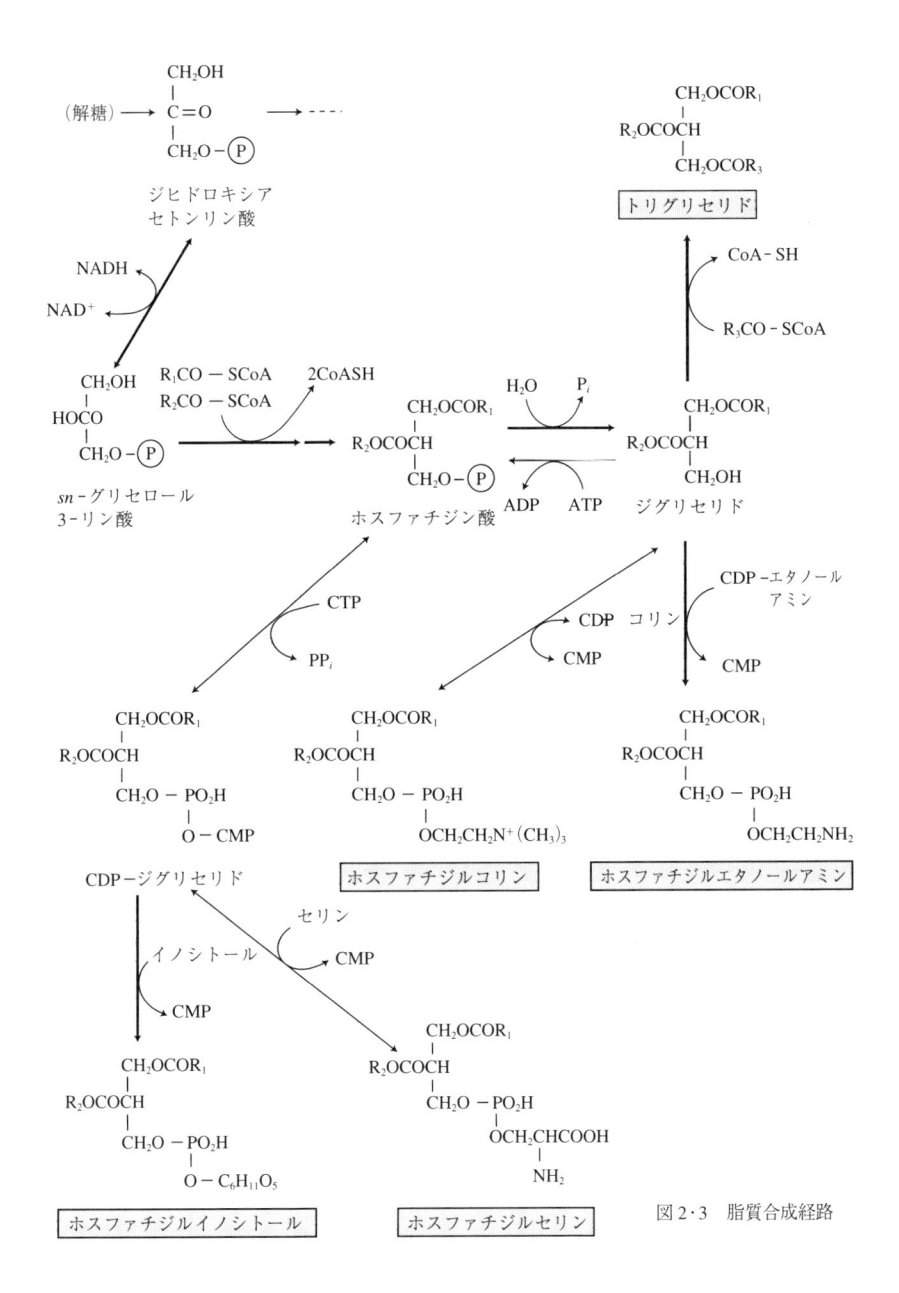

(解糖) → $\underset{\underset{CH_2O-\text{P}}{|}}{\overset{\overset{CH_2OH}{|}}{C=O}}$ → ----

ジヒドロキシア
セトンリン酸

NADH
NAD⁺

$\underset{\underset{CH_2O-\text{P}}{|}}{\overset{\overset{CH_2OH}{|}}{HOCO}}$

sn-グリセロール
3-リン酸

$R_1CO-SCoA$
$R_2CO-SCoA$ → 2CoASH

$\underset{\underset{CH_2O-\text{P}}{|}}{\overset{\overset{CH_2OCOR_1}{|}}{R_2OCOCH}}$

ホスファチジン酸

$H_2O \quad P_i$

ADP ATP

$\underset{\underset{CH_2OH}{|}}{\overset{\overset{CH_2OCOR_1}{|}}{R_2OCOCH}}$

ジグリセリド

CoA-SH

$R_3CO-SCoA$

$\underset{\underset{CH_2OCOR_3}{|}}{\overset{\overset{CH_2OCOR_1}{|}}{R_2OCOCH}}$

トリグリセリド

CTP
PP$_i$

CDP コリン
CMP

CDP-エタノール
アミン
CMP

$\underset{\underset{O-CMP}{|}}{\overset{\overset{CH_2OCOR_1}{|}}{\underset{CH_2O-PO_2H}{R_2OCOCH}}}$

CDP-ジグリセリド

イノシトール
CMP

$\underset{\underset{O-C_6H_{11}O_5}{|}}{\overset{\overset{CH_2OCOR_1}{|}}{\underset{CH_2O-PO_2H}{R_2OCOCH}}}$

ホスファチジルイノシトール

$\underset{\underset{OCH_2CH_2N^+(CH_3)_3}{|}}{\overset{\overset{CH_2OCOR_1}{|}}{\underset{CH_2O-PO_2H}{R_2OCOCH}}}$

ホスファチジルコリン

セリン
CMP

$\underset{\underset{NH_2}{\underset{OCH_2CHCOOH}{|}}}{\overset{\overset{CH_2OCOR_1}{|}}{\underset{CH_2O-PO_2H}{R_2OCOCH}}}$

ホスファチジルセリン

$\underset{\underset{OCH_2CH_2NH_2}{|}}{\overset{\overset{CH_2OCOR_1}{|}}{\underset{CH_2O-PO_2H}{R_2OCOCH}}}$

ホスファチジルエタノールアミン

図2·3 脂質合成経路

れる．グリセロールに 3 分子の脂肪酸がエステル結合したトリグリセリド (triglyceride, TG) は魚類筋肉脂質の大部分を占める．筋肉中には脂質合成経路における中間生成物である微量のジグリセリド (diglyceride, DG) 及び遊離脂肪酸 (free fatty acid, FFA) が含まれる (図 2・3)．ジアシルグリセリルエーテル (diacyl-glycerylether, DAGE) は TG の 1 分子の脂肪酸エステルが高級アルコールのエーテル結合に置き換わったワックスで，板鰓類の肝臓に貯蔵脂質として存在する．DAGE の高級アルコール部位が高級アルデヒドのエーテル結合に置き換わった中性プラスマローゲン (neutral plasmalogen) も微量ではあるが，魚類筋肉及び肝臓中に存在している (図 2・4)．

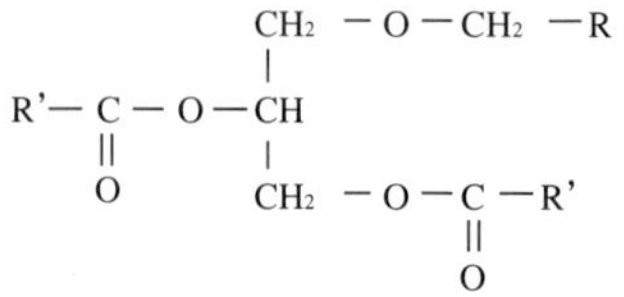

$$\begin{array}{l} CH_2-O-CH_2-R \\ | \\ R'-C-O-CH \\ \| \quad\quad | \\ O \quad\quad CH_2-O-C-R' \\ \quad\quad\quad\quad\quad\quad \| \\ \quad\quad\quad\quad\quad\quad O \end{array}$$

ジアシルグリセリルエーテル

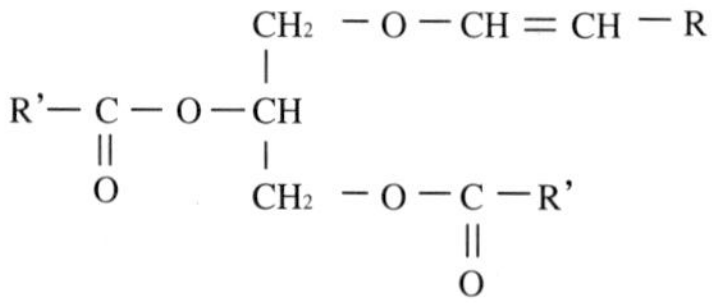

$$\begin{array}{l} CH_2-O-CH=CH-R \\ | \\ R'-C-O-CH \\ \| \quad\quad | \\ O \quad\quad CH_2-O-C-R' \\ \quad\quad\quad\quad\quad\quad \| \\ \quad\quad\quad\quad\quad\quad O \end{array}$$

中性プラスマローゲン

図 2・4　ジアシルグリセリルエーテルと中性プラスマローゲン

複合脂質　　水溶性のリン酸，糖，塩基などが結合している複合脂質はアセトンには難溶で，クロロホルムには可溶である．リン脂質 (phospholipid)，糖脂質 (glycolipid) は，それぞれリン酸基，糖を含む．脂質部分が DG のグリセロリン脂質 (glycerophospholipid) とセラミドのスフィンゴ脂質 (sphingolipid) とがある．魚類には組織脂質として生体膜や顆粒に微量にではあるが普遍的に存在している．ホスファチジルコリン (phosphatidylcholine, PC) とホスファチジルエタノールアミン (phosphatidylethanolamine, PE) は，それぞれ塩基部分にコリン，エタノールアミンが結合したグリセロリン脂質であるが，セリン，イノシトールが結合したホスファチジルセリン (phosphatidylserine, PS)，ホスファチジルイノシトール (phosphatidylinositol, PI) も知られている (図 2・3)．これらの脂肪酸エステル結合が高級アルコールまたは高級アルデヒドに置き換わったエーテルグリセロリン脂質 (後者は別名プラスマローゲン，plasmalogen) や，リン酸基を 2 分子含むジホスファチジルグリセロール (別名カルジオリピン，cardiolipin) も魚類組織に微量に存在する (図 2・5)．

スフィンゴシン (sphingosine) のアミノ基に脂肪酸が結合した骨格をもつスフィンゴリン脂質や，スフィンゴシン水酸基にコリン塩基が結合したスフィ

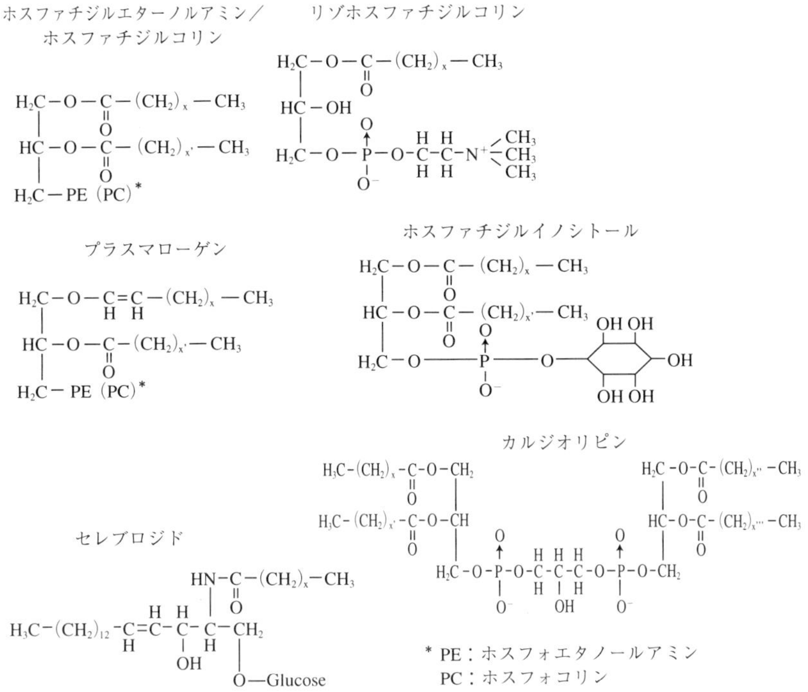

図 2·5 グリセロリン脂質

ンゴミエリン（sphingomyelin, 図 2·6）は魚の組織に含まれる．ガラクトースが DG の水酸基にガラクトシル結合しているグリセロ糖脂質（図 2·7）にはまれに多糖が結合していることがある．スフィンゴ糖脂質は長鎖脂肪酸と糖にスフィンゴシンまたはフィトスフィンゴシン（phytosphingosine）などの長鎖塩基を含む．

　複合脂質はリン脂質が大部分であり，糖脂質はほとんど含まれていない．全脂質含量は魚種，魚体の大きさ，季節，海域でまちまちであるが，複合脂質（リン脂質）含量は 500〜890 mg／g 肉とほぼ一定している．同じ魚体の脂質クラス組成を表 2·3 に示す．リン脂質の中では PC が主成分で 54〜70％を占めている．次に PE の割合が高く，21〜45％である．すなわち，普通肉リン脂質はこの 2 種の脂質クラスでほぼ占められていることになる．一方，血合肉の脂質含量はどの魚種でも普通肉と比べて高い値を示す．

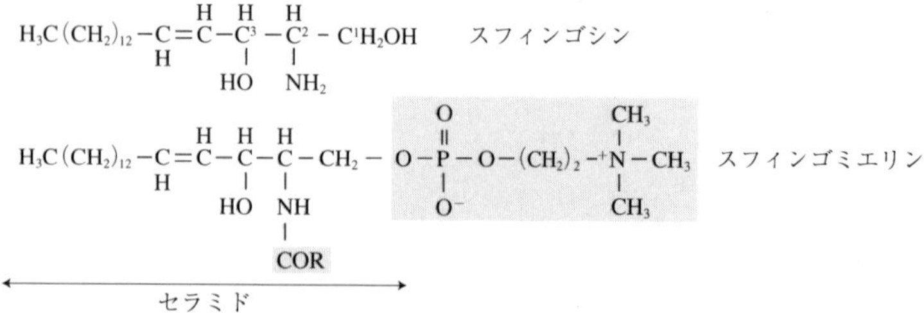

30　第2章　水産物の性状

$H_3C(CH_2)_{12}-C=C-C^3-C^2-C^1H_2OH$　スフィンゴシン

スフィンゴミエリン

セラミド

図2·6　スフィンゴシン及びスフィンゴミエリン

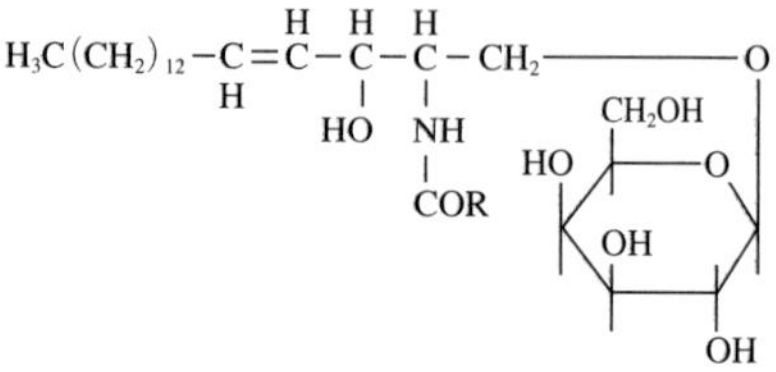

図2·7　グリセロ糖脂質

表2·3　魚類筋肉脂質クラスの分布　　　　　　(mg/100g)

魚種	全脂質(%)	TG	SE+HC	PE+PS	PC	SPM	LPC	UK
サケ	7.4	5270	930	110	360	50	−	740
ニジマス	1.3	302	251	166	414	−	53	115
ニシン普通肉	7.5	5666	355	208	470	−	−	310
マアジ普通肉	7.4	6170	−	140	410	71	10	−
マグロ	1.6	731	134	171	366	−	2	26
マダラ	1	98	38	253	390	6.5	−	213
スケトウダラ	0.8	60	90	170	330	−	−	213
ホッケ	7	5310	470	400	490	−	−	170
ヒラメ	1.6	740	240	180	290	−	40	120

(座間, 1976)

誘導脂質　脂肪酸, アルコールなどの単純脂質及びスフィンゴシンなどの複合脂質から生合成される誘導脂質には, 単純脂質及び複合脂質の分解産物とその他のエーテル可溶性成分が含まれる. 炭素数30の不飽和炭化水素であるスクワレンは深海性サメやマダラの肝臓に多く含まれる. 共役二重結合を有するテルペン類のカロテノイド (carotenoid) は海産動物には180種類以上の同

属体が見出されている．このほかに，脂溶性ビタミン類としては α-トコフェロール（α-tocopherol）及びビタミンA（vitamin A）がある（図2・8）．

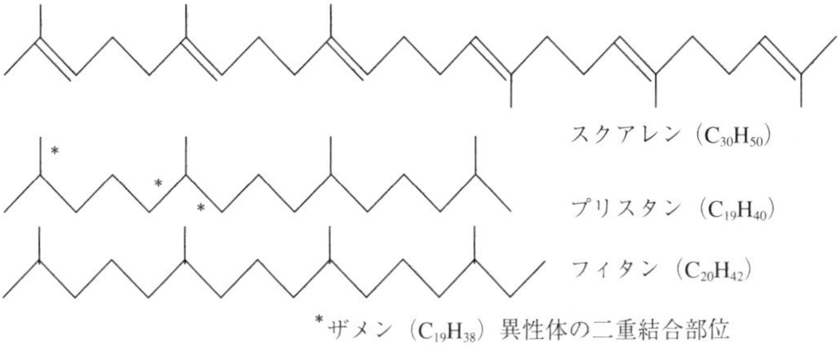

スクアレン（$C_{30}H_{50}$）
プリスタン（$C_{19}H_{40}$）
フィタン（$C_{20}H_{42}$）

*ザメン（$C_{19}H_{38}$）異性体の二重結合部位

ワックス類

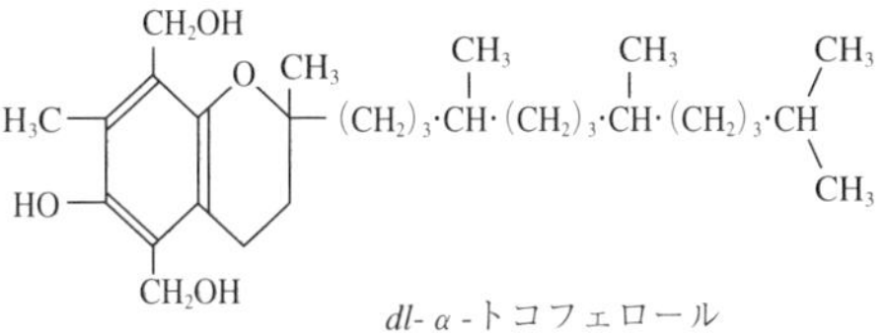

dl-α-トコフェロール

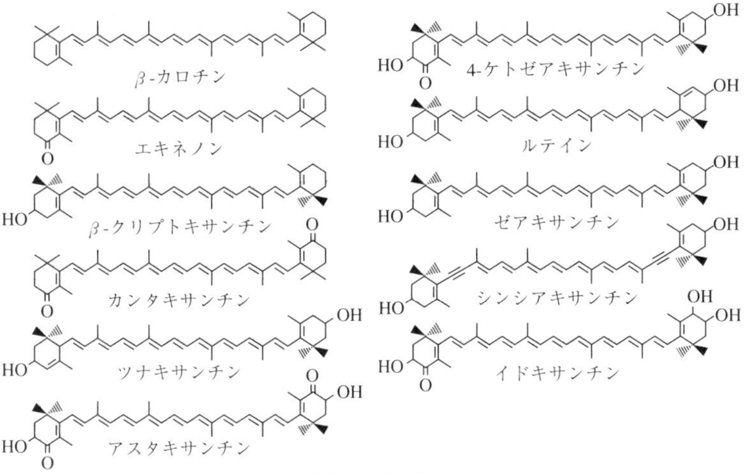

β-カロチン
エキネノン
β-クリプトキサンチン
カンタキサンチン
ツナキサンチン
アスタキサンチン
4-ケトゼアキサンチン
ルテイン
ゼアキサンチン
シンシアキサンチン
イドキサンチン

カロテノイド類

図2・8　誘導脂質

表2·4 水産物可食部のコレステロール含量

	脂質含量（％）	コレステロール含量	
		mg/100g・可食部	mg/100g・タンパク質
カツオ肉	0.5～6.2	58～60	232～232
マサバ肉	12.1	64	309
ヒラメ肉	2.0～3.7	63	315
コイ肉	10.2～13.4	86～100	485～520
アワビ	0.3	97	763
ホタテ貝柱	0.9	33	244
マガキ	1.4	51	772
クルマエビ	0.6	170	787
アマエビ	0.3	130	656
ズワイガニ脚肉	0.4	44	316
ケンサキイカ胴肉	1.0	350	2000
マダコ	0.8	150	1027
シロサケ卵（イクラ）	17.4	510	1672
スケトウダラ卵（タラコ）	4.7	350	1458
ウニ卵巣	4.8	290	1812

（科技庁資源調査会編，2000）

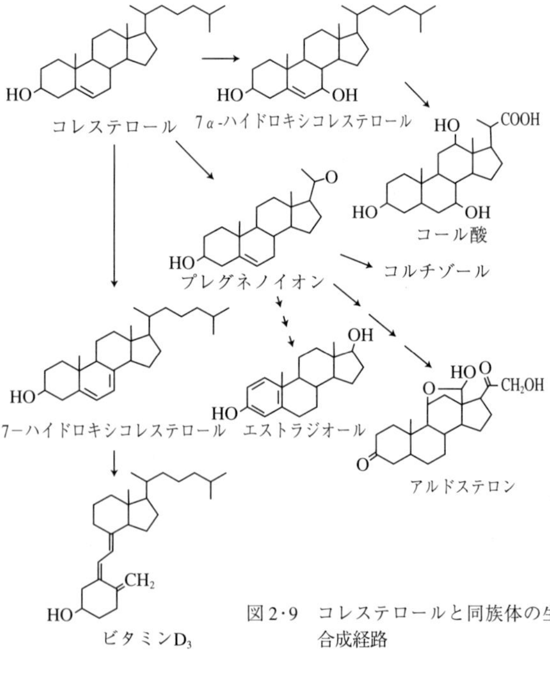

図2·9 コレステロールと同族体の生合成経路

魚類のステロールの主成分であるコレステロール（cholesterol）は細胞膜，オルガネラ膜，ミエリン鞘を構成する脂質成分の一つである（表2・4）．脳神経組織や副腎などの臓器に多量に含まれる．胆汁，副腎皮質ホルモン，性腺ホルモン，ビタミン D_3（vitamin D_3）の前駆体として重要な脂質成分である．このほか，コレスタノール（cholestanol）や7-デヒドロコレステロール（7-dehydrocholesterol）などもわずかに含まれている（図2・9）．

2）筋肉脂質含量の周年変化

多くの魚類筋肉の脂質含量が漁獲時期と海域により大きく異なるのは，海域により産卵期が異なることと，摂餌量が産卵期に向けて増えて脂質含量が増大することに関連する（表2・5）．筋肉脂質含量が増大するのは，主に蓄積脂質が増えることによる．マイワシの場合，全脂質含量は普通肉で少なく，血合肉，内臓の順に高い値を示すが，組織脂質の含量はいずれも1%前後で周年変動も無くほぼ一定している（表2・6）．このように，マイワシ，サバ，マアジなどの回遊性魚類の筋肉では全脂質含量の季節変化は蓄積脂肪の消長に由来する．

表2・5 漁獲時期および海域の異なるマイワシの脂質含量

漁獲海域	1月	2月	3月	4月	5月	6月
北海道東部海域	—	—	—	—	—	—
房総・常磐海域	7.0〜12.0	—	—	—	8.0〜13.0	15.0〜20.5
山陰海域	18.0〜23.0	13.5〜14.0	2.0〜7.5	8.5〜9.0	5.0〜13.0	12.0〜13.5
九州西部海域	13.0〜14.0	—	5.0〜6.0	4.5〜5.5	8.5〜9.0	11.0〜11.5

漁獲海域	7月	8月	9月	10月	11月	12月
北海道東部海域	21.0〜26.0	20.0〜30.0	20.5〜30.5	25.5〜33.0	—	—
房総・常磐海域	21.0〜22.0	22.0〜22.5	—	—	12.0〜20.0	11.5〜14.5
山陰海域	2.5〜16.0	2.0〜17.5	4.5〜5.5	2.5〜5.0	2.0〜19.0	16.0〜19.5
九州西部海域	—	—	—	—	—	—

（熊谷，1985）

表2・6 マイワシ筋肉および内臓脂質含量の季節変化 (%)

漁獲時期	体長(cm)	体重(g)	肥満度	普通肉 全脂質	普通肉 蓄積脂肪	普通肉 組織脂質	血合肉 全脂質	血合肉 蓄積脂肪	血合肉 組織脂質	内臓 全脂質	内臓 蓄積脂肪	内臓 組織脂質
4月下旬	22	70	6.6	1.25	0.38	0.87	1.19	0.54	0.66	1.05	0.4	0.64
6月上旬	22	115	10.8	18.6	17.4	1.21	27.1	25.9	1.22	35.3	33.9	1.41
8月上旬	22	107	10.1	18.6	17.5	1.11	33.8	32.7	1.11	56.4	55.0	1.42
10月中旬	20	80	10.0	14.6	13.6	0.96	27.7	27.0	0.81	36.0	34.9	1.10

（大島ら，1988）

一方，筋肉タンパク質含量は魚種を問わず約 20％を保つので，脂質と水分の合計量は約 80％でほぼ安定している．すなわち，脂質含量と水分含量は反比例し，脂質含量が増大すると水分含量は減少する．

筋肉の脂質含量が高い多脂魚（fatty fish）の多くは筋肉中にヘムタンパク質含量の高い赤身魚であり，一般に索餌回遊を行う．一方，脂質含量が低い寡脂魚（lean fish）には白身魚が多く，底生か広範囲の回遊を行わない定着性魚である．しかし，赤身魚でもキハダマグロやビンナガなどのように筋肉の脂質含量が低い魚や，逆に白身魚であっても筋肉脂質含量が高いギンダラやホッケのような例外もある．

脂質含量は魚体の部位により異なる．千葉県で漁獲されたマイワシでは 4 月には背肉と腹肉の全脂質含量に差はないが，8 月には背肉よりも腹肉の脂質含量が高くなる．組織脂質を構成するリン脂質含量の増加はわずかであるが，中性脂肪の中で TG 含量が顕著に増加している（表 2・7）．このように，魚肉脂質含量の多寡には主に TG 蓄積量の増減が大きく影響する．

表2・7　マイワシの部位別脂質クラス含量　　　　　　　(mg/100g)

	脂質クラス	4月				8月			
		背肉	腹肉	内臓	頭部, 皮	背肉	腹肉	内臓	頭部, 皮
組織脂質	PE	406	220	267	254	529	335	265	332
	PI	46	35	12	26	52	119	156	44
	PS	44	27	37	45	13	38	117	31
	PC	320	316	193	301	480	556	247	367
	SPM	15	23	29	38	19	47	139	35
	LPC	41	34	15	18	12	19	77	14
	小計	872	655	644	682	1,110	1,110	1,420	823
蓄積脂肪	TG	251	319	114	561	17.3[*1]	32.3[*1]	52.7[*1]	12.3[*1]
	FFA	64	66	176	35	N.D.	N.D.	989	N.D.
	ST	63	151	104	120	158	330	879	330
	その他	N.D.	N.D.	7	76	88	51	439	51
	小計	378	536	401	792	17.5[*1]	32.7[*1]	55.0[*1]	12.7[*1]

[*1] g/100 g：N.D. 未検出　　　　　　　　　　　　　　　　　　　（大島ら，1988）

3）魚肉脂質の脂肪酸組成

日本近海で漁獲される魚類の普通肉と血合肉の脂肪酸組成を海産哺乳類及び植物油と比較して表 2・8 に示す．パルミチン酸（palmitic acid, 16:0），ミリスチン酸（myristic acid, 14:0）及びステアリン酸（stearic acid, 18:0）が飽

和脂肪酸（saturated fatty acid）の 95％以上を占める．偶数炭素脂肪酸が主成分であり，全脂肪酸の約 97％を占めている．一価不飽和脂肪酸（monounsaturated fatty acid）ではオレイン酸（oleic acid, 18:1n-9）の組成比が最も高く，次いでパルミトオレイン酸（palmitoleic acid, 16:1n-7）が続く．より長鎖の 20:1n-9 と 22:1n-9 はニシン筋肉で組成比が高い．n-3 系高度不飽和脂肪酸（polyunsaturated fatty acid, PUFA）の組成比が高いことが魚類筋肉の脂肪酸組成の特徴である．とくに，エイコサペンタエン酸（eicosapentaenoic acid, EPA, 20:5n-3）とドコサヘキサエン酸（docosahexaenoic acid, DHA, 22:6n-3）は陸上哺乳類筋肉や植物組織には含まれていない．

4）高度不飽和脂肪酸と脂質代謝

脂質代謝に及ぼす EPA の影響は，80 年代には高純度の EPA エステルが入手可能になったことから，評価はほぼ確立されている．これら一連の研究の発端は，Dyerberg らによるグリーンランドイヌイットとデンマーク本土に居住する人々に対する疫学調査であった．すなわち，食餌からの EPA の摂取は血清コレステロール，TG，超低密度リポタンパク質（VLDL）の含量低下及び高密度リポタンパク質（HDL）-コレステロール含量の上昇に関与することが明らかにされた．EPAの投与は血清脂質成分のうちリポタンパク質である VLDL 及び低密度リポタンパク質（LDL）の含量を低下する方向に働く反面，HDL に対する作用は弱い．血清脂質に対しては TG 及びコレステロール含量を低下させるが，逆に HDL-コレステロールには作用が弱いか含量を上昇させる．TG 含量の低下作用の機序は依然不明であるが，EPA の摂取が肝臓内でのTG 合成を抑制している可能性が指摘されている．VLDL 含量の低下作用はEPA 摂取による肝臓内での TG 合成の抑制とこれに伴う VLDL-コレステロールと VLDL-TG合成の抑制による．一方，LDL-コレステロール含量の低下は EPA 摂取による飽和脂質摂取量の低下に起因する LDL の低下によるが，HDL-コレステロールへの作用機作と同様にその詳細は依然不明である．

DHAの血清 TG に対する作用についての評価は定まっていない．DHAの投与による血漿 TG 含量の挙動は区々である．高度に精製した DHA エチルエステルをラットに投与すると α-リノレン酸エステルに比べて血漿コレステロール含量が有意に低下する．同様の知見は DHA 高含有魚油を投与したラットの血漿コレステロールと HDL-コレステロールにおいても見られる．これらの DHA のコレステロール低下の作用機序については，DHA や EPA による小腸

表2・8 魚類筋肉脂

	漁獲時期	漁場	筋肉部位	脂質含量（%）	14:0	15:0	16:0	16:1n-9	17:0
マアジ	6月	鹿児島県	普通肉	3.9	2.6	0.8	18.4	5.5	6.8
			血合肉	12.5	2.7	0.1	17.4	4.9	1.1
マサバ	11月		普通肉	6.6	2.6	0.9	19.1	3.7	3.0
			血合肉	11.6	1.9	0.8	15.8	6.6	3.8
サンマ	9月	北海道	普通肉	9.5	5.8	0.6	9.7	4.9	1.5
			血合肉	20.9	5.7	0.5	8.9	5.1	1.3
マイワシ	6月	神奈川県	普通肉	2.4	4.5	0.8	19.1	6.3	1.8
			血合肉	11.2	5.0	0.7	14.9	4.4	1.4
ブリ	1月		普通肉	14.5	4.8	0.6	16.6	7.2	2.0
			血合肉	22.3	4.2	0.7	15.4	6.6	2.0
カツオ	7月	千葉県	普通肉	3.9	2.4	0.6	15.4	6.3	2.8
			血合肉	6.7	2.1	0.7	17.6	6.5	2.9
マダイ	7月	養殖	普通背肉	4.6	4.9	0.4	17.3	7.1	—
			血合肉	33.2	5.1	0.6	16.5	7.3	1.2
マダラ	11月	青森県	普通肉	2.3	1.6	—	16.0	4.1	0.4
ニジマス	11月	養殖	普通肉	2.8	2.2	—	20.2	5.8	0.3
アユ	7月	養殖	普通肉	5.6	3.8	—	25.1	12.1	—
マッコウクジラ		金華山沖	体油	—	7.5	1.0	10.0	15.4	—
ゴマフアザラシ			皮下脂肪	—	1.7	0.2	3.2	9.5	0.4
大豆油					—	—	10.4	—	—
牛脂					3.3	—	26.6	4.4	1.3

からのコレステロールの吸収阻害や肝臓コレステロールの生合成の抑制などの脂質代謝に及ぼす影響が考えられている．

5）魚類筋肉脂質の加工特性

脂肪酸の2ヶ所の二重結合にはさまれた炭素に結合する水素原子（ビスアリル水素）が引き抜かれると脂肪酸部位はラジカル化し，空気中の酸素分子と反応し"自動酸化（autoxidation）"を引き起こす．自動酸化速度は脂肪酸の二重結合数が多いほど大きいことが知られている．一方，二重結合をもたない飽和脂肪酸は自動酸化を起こしにくい．したがって，高度不飽和脂肪酸の組成比の高い魚類及び海産哺乳類の油脂は植物油に比べて自動酸化を起こしやすい．油脂の一次酸化生成物であるヒドロペルオキシド（hydroperoxide）それ自体は無味無臭であると考えられているが，化学的には不安定であり低分子のアルコール，アルデヒド，ケトン類（いわゆるカルボニル化合物）へと容易に分解

質の脂肪酸組成 (重量%)

18:0	18:1n-9	18:2n-6	18:3n-3	18:3n-3＋20:1n-9	20:4n-6	20:5n-3	22:1n-9	22:5n-3	22:6n-3
7.3	17.2	0.8	—	2.5	2.1	6.7	2.6	3.2	21.2
8.0	19.3	0.8	—	2.4	2.3	11.0	3.1	3.1	20.5
7.1	20.9	2.3	—	3.5	3.3	5.2	1.2	2.2	18.8
6.2	17.0	2.3	—	3.3	3.6	5.9	0.9	2.0	23.2
2.2	6.9	1.5	—	21.2	0.4	7.5	17.5	1.6	14.7
1.6	6.4	2.3	—	21.1	0.3	7.3	19.9	1.8	13.8
4.4	10.2	1.5	—	4.7	2.0	13.4	2.2	2.1	21.3
5.0	10.3	1.4	—	4.5	2.0	14.4	2.4	1.9	20.4
4.7	16.1	1.8	—	5.7	1.6	10.3	3.9	3.4	16.5
4.1	17.0	1.9	—	4.8	1.6	11.1	3.6	3.5	18.1
5.8	30.7	3.4	—	3.6	2.4	4.0	1.1	1.6	13.5
7.1	29.6	3.2	—	3.6	1.8	3.5	1.8	1.5	12.9
4.2	15.3	2.1	1.5	5.2	1.6	11.4	2.2	3.5	20.8
4.3	15.5	3.2	1.6	5.6	1.6	11.4	2.4	3.6	19.8
4.3	15.2	0.5	0.4	2.8	3.5	16.5	0.5	2.0	29.5
4.1	25.9	12.1	—	4.4	1.1	3.1	—	1.0	14.8
2.8	26.2	8.7	—	2.5	0.1	4.2	2.7	1.8	7.6
1.2	26.2	0.5	—	16.7	—	—	—	—	—
0.7	16.2	0.6	0.2	8.4	0.4	10.6	1.6	14.6	26.2
4.0	23.5	53.5	8.3	—	—	—	—	—	—
18.2	41.2	3.3	—	—	—	—	—	—	—

(日本水産油脂協会,1992)

する.カルボニル化合物の種類は実に多様であり,その多くがppbオーダーの低濃度においても固有のにおいと味を呈する.すなわち,魚介類の加工・貯蔵中に味やにおいが変化するのは,多様な自動酸化生成物に起因することが多い.

(大島敏明)

2・1・4 炭水化物

1）グリコーゲン

一般成分の項で述べたように,魚介類の炭水化物はタンパク質,脂質に比べその含量は低い.マグロやカツオなどの回遊性の赤身魚は,タイ,ヒラメ,カレイなどの底生性の白身魚に比べ糖含量が多く,筋肉中に1%程度のグリコーゲン（glycogen）を有しており,運動エネルギーとして利用している.貝類特に二枚貝ではグリコーゲンをエネルギー源として貯蔵するため,カキやホタテガイは炭水化物含量が高い（表2・1）が,グリコーゲンの含量は季節により大

きく変動し，また筋肉中のグリコーゲンは苦悶死によって著しく減少する．

2）グリコサミノグリカン

グリコサミノグリカン（glycosaminoglycan）はアミノ糖を含む粘質多糖の総称で，動物の結合組織に存在し，以前はムコ多糖（粘性"muco"のある多糖"polysaccharide"の意味）と呼ばれていた．これらの成分は魚介類の軟骨，皮，血管，眼球のガラス体に存在する．ヒアルロン酸（hyaluronic acid）とコンドロイチン（chondroitin）は酸性グリコサミノグリカンの非硫酸化多糖に属する．

キチンは中性のグリコサミノグリカンに分類され，またコンドロイチン硫酸は酸性グリコサミノグリカンの硫酸化多糖に属する（第13章13・3及び13・4・1参照）．

（鈴木　健）

2・1・5　エキス成分

魚介類及び藻類は，その組織あるいは細胞内に低分子量の化合物を含有しており，これらは熱水で抽出されることからエキス成分と呼ばれている．エキス成分は遊離アミノ酸，ペプチド，ベタイン類，核酸関連化合物，トリメチルアミンオキシド（trimethylamine oxide, TMAO），グアニジノ化合物，オピン類，尿素などの含窒素成分と遊離糖，有機酸，ミネラルなどの無窒素成分に分けられる．このような低分子成分は生体内ではプールを形成していて，高分子物質の分解，他の物質からの合成などにより搬入され，一方では高分子物質への取り込み，他の物質への分解などによって搬出され，両者の平衡によって一定量が保持されている．これらの成分の中には，浸透圧調節，pH変化に対する緩衝能，エネルギーの授受など，海水や淡水に生息している魚介類及び藻類の生命活動に必須の役割を果たしているものがある．一方，魚介類及び藻類を食用とする際に，エキス成分は呈味に深くかかわっている成分で，食品化学の面から重要な役割をもっている．また，微生物による分解を受けやすいこともあり，食品の貯蔵中における品質低下にも深くかかわっている．

1）遊離アミノ酸及びペプチド

魚介類に含まれる遊離アミノ酸の含量を表2・9に示す．遊離アミノ酸量は，赤身魚と白身魚，普通肉と血合肉とでは異なり，マグロ，カツオ，サバ，サンマなどの赤身魚の普通肉にはヒスチジンが多く，血合肉にはタウリン含量が高い．

ペプチドとしては，β-アラニンとヒスチジンからなるカルノシン（carnosine）

及びβ-アラニンとメチルヒスチジンからなるアンセリン（anserine）が，水産動物に広く分布している．カルノシンはウナギに特異的に多く，アンセリンはマグロやサケに多く見られる．これらは上記のヒスチジンと同様にイミダゾール化合物であり，緩衝能を有するので，回遊性魚類の筋肉のpHを適正に保つのに役立っていると考えられている．

表2·9　魚介類遊離アミノ酸組成　　　　　(mg/100g)

	メバチ 普通肉	メバチ 血合肉	サンマ 普通肉	サンマ 血合肉	サケ 普通肉	サケ 血合肉	ウナギ 普通肉	ウナギ 血合肉	コイ 普通肉	コイ 血合肉	イカ	ウニ 卵巣	ナマコ
グリシン	8	36	9	7	49	16	26	5	86	39	24	743	62
アラニン	12	50	18	14	35	22	12	12	28	69	58	164	136
バリン	6	6	4	4	4	3	4	2	7	9	11	191	13
ロイシン	9	7	5	4	4	4	5	3	4	22	14	204	7
イソロシン	6	5	3	2	2	2	3	2	16	3	9	127	11
プロリン	1	13	1	+	+	+	4	1	3	34	47	0	60
フェニルアラニン	4	3	2	2	2	2	2	1	3	6	9	82	2
チロシン	7	6	3	2	4	3	2	1	3	7	9	287	3
セリン	4	13	3	3	12	9	4	3	9	25	16	98	11
スレオニン	5	9	2	2	7	6	6	3	45	86	13	82	22
メチオニン	6	4	2	1	2	2	1	+	2	6	19	64	1
アルギニン	3	2	2	2	2	+	7	2	5	8	89	425	20
ヒスチジン	675	78	806	386	39	14	5	3	274	124	28	39	1
リジン	7	9	20	9	4	6	2	2	0	3	9	284	25
アスパラギン酸	1	4	+	+	+	+	2	2	3	20	2	2	3
グルタミン酸	2	19	15	13	17	17	5	6	5	53	8	99	423
タウリン	26	270	223	248	23	275	7	6	129	579	184	49	45
カルノシン	+	+	+	+	0	0	509	123	0	0	0	0	0
アンセリン	1260	434	0	0	355	126	0	0	0	0	0	0	0

（T.Suzuki et al., 1987; T.Suzuki et al., 1990; T.Shirai et al., 1997；平野ら，1978；小櫛ら，1999）

エビ，カニ，ウニ，ナマコなどの無脊椎動物はグリシン及びアラニンを多く含んでいて，これらのアミノ酸は呈味上重要な役割を果たしている．また，これらの無脊椎動物には，脊椎動物におけるクレアチンのように，フォスファゲンとして作用するアルギニンが多量に含まれている．

2）ベタイン類

ベタイン（betaine）類は鎖状（グリシンベタイン，β-アラニンベタイン，カルニチンなど）と環状（ホマリン，トリゴネリン，スタキドリンなど）のベタインに分けられ，魚類より水産無脊椎動物に多く含まれている．グリシンベタ

イン（glycinebetaine）は貝類，エビ・カニ，イカ・タコなどの筋肉，生殖腺などに多く含まれ，浸透圧調節に関与していると考えられている．

3）核酸関連化合物

核酸の構成成分であるヌクレオチドの中で，アデニンヌクレオチドは魚介類筋肉中に最も多く含まれている．ATPは筋収縮に直接関与しているヌクレオチドである．生体筋肉の休息中にはほとんどがATPとして存在するが，激しい運動により分解する．また，死後にはATPはADP，アデノシン5'-一リン酸（adenosine 5'-monophosphate，AMP）へと順次分解し，魚類ではさらにイノシン5'-一リン酸（inosine 5'-monophosphate，IMP），イノシン（inosine，HxR）を経てヒポキサンチン（hypoxanthine，Hx）へと変化していく．このような分解現象に基づいてATP分解物の総量に対するHxRとHxの割合を示すK値が魚類の鮮度判定指標として広く使用されている．一方，無脊椎動物ではIMPを経由せず，アデノシン経由で分解する経路が主流である．IMPは，イノシン酸（inosinic acid）ともいい，旨味の中心となる呈味成分で，グルタミン酸ナトリウムと共存すると旨味の相乗効果を有することが知られている．

4）トリメチルアミンオキシド

TMAOは，海産魚特に軟骨魚のサメやエイの筋肉に多く含まれており，硬骨魚ではタラ類に多く，イカ類にも高含量のものが多く見られる．淡水の魚介類にはほとんど存在しないことから，海産魚の浸透圧調節に関与していると考えられている．魚類の死後，組織中のTMAOは微生物により分解されてトリメチルアミン（trimethylamine，TMA）となり，鮮度低下に伴う魚の生ぐさ臭の一因となる．

5）グアニジノ化合物

グアニジン基〔$HN=C(NH_2)_2$〕を有する化合物としては，魚類のクレアチン（creatine）及び無脊椎動物のアルギニン（アミノ酸の項参照）があり，これらは生体内において高エネルギーリン酸の形でエネルギーを蓄え，ATPの再生に使われる．クレアチンは魚類の血合肉に比べると普通肉に多く含まれている．クレアチニンはクレアチンの非酵素的脱水反応により生成する．

6）オピン類

分子内にD-アラニン構造を有し，他のアミノ酸がイミノ酸を共有する形で結合した構造をもつものをオピン（opine）類という．軟体動物にはオクトピン，アラノピン，タウロピン，ストロンビンなどが見出されている．

7) 尿　素

軟骨魚類には筋肉中に極めて多量の尿素（urea）が含まれていて，前述のTMAOとともに浸透圧調節に関与している．一方，硬骨魚及び無脊椎動物の組織にはわずかしか含まれていない．サメ肉は鮮度低下すると強いアンモニア臭を発生するが，これは尿素が細菌により分解されてアンモニアが生成されることによる．

8) 糖

魚介類はエネルギー源としてグリコーゲンを筋肉や肝臓に多量に蓄積し，これが解糖系やその他の酵素により分解され，リン糖及び遊離糖を生成する．遊離糖として主要なものはグルコースで，リボース，フルクトース，イノシトールなども生成する．解糖系により生じるリン糖としては，グルコース1-リン酸（glucose 1-phosphate），グルコース6-リン酸（glucose 6-phosphate），フルクトース6-リン酸（fructose 6-phosphate），フルクトース1,6-二リン酸（fructose 1,6-diphosphate），リボース1-リン酸（ribose 1-phosphate），リボース5-リン酸（ribose 5-phosphate）などが知られている．

9) 有機酸

魚介類に存在する主要な有機酸は乳酸，ピルビン酸及びコハク酸であるが，酢酸，プロピオン酸，フマル酸，リンゴ酸，クエン酸，シュウ酸なども検出されている．乳酸（lactic acid）とピルビン酸（pyruvic acid）はグリコーゲンなどの解糖系を経て生成され，運動量の多い回遊性魚類で含量が高く，運動量の少ない底生性魚類には少ない．コハク酸（succinic acid）は貝類に多く含まれ，貝類の旨味を特徴付けている重要な呈味成分である．

10) ミネラル

ミネラルはエキス成分として扱われないこともあるが，食品の呈味に関与する重要な成分である．カニ，貝など無脊椎動物の呈味成分を，合成エキスを用いたオミッションテストで調べた結果，ナトリウム，カリウム，塩素などの無機イオンは呈味有効成分で味に深く係わっていることが明らかにされている．

〔鈴木　健〕

2・1・6　無機質

魚介類に含まれる主要成分は前述のとおり，水分，タンパク質，脂質，炭水化物で，これらを構成する主要元素は酸素O，炭素C，水素H，及び窒素Nである．これらを除く元素は無機質（ミネラル）と呼ばれる．この中で，カル

シウム Ca, リン P, カリウム K, イオウ S, ナトリウム Na, 塩素 Cl, マグネシウム Mg は全無機質の 60～80％を占める多量元素である．これら以外の微量元素は 50 種程度あるといわれるが，必須元素は鉄 Fe, 亜鉛 Zn, 銅 Cu, クロム Cr, ヨウ素 I, コバルト Co, セレン Se, マンガン Mn, モリブデン Mo, フッ素 F, ニッケル Ni, ケイ素 Si, スズ Sn, バナジウム V, ヒ素 As の 15 種である．

海水中には地球上に存在するすべての元素が溶解していることから，海は無機質の宝庫といえる．このような環境下に生息する海中の動植物にはすべての元素が供給され，これらを濃縮して蓄積することから水産物は各種のミネラルに富む食品といえる．

五訂日本食品標準成分表に収録されている無機質は，Na, K, Ca, Mg, P,

表2・10　魚介類筋肉中の無機質含量　　　　　　　　　　　mg / 100g

	Na	K	Ca	Mg	P	Fe	Zn	Cu	Mn	
メバチ	49	420	4	35	330	1.4	0.4	0.05	0.01	
キハダ	43	450	5	37	290	2.0	0.5	0.06	0.01	
カツオ	43	430	11	42	280	1.9	0.8	0.11	0.01	春獲り(初ガツオ)
シロサケ	66	350	14	28	240	0.5	0.5	0.07	0.01	
ギンザケ	48	350	12	25	290	0.3	0.6	0.05	0.01	養殖
マイワシ	120	310	70	34	230	1.8	1.1	0.14	0.05	
カタクチイワシ	85	300	60	32	240	0.9	1.0	0.17	0.13	
マアジ	120	370	27	34	230	0.7	0.7	0.08	0.01	
マサバ	140	320	9	32	230	1.1	1.0	0.10	0.01	
サンマ	130	200	32	28	180	1.4	0.8	0.11	0.02	
スケトウダラ	130	350	41	32	270	0.4	0.5	0.06	0.01	
ホッケ	81	360	22	33	220	0.4	1.1	0.10	0.01	
マガレイ	110	330	43	28	200	0.2	0.8	0.03	0.01	
アサリ	870	140	66	100	85	3.8	1.0	0.06	0.10	
カキ	520	190	88	74	100	1.9	13.2	0.89	0.38	養殖
ホタテガイ	320	310	22	59	210	2.2	2.7	0.13	0.12	
クルマエビ	170	430	41	46	310	0.5	1.4	0.42	0.02	養殖
ブラックタイガー	150	230	67	36	210	0.2	1.4	0.39	0.02	養殖
ズワイガニ	310	310	90	42	170	0.5	2.6	0.35	0.02	
スルメイカ	300	270	14	54	250	0.1	1.5	0.34	0.01	

魚は三枚下ろしの切り身．ただしメバチ，キハダは皮なしの切り身．
アサリ，カキ，ホタテガイは貝殻を除いた可食部．
クルマエビ，ブラックタイガーは頭部，殻，内臓，尾部を除いた可食部．
ズワイガニは殻，内臓を除いた可食部．
スルメイカは内臓を除いた可食部．　　　　　　　　　　（科学技術庁資源調査会，2001）

Fe, Zn, Cu, Mn の 9 種類で, 魚介類のこれら含量を表 2・10 に示す. Na, K, P の含量は全般に高く, Fe, Zn, Cu, Mn は低い. 魚介類の可食部は, 一般の魚では頭部, 内臓, 骨, 鰭などを除いた筋肉が中心であるが, 貝類, エビ類, イカ・タコ類などでは内臓も可食部とされるものが多く, またエビ類は殻付きのまま食することが多い. 内臓は筋肉に比べ無機質を豊富に含むことから, 表 2・10 からも分るように, 例えば可食部に内臓を含むカキは Zn 及び Cu が, アサリは Mg 及び Fe 含量が他に比べて高い.

魚介類に含まれている無機質を食品として摂取しても, そのすべてが消化吸収されるわけではなく, 無機質の化学形態, 共存物質, 並びに吸収するヒトの生理状態などが消化吸収に大きく影響することはよく知られている.

Ca, Fe, P, Mg, K, Cu, I, Mn, Se, Zn, Cr 及び Mo の 12 元素に関する摂取基準は第六次改定日本人の栄養所要量‐食事摂取基準に示されており, 表 2・11 にとりまとめた. Na 及び Cl については, 食塩摂取量として 10 g / 日未満 (0.15 g / 体重 kg 未満) が推奨されており, これは高血圧予防の観点から設定されている.

表 2・11　無機質摂取基準　(mg)

年齢	男	女	上限	男	女	上限	男	女	上限
	Ca			Fe			P		
18-29	700	600	2500	10	12	40	700	700	4000
30-49	600	600	2500	10	12	40	700	700	4000
50-69	600	600	2500	10	12	40	700	700	4000
	Mg			K			Cu		
18-29	310	250	700	2000	2000	—	1.8	1.6	9
30-49	320	260	700	2000	2000	—	1.8	1.6	9
50-69	300	260	650	2000	2000	—	1.8	1.6	9
	I			Mn			Se		
18-29	0.15	0.15	3	4.0	3.0	10	0.060	0.045	0.25
30-49	0.15	0.15	3	4.0	3.5	10	0.055	0.045	0.25
50-69	0.15	0.15	3	4.0	3.5	10	0.050	0.045	0.25
	Zn			Cr			Mo		
18-29	11	9	30	0.035	0.030	0.25	0.030	0.025	0.25
30-49	12	10	30	0.035	0.030	0.25	0.030	0.025	0.25
50-69	11	10	30	0.030	0.025	0.25	0.030	0.025	0.25

食塩摂取量は, 15 歳以上では 10 g / 日未満とすることが望ましい
上限: 許容上限摂取量　　　　　　　　　　　　　(健康・栄養情報研究会, 1999)

第六次改定日本人の栄養所要量-食事摂取基準では，人体に必要な無機質であっても過剰摂取は好ましくないことがあるため，許容上限摂取量が設定されている．表2・11のMg，Mn，Znの値をみると，所要量の3倍以内に許容上限摂取量が定められていて，無機質の必要量と注意を要する過剰摂取量の差は余り大きくないことが分る．

(鈴木　健)

2・1・7　色　素

1) ミオグロビン，ヘモグロビン

赤身魚の筋肉の色調は主にミオグロビン (myoglobin，Mb) によるもので，血液中のヘモグロビン (hemoglobin，Hb) も赤色を呈しているが，量的に少ないため色調に与える影響は小さい．Mbは図2・10に示すように，色素部分のプロトヘム (protoheme，プロトポルフィリンの鉄 (II) 錯体，ヘムとも同意義語) にタンパク質のグロビンが結合した構造体である．プロトヘムの中心の鉄原子は6個の配位座をもち，酸素分子または水分子，4個のピロール環の窒素原子，グロビン中のヒスチジンのイミダゾール基と配位結合している．魚類Mbの分子量は15,000～17,000で，哺乳動物と大差はみられない．Hbは基本的にはMbが4分子会合した構成になっており，生体の酸素運搬という重要な役割を果たしている．一方，甲殻類や軟体類では青色色素のヘモシアニン (hemocyanin) が，酸素運搬を担っている．

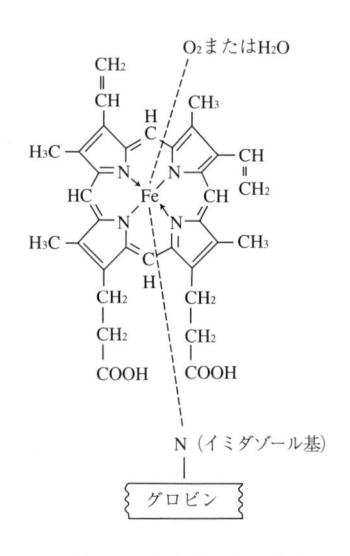

図2・10　ミオグロビンの構造

魚類普通肉及び血合肉に含まれるMb及びHb含量を表2・12に示す．普通肉ではマダイが最も低く，サバ，サンマ，ブリがこれに次ぎ，赤身魚の代表であるカツオやマグロ類で最も高く，ホンマグロでは590 mg/100 gにも及ぶ．この表から肉色を表わす主要な色素タンパク質はMbであることが分かる．血合肉では，いずれも色素タンパク質が普通肉に比べて著しく多く，ホンマグロでは3.5～5.0%にも達する．普通肉と同様に色素タンパク質の大部分はMbが占めてい

る．生体中においては，暗赤色のデオキシミオグロビン（還元型，deoxymyoglobin）あるいは鮮赤色のオキシミオグロビン（酸素結合型，oxymyoglobin, MbO_2）として存在しているが，死後，ヘム鉄はⅡ価からⅢ価へ自動酸化することにより，暗褐色のメトミオグロビン（metmyoglobin, metMb）へ変化する．これに伴って肉色は褐色化する．

表2・12 魚肉のミオグロビン及びヘモグロビン含量　　（mg／肉100 g）

魚　種	普通肉		血合肉		備考
	Mb+Hb	%Mb	Mb+Hb	%Mb	
マ　ダ　イ	6	90	520	95	
サ　　　バ	10～14	67	890～980	84	
サ　ン　マ	14～35	—	480～510	81	
ブ　　　リ	12～30	100	400～800	96～99	
クロカワカジキ	14	—	1,020	—	
マ　カ　ジ　キ	25～50	80	1,150～1,560	89	
カ　ツ　オ	139～173	62～97	1,700～2,060	95	
キ　ハ　ダ	49～168	69～85	660～2,260	81～95	餌釣り
	82～135	47～81	1,730～2,820	84～98	まき網
メ　バ　チ	164～234	99	3,910	—	
ホンマグロ	490～590	100	3,580～5,090	82～93	
コ　　　イ	53	78	360	80	
ウ　　　マ	340	91			
スジイルカ	4,930	91			
マッコウクジラ	7,540	97			

（橋本，1976）

生食用のマグロ赤身の肉色保持は水産業にとって極めて重要である．Mb の自動酸化を制御するためには，−35℃以下の超低温で冷凍することが必要とされている．（第3章3・7・3参照）

2）カロテノイド

カロテノイド（carotenoid）は動植物に広く分布する長鎖ポリエン構造をもつ赤・黄・橙色色素で，多数の共役二重結合が色の発現にかかわっている．カロテノイドの化学構造は，イソプレン8単位からなる炭素数40のオクタプレンを基本形とし，炭化水素のカロテン類，その酸化物のキサントフィル（xanthophyll）類に分けられる（図2・11）．

動物に蓄積されるカロテノイド類は自らが合成したものではなく，摂餌した動植物中のカロテノイドを腸管から吸収し，そのままの形，あるいは肝臓で一

部変化を受けた後,臓器・組織に蓄積したものである.肉にカロテノイドを含む魚介類はサケ・マス類が代表的で,カロテノイドのほとんどがアスタキサンチン(astaxanthin)である.多くの魚介類では,体表や卵巣に蓄積され,マダイでは真皮層,エビ・カニでは甲殻などにアスタキサンチンを主成分としたカロテノイドが存在する.

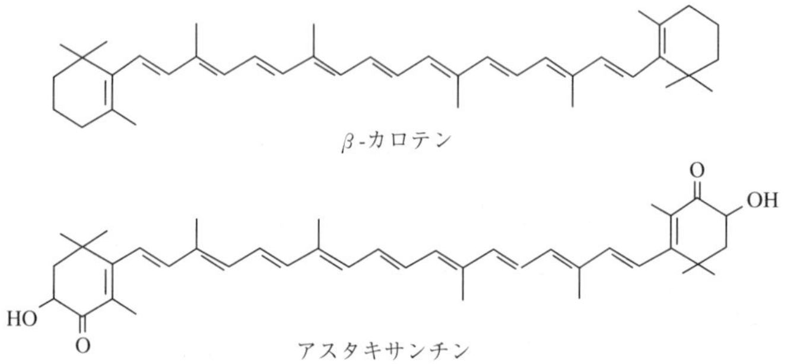

β-カロテン

アスタキサンチン

図2・11 カロテノイドの構造式

3) その他

MbやHbは肝臓で代謝されると,色素部分を構成するヘムは開裂してピロール環4個のビリルビン(bilirubin)やビリベルジン(biliverdin)などの胆汁色素(bile pigment)を生じる.ビリベルジンは魚類の体表,鱗,筋肉などに含まれておりそれらが青みを帯びる原因になることがある.

クロロフィル(chlorophyll)は植物の光合成に欠かせないものであり,珪藻を餌料として育つカキ殻は緑化することが知られている.これは餌由来のクロロフィルあるいはこの分解物が鰓や外套膜に沈着することによる.

(鈴木 健)

2・2 魚介類の死後変化と鮮度

2・2・1 死後硬直

魚類筋肉を構成している主要なタンパク質は筋原繊維タンパク質で,普通筋全タンパク質の50〜70%を占め,魚種により含量は異なっている.筋原繊維タンパク質の主成分はミオシンとアクチンで,収縮タンパク質と呼ばれ,筋肉の伸縮に直接関与している.ミオシンの生体内における役割は,生理的イオン

強度下で太いフィラメント（thick filament）を構成するとともに、細いフィラメント（thin filament）を構成するアクチンとの結合、ならびに ATP を ADP とリン酸に分解する ATPase 作用などである。筋肉の微細構造は光学顕微鏡で見ると、筋原繊維は A 帯（暗帯、異方帯 anisotropic band）及び I 帯（明帯、等方帯 isotropic band）が反復して存在し、全体として横紋が示される（図 2·1 参照）。A 帯及び I 帯の中央にそれぞれ密度の高い部位があり、これらは M 線及び Z 線（板）と呼ばれている。筋原繊維の構造はこのような繰り返しで構成されていて、Z 線から次の Z 線まではサルコメア（sarcomere、筋節）と呼ばれ、横紋筋（striated muscle）の機能単位となっている。それぞれの筋原繊維は太いフィラメント（ミオシンフィラメント）及び細いフィラメント（アクチンフィラメント）から構成されている。両者はその断面図（図 2·1）が示すように互いに六角形状に配置していて、細いフィラメントが太いフィラメント間に滑り込むことにより筋収縮が起こる。

　筋細胞内のカルシウムイオン濃度（10^{-7} mol/l）は、筋細胞外及び細胞内の小器官である筋小胞体（sarcoplasmic reticulum）内腔のそれ（10^{-3} mol/l）に比べ著しく低く抑えられている。この濃度差を保つためには、筋細胞膜並びに筋小胞体にカルシウムを筋細胞外に排出するカルシウムポンプが作動することが必要で、ATP がこのポンプのエネルギー源となる。このように筋細胞内にカルシウムイオンが存在しない時には、筋肉は弛緩状態にあるが、魚類などの筋肉では神経系からの伝達によって、筋原繊維の内部にカルシウムが放出され筋肉が収縮する。

　魚類は死後の筋肉が弾性や伸展性を失い硬直を起す。この現象を死後硬直（rigor mortis）と呼ぶ。魚類筋肉中の ATP は死後しばらくの間一定濃度に保持されているが、これは高エネルギーリン酸化合物のクレアチンリン酸（creatine phosphate、無脊椎動物では主にアルギニンリン酸）が存在するためで、クレアチンキナーゼの触媒により ADP がリン酸基を受けとって ATP に変換するためである。

　　　　クレアチンリン酸＋ADP→クレアチン＋ATP

　死後血流が停止すると呼吸による酸素の供給がなくなるため、筋肉中に蓄積されているグリコーゲンなどの糖質を代謝する際に、解糖（glycolysis）、TCA サイクル（tricarboxylic acid cycle）、呼吸鎖（respiratory chain）を経る好気的経路が使用できなくなり、この結果、嫌気的代謝が行われるため ATP の

生成量が少なくなる（図2・12）．また，嫌気的状態では解糖作用により乳酸が生成するため，pH の低下が起こると考えられる．筋肉内の ATP は魚類の死後補充されなくなると減少し始め，細胞内カルシウムを除去するカルシウムポンプの作動が困難となり，特に筋小胞体からのカルシウム漏出の多いことが死後硬直の主要な原因とされている．また筋収縮に関わるアクチンとミオシンは，ATP が消失すると硬直複合体（rigor complex）を形成し，両者は解離が困難であるため，筋肉の柔軟性は失われるようになる．

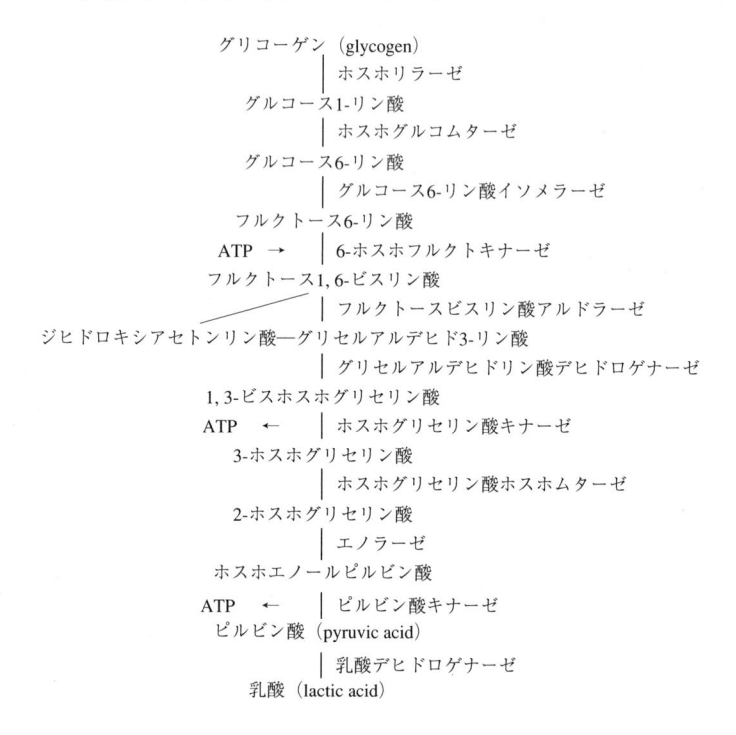

```
            グリコーゲン（glycogen）
                │ ホスホリラーゼ
            グルコース1-リン酸
                │ ホスホグルコムターゼ
            グルコース6-リン酸
                │ グルコース6-リン酸イソメラーゼ
            フルクトース6-リン酸
        ATP →   │ 6-ホスホフルクトキナーゼ
            フルクトース1,6-ビスリン酸
                │ フルクトースビスリン酸アルドラーゼ
    ジヒドロキシアセトンリン酸―グリセルアルデヒド3-リン酸
                │ グリセルアルデヒドリン酸デヒドロゲナーゼ
        1,3-ビスホスホグリセリン酸
        ATP ←   │ ホスホグリセリン酸キナーゼ
            3-ホスホグリセリン酸
                │ ホスホグリセリン酸ホスホムターゼ
            2-ホスホグリセリン酸
                │ エノラーゼ
            ホスホエノールピルビン酸
        ATP ←   │ ピルビン酸キナーゼ
            ピルビン酸（pyruvic acid）
                │ 乳酸デヒドロゲナーゼ
            乳酸（lactic acid）
```

図2・12　グリコーゲンの嫌気的代謝

　死後硬直は魚種により硬直の開始時期，強さ，持続時間などが異なる．赤身魚のイワシやサバなどは硬直の開始が速いことが知られており，同じ魚種では大型より小型魚の方が速やかに硬直する．漁獲方法も魚の消耗の程度に影響するので重要で，長時間にわたり網の中で動き回って苦悶死した魚は運動による ATP の消耗が著しいため，即殺した魚に比べ死後硬直が速い．また漁獲前に

摂餌の少ない魚，疲労した魚や産卵後の魚は，筋肉中のエネルギー貯蔵が少ないため，死後短時間内に硬直を起こす．飼育水温及び生息水温に関しては，マグロなどの大型魚を除くと魚の体温は環境水温に応じて変動するため，体温（環境水温）と貯蔵温度の差が大きいと硬直が速くなる．また，回遊魚に多量に存在する血合筋（dark muscle，血合肉）は，普通筋（ordinary muscle）に比べ硬直時の収縮は著しく大きいことが知られている．

死後硬直の測定方法としてよく用いられているのは，魚体の前部すなわち頭を含む前半分を台に載せ，尾部の下がる程度を測定する方法である（図2·13）．硬直指数（rigor index）は，即殺直後の垂れ下がった位置までの長さ（水平位置との差）から貯蔵後に垂れ下がった位置までの長さ（水平位置との差）を差し引き，前者の長さで除して百分率としたものである．硬直状態になると垂れ下がりがなくなるため，硬直指数は100％となり，解硬がはじまると数値が低下していく．

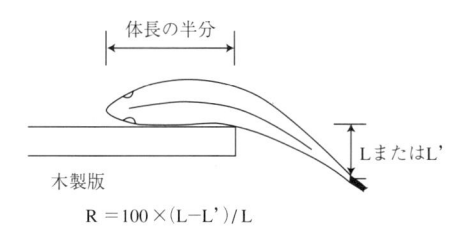

$$R = 100 \times (L-L')/L$$

R：硬直指数，L：即殺直後の垂れ下り値，
L'：貯蔵後の垂れ下り値

図2·13 硬直指数の測定（尾藤ら，1983）

魚類を死後直ちに急速凍結をすると，氷結晶の生成は少なく，一見すると生体時の組織が維持されているように見えるが，この状態の魚は解凍すると解凍硬直（thaw rigor）を起こし，死後硬直以上の激しい収縮が観察される．これは死後の急速凍結により，ATPやクレアチンリン酸はそのまま細胞内に保持されているが，凍結により細胞膜や筋小胞体が破壊されてカルシウム濃度が上昇するため，解凍すると死後硬直と同様な現象が急激に進行することによる．その際，細胞内の呈味に関わる成分がドリップとして流失するとともに，微生物による汚染も受けやすくなる．

新鮮な白身魚のコイ，タイ，スズキなどの切り身を冷水あるいは温水に晒すと魚肉は収縮して硬化する．この現象は「あらい」と呼ばれ，古くから調理法として利用されている．これはATPやグリコーゲン含量が急速に減少して，死後硬直が短時間で起こることによるもので，鮮度の低下した魚肉では起こらない．

2・2・2 解硬及び自己消化

上記のような死後硬直が起こり完全硬直が終わると，硬直解除の解硬（rigor resolution）及び軟化が始まる．魚肉に比べると，牛肉や豚肉などの畜肉類は筋組織が強固で，死後硬直中はかなり硬くなり解硬軟化に数日を要するため，熟成（aging）と呼ばれ，呈味の向上を目指す貯蔵が行われる．一方，魚肉では解硬軟化が死後早期に始まることから，食肉とは異なる各種の貯蔵方法が考えられてきた．

解硬の際に，筋原繊維の顕微鏡観察で初めに見られるのは筋収縮の基本単位であるサルコメアが1～4個の短い筋原繊維が増加するZ線の微細構造の変化である（図2・14）．筋原繊維の小片化はZ線部の構造が脆弱化し切断が起こることによるもので，この切断はZ線の構成タンパク質のα-アクチニン（actinin）がカルシウム活性化中性プロテアーゼのカルパインにより分解されるためと考えられている．このような変化は畜肉においては肉の熟成度を判定する指標として使用されている．

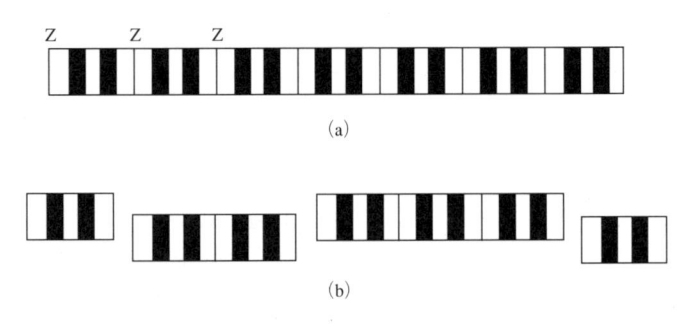

図2・14 筋原繊維の小片化を示す模式図
(a) 死後硬直，(b) 解硬後，熟成後　　　　　　　　（高橋，1981）

死後硬直によりできるアクチン，ミオシン間の結合は，硬直が最大に達したとき最強となり，それに伴ってサルコメアの長さは最短となるが，その後長くなることから，両者の結合が解硬により脆弱化すると考えられる．さらにミオシンフィラメントとZ線を連結する弾性タンパク質のコネクチン（connectin）が低分子化し，筋肉の硬さに変化が起こるといわれている．一方，結合組織であるコラーゲン（collagen）繊維は筋肉の硬さなど物性に深く関与しており，この断片化も解硬に関わる．特に，筋基質タンパク質の多い畜肉においては，このような構造変化が起こることが知られている．

硬直の解除には，筋肉中に存在するプロテアーゼ（protease）の働きも関与しているものと考えられる．自己消化（autolysis）とは生体の構成成分が生体内の酵素によって分解される現象であるが，特に筋肉などのタンパク質がプロテアーゼにより分解されることをいう．生体組織中には各種のタンパク質分解酵素が存在しており，魚筋肉中では酸性プロテアーゼのカテプシン D（cathepsin D, EC:3.4.23.5）が代表的なもので，この外カテプシン L（cathepsin L, EC: 3.4.22.15）も自己消化に深く関わる酵素として知られている．
　一方，中性プロテアーゼとしてはカルパイン（calpain, EC:3.4.22.17）があげられ，分子量は 80,000 である．この酵素はカルシウム依存性であるためカルシウムイオン存在下で賦活され，筋原繊維 Z 線の主要なタンパク質 α-アクチニンを分解する．
　塩辛及び魚醤油は魚介類の筋肉や内臓を原料とし，食塩を高濃度に加えて腐敗を抑えながら，自己消化酵素及び微生物由来の酵素で消化した独特の風味をもつ製品である．高塩濃度のもとで発酵が行われるため好塩性菌の有する酵素が関与する．塩辛，魚醤油，すし類などの発酵食品は，地方色豊かな名産品として各地で生産されている（第 9 章 9・2 参照）．

2・2・3　腐　　敗

　魚類の表皮，鰓，消化管には微生物が付着していて，貯蔵・流通中に魚体成分は分解を受ける．その結果，食品のもつ本来の性状が失われ，好ましくない成分，いわゆる腐敗生産物を生成し，色，味，香りなどが著しく変化して食用に供することができなくなることがある．この過程を腐敗（putrefaction）という．一方，微生物が食品として好ましい成分を生成することは発酵（fermentation）と呼ばれている．
　魚類の筋肉は通常は無菌状態であるが，皮膚には$10^2 \sim 10^5$/cm^2，鰓には$10^3 \sim 10^7$/g，消化管には $10^3 \sim 10^8$/g 程度の細菌が存在し，そのほとんどは魚が生息している環境水由来のものである．魚の死後，鰓に付着していた細菌は血管内に入り，筋肉に移行する．海産と淡水産の魚介類ではその生息環境が異なるため，付着している細菌も異なり，塩濃度が約 3.5％の海洋に生息する海産魚には好塩性の細菌が多く存在する．魚介類筋肉が畜産動物筋肉と比べて腐敗しやすいのは，コラーゲンを中心とした筋基質タンパク質が少なく肉質が軟弱で，水分含量が高く（畜肉と比べ 5〜10％程度水分量は多い），付着微生物数が多く，さらに，皮膚や腹膜を通して筋肉内に細菌が進入しやすいことなどの

ためである.

海産鮮魚介類に付着している主要な細菌は, *Pseudomonas, Alcaligenes, Vibrio, Aeromonas, Photobacterium, Moraxella, Acinetobacter, Flavobacterium, Corynebacterium, Staphylococcus, Micrococcus, Bacillus, Clostridium* などである. 鮮魚介類の貯蔵には冷蔵法がよく用いられている. 水揚げ直後の海産魚では海洋由来の細菌が主要なものであるが, 流通段階で陸上由来の細菌の比率が高くなることが知られている. また北洋産の魚とインド洋産の魚を氷蔵した実験では, 低温細菌が主要な北洋産の魚は, 中温細菌が主要なインド洋産より早く腐敗することが明らかにされた.

細菌による魚介類構成成分の分解は低分子であるエキス成分の含窒素化合物, 遊離アミノ酸, 有機酸, 低分子糖質などから始まる.

1) トリメチルアミンオキシドの還元

TMAO は海産魚介類に含まれており, *Alteromonas* や *Flavobacterium* などの TMAO 還元酵素により TMA を生成する. TMA は鮮度低下による腐敗臭の主成分の一つである.

$$(CH_3)_3NO \rightarrow (CH_3)_3N$$
$$\text{TMAO} \qquad \text{TMA}$$

2) 尿素の分解

サメやエイなど海産の板鰓類は筋肉中に約 2 g / 100 g の尿素を有しており, *Pseudomonas, Proteus, Bacillus, Micrococcus* など細菌のウレアーゼ (urease, EC:3.5.1.5) によってアンモニアが生成される.

$$CO(NH_2)_2 + H_2O \rightarrow 2NH_3 + CO_2$$
$$\text{尿素} \qquad\qquad \text{アンモニア}$$

3) アミノ酸の分解

脱炭酸反応 アミノ酸の分解は脱炭酸反応 (decarboxylation) によるアミンの生成が最も代表的なもので, 生成物の中には生理活性アミンといわれるものがある.

ヒスタミン (histamine) はアレルギー様食中毒の原因物質で, 赤身魚のサバ, イワシ, マグロ, カツオ及びその加工品を食べたあと, 顔面紅潮, 頭痛, じんま疹などを発症することがある. 赤身魚は遊離ヒスチジン量が多く, モルガン菌などのヒスタミン生成菌によりヒスタミンが作られるからである.

$H_2NCH_2CH_2CH_2CH_2CHNH_2COOH \rightarrow H_2NCH_2CH_2CH_2CH_2CH_2NH_2 + CO_2$
　　　リジン　　　　　リジン脱水素酵素　　　　カダベリン

$H_2NCH_2CH_2CH_2CHNH_2COOH \rightarrow H_2NCH_2CH_2CH_2CH_2NH_2 + CO_2$
　　　オルニチン　　　オルニチン脱水素酵素　　　プトレシン

$HC=CCH_2CHNH_2COOH \rightarrow HC=CCH_2CH_2NH_2 + CO_2$
　　N　NH　　　　　　　　　N　NH
　　　＼＝／　　　　　　　　　＼＝／
　　　　CH　　　　　　　　　　CH
　　ヒスチジン　　ヒスチジン脱水素酵素　　ヒスタミン

$H_2NCNHCH_2CH_2CH_2CHNH_2COOH \rightarrow H_2NCNHCH_2CH_2CH_2CH_2NH_2 + CO_2$
　HN　　　　　　　　　　　　　　HN
　　　アルギニン　　　アルギニン脱水素酵素　　　アグマチン

脱アミノ反応　細菌のもつ酵素のデアミナーゼ (deaminase) によりアミノ酸からアミノ基を離脱する反応で，いくつかの形式が知られている．酸化的脱アミノ反応ではケト酸とアンモニア，還元的脱アミノ反応では飽和脂肪酸とアンモニアなどが生成される．

含硫アミノ酸の分解　含硫アミノ酸のメチオニン，システインは *Pseudomonas* や *Alteromonas* などの細菌による分解で，悪臭を発する硫化水素 (hydrogen sulfide)，メチルメルカプタン (methyl mercaptan)，エチルメルカプタン (ethyl mercaptan) などを生成する．

$H_3SCH_2CH_2CHNH_2COOH + H_2O \rightarrow CH_3SH + CH_3CH_2COCOOH + NH_3$
　　メチオニン　　　　メチルメルカプタン　　　α-ケト酢酸

$HSCH_2CHNH_2COOH + H_2O \rightarrow CH_3CH_2SH + CO_2 + NH_3$
　　システイン　　　　　　エチルメルカプタン

タンパク質の分解　タンパク質の分解には *Pseudomonas*, *Vibrio*, *Flavobacterium*, *Micrococcus*, *Bacillus* などの細菌が関与する．生体中に存在する遊離アミノ酸及びタンパク質の分解で生じた遊離アミノ酸は上記の脱炭酸反応あるいは脱アミノ反応を受け，それぞれアミンあるいは脂肪酸などを生成する．

2・2・4　鮮度判定

魚介類の鮮度判定法には官能検査，鮮度低下により生成する化学物質（揮発性塩基窒素，TMA，アミン類，K 値（ATP 関連化合物），有機酸），生菌数（微生物の増殖），電気抵抗（物理的性状の変化）などを測定する方法が知られている．

1）官能検査

魚介類の鮮度低下は畜肉に比べて速く，また刺身などの生食に供されるので，色，味，におい，硬さなどの感覚器官による評価は長年にわたり行われてきた．ヒトの感覚器官を用いて鮮度を判定するためには，これらについて十分な知識・経験を有する熟練パネルが必要である．科学的に再現性が得られるように官能検査用シートを使用して，眼球・鰓・表皮などの外観，新鮮な香りあるいは酸敗臭，魚肉の肉色あるいは変色などの外観，肉の弾力・軟化などのテクスチャーについて5段階評価を行い，これを基にして鮮度判定を行う．

2）揮発性塩基窒素

揮発性塩基窒素（volatile basic nitrogen，VBN）の主体はアンモニアで，これにトリメチルアミン，ジメチルアミンなどが含まれる．測定方法としては，コンウェイユニット（Conway's unit）を用いた微量拡散法が広く用いられており，中和滴定で得られた値をアンモニア態窒素として表示する．

新鮮な魚肉においてもアデニル酸（adenosine 5'-monophosphate，AMP）がイノシン酸（inosine 5'-monophosphate，IMP）へAMPアミノヒドラーゼ（AMPデアミナーゼ）の作用で脱アミノ化される際に，アンモニアが生成する．さらに，鮮度低下に伴って微生物酵素により遊離アミノ酸やタンパク質のアミノ基から多量のアンモニアが生成される．多くの魚介類においてVBNが肉100g中に5〜10 mgなら新鮮，30〜40 mgで初期腐敗，50 mg以上は腐敗とされる．

3）トリメチルアミン

TMAOは魚類特に白身のタラ類の筋肉に多く存在していて，浸透圧調節に役立っている．動物の死後，細菌のTMAO還元酵素によりTMAに変化し生臭いにおいを生ずる．この際，魚肉の臭気はpHによって異なり，微酸性（pH5.8〜6.4）ではTMAは揮発しにくいので臭気は弱いが，中性（pH6.8〜7.7）では揮発量は10倍程度に増加するので強くなることが知られている．

TMAは上記のVBNと同様にコンウェイユニットを用いた微量拡散法で測定される．魚種により鮮度指標とする濃度が異なり，マグロでは1.5〜2 mg / 100 g，ハドックでは4〜6 mg /100 g，ニシンでは7 mg / 100 gが腐敗の目安とされる．

4）アミン類

筋肉に含まれる遊離アミノ酸及びタンパク質の分解により生じたアミノ酸は，

細菌の酵素により脱炭酸反応を起しアミン類を生成する．塩基性アミノ酸及び類似の化合物から脱炭酸反応で生成するものには，ヒスチジンからヒスタミン，リジンからカダベリン（cadaverine），アルギニンからアグマチン（agmatine），オルニチンからプトレシン（putrescine）があり，またプトレシンからスペルミジン（spermidine）が生成し，更にスペルミン（spermine）へと変化していく．これらアミン類は細菌のアミンオキシダーゼにより分解され，最終的には二酸化炭素及びアンモニアを生成する．

これらのアミン類を高速液体クロマトグラフィーで測定し，鮮度判定の指標としている．

5）K値

魚類筋肉中のATPは死後，ADP，AMP，IMP，HxRを経てHxにまで分解されるが，この分解速度は初期で速く，イノシン酸が増加する．ATPの分解で生じた関連化合物の総量に対するHxRとHxの割合を百分率で表したものがK値で，魚類の鮮度と高い負の相関性を示す．

$$K値 = 100 \times (HxR + Hx)/(ATP + ADP + AMP + IMP + HxR + Hx)$$

刺身用の生鮮魚のK値は20％以下が望ましい．白身魚類では鮮度低下速度に違いがあり，タラ，カレイ類では速く，タイ，ヒラメ類では遅いことが知られている．赤身魚ではサバ類が鮮度低下が速く，その他遅い魚種でも氷蔵6日程度で生鮮魚としての限界に達する．

K値は魚介類筋肉に除タンパク剤を加えて調製した抽出液を用いて，高速液体クロマトグラフィーで測定されるが，後述のようにバイオセンサで測定することも可能である．

6）揮発性酸

魚介類中の糖類は生体ならびに微生物の糖代謝酵素反応により，酢酸，プロピオン酸，酪酸，ピルビン酸，乳酸，フマル酸，リンゴ酸，コハク酸，シュウ酸，クエン酸などの有機酸を生成する．これらのうち酢酸，プロピオン酸，酪酸などの揮発性酸を水蒸気蒸留法で集めて測定し，鮮度指標とする試みもあるが，一般的な鮮度判定法として余り用いられていない．

7）電気抵抗

生物は外的及び内的条件の変化にかかわらず生理的状態を一定の範囲に保っているが，死後は生体膜の劣化損傷を受け電解質の流出や流入が起こる．低周波の電流をこのような組織に与えることにより，細胞の誘電特性の変化を知る

ことができる．この方法は実用化に向けて改良がなされ，トリメーターの名称で市販されている．

電気的センサ法は測定対象の一部を試料として採取する必要がなく，非破壊分析法として評価されている．

8）生菌数

魚介類の鮮度低下は，自己消化酵素と細菌の酵素作用により起こる．魚介類では試料1g当たり$10^7 \sim 10^8$程度の菌数に達すると腐敗が感知されることが多い．鮮魚介類の一般生菌数測定では，低温菌や好塩菌の存在に配慮する必要があり，非好塩性で中温菌を対象とした一般的な検査方法では十分とはいえない．

9）バイオセンサ

上記のTMA，K値，生菌数などの測定を迅速・簡便に行うため，バイオセンサを用いる方法が開発されている．

K値測定では，第1の固定化酵素ヌクレオシドホスホリラーゼ・キサンチンオキシダーゼによりHxRをHxに変え，第2の固定化酵素ヌクレオチダーゼ・ヌクレオシドホスホリラーゼ・キサンチンオキシダーゼでIMP及びHxRをHxに変え，これらの比率から算出するものである．生菌数センサ法では菌の呼吸活性から測定した生菌数を指標として，またにおいセンサ法ではTMAを指標として鮮度測定が行われている．

〔鈴木　健〕

引用文献

新井健一（1986）：冷凍すり身，日本食品経済社，103-232．
新井健一（1987）：貯蔵・加工に伴う肉質の変化，水産食品学（須山三千三・鴻巣章二編），恒星社厚生閣，171-18．
尾藤方通・山田金次郎・三雲泰子・天野慶之（1983）：魚の死後硬直に関する研究-Ⅰ．改良CUTTING法による魚体の死後硬直の観察，東海水研報，109，91．
橋本周久（1976）：色素タンパク質，白身の魚と赤身の魚（日本水産学会編）恒星社厚生閣，28．
平野敏行・山沢　進・須山三千三（1978）：日水誌，44，1037-1040．
科学技術庁資源調査会編（2001）：五訂日本食品標準成分表，第一出版．
健康・栄養情報研究会編（1999）：第六次改定日本人の栄養所要量・食事摂取基準，第一出版．
今野久仁彦（2001）：ミオシンの加熱による分子間相互作用，かまぼこの足形成（関　伸夫・伊藤慶明編），恒星社厚生閣，39-49．
熊谷昌士（1985）：マイワシ脂質の地理的季節変化，水産動物の筋肉脂質（鹿山　光編），恒星社厚生閣，139-148．

日本水産油脂協会編（1992）：魚介類の脂肪酸組成表，光琳．
大島敏明・和田　俊・小泉千秋（1988），東京水産大学研究報告，75，169-188．
大島敏明（1994）：魚の科学（阿部宏喜，福家眞也編），朝倉書店，21-31．
大泉　徹（1991）：添加物による制御，水産加工とタンパク質の変性と制御（新井健一編），恒星社厚生閣，47-45．
小櫛満里子・原田禄郎（1999）：日栄食誌，52，79-84．
レーニンジャー（1974）：生化学（中尾　眞監訳），共立出版，537-557．
Shirai, T., N. Kikuchi, S. Matsuo, S. Uchida, H. Inada, T. Suzuki, and T. Hirano（1997）：*Fisheries Sci.* 63，772-778．
須山三千三・鴻巣章二編（1987）：水産食品学，恒星社厚生閣，342．
Suzuki, T., T. Hirano, and M. Suyama（1987）：*Comp. Biochem. Physiol.* 87B，615-619．
Suzuki, T., T. Hirano, and T. Shirai（1990）：*Comp. Biochem. Physiol.* 96B，107-111．
高橋興威（1981）：死後硬直の解除とCa^{2+}－熟成するとなぜ食肉は軟らかくなるのか－，化学と生物，262．
渡部終五（1994）：タンパク質，水産利用化学（鴻巣章二・橋本周久編），恒星社厚生閣，40-73．
座間宏一（1976）：脂質，白身の魚と赤身の魚－肉の特性（日本水産学会編），恒星社厚生閣，53-67．

参考資料

鴻巣章二・橋本周久編（1992）：水産利用化学，恒星社厚生閣，25-39，40-74，103-126，127-138，139-160，274-277．
内藤　博・舩引龍平・安本教伝・菅野道広・岩井和夫・木村修一・杉本悦郎・桐山修八・吉田　昭（1987）：新栄養化学，朝倉書店，228-248．
中村弘二（2000）：色，水産食品の事典（竹内昌昭ら編），朝倉書店，126-132．
坂口守彦編（1988）：魚介類のエキス成分，恒星社厚生閣，132．
坂口守彦（1991）：魚介類のエキス成分とその代謝，水産生物化学（山口勝巳編），東京大学出版会，80-101．
竹内昌昭・藤井建夫・山澤正勝編（2000）：水産食品の事典，朝倉書店，85-120，371-384．
堤　忠一・安井明美：（1996）灰分，新・食品分析法（日本食品科学工学会新・食品分析法編集委員会編），光琳，99．
渡邉悦生編（1995）：魚介類の鮮度判定と品質保持，恒星社厚生閣，1-63．
渡邉悦生編（1995）：魚介類の鮮度と加工・貯蔵，恒星社厚生閣，1-80．
山中英明編（1991）：魚類の死後硬直，恒星社厚生閣，9-49．

第3章 冷凍品

3・1 低温による貯蔵原理

　魚介類の鮮度低下の原因として，魚介類内に含まれる酵素や化学物質の働きによるもの，漁獲後に付着した微生物の働きによるものが大きい．また，品質劣化を防止する手段として，加熱による酵素失活，殺菌，水分活性（water activity, a_w，第4章4・2・2参照）を下げる方法などがある．しかし，これらの方法は食品の性状変化をもたらし，生のまま貯蔵することは不可能である．そこで本章では水産食品の品質を漁獲または加工時の状態でできるだけ長く保持するための低温貯蔵の原理について概説する．

3・1・1　低温と酵素

　魚類は死後に硬直期（第2章2・2・1参照）を過ぎると，組織内酵素によって微生物の有無にかかわらずタンパク質が分解し低分子化され，次第に柔軟性を増し軟化する．これを自己消化（autolysis）という．

　化学反応が温度の上昇により加速されるように，酵素反応も温度上昇によって速くなる．酵素反応の場合，温度が高くなることにより酵素の立体構造が変化するため，ある温度以上になると失活して酵素反応速度は低下する．逆に低温にした場合にも，酵素の働きは不活性になり（鈍くなり）反応速度は低下する．これを低温効果または温度効果（temperature effect）といい，この低温効果によって低温貯蔵による食品の品質保持が可能となる．そこで，2，3魚種の筋肉について酵素反応によるヌクレオチドの分解速度（100-K値*）の時間的変化を種々の温度で調べ，それらの変化速度を一次反応速度定数（鮮度低下速度 k_f）として求めアレニウスプロット（Arrhenius plot）で示したのが図3・1である．この図から分かるように，k_f は各魚種とも0℃付近までは温度低

---

* 鮮度判定指標：K値（％）＝ $\dfrac{HxR+Hx}{ATP+ADP+AMP+IMP+HxR+Hx} \times 100$

ATP＝アデノシン3リン酸，ADP＝アデノシン2リン酸，AMP＝アデニル酸，IMP＝イノシン酸，HxR＝イノシン，Hx＝ヒポキサンチン．（saitoら，1959）

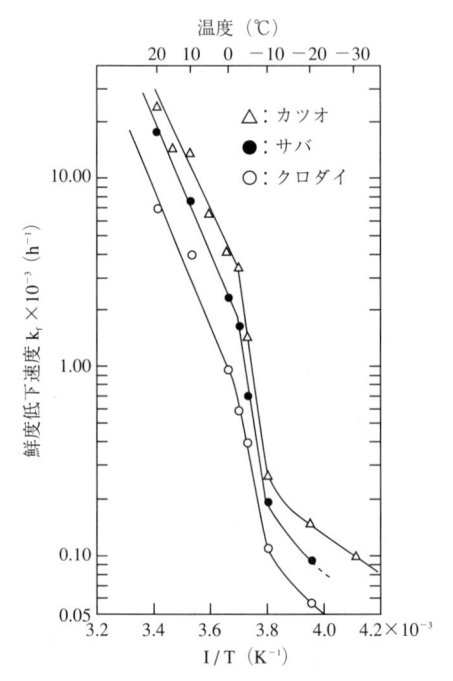

図3・1 数魚種の鮮度低下速度の温度依存性
(H. Miki and J. Nishimoto, 1984)

下とともに直線的に低下し，低温効果が見られる．また，0℃以下になると水が凍結し始め，魚肉の溶液成分が濃縮することにより，k_f の下がり方（勾配）は低温効果に加えさらに大きくなる．酵素反応を抑制するこの現象は，太田・元広ら（1980）が述べているように a_w の低下によるが，その要因は温度降下に伴い起こる濃縮効果（3・6・1 参照）が加わるからだと考えられる．

さらに−20℃以下の凍結状態では，k_f の下がり方は温度の下がり方に比べて鈍くなり温度低下による低温効果は小さくなっている．しかし，このような凍結温度帯でも酵素反応はわずかながら進行するため，酵素反応を完全に停止して品質劣化を防止することは不可能である．

3・1・2 低温と微生物

生きている魚では，皮膚や鰓，消化管に存在している細菌は筋肉組織内に侵入することはない．しかし，魚の死後，自己消化の進行により各組織が分解を受けて脆弱になり，またタンパク質が低分子化されて栄養源となるため細菌の増殖に好都合となる．そのため，細菌は筋肉組織内への侵入を始め活発に増殖する．つまり，生物化学反応と微生物の作用が並行して起こることにより腐敗（putrefaction）が起こる．これが腐敗のメカニズムである．

腐敗の原因の一つである微生物の発育は，温度に大きく依存している．また，微生物にはそれぞれ発育可能な温度範囲があり，その上限と下限の間に比較的狭い至適温度域がある．発育温度域の違いにより，微生物は低温細菌（psychrotrophic bacteria），中温細菌（mesophilic bacteria）及び高温細菌（thermophilic bacteria）に分けられる．それぞれの発育温度域を表 3・1 に示す．

低温細菌の発育温度範囲は，この表に示すように0℃付近でも生育可能であるが，普通の病原菌や腐敗菌は徐々に活力が低下して死滅する．そのため，貯蔵温度を0℃にするとボツリヌス菌（Clostridium botulinum）などの食中毒菌の発育や増殖を抑えることができる．さらに－18℃以下にすると，すべての細菌の発育を抑制することができる．高温細菌の最高発育温度（70℃）以上にすると細菌芽胞以外は大部分が死滅するが，低温にしても細菌はほとんど死滅しない．そのため，低い温度であっても貯蔵期間が長くなれば，それだけ品質低下は進むことになる．

表3・1 細菌の発育温度帯

種類	細菌の発育温（℃）			例
	最低	最適	最高	
低温細菌	0	20～30	30	水中細菌，鮮魚の腐敗菌
中温細菌	10	30～40	45	病原菌，大腸菌，腐敗菌
高温細菌	40	50～60	70	缶詰の腐敗菌

（食品低温流通推進協議会編，1975）

3・2 冷蔵法

冷蔵は冷却貯蔵（cooling storage）の略である．冷却は物体の温度を常温以下に下げることをいうが，一般に10～0℃付近の未凍結状態まで冷却して貯蔵することを冷蔵という．一方，0℃以下での凍結状態で貯蔵することを凍結貯蔵（凍蔵）（frozen storage）といい，冷蔵と区別される．最近では，冷蔵と凍蔵の間にチルド（chilled）とかスーパーチリング（superchilling）などの温度帯も使われるようになった．このような低温貯蔵に利用される温度帯の概略を図3・2に示す．

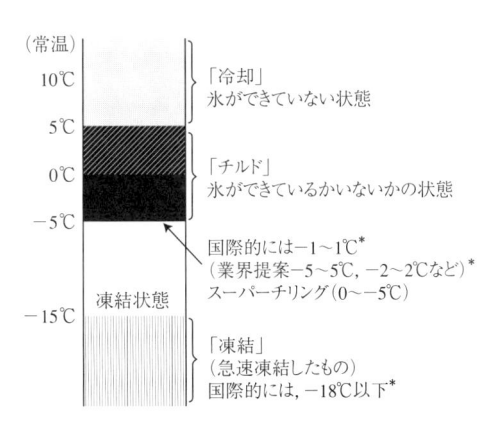

図3・2 温度帯に関する概括的な区分図
＊（田中，1986）
（食品低温流通推進協会編，1975）

ここでいう冷蔵法とは，対象食品の品温を常温より凍結点付近まで冷却して腐敗細菌（spoilage bacteria）の生育及び酵素作用を抑制し，品質劣化を防止する方法である．しかし，水産物に付着している細菌の多くは低温細菌であり，また酵素作用も前述のとおり低温で反応が完全に停止するわけではない．そのため，冷蔵法は一時的貯蔵法として利用されるだけで，長期貯蔵には不適当である．

3・2・1 氷蔵法

氷蔵法とは，文字どおり氷を使って生鮮魚介類を短期間貯蔵する方法のことである．氷蔵法には一般に，「あげ氷法」と「水氷法」がある．

1) あげ氷法

清浄な水で作った氷のみを使用し，砕氷で魚を包むようにして断熱性のある箱やたるなどの容器（主に，発泡スチロールや木箱）に入れて貯蔵する方法である．氷が溶ける時の融解熱（約 80 kcal / kg）を利用している．普通，容器の底面に氷を敷き詰め（しき氷），壁に氷を積み（積み氷），魚体を背立てまたは腹立てして並べその上に氷をかける（かけ氷）．マグロのような大型魚では内臓，鰓を取り除き洗浄した後，腹腔内部に氷を詰める（抱き氷）．輸送の際には自然のままに解けていく状態にするのが好ましい．氷蔵をして冷凍車で輸送する場合，庫内温度を下げ過ぎると氷が融けない場合や，氷と氷がくっつき合って，魚と氷が接触しない空間を形成する場合がある．これでは効果的な冷却は望めない．冷凍車を使用する場合でも適度に氷が融けるような温度に調節して氷の融解潜熱を利用することが必要である．なお，田中・尾藤（1992）によれば陸上での輸送期間 1 日当たりの氷の使用量は，夏場では水産物 1 kg に対し氷 1 kg 位の割合を目安としている．その場合，水産物の収容量は約 0.4 トン / m^3 が適当と述べている．

2) 水氷法

清水あるいは沖合の清浄な海水に砕氷を加えた水氷を容器に入れ，その中に魚を入れて貯蔵する方法である．魚体に冷水が直接接触するため冷却速度は速い．投入する魚の量が多い場合には氷の量を増やす必要がある．旋網漁のように一度に大量の魚を冷却処理する場合などにはこの方法が優れている．しかし，この方法は魚が互いに接触し合い，魚体の傷みが激しくなる欠点がある．なお，陸上での輸送期間 1 日当たりの氷の使用量は，夏場で水産物 1 kg に対し氷 0.2 kg 位の割合が目安とされ，その場合の水産物の収容量は，約 0.6 トン / m^3 が適当であると田中・尾藤（1992）は見積もっている．

一般に，マグロ，カジキ，サメなどの大型魚ではあげ氷法が使われる．イワシ，サバ，アジ，カツオなど比較的小型の魚では氷の重さで魚が圧迫されて潰れ，損傷を受けることを避けて水氷法が使われる．

一方，最近では宅配便による低温輸送が増加傾向にある．それに伴い氷と違って融解水の出ない蓄冷剤の需要も増加している．蓄冷剤は基本的には熱容量（比熱）の大きい水，水溶性高分子，吸収性樹脂などをプラスチック容器（袋状，棒状，平板状）内に充填したものである．また，蓄冷剤の融解温度によって，生鮮食品向けの冷蔵用（0℃）やチルド用（−5℃）などの種類がある．

3・2・2 冷却貯蔵

冷却冷蔵（冷蔵）は，魚類を生鮮状態で輸送・貯蔵するには簡便であるため，船上，陸上ともに生鮮魚の短期貯蔵・輸送などに広く実用されている．冷蔵には，氷冷（氷蔵）以外に次の2つの方法がある．

1）冷却空気法

食品を機械的に冷却した空気中に置き冷却する方法で，操作は簡易であるが，同じ温度の水に比べ食品の表面熱伝達率が非常に小さいので冷却速度は遅い（3・9・2, 3）参照）．さらに食品の表面が乾燥し，色変，脂質の酸化などの虞がある．そのため，ただ冷却するためだけならば適当ではなく，外部からの侵入熱を防ぎ，むしろ氷冷状態を維持するために利用される．

2）冷却海水法

機械的に−1〜−2℃に冷却した海水（塩分濃度3〜5%）中に食品を浸漬して冷却する方法で，冷却媒体が液体（海水）のため食品の表面熱伝達率が大きく，冷却温度もより低いので冷却速度及び品質保持効果はともに大きい．とくに0℃付近の温度域における品温のわずかな降下が鮮度保持に大きく影響するので，凍結や加工前の原料の短期貯蔵に有効である．しかし，冷却速度は，海水の量，海水の循環速度及び機械的冷却能力などによって影響される．さらに，品質的には，魚体の吸水，魚体への塩分浸透などの外，海水汚濁の問題もある．

3・2・3 スーパーチリング

最近わが国では，前述の冷蔵に加え0〜−5℃のいわゆる新温度帯といわれるスーパーチリング（superchilling）が注目されている．スーパーチリングは，イギリスでWaterman・Taylorによって刊行物（TORRY ADVISORY NOTE No.32）で既に紹介されているが，田中（1986）は，表3・2のように分類している．

表3・2 スーパーチリングの分類

ノンフリージング	1. 過冷却法	
	2. 氷温法	食品本来の氷温帯を利用するもの（生鮮品） 凍結点降下法（加工品）
フリージング	3. パーシャルフリージング（PF）	

(田中, 1986)

　水産物を生鮮状態で保持するには，品温をできるだけ凍結点（freezing point）＊に近いか，少なくとも一部氷結する程度のパーシャルフリージング（partial freezing, PF）の温度帯にする必要がある．PF は主に－3℃付近の温度帯で貯蔵する方法である．PF 法はスーパーチリングの範疇に入れられるが，PF にした場合には図3・3 に示すように，魚の生鮮度の低下（K 値の上昇）を抑え鮮度保持効果は氷蔵に比べ著しく高まる．その理由は，前述の図3・1 に示したように PF は氷蔵より温度が低い分だけ低温効果により酵素反応が抑制され，さらに一部の水が凍結するため低温効果に濃縮効果（concentration effect）が付加されるためと考えられる．

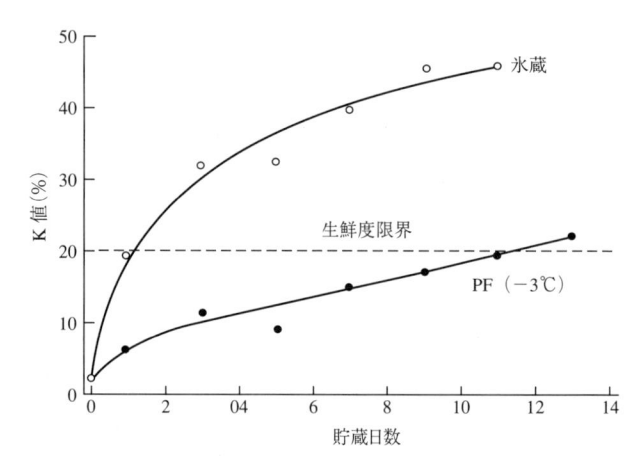

図3・3　ニジマスのPF（－3℃）貯蔵と氷蔵中（0℃）におけるK値の変化
(内山ら, 1978)

＊　水が凍り始める温度（initial freezing temperature）のことで，硬い凍結状態になる温度のことではない．そこで，野口（1997）は最近は世界的に氷点（cryoscopic temperature）が凍結点に代わり使われるようになったと述べている．

一方，PFは細菌の繁殖を抑制する低温効果に濃縮効果が加わり，a_wがさらに低下するため死滅する細菌もあり，腐敗防止の面で有効な方法である．しかし，藤井（1995）はPF法は温度が多少でも下がり過ぎると氷結晶の生成による組織破壊が起こり，細菌の侵入・増殖が容易になり解凍後に腐敗しやすくなると述べている．また，マグロ・カツオ類などの赤身魚類においては，濃縮効果により肉色の褐変化（メト化）が促進される．この外，冷凍すり身（第8章参照）においてはタンパク質の凍結変性（freezing denaturation，3·7·1参照）によるかまぼこ形成能の低下，タラやイワシ類におけるリン脂質の加水分解の促進などもあげられる．しかしながら，田中・尾藤（1992）はPF法でコイ，ニジマスなどの淡水魚，マイワシ，マサバ，サンマなどの海産魚，しらす干し，ウニなどの加工品で優れた貯蔵性が示されていることから，このような水産物には有効であると述べている．食品中の水が半分まで凍る程度，凍結率でいえば50%以下であれば凍結障害（freezing injury，3·6·4参照）の危険は少ないと

表3·3 生鮮食品の凍結点

種類	凍結点（℃）
淡水魚，乳，卵	-0.5
肉，鳥，野菜	-1.0
回遊性海産魚介類，果汁	-1.5
底生性海産魚介類，海藻	-2.0
果実	-2.5

（田中・小嶋，1986）

思われる．凍結率は食品固有の凍結点で決まるため，凍結点の高い食品は-3℃でも凍結障害を起こす危険性がある．そのため，PF法の温度管理は食品固有の凍結点を把握して正確に行う必要がある．

なお，生鮮食品の凍結点（概略値）は，表3·3に示すとおりである．また，凍結率は当初の全水分に対する氷結部分の割合をいい，近似的には次のHeissの式で計算できる（渡辺，1991）．

$$r = 1 - \theta_f / \theta$$

ただし，r：凍結率，θ_f：食品の凍結点（℃），θ：食品の温度（℃）である．

3·2·4 水産物の冷蔵法

水産物は畜産物に比べ肉質が軟らかいため，品質の劣化，とくに鮮度の低下が速い．表3·4に示すように魚種により異なり，カツオの場合，"生き腐れ"といわれるように鮮度落ちが速いマサバより2倍近く速い．そのため取扱いは清浄かつ低温の下で，丁寧かつ迅速に行うことが重要である．

生鮮水産物は一般に前処理工程で選定，水洗・水切り，切断処理，再水洗・水切りを経て主要工程で冷却・冷蔵される．また，その後，後処理工程で包

装・箱詰されて製品となる.

選　定　冷却効率は魚体のサイズに左右されるため，選定が行われる．選定作業は，小規模工場では人手によるが，最近では金属検知機などを備えた魚体の自動選別機が導入されている．

水　洗　水洗は，魚の表面や鰓に付着する汚物，泥などの除去だけでなく，付着微生物を減少させる簡易で有効な方法である．水洗により衛生的になるばかりでなく，品質保持にも有効に影響する場合が多い．最近の厚生労働省（食品衛生調査会乳肉水産食品部会）のガイドラインでは，刺身などの生食用とする魚介類の洗浄には，原則として海水を使用しない．使用する場合は，飲料に適した人工海水もしくは，殺菌した海水を使用することになっている．夏場の食中毒菌である腸炎ビブリオ菌（*Vibrio parahaemolyticus*）はコレラ菌（*Vibrio cholerae*）と違って好塩性のため，真水で洗うと死滅するので効果的といわれる．また，刺身・むき身貝類は汚染防止の措置を講じるとともに，製品の腸炎ビブリオ菌の最確数（Most Probable Number, MPN）を 100 個/g 以下として，品温は4℃以下に管理することが原則になっている．

表3・4　種々温度における魚類の鮮度低下速度 $k_f \times 10^{-3}$ (h^{-1})

魚種	温度（℃）							漁獲場所
	0	5	10	15	20	25	30	
ブリ	0.92	(1.78)	3.22	5.07	9.9	—	—	市販魚
メバチ	(0.60)*	(2.37)	3.46	5.07	8.52	—	—	〃
トビウオ	0.58	1.14	2.23	4.23	7.51	—	—	〃
マアジ	1.02	2.09	4.17	8.23	15.75	—	—	〃
マサバ	2.46	4.15	6.92	11.32	18.12	—	—	〃
マイワシ	0.74	1.36	2.48	4.40	7.66	—	—	〃
タイ	1.08	1.83	3.04	4.85	7.94	—	—	〃
カツオ	4.40	6.88	10.67	16.20	42.27	—	—	〃
マハタ	2.73	6.13	—	(29.38)	—	(117.22)	—	奄美
オーヒメ	0.53	3.78	—	(154.83)	—	—	—	〃
オーモンハタ	1.74	2.5	—	(4.92)	—	(9.27)	—	〃
ソコダラ	2.15	2.97	—	4.87	—	34.27	—	〃
ソコホウボウ	9.14	14.62	—	57.39	—	206.13	—	〃
ユメカサゴ	13.77	30.87	—	54.56	—	70.76	—	〃
ハマダイ	1.12	—	2.42	—	23.82	—	83.52	沖縄
ハナフエダイ	1.08	—	6.37	—	51.85	—	180.93	〃
キューセンフエダイ	1.19	—	—	—	20.03	—	77.15	〃
シロダイ	1.19	—	6.40	—	20.15	—	48.12	〃

＊（　）内は全て外外挿値　　　　　　　　　　（H. Miki and Y. Kaminishi, 2000）

切断処理（内臓除去）　内臓は細菌汚染が高く，自己消化の進行も速いため魚体から除くことは品質保持に有効である．その際，処理肉に付着した血液・内臓液を十分に洗浄する必要がある．また，鰓は細菌汚染が高く腐敗も速いので，内臓同様に除去することで，におい及び外観を良好に保つことができる．

3・3　凍　結　法

3・3・1　食品の凍結理論

　冷蔵よりさらに長い期間食品を品質よく貯蔵する場合には，冷蔵温度よりさらに品温を低下させて，食品中における水の大部分を凍らせた状態で貯蔵する凍結貯蔵（凍蔵）が必要となる．凍蔵は冷蔵より低温であるという理由から酵素や微生物の作用が抑制されるだけでなく，凍蔵することにより食品中の大部分の水（溶媒）が氷結晶となり，前述の PF 法の場合より溶質の相対濃度が増加して濃縮効果が起こる（3・6・1 参照）．その結果，a_w が低下するため，微生物はさらに生育が困難になる．また，基質溶液が固化するため酵素反応は著しく遅くなる．これらが，凍蔵により食品の品質が保持される理由である．

1）氷結晶の生成

　食品を冷却すると，ある温度で氷結晶の生成が始まる．この温度を凍結点といい，通常の食品では－1℃前後である（表 3・3 参照）．さらに冷却すると－5℃付近で食品中の水の約 70％～85％が氷結晶に変わり全体として凍結状態になる．食品の中心温度は図 3・4 に示すように時間の経過に伴って降下する．－1～－5℃は氷結晶が最も多く生成される温度範囲であり，最大氷結晶生成帯（zone of maximum crystal formation）と称される．品温が－20℃に達すると氷結できる水（自由水）のほとんど（96～99％）が凍結する．さらに，品温を下げると自由水の全てが凍る共晶点（eutectic point）といわれる E 点が存在する．通常の食品の共晶点は，－60℃付近と考えられている．

　食品中に生成される氷結晶の状態（凍結状態）は，凍結速度によって変化する．田中（1973）は，品温が最大氷結晶生成帯を通過する時間の長短を凍結速度として，魚肉内の凍結状態を凍結速度毎に顕微鏡観察した結果を模式的に表し分類した例を表 3・5 のように示している．数秒で急速に凍結した場合には，氷の位置欄の（a）に示すように筋肉細胞内部に丸みを帯びた無数の微細な氷結

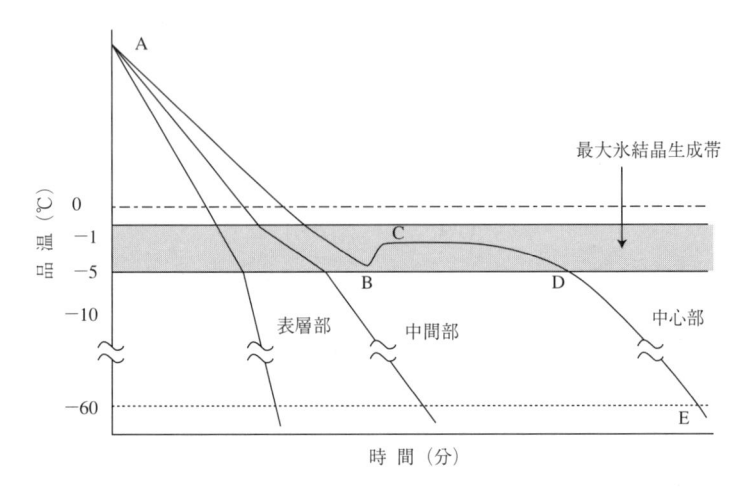

図 3・4　食品の凍結曲線（模式図）

表 3・5　凍結速度による魚肉内の氷の分類

凍結速度 (0～-5℃の通過時間)	氷の位置		形状	サイズ 径×長さ	備　考
数秒	a	細胞内	針状	1～5μm×5～10μm	マサバ
1.5分	b		桿状	5～20×20～500	〃
40分	c	細胞外	柱状	50～100×1,000以上	スケトウダラ
90分	d		柱状	50～200×2,000以上	〃

（田中，1973）

晶が均一に分散して生成する．この場合は，食品の品質はほとんど損なわれない．しかし，凍結速度が遅くなるにつれて氷結晶の数は減少し，この表に示すように形状も桿状（b）ないし柱状（c）となる．さらに凍結速度が遅くなると，大型の柱状結晶が形成されるようになり，ついには（d）のように氷結晶が細胞外に形成される．その結果，細胞は氷結晶に押しつぶされ収縮したような状態になり，組織は著しい損傷を受ける．いわゆる凍結障害を起こす．凍結障害により損傷を受けた組織は，変性しやすく解凍時に大量のドリップ（drip）を生成し，解凍後には食品として品質が劣化したものになる．

3・3・2 凍結法の種類

田中・小嶋（1986）は，食品の凍結法を冷却媒体の種類とその流動状態により次のような方法に分けている．

1）空気凍結法（still-air sharp freezing method）

−25〜−30℃の静止した空気中で食品を凍結する方法である．冷却管の棚の上に魚体を直接置くか，冷凍パン（freezing pan）に入れてから凍結する．凍結速度は遅いため，他の急速凍結法による凍結品に比べて品質は劣る．これに，送風機を用いて空気流動を起こし凍結速度を速めた管棚式流動空気凍結装置（semi-air blast freezing method）もある．

2）送風凍結法（air blast freezing method）

凍結室内に毎秒3〜5 mの冷風を循環させて凍結する方法である．風速を大きくしても凍結所要時間はそれほど短縮されない．むしろ食品の乾燥による目減りが大きくなる．空気の温度，湿度及び風速に注意が必要である．装置として，連続的に凍結ができるコンベア方式や据付面積が省スペース的なスパイラル方式などがある．

3）浸漬凍結法（immersion freezing method）

ブライン（brine，二次冷媒：塩化ナトリウム，塩化カルシウム，プロピレングリコールなどの濃厚溶液）を冷凍機の一次冷媒（フロン，アンモニアなど）によって冷却し，その中に食品を浸漬して凍結する方法である．伝熱速度が極めて大きく，食品の表層は速やかに氷結するが，食品にブラインが直接接触する可能性がある．ブラインの付着を防止するため食品を包装する必要がある．この外，食品の凍結冷媒として，冷凍機などに使われる一次冷媒を直接使用した例もある．

4）接触凍結法（contact freezing method）

金属製のフラットタンク（flat tank）に一次冷媒を直接流すか，あるいはあらかじめ冷媒で冷却したブラインを流して−25〜−40℃に冷却したフラットタンクの間に食品を挟んで両面から凍結する方法である．この方法は，すり身の凍結やフィッシュスティック（fish stick）を製造する場合などのように接触面積が広い平板状食品の凍結に適している．

5）液化ガス凍結法（cryogenic freezing method）

液体窒素（大気圧での沸点：約−194℃）や液体炭酸（同：約−79℃）を食品に噴霧して凍結する方法で，そのときの蒸発潜熱は，それぞれ約 48 kcal / kg，137 kcal / kg である．液体窒素の場合は食品をこの媒体中に浸漬して凍結することもある．液化ガス凍結装置は構造が簡単で取扱いやすく，食品を個別にばらばらに凍結するばら凍結（individually quick freezing, IQF）に適している．しかし，冷媒が超低温なため，厚みのある食品では亀裂が入りやすい．また，媒体の回収ができないためランニングコスト（running cost）が高くなるなどの欠点がある．

3・3・3 水産物の凍結法

食品を凍結する場合，緩慢凍結よりも急速凍結したものの方が優れた品質を得ることができる．凍結速度は凍結装置の性能だけでなく，凍結対象物の取扱い（前処理）によっても大きく影響される．凍結作業の工程は，漁獲後の原料魚は一般に前処理（選定，水洗・水切り，切断処理，秤量，パン立て）を経て，凍結（主要工程）される．その後，後処理（パン抜き，アイスグレーズ，包装・箱詰）されて製品となる．

なお，水産物を凍結する場合の一般的な留意点をあげると，次のようである．

① 魚を丸のまま凍結する場合は，とくに鰓の周辺をよく洗浄する．大型魚では頭，内臓，鰭などの不可食部を除去して凍結することがある．コンブ，ワカメなどの海藻では，そのまま凍結貯蔵すると解凍後に組織が軟化して崩壊するので，撒き塩漬けまたは立塩漬け（第 6 章 6・3・1 参照）した後凍結するのが普通である．

② あらかじめ凍結対象物を冷水などで冷却（予冷処理）し，凍結開始時の品温を低く下げてから凍結を行う．

③ 熱の伝わりやすい金属容器（冷凍パンなど）に凍結する水産物を入れ（パン立），凍結を行う．発泡スチロール箱に入れて凍結すると，発泡スチロールは断

熱性が高く熱の伝わり方が悪いため，金属容器に比べて数倍の凍結時間を要する．

④ 凍結は表面から内部へ徐々に進んでいくので，凍結する食品の厚さはできるだけ薄くする．また，包装して凍結する場合はフィルム面と内容物の間に空気層（断熱層）ができないように脱気包装する．

⑤ 加工原料魚の場合は，凍結終了後，冷水中に数秒間浸漬してアイスグレーズ（氷衣，ice glaze）をかける．アイスグレーズを行うことで水分の蒸発（目減り）の防止，脂質ならびに色素成分などの酸化の抑制，冷凍焼け（freezer burn）の防止を行うことができる．アイスグレーズは品温 -18℃以下の魚介類を $1\sim3$℃の冷水中に $5\sim10$ 秒間浸漬して行う．アイスグレーズは貯蔵中に次第に消失するので，長期間食品を貯蔵する場合には再グレーズをする必要がある．

3・4 冷凍食品

3・4・1 冷凍食品とは

凍結された食品や加工食品は本来凍結食品と呼ぶべきであるが，通常慣用的に冷凍食品（frozen food）と呼び流通されている．

わが国における冷凍食品の定義は，品質及び安全性を保証する上で，「日本標準商品分類」（総務省），「日本農林規格（Japan Agricultural Standard，JAS）」（農林水産省）及び食品衛生法（厚生労働省）などによって決められている．

冷凍食品の種類と内容については，その形態，処理加工の程度により JAS 法に準じて図 3・5 に示すとおり（社）日本冷凍食品協会が分

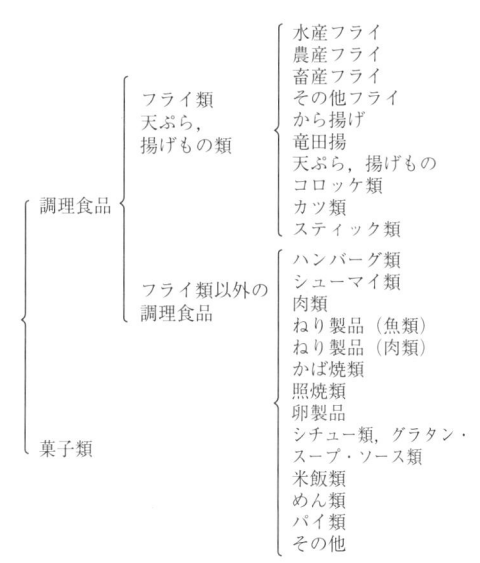

調理食品
- フライ類
  - 水産フライ
  - 農産フライ
  - 畜産フライ
  - その他フライ
- 天ぷら，揚げもの類
  - から揚げ
  - 竜田揚
  - 天ぷら，揚げもの
  - コロッケ類
  - カツ類
  - スティック類
- フライ類以外の調理食品
  - ハンバーグ類
  - シューマイ類
  - 肉類
  - ねり製品（魚類）
  - ねり製品（肉類）
  - かば焼類
  - 照焼類
  - 卵製品
  - シチュー類，グラタン・スープ・ソース類
  - 米飯類
  - めん類
  - パイ類
  - その他

菓子類

図 3・5 調理冷凍食品の分類
（日本冷蔵株式会社研究所，1979）[*]

---

[*] （株）日本冷凍食品協会の統計データ（2004）より一部加筆・修正．

類し，加工・保存基準及び製造方法などを定めている．

　食品衛生法では，加工，加熱などの操作をしていない食肉，生鮮魚介類，野菜などを凍結して包装したものは冷凍食品とは呼ばない．また，清涼飲料水の中で冷凍した果実飲料については「冷凍果実飲料」として製造基準（-15℃以下）が定められている．

3・4・2　加工基準と保存基準
1）加工基準
　生食用鮮魚介類の冷凍食品に限ると，食品衛生法の主な加工基準を採り上げると，村上（1992）も述べているように次のとおりである．

① 原料用鮮魚介類は，鮮度が良好なものでなければならない．

② 原料用鮮魚介類が冷凍されたものである場合は，その解凍は，衛生的な場所で行うか，または清潔な水槽中で衛生的な水を用い，かつ十分に換水しながら行わなければならない．

③ 原料用鮮魚介類は，衛生的な水で十分に洗浄し，頭，鱗（うろこ），内臓，その他製品を汚染する虞のあるものを除去しなければならない．

④ ③の処理を行った鮮魚介類の加工は，その処理を行った場所以外の衛生的な場所で行わなければならない．また，その加工に当たっては，化学的合成品たる添加物（次亜塩素酸ナトリウムを除く）を使用してはならない．

⑤ 加工に使用する器具は，洗浄及び殺菌が容易なものでなければならない．また，その使用に当たっては，洗浄したうえ殺菌しなければならない．

⑥ 加工した生鮮用魚介類は，すみやかに凍結させなければならない．

2）保存基準
　一方，主な保存基準についても同様に次の通りである（村上，1992）．

① 冷凍食品は，これを-15℃以下で保存しなければならない．（日本冷凍食品協会の冷凍食品自主的取扱基準では，1975年以降-18℃以下の国際基準に改められている）．

② 冷凍食品は，清潔で衛生的な合成樹脂，アルミニウム箔または耐水性の加工紙で包装して保存しなければならない．

　さらに，冷凍食品の成分規格のうち細菌数は，無加熱摂取冷凍食品（冷凍食品のうち製造し，または加工した食品を凍結させたものであって，飲食に供する際に加熱を要しないとされているもの）は，検体1g当たり10万個以下で大腸菌群（Coliform bacteria group）が陰性であること．また，生食用冷凍

鮮魚介類（冷凍食品のうち切身またはむき身にした鮮魚介類であって，生食用のものを凍結させたもの）では，検体1g当たり10万個以下で大腸菌群が陰性であることなどが定めてある．

最近，細菌検査及び品質検査に対する考え方が世界的に大きく変わってきている．従来のようにでき上がった製品の検査をする方法では，製品の安全と品質の向上が図られないことである．そこで，考案されたのが危害分析・重要管理点方式（Hazard Analysis Critical Control Point System，HACCP）である．HACCPは原材料の搬入から最終製品に至るまでの各工程で発生する危害分析（HA）を行って，重要管理点（CCP）を設定して製造過程を監視する方法である．

HACCPは，1995年の食品衛生法の改正によりわが国にも導入され「総合衛生管理製造過程」と規定されている．HACCP計画の事例は，冷凍食品の製造過程の各段階で起こることが想定される危害分析（HA）とその防除手段を明記したものである．また，危害は微生物的，化学的，それに物理的なものに分けられており，重要管理点は一つの危害が確実に防除できるもの（CCP1）と完全防除できないまでも一つの危害を減少，軽減することができるもの（CCP2）に分けている．このようにHA+CCPの管理方法に加え，各工程の段階でそれぞれの管理基準を設定して品質上の事故を未然に防止するように計画されている．さらに，事故が起きた場合に修正措置が直ちにできるように監視・測定の体制を整えることになっている．HACCPの特徴は，このような各工程での管理項目を全て記録して残すことが義務付けられていることである．このことは，事故の原因究明に重要であるばかりでなく，訴訟を受けた時の証拠にもなる．

一方，最近では食品の安全性及び品質をさらに確保するため，食品の生産から消費の段階までの履歴情報を生産者と消費者が共有して食中毒などが発生した場合に迅速な原因究明ができるように，追跡可能システム（traceability system）の構築が農林水産省によって進められている．

3・4・3 調理冷凍食品の製造法

わが国では1960年代後半に調理冷凍食品が量産化されるに伴い，品質の不良なものが見られるようになった．このため，冷凍食品の品質保証を目的にJAS法や食品衛生法で対処することになった．業界でも1969年に（社）日本冷凍食品協会を設立して，品質と安全を保証するため，加工及び保存に関する

規格基準が作成された．

　JAS 法は，日本農林規格と品質基準から成っている．JAS では適用範囲，定義，種類と数量，食品添加物，品温，異物，内容量，容器または包装状態について定めている．

　JAS は任意法であるが，法律で定められている内容を満足していると判断されれば，JAS 適合品と認証され，JAS マークを付けることができる．また，JAS マークとともに冷凍食品業者から構成されている日本冷凍食品協会の基準に合格した工場の製品であることを示す認定マークがあり，消費者が冷凍食品を購入する目安になっている．

　また，日本冷凍食品協会も JAS に基づいて自主的指導基準を決めており，冷凍食品を次のように定義している．冷凍食品とは，「前処理を施し，品温が－18℃以下になるように急速凍結し，通常そのまま消費者（大口需要者を含む）に販売される事を目的として包装されたもの」としている．これらの定義には，JAS に従い次の 4 項目が含まれ，要約すると次のように説明できる．

　前処理　生産された魚や野菜類の洗浄，選別，不可食部分の除去，調理などして，消費者が無駄なく便利に利用できるように凍結前に前処理を施す．

　急速凍結　食品を凍結する場合，品温が最大氷結晶生成帯をできるだけ速く通過するように，凍結速度を急速にして生成する氷結晶のサイズが粗大化することを防ぎ，氷結晶化による水分の体積増大によって起こる凍結障害から食品を守り品質低下を防止する．

　－18℃以下　冷凍食品は，品温を－18℃以下に保つことで少なくとも 1 年間は可食限界までの品質が保証されることを根拠としている．これは，アメリカ農務省で 1950 年代に行われた T.T.T.（Temperature-Time-Tolerance，貯蔵期間品温許容限界）の研究成果で，食品となる原材料が次の年に生産・収穫されるまでの 1 年間貯蔵できる許容温度である．そのため，国際食品規格委員会（Codex）でも冷凍食品は－18℃（0°F）以下で凍結貯蔵することになっている．

　包　装　冷凍食品が製造されてから消費者が利用するまで，乾燥や酸化防止の目的の外，輸送中の衝撃から食品を保護する．また，包装に保存方法，賞味期限，原材料などを表示する場を提供する．

　一方の品質表示基準は商品の表示方法を規定しているもので，規定されている表示法は，品名，原材料名，内容量，賞味期限，保存方法（－18℃以下），

使用方法，調理方法，凍結前加熱の有無（調理加熱の必要性のある場合），加熱調理の必要性，原産国名（輸入品の場合）などを一括して表示するように義務付けられている．

日本冷凍協会の自主基準のうち調理冷凍食品については，えびフライ，魚類フライ，スチック，コロッケ，茶碗むし，うなぎ蒲焼，シューマイ類，その外の調理食品などの各品目に規格基準が設けられている．しかし，この中で特に消費者に関心の深い，えびフライ，コロッケ，シューマイ，ギョーザ，春巻，ハンバーグステーキ，フィッシュハンバーグ，ミートボール，フィッシュボールの9品目についてそれぞれJAS規格基準が定められ，1978年12月からJAS製品として市場で販売されている．

なお，厚生労働省告示で定められている冷凍食品の成分規格のうち細菌数は，加熱後摂取冷凍食品（凍結前に加熱済のもの）については，検体1g当たり10万個以下で大腸菌群が陰性であること．また，加熱後摂取冷凍食品（凍結前に未加熱のもの）にあっては，300万個以下で大腸菌（*Escherichia coli*）が陰性であることなどが定められている．

冷凍食品の生産量は年々増加しており，2001年には約150万8千トンで生産金額（工場出荷額）は7,352億円に達している（日本冷凍食品協会調べ）．その中で調理冷凍食品は，全体の約83％近くを占めている．調理冷凍食品は，水産物，農産物，畜産物などを原料とし，調理，加工した冷凍食品である．また，調理冷凍食品は，えびフライ，コロッケ，カツ類などの「調理未加熱食品」と，シューマイ，ギョウザ，春巻，ハンバーグなど「加熱調理済食品」の2つに大別される．代表的な水産物の調理冷凍食品とその生産量（2001年度）をあげると，えびフライ（8,877トン），いかフライ（7,067トン），かきフライ（11,978トン），その他の水産物のフライ・てんぷら・揚げもの（76,899トン）となっている．

なお，調理冷凍食品の製造工程は，一般に原料の前処理（選定，原料加工，調理加工）を経て，凍結（主要工程）される．その後，後処理（計量・包装，箱詰）されて製品となる．

3・5　凍結貯蔵温度と貯蔵期間

冷凍食品の凍結貯蔵温度は，前述したようにわが国でも−18℃（0°F）以下

とされている（3・4・2）．食品は品温によって品質を保持できる時間が異なり，品温が低ければ低いほど品質保持期間が長くなる．逆に，品温が高ければ当然短くなる．さらに品質保持期間は，同じ品温であっても食品の種類によっても異なる．魚の場合，鮮度低下の速い赤身の魚（サバ，カツオ）と遅い白身の魚（タイ類）では，同じ保管温度でも品質保持期間は異なってくる．このように，品質保持期間の長さは，温度（Temperature），時間（Time），それに各食品のもつ固有の品質耐性または許容限界（Tolerance）の三者と密接に関係している．この三者の関係をT.T.T.の概念という（3・4・3参照）．

この概念の確立のため，アメリカ農務省西部地区研究所を中心に種々の食品について品質保持の研究が10年がかりで行われ，1957～1962年にかけて報告されている．わが国でも社団法人日本冷蔵庫協会の実態調査（1980年）などで，表3・6に示すように冷凍水産物の適正保管温度が調べられている．

表3・6 水産物の凍結貯蔵温度と貯蔵期間

品目	保管温度（℃）	保管期間（月）	品目	保管温度（℃）	保管期間（月）
マイワシ	−18 −23	6 12	マグロ カジキ（生食用）	−30 −40	3～6 6
マサバ	−18 −23	6 8	スルメイカ	−18	12
サンマ	−18 −23	6 12	タコ	−20 −25	6 12
ニシン	−18～−20	4～6	サケ・マス	−18 −23	5～8 10
マダラ	−18 −20 −23	4～6 8～9 9～10	タイ	−18 −25	3～5 12
カレイ	−18	7～12	すり身（スケトウダラ）	−23～−25	6～12
マアジ	−18	12	イクラ・スジコ タラコ（塩蔵）	−18～−22	6～12
シシャモ	−18～−20	4～6	エビ・カニ	−18 −25	6～12 12～25
カツオ（生食用） 　　　（加工用）	−30 −40 −20以下	6 6 −	カキ・ホタテ	−18 −23	5～9 9

抜粋（大冷会編，1996）

この表から，冷凍水産物の凍結貯蔵温度と貯蔵（保管）期間は，−18℃で約6ヶ月間，この温度より−5℃ほど低い−23℃近くでは8～12ヶ月間と長期の貯蔵（保管）が可能となる．

3・6 凍結貯蔵中の物理的変化

食品の多くは，70～85％近くの多量の水分を含んでいる．水（液体）は凍結すれば，相変化（phase change）を起こし氷（固体）に変わる．これに伴い，次に述べるような種々の物理的変化が起こる．

3・6・1 成分の濃縮

魚介類に含まれている水は，純水とは異なって種々の塩類や水溶性成分を溶質とし含む溶液である．このような溶液の凍結点は，0℃より低くなる．凍結点は，溶液中の溶質の濃度に比例して降下する．これを氷点降下といい希薄溶液に適用されるが，1 kg の水に溶質が 1 モル溶解すると，理論的には－1.8℃の氷点降下を起こす．さらに温度を下げると，凍結点は濃縮によりさらに低くなる．そのため，食品をゆっくり凍結すると，溶質を除去しながら氷結晶が成長するので，溶液の濃度が増すとともに溶存していた空気などのガスは，溶液から分離してゆく．これに対し，急速凍結すると，氷結晶は濃縮液を抱き込み微細なものができるので，溶液の濃縮は遅れる．

いずれにしても，ある程度濃縮が進むと，それ以上は濃縮されずにそのまま凍結が完了する．凍結による食品成分の濃縮は，前述のとおり酵素反応，酸化反応及び微生物の繁殖などを抑制する効果がある．

3・6・2 膨張と内圧

食品の凍結は表面から凍り始め，順次内部に凍結前線（freezing front）が進行し，中心に達したとき完了とする．従って，表面部が凍って凍結層が形成した状態で，内部の水が凍って体積膨張を起こすと，内圧が発生しその応力で表層の凍結層が部分的に破断する．その結果，魚体表面などに身割れ（crack）を起こす．身割れの程度は，食品の種類，大きさ，凍結の方法などによって異なるが，特に水分を多く含み，厚みのある食品を急速凍結する場合に大きくなりやすい．

なお，凍結による氷の体積膨張率は，水と氷の比重（kg / m^3）の変化から次のように計算される．

$$氷の体積膨張率 = \frac{1000-920}{920} \times 100 = 8.7\%$$

ここで，水の比重＝1000 kg / m^3，氷の比重＝920 kg / m^3 とする．

すなわち，水は凍って氷になると，比重が小さくなる．そのため氷は体積が

水の8.7％ほど大きくなり膨張することになる．

　凍結中の魚類に内圧が発生すると凍結障害の原因になるとともに，未凍結の血液や脂質などが身割れした部分から表面へ圧出されて凍結魚の体表面が汚れて外観が悪くなる．さらには凍結貯蔵中に油焼け（rusting of oil，第4章4・5・3，2）参照）を起こし，品質が劣化する．また，眼球が切れてその周囲が赤くなるのも，凍結による内圧発生が原因と考えられる．

3・6・3 乾　　燥

　凍結貯蔵中における冷凍食品や凍結魚の乾燥は，冷凍焼けや油焼けなどの品質劣化を誘発する要因の一つになる．

　冷凍食品が凍結貯蔵中に乾燥するのは，冷蔵庫内の温度変動も関係するが湿度が低下することによる水分移動，すなわち昇華（sublimation）による．

　一般に，乾燥は飽和蒸気圧（saturated pressure）の差，いわゆる飽差によって起こる．水は氷になっても，その表面には表面温度に相当する飽和蒸気圧が存在する．表3・7に示すとおり，10℃の水の表面には水銀柱9.209 mmHgの飽和水蒸気圧があるが，温度が下がると，この蒸気圧も次第に減少する．0℃以下で氷の状態になっても，小さい値であるが氷の表面近くに蒸気圧は存在する．冷凍食品の表面は，はじめその表面温度に相当する氷の飽和蒸気圧をもっている．

表3・7　水（氷）の飽和蒸気圧表

温度（℃）	飽和蒸気圧（mmHg）
10	9.209
5	6.543
0	4.579
−5	3.008
−10	1.946
−15	1.238
−20	0.772

（田中・小嶋，1986）

　一方，冷蔵庫内の空気も水分を含んでいるため，相対湿度（％）に応じた蒸気圧をもっている．相対湿度100％の庫内空気であれば，その庫内温度に相当する水または氷の蒸気圧が庫内空気の蒸気圧となる．そのため，相対湿度75％の庫内空気であれば，その庫内空気の蒸気圧は飽和蒸気圧の75％の値になる．日本冷蔵株式会社（現・株式会社ニチレイ）研究所（1979）の例に従い，品温−20℃の冷凍食品を庫内温度が−20℃で相対湿度75％の冷蔵庫に保管した場合に乾燥が起こるかどうかを検討することにする．−20℃の氷の飽和蒸気圧は，氷の飽和蒸気圧表から0.772 mmHgであるため，−20℃で相対湿度75％の庫内空気の蒸気圧は0.772 mmHg×0.75＝0.579 mmHgとなる．冷凍食品の表面の蒸気圧は，−20℃の氷の飽和蒸気圧に等しく，0.772 mmHgと

みなせる．従って，冷凍食品の表面と庫内空気との間に，0.772 − 0.579＝ 0.193 mmHg の蒸気圧の差（飽差）が存在する．この飽差はわずかな値であるが，凍結貯蔵中に冷凍食品の表面から昇華が起こり，水分が庫内へ徐々に移動して乾燥状態になる．

凍結貯蔵中に冷凍庫のドアの開閉を頻繁に行うと，品温と庫内温度に温度差が生じ，それに対応して前述のとおり飽差が生じる．そのため，品温より庫内温度が高くなった場合には，冷凍食品表面に水分が移動して氷結晶が生成して霜または氷が付着し，逆に品温より庫内温度が低下した場合に食品表面で乾燥が起こることになる．

しかし，一度乾燥してしまった食品の表層部には，失われた水分は付着するだけで復水しないから，乾燥は一方的に進行して冷凍焼けの原因になる．

3・6・4 氷結晶の成長

冷蔵庫の内部は温度を自動的にコントロールするため，ドアの開閉がない場合でもわずかな変動を伴う．そのため，冷凍食品と庫内温度との間にわずかなずれを生じながら品温変動を長期間続ける．その結果，小さな氷結晶は不安定なため消失して水分子となり蒸気圧の小さい低温部の粒子の方へ移動して再結晶化する．一度失われた小粒の氷結晶は，もとに戻るわけでないので，温度変動により水分子が移動してできた氷結晶は次第に粗大化して，冷凍食品の内部または組織間に氷の塊となって存在するようになり，品質劣化の原因になる．

このため，食品の凍結時に凍結速度を速くして氷結晶の生成を微細なものにしても，凍結貯蔵中に温度管理を徹底しなければ氷結晶の粗大化は防ぐことができない．そのため，緩慢凍結の場合と同様に凍結障害を招き品質の悪い冷凍食品になる虞がある．

3・7 凍結貯蔵中の化学的変化

3・7・1 タンパク質の変性

凍結前に鮮度低下した品質の悪い魚は，新鮮なものより，魚肉タンパク質の変性が著しい．また，魚の致死条件や死後硬直の時期とタンパク質の変性との関連も無視できない．魚の致死条件が即殺かまたは苦悶死かによって，死後硬直の開始時間が異なる．激しく運動させ，苦悶死させた魚は，氷冷して運動を抑制して即殺（活〆）した魚より，死後硬直が早く，鮮度低下も速い．一方，

凍結速度が遅いと表 3・5 に示したとおり魚肉組織の細胞外に粗大化した氷結晶を生成しやすく，凍結障害を起こす．また，凍結貯蔵中における温度変動でも氷結晶の粗大化により細胞が物理的に圧迫された状態でタンパク質の変性，いわゆる凍結変性（freezing denaturation）が進行する．凍結変性した魚では，解凍時に変性したタンパク質やエキス分などがドリップとして流失する．

そのため，解凍後に氷結晶の跡が空隙として残り，それがスポンジ状の肉となる．スポンジ化した魚肉は，塩溶性タンパク質が顕著に減少しており，結着力，保水性ともに劣化して加工適性が極めて低くなる．そのため，このような魚からは，優れた品質の魚肉ねり製品を作ることはできない．

凍結変性を起こしやすい魚種とそうでない耐凍性の魚種がある．なかでも，白身のタラ類は耐凍性の弱い魚とされる．スケトウダラは変性しやすい魚であるが，野口（1997）は最近の研究ですり身にしてから凍結することによって凍結変性を防止できることがわかり，以来，冷凍すり身は，魚肉ねり製品の原料として国際的に利用されるようになったと述べている．

3・7・2 脂質の劣化

凍結魚は貯蔵中に脂質が酵素による加水分解と自動酸化を受けて劣化する．イワシやサバなどの赤身魚類の脂質は，白身魚類に比べて劣化しやすい．特に凍結貯蔵中には，前述のとおり乾燥に伴う脱水により凍結魚の表層が多孔質になる（3・6・3）．多孔質状態の表層では空気との接触が容易となるため，脂質は自動酸化を起こし，その結果，凍結魚は表面だけでなくその内部も油焼けにより，褐変して食味，風味などが損なわれ，この変色を伴う風味の劣化現象を冷凍焼け（freezer burn）と呼んでいる．

タラ類のような白身魚では，凍結貯蔵中における脂質の加水分解により生成した遊離脂肪酸で魚肉タンパク質の変性が促進されると考えられている．

一方，マイワシの－20℃貯蔵では過酸化物生成の誘導中にタンパク質の変性が急速に起こるので，御木ら（1994）は凍結貯蔵初期に起こるタンパク質の変性は，凍結の影響が強いことが考えられると述べている．なお，凍結貯蔵中に起こる脂質の酸化とそれに関連して起こる品質劣化の防止法として，酸化防止剤（antioxi-dant）やガス透過性の小さい（バリヤー性の高い）包装材料を用いた真空包装，不活性ガス置換包装，さらにはこれに脱酸素剤（deoxygenizer）を併用するなどが有効な手段となる．また，魚介類の場合には，グレーズや包装を完全にする必要がある．グレーズには清水が使用されるが，その中に脂質

酸化防止剤やグレーズ亀裂防止用の糊料を添加する方法もある．

3·7·3 変　色

　一般にマグロ，カツオなどの肉色は鮮赤色をしていることが，品質評価に際して重要である．しかし，新鮮な凍結魚であっても貯蔵温度が高い場合や解凍条件が適当でない場合には肉色が褐色になることがある．マグロ肉を−20℃付近の温度で長期間貯蔵すると特有の鮮赤色が変色して褐色化する．刺身やすし種などの生食用としては，その価値を失う．カツオ，マグロなどの赤身の赤色色素は，筋肉色素ミオグロビン（myoglobin, Mb）である．Mbの構造にはヘム鉄（二価）を含んでおり，酸素と結合する役目をしている．新鮮なマグロ肉ははじめに赤紫色をしているが，これを空気にさらすと酸素と結合して鮮赤色のオキシミオグロビン（oxymyoglobin, MbO_2）になる．これを酸素化という．このような肉色のものを常温または凍結状態に置くと次第に褐色になり，品質が劣化する．これは，Mbの鉄が自動酸化されてメトミオグロビン（metmyoglobin, met Mb）になるためである．そこで，生成したmet Mb量を総Mb量で除した値をメト化率（％）と呼び，マグロ・カツオ肉の色変指標として用いられている．このMbの酸化には温度，酸素分圧，pHなどが影響するが，実際には温度が最も重要である．マグロの肉色保持のためには，1〜2ヶ月間の貯蔵には−30℃位の温度でよいが，6ヶ月間では−40℃，さらにそれ以下の温度が要求される（表3·5参照）．色変防止にはこのような極低温が望ましいが，冷蔵コストが相当割高になる．なお，カツオはマグロと違って漁獲後脱血しないため肉中に血液色素ヘモグロビン（hemoglobin）が混合した状態で肉色が悪い原因の一つに考えられている．そのため，最近寺山・山中（2000）は漁獲後に船上で脱血する脱血装置の開発を検討している．

　この外，エビ類には黒変の問題がある．−20℃の凍蔵中には黒変の問題はないが，氷蔵あるいは解凍後の貯蔵中に頭・胸部が黒色になり品質が低下する．これは，アミノ酸のチロシン（tyrosine）が血液中の酵素チロシナーゼによって黒色のメラニン（melanin）になるためといわれる．防止法としては，冷蔵・凍蔵の前に加熱（煮熟）して酵素を失活させるか，阻止剤（0.7％亜硫酸水素ナトリウム）で処理する方法がある．また，体表の色調が重要視されるタイなど赤色魚の退色は日光や光線（350〜360 nm）によって促進されるが，凍蔵中にも次第に進行する．これは，アスタキサンチン（astaxanthin）というカロテノイド色素の酸化によって起る．この防止には田中・尾藤（1992）は抗酸

化剤を添加したグレーズ処理と−30℃以下の貯蔵が必要であると述べている.

3・8　冷凍品の流通

3・8・1　低温流通体系

　冷凍食品は，生産から消費者の末端まで凍結状態で流通し，安全に解凍されて利用されなければ，価値はない．すなわち，低温の鎖（cold chain）が切れると冷凍食品の本質が失われる．同様に，生鮮食料品であっても，食品の品質を落とさずに，生産者から消費者まで，所定の低温に保持しながら流通する必要があり，このような流通体系をコールドチェーン（低温流通機構）と呼んでいる．このようなコールドチェーンの構想は，1965年1月に科学技術庁（現文部科学省）資源調査会より「食生活の体系的改善に資する食料流通体系の近代化に関する勧告」（コールドチェーン勧告）が出され，その目的はほぼ達成されつつある．しかし，生鮮食料品の流通過程において，問屋などの複雑な流通システムに加え，未だ不可食部などを運ぶ無駄な流通コスト等の問題がある．

3・8・2　品質保持

　上記で述べた低温流通体系を合理的に体系化するには，前述のT.T.T.の概念に従ったコールドチェーンを完備したシステムを構築する必要がある．また，池戸（1997）によると，PL法（製造者責任法）の施行（1995年7月）と相まって生産から消費までの流通過程におけるHACCPや国際標準化機構の国際規格シリーズISO9000シリーズ（9000-9004）など国際的品質管理体制の導入に対する意欲が，安全と品質確保のためわが国の食品企業でも高まってきていると述べている．

　さらに，IT（情報技術）の発展に伴う電子技術の導入も，冷凍食品の品質保持を図る流通システムの改善に今後ソフト・ハードの両面で重要な役割を果たすと考えられる．例えば，品温が刻々変動する場合の品質変化をシミュレーション（simulation）して，流通過程の品質劣化を最小にすることも可能となろう．

　そこで，T.T.T.の概念を表すモデル式として，Arrheniusの式及び一次反応式の両式から導かれる次式が適用される．

$$2.303 \log\left(\frac{a}{a-x}\right) = A \int_0^\theta \exp\left(-Ea/RT(\theta)\right) d\theta$$

　ここで，$a=$初期の量，$x=$時間θにおける変化量，$A=$頻度因子（定数），

Ea＝活性化エネルギー，R＝ガス定数，$T(\theta)$＝時間 θ における品温である．

この式を T.T.T. の概念に対応させると，T（時間）＝θ，T（温度）＝T，T（許容限界）＝品質劣化速度の温度依存性を表す動力学特性値（Ea 及び A）と見なすことができる．食品の一定温度における品質劣化速度は，一般に一次反応式から求められる．また，各温度における品質劣化速度の温度依存性を表す特性値の Ea 及び A の値はアレニウスプロットから求められる（図 3・1 参照）．その結果，ある食品の Ea と A が求められていれば，時間が経過したある時間 θ での温度 T を $T(\theta)$ として入力すれば，上式の右辺の積分計算値は数値計算または図式積分で容易に求められる．そのため，左辺の a が品質の初期量として与えられていれば，θ 時間後の変化量 x は容易に求められることになる．

従って，品質をある水準に保持するためには，この式を適用することによって貯蔵温度から貯蔵期間が求められる．また，貯蔵期間から貯蔵温度も事前に設定可能になる．Miki（1984）は，魚類の K 値（生鮮度）やメト化（赤身魚肉の色変）などの品質指標の初期量が分かれば，その時点から時間と品温をパソコンに入力することによって，刻々変化する品質変化をリアルタイムでモニターすることも可能であると述べている．これらの研究成果を応用して，水野（1997）はマグロ赤身の肉色をモニターする実用システムを考案している．

3・9　解　凍

近年，冷凍技術の進歩とコールドチェーンの整備により，優れた品質の冷凍水産物が得られるようになった．しかし，優れた凍結魚でも，不適当な解凍操作のため，その品質が低下することは十分に考えられ，従来の研究でも知られるところである．このように，解凍（thawing）は凍結生鮮品の品質保持上，凍結同様に重要な操作であるが，自然放置や水浸漬などの簡単な方法で容易にできるところから，従来あまり重視されてこなかった．しかしながら，最近では生鮮魚に近い高品質魚を得る解凍法や，大量処理に向く能率のよい，しかも高鮮度保持の可能な大規模解凍装置の開発・改善への要求が高まってきた．これまで解凍に関する研究は比較的少なかったが，年々増加している．近年冷凍水産物の解凍条件については，多くの実験的研究が行われるようになり，作業上の技術的問題は一応解決されているように思われる．しかし，凍結魚の種類・形態及び解凍条件が異なる場合に，限られた実験結果をこれに適用するこ

とは必ずしも適当でない.

従って,ここでは冷凍水産物の解凍に必要な解凍条件,解凍方法及び解凍魚の品質について概説する.

3・9・1 解凍条件

解凍の良否を決定するのは,主に解凍前の品質,解凍速度及び解凍終温度の3点といわれるが,この外に解凍方法(加熱方法,加熱媒体の種類と状態)も要因としてあげられる.これらの影響因子を含め,凍結魚介類の解凍条件について述べる.

1) 解凍前の品質

一般に品質の劣る凍結魚は,それが最良の条件で解凍されても元の品質以上に品質が向上することはない.そのため,解凍前の原料及び凍結・貯蔵条件が十分検査され,凍結魚の品質が保証されていることが必要である.このように,解凍前の品質がよければ,生鮮魚に近い状態の解凍魚を得ることは可能である.

解凍魚の品質は,一般には凍結前の生鮮魚の品質と見なされているが,正確には凍結前の品質から,凍結・貯蔵過程で生じた品質劣化分を差し引いたものと考えるのが妥当である.凍結貯蔵中に品質低下を起こした魚は,ドリップが多量に流出する.この品質低下の主な要因は,凍結によるタンパク質の変性であることが知られているが,その成因については多くの研究があるにもかかわらず現在でも詳しいことは分かっていない.いずれにしろ,解凍中に多量のドリップが出る凍結魚は,すでに凍結魚の品質として不適格といえる.

一方,死後硬直前の動物筋肉を急速凍結し,−20℃以下に貯蔵したのち,これを解凍すると,筋肉は収縮硬化するばかりではなく多量のドリップを流出する.この現象を解凍硬直(thaw rigor)という.一般に解凍硬直は収縮硬化が激しく,しかもドリップ量が多く,肉片は変形しやすい.そのことは,鯨肉の解凍硬直で顕著なことが知られている(田中・小嶋,1986).魚類筋肉の場合でも,硬直中か硬直前の魚体を急速凍結すると,程度に相違はあるが,解凍硬直が起こる.

2) 解凍速度

一般に,解凍速度が速くなるに伴って被解凍品の表面部と内部との温度差が大きく,表面部が解凍温度(熱媒体温度)に近い高温にさらされる度合が高くなる.

一方,低温緩慢解凍の場合,被解凍品の表面部が高温にさらされることは少なく,部位間の温度差も小さくほぼ均一に解凍される.しかし,解凍時間は,

長くなる．これらの関係ついて真空解凍の場合を例に図 3・6 に示した．この実験に用いられた試料は，カツオ凍結肉を 5 cm×5 cm×7 cm 厚に成形したものを断熱材の試験容器に入れて，一表面から内部へ 1 次元的に加熱したものである．この図から分かるように，解凍温度が高いほど解凍時間（解凍速度）は短（速）くなるが，内部と表面部との温度差は開いてくる．しかし，解凍温度が低くなるとこの関係は逆になる．これらの関係を分かりやすく示したのが図 3・7 である．この図は，加熱媒体温度（解凍温度）を横軸にとり，左側の縦軸に解凍時間を，また右側の縦軸に解凍終了時の表面部と内部の温度差を表わしている．なお，解凍終了時の表面部と内部との温度差（解凍むら）を，両者の質量平均温度（mass average temperature）（Charm，1963）の差で表示した．この図から解凍速度と解凍むらは逆の関係にあることが分かり，両曲線の交差する点が両者を満足する解凍温度ということになる．

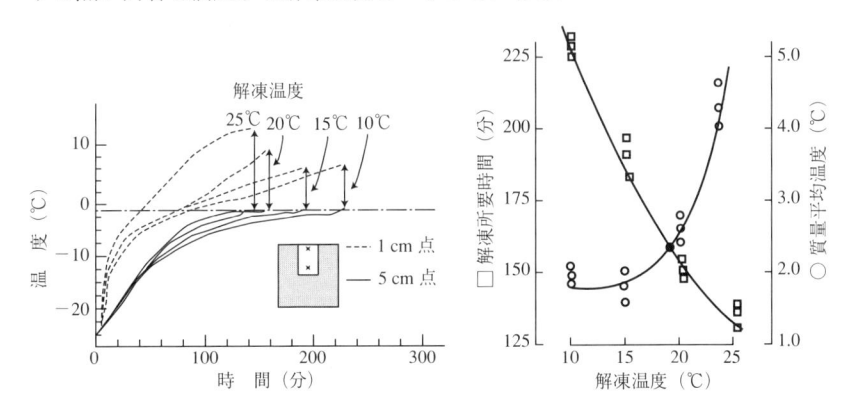

図 3・6　解凍中（真空解凍）のカツオ肉片（7 cm 厚）の表面部（1 cm 点）と中心部（5 cm 点）の温度変化と終温度の差（御木ら，1984）

図 3・7　各解凍温度（真空解凍）における解凍時間と解凍むら（質量平均温度）の関係（御木ら，1984）

さらに，解凍速度は，解凍温度の外に加熱媒体の種類（水，空気）や状態（流速）などによって解凍表面からの単位面積・時間・温度当たりの伝熱量（熱伝達，heat transfer）が変わるため，これらの影響によっても大きく左右される．また，同じ解凍温度であっても解凍速度が変われば解凍むらも当然変わってくる．品質変化を最小にする解凍適温は，一般の空気・水解凍の場合には10～20℃の範囲にある．

ところで，品質劣化の抑制には急速解凍，緩慢解凍のいずれが妥当かについ

ては，酵素反応及び微生物増殖の速度論的観点からいえば，できるだけ低温で迅速に解凍することが妥当と思われる．しかし，低温で急速に解凍を行うことには，伝熱理論の上では矛盾する．品質劣化を最小にする最適解凍条件については，伝熱理論と反応速度論の両面から検討する必要がある．

緩慢解凍は，解凍硬直を起こし肉が顕著に収縮する場合に必要とされる．解凍硬直は，筋肉の収縮エネルギー物質であるアデノシン5'-三リン酸（adenosine 5'-triphosphate，ATP）が存在した状態で凍結されるため凍結中にそのまま保持され，保持されたATPが解凍時に筋収縮に利用されるためであると考えられている．従って，解凍硬直を防ぐには，解凍時に緩慢解凍してATPをゆっくり分解させる必要がある．すなわち，収縮型の鯨肉やマグロ肉では品温が$-5 \sim -1$℃の温度帯を5～6時間でゆっくり通過させることが望ましい．この外，緩慢解凍の利点として，細胞や組織が融解した水を吸収して復元するための時間的余裕があげられていた．しかし，田中（1993）は，吸水能の弱っている細胞でも吸水時間は組織（肉塊）の大きさによるが，0℃で30～60分間で十分であることから，この点に関する緩慢解凍の必要性はなく，急速解凍の方がかえって生化学的・酵素的な反応からみて好ましいと述べている．

3）解凍終温度

凍結魚の品温が融解点を超えてからも解凍操作を続ける場合が多いが，解凍終温度はできる限り低い方がよい．凍結の場合には，凍結速度が遅いと粗大な氷結晶の生成による体積膨張が起こり，魚肉の筋肉細胞は物理的損傷を受けて品質劣化を起こすことが多い．解凍の場合，解凍速度よりむしろ解凍終温度の方が品質に及ぼす影響は大きい．解凍ドリップの出るような場合には，解凍終温度の上昇とともにドリップ量は急速に増加する．解凍する場合の熱媒体（空気，水）が高温であるほど肉色の変化及び生鮮度（K値）が上昇するなど品質劣化の進行が速くなることから，解凍終温度の上昇は危険である．そのため，凍結魚の解凍は解凍終温度（中心温度）が$-5 \sim -3$℃に達した時点，すなわち包丁などの刃物で切れる程度の半解凍状態の段階で解凍操作を終了し，利用時に完全解凍状態（約0～5℃）にするのが合理的である．

3・9・2 解凍方法

解凍方法は，加熱方式により，外部加熱と内部加熱の2方式に大別される．その選択は，被解凍品（凍結魚）の形態（ラウンド，ブロック，フィレー，包装品など），サイズ及び処理量（工場用，業務用—病院・レストラン，家庭用）

によって異なる．次に，解凍方法としての解凍装置及び解凍操作を説明する．

1) 解凍装置

解凍中に被解凍品が与えられるエネルギーは，品温の上昇と氷の融解のために使われる．このエネルギーを与える方法の違いによって，各種の解凍装置が開発されている．一般的な解凍装置は表 3·8 に示すように，空気や水を熱媒体とした外部加熱によるものに加え，マイクロ波（高周波）を利用した内部加熱によるものがある．この外，外部加熱方式では，接触式，高圧式，真空（減圧）式，高湿度式などがあり，一方，内部加熱式では，遠赤外線，電気抵抗式などがある．また，これらの方式を組み合わせた装置も開発されている．特に，マイクロ波加熱と外部加熱方式との併用方式が多い．

しかし，これらの解凍方法は，処理能力，経済性などに一長一短があり，利用に当っては凍結魚介類の種類，形状などに対応した方法を選択し，採用する必要がある．

表 3·8 加熱方法による解凍装置の分類

空気解凍	静止空気解凍		
	エアーブラスト（流動空気）解凍		
	加圧（エアーブラスト）解凍		
水解凍	水浸漬	流水解凍	
		発泡解凍	
		加圧解凍	
	スプレー解凍		
	水蒸気解凍	常圧解凍	
		減圧解凍	
接触解凍			
電気解凍	電気抵抗（または導電加熱）解凍		
	誘電加熱解凍	超短波 (13,27,40MHz) 解凍	
		マイクロ波 (915,2450MHz) 解凍	
組み合わせ解凍			

(田中・小嶋, 1986)

2) 解凍操作

従来，各種の解凍装置が開発・改良されてきた．魚肉ねり製品の二次原料である方形の冷凍すり身の解凍には，内部加熱法である誘電加熱が適しているといわれている．しかし，内部加熱とはいえ，加熱は食品表面から先に行われる

傾向にあり，操作によっては食品の表面や突起部分が特に過熱されやすく，過熱により煮熟する危険がある．そのため，高周波（電磁波）加熱では部分過熱の危険性のある $-5 \sim -3$℃以上にまで解凍することは困難である．また，工場などの大規模装置では，性能や経費の面でまだ難点があるとして，コンタクト・フリーザーと伝熱方式が同じである接触解凍装置が1978年頃より製作され，冷凍すり身用として使用されている．また，冷凍すり身の場合には薄片状にスライスして，擂潰できる程度まで解凍する方法も行われている．

ところで，前述のように誘電加熱による部分過熱の欠点を防止するために，高周波の中で低いバンドの周波数（13 MHz）を極板間に流す極板方式を採用し電磁波の食品への浸透性をよくする工夫がなされている．さらに庫内を低温（$-10 \sim -20$℃）に保ちマグロ（四つ割とブロック形態）や食肉ブロックなど大きな不整形食品でも部分過熱を起すことなく解凍する装置が製作されている．また，マイクロ波（915 MRz）による誘電加熱によって，キハダマグロとミナミマグロのそれぞれ35 kg及び50 kgの凍結ドレス（$-20 \sim -30$℃）をキハダマグロは10 kW（power density 76W / kg），ミナミマグロは12 kW（同200 W / kg）の出力で解凍した結果，それぞれ40分及び28.5分で0℃付近まで安全にほぼ解凍されている．通常，このようなマグロ類の解凍には20〜30時間を要していた．

誘電加熱の場合，凍結品の表面部を -5℃付近まで急速に昇温してから加熱

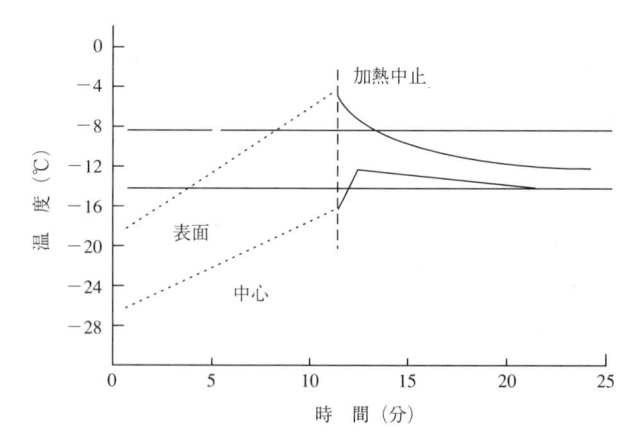

図3・8 解凍魚フィレーの凍結ブロック（4 cm 厚）の誘導加熱（850 W / m^2）によるtempering と均温化（R.H. Christtie and A.C. Jason, 1975）

を止め,その後全体の温度を−15〜−12℃の範囲内に均温化させる"tempering"(品温緩和)の方法が提案されている.このように魚フイレーの凍結ブロックを誘電加熱して,tempering を行った結果を図3・8 に示した.これはギロチンカッターで切れやすい温度まで昇温してフィッシュフィンガー(約18 g の方形魚肉片で,フィッシュスチック様の冷凍食品−イギリス)などを製造する場合に向いている.

前述のように,誘電加熱は常に部分過熱の危険を伴うが,利点として,① 加熱の均一性,② 連続運転が可能,③ ドリップと水分蒸発の損失が少ない,④ 衛生的である,⑤ 包装形態で解凍可能,⑥ 外部から水との接触がない,⑦ 水を使用しない,⑧ 汎用性がある,などがあげられている.しかし,これらの利点のためには,他の方式と工場用規模で比較した場合,設備費と電気料の点で2〜3倍割高になると見積られる.以上のような部分過熱やエネルギーコスト(電気料)の難点を改善するために,tempering の導入や他の方法との組合せ方式などが検討されてきた.最近では,大量処理及びエネルギーコストの面で問題はあるものの,完全自動化が可能となり,安全に解凍できる高周波解凍装置の開発が進められている.

また,電磁波の一つである遠赤外線を利用した解凍装置が最近開発されている.この遠赤外線を利用した凍結マグロの解凍例を図3・9に示す.この結果では,遠赤外線解凍の方が水浸漬解凍より解凍むら(Δt)は小さい.

空気を媒体とする流動空気解凍(エアブラスト式)では,被解凍品の表面が解凍後期に乾燥し品質を損なう.これを防ぐには,風速を2 m/s 以上に上げないようにすることは前にも述べた.この乾燥問題を解決するために,相対湿度

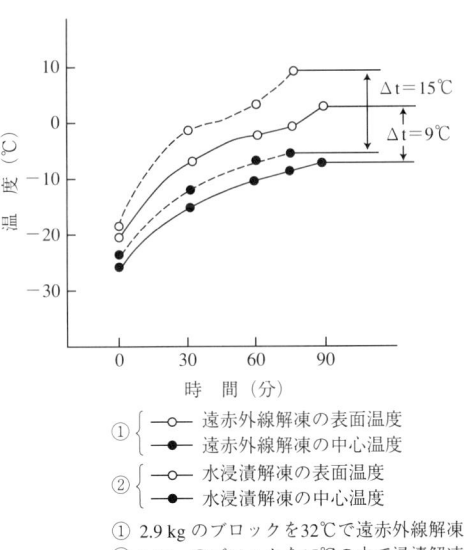

① { ○— 遠赤外線解凍の表面温度
    ●— 遠赤外線解凍の中心温度
② { ○— 水浸漬解凍の表面温度
    ●— 水浸漬解凍の中心温度

① 2.9 kg のブロックを32℃で遠赤外線解凍
② 2.8 kg のブロックを15℃の水で浸漬解凍

図3・9 凍結マグロブロックの遠赤外線解凍と水浸漬解凍の場合の表面温度と中心温度の比較(篠山,1995)

98％以上の高湿度流動空気（最大 3 m / s）を発生させて解凍する高湿度解凍装置が開発されている．この装置は，主に生食用の凍結マグロ（四つ割以下のサイズ）やブロック凍結エビの解凍などに適している．

3）解凍と伝熱

空気や水などの流体を熱媒体（heating medium）とした外部加熱による解凍操作において，熱の伝わり方に関係する工学的因子について次に述べる．

熱拡散率　　まず，凍結と解凍における伝熱の違いについてみると，外部からの熱媒体が同じ場合には，両者の伝熱速度は異なる．それは凍結食品の大部分を占める氷と水の熱伝導率（thermal conductivity）の違いによることが大きい．すなわち，凍結では熱伝導率の大きい凍結層（氷＝2.0 kcal / m·h·℃）を通して行われるのに対して，解凍ではその逆に熱伝導率の小さい融解層（水＝0.5 kcal / m·h·℃）を通して行われる．水の熱伝導率は，氷の約 1/4 倍で小さい．実際に熱伝導方程式を支配するのは熱拡散率（thermal diffusivity）と呼ばれるもので，熱拡散率＝熱伝導率／比熱・密度として表される．この熱拡散率の水と氷の比は約 1/10 で水が小さい．このことが，両者の間に伝熱速度の違いを生む理由である．例えば，缶ジュースなどを急いで冷やすため家庭用冷蔵庫の凍結室に入れておくと，意外に速く凍り，逆に室内で解凍（自然解凍）するとより長い時間を要する．これは凍結・解凍が同じ空気の伝熱媒体であって流速に多少の差があるにしても，上記のとおり缶内で内容物の氷と水の相が逆転して伝熱物性値（熱伝導率，比熱，密度）に違いが生じ熱拡散率の違いによって，伝熱速度に差が表れたためと考えられる．

表面熱伝達率　　凍結食品内部での伝熱は熱伝導のため熱拡散率に左右されるが，外部の熱媒体からの食品表面へ伝わる熱量の大きさは通常熱伝達率（heat transfer coefficient）といわれる表面熱伝達率（kcal / m^2·h·℃）の値によって決まる．表面熱伝達率の値は熱媒体の種類によって異なり，空気＜水＜水蒸気の順に大きい．また，その状態によっても異なり，静止状態より流動状態の方が大きい．われわれの経験でも，空気（気体）と水（液体）では熱に対する感じ方は異なる．例えば，同じ温度であっても100℃（空気）近くのサウナ室に入れても，100℃（水）近くの湯風呂には入れない理由は，熱媒体の違いによるためである．また，これらの流体が動いているか静止しているかでも物体への熱の伝わり方が異なるため，感じ方も異なる．効率よく熱を伝えるために，熱媒体（空気，水）をかき混ぜたり，ファンやポンプで流速を上げ

たりするのは，表面熱伝達率を高める操作である．このため，水を熱媒体に利用した水解凍では，流水，散水，噴流水による発泡，低温水蒸気の発生などにより表面熱伝達率を高めるなどの工夫がなされている．

3・9・3 解凍魚の品質

漁獲後直ちに船内で食塩ブライン凍結（B-1 凍結）された B-1 凍結カツオを刺身用に解凍する場合，酸素透過性の小さい包装材で真空包装にしてから解凍し，2℃近くの温度で貯蔵すると肉の変色を防ぐのに有効である．また，解凍肉の保水性を高め品質をよくするためには，漁獲直後の pH の高いカツオを急速凍結して−30℃以下で貯蔵して，解凍前に−7℃に約 2 日間貯蔵して解凍系の助酵素 NAD（nicotinamide adenine dinucleotide）を分解消失させてから解凍すると有効であると田中・尾藤（1992）は述べている．

最近の生鮮魚の流通状況をみると，一度凍結したものを解凍したフローズンチルド魚（frozen chilled fish），すなわち解凍魚を鮮魚として販売することがある．一般に解凍魚は腐りやすいといわれるが，奥積・清水ら（1981）は新鮮なゴマサバを凍結貯蔵（−20℃）した後，解凍（−5〜−8℃）して，0℃で再貯蔵し腐敗日数を調べた結果，36 日以内の凍結貯蔵では腐敗に至るまでの貯蔵期間に鮮魚（未凍結魚）との差は認められなかったと述べている．しかし，凍結前または凍結魚の鮮度が低いと解凍後の貯蔵期間は同レベルの鮮度のそれより短くなる．ところで，凍結魚は一般に劣るものという認識があるため，解凍魚と知らされた場合，高鮮度の解凍魚であっても消費者のイメージは悪く，価格面などで種々のトラブルが生じやすい状況があるという．そこで小長谷（1979）は生鮮魚（未凍結魚）と解凍魚とを見分ける鑑別の問題を提起している．また，生鮮魚の「解凍」表示も JAS 法の品質表示基準で 2000 年 7 月より義務づけられている．この問題に関する国内外の研究は多いが，未だ実用的な鑑別法は確立されていない．解凍魚の鑑別はあくまで凍結の事実を判別するもので，活魚を急速に凍結した直後でも凍結による微細な変化が検出される．これらの微細な構造（組織）変化は，官能検査では認識されない領域のものである．このようなフローズンチルド魚が生鮮魚と同等に扱われるために，高井（1995）および野口（1997）が述べているように最近注目されている水の過冷却（supercooling）及び氷のガラス化（vitrification）などの技術の進展で，凍結・解凍技術が飛躍的に発展することを今後に期待したい．

〔御木英昌〕

引用文献

Christie, R. H., and A. C. Jason (1975): Proceedings of the 6th European Symposium Cambridge (Society of Chemical Industry, London), 153-174.
大冷会編 (1996): 新訂実務マニュアル, 成山堂書店, 225-237.
藤井建夫 (1995): 魚介類の鮮度と加工・貯蔵 (渡邊悦生編), 成山堂書店, 28-60.
池戸重信 (1997): 食品工業技術概説 (鴨居郁三監修, 堀内久弥・高野克巳編集), 恒星社厚生閣, 313-327.
小長谷史郎 (1979): 水産食品の鑑定 (日本水産学会編), 恒星社厚生閣, 93-112.
日本冷蔵株式会社研究所 (1979): 要説冷凍食品, 建帛社, 28-29, 275.
野口 敏 (1997): 冷凍食品を知る, 丸善, 57-96.
御木英昌 (1984): 鹿大水産紀要, 33, 155-266.
御木英昌・西元諄一・山中智樹 (1994): 日水誌, 60, 631-634.
Miki, H. and J. Nishimoto (1984): 日水誌, 50, 281-285.
Miki, H. and Y. Kaminishi (2000): The Proceedings of The 4th JSPS International Seminar on Fisheries Science in Tropical Area, TUF International JSPS Project Volume, 10, 458-461.
水野浩治 (1997): 食品の予測微生物学の適用 (藤川 浩・小林登志夫・矢野信禮編), サイエンスフォーラム, 300-313.
村上公博 (1992): 食品冷凍テキスト (新版), 日本冷凍協会, 162-179.
奥積昌世・清水達也・松本 明 (1981): 日水誌, 47, 239-242.
太田冬雄・元広輝重・秋葉 稔・志水 寛 (1980): 水産加工技術 (太田冬雄編), 恒星社厚生閣, 26-51.
Saito, T., K. Arai, and M. Matsuyishi (1959): *Bull. Japan. Soc. Sci. Fish.*, 24, 749-750.
篠山茂行 (1995): 冷凍食品工場における解凍・凍結装置 (特集), 冷凍, 70, 215-232.
食品低温流通推進協議会編 (1975): 食品の低温管理, 農林統計協会, 17-50.
高井陸夫 (1995): 魚介類の鮮度と加工・貯蔵 (渡邊悦生編), 成山堂書店, 108-155.
田中武夫 (1973): 食品の水 (日本水産学会編), 63-82.
田中武夫 (1986): 魚のスーパーチリング (小嶋秩夫編, 日本水産学会監修), 恒星社厚生閣, 23-38.
田中武夫 (1993): 冷凍空調便覧・巻「食品・生物・医学編」(第5版), 日本冷凍協会, 39-44.
田中武夫・尾藤方道 (1992): 食品冷凍テキスト (新版), 日本冷凍協会, 70-89.
田中和夫・小嶋秩夫 (1986): 食品冷凍工学 (改訂版), 恒星社厚生閣, 145-263.
寺山誠人・山中英明 (2000): 日水誌, 66, 852-858.
内山 均・江平重雄・内山つね子・増沢 一 (1978): 東海水研報, No.95, 1-14.
渡辺尚彦 (1991): 食品基礎工学講座第5巻「加熱と冷却」, 光琳, 89-180.

第4章　乾製品

4·1　概　　要

　乾製品の製造は古くから行われてきた水産加工法の一つであり，今日までに様々な製造法が開発されてきた．伝統的に行われてきた天日乾燥法は，日照があれば大掛かりな装置を必要としなくとも乾製品の製造が可能であることから，今日でも途上国をはじめとして世界中で広く行われている．農林水産省の統計情報によると，2002年のわが国における乾製品の生産量は34.1万トンあまりで前年比4%減少した．このうち，割合の最も高い塩乾品は前年より8%減少し22.2万トン，煮干し品は8.2万トン，素干し品は3.5万トンであった．

　水産物の乾燥は，後述する水分活性（water activity, a_w）を下げることによる貯蔵性の獲得を主な目的とした加工法である．表4·1に示すように，市販の水産乾製品の水分含量は製品の種類と製造法により大きく異なる．第6章で述べた食塩を加えてa_wを低下させる塩蔵法におけるほど多量の食塩は用いないが，乾燥工程に先立って行われる少量の食塩の添加や，食塩水中での煮熟がよく行われる．すなわち，乾製品製造時におけるa_wの低下は，水分の減少と食塩添加とによってもたらされるものと考えられる．組織中の水分を食品の表面から蒸散させることにより水分含量を低下させるうえで，天日乾燥における太陽光の輻射熱の利用は熱源としては最も安価である．その一方で，紫外線をはじめとする強い光に水産物をさらすことで，成分の劣化を招きやすい．熱源を使わず送風のみで水分の蒸発を速める送風乾燥法や，電熱を熱源として利用した温風乾燥法，減圧下で水分の蒸発を促進する真空乾燥法などは装置の導入と運転費用が必要であり，これらは製造コストが高くなる要因である．この外，近年では親水性高分子重合体を水分透過性の膜を介して魚介類に接触させ，組織中の水分量を下げることにより乾製品を製造する例が見られる．

表 4・1 市販水産物乾製品の一般成分組成及び食塩含量

% (100 g 可食部)

乾製品	廃棄率	水分	タンパク質	脂質	炭水化物	灰分	食塩相当量	備考
開き干し（マアジ）	35*	68.4	20.2	8.8	0.1	2.5	1.7	*頭部，骨，ひれなど
開き干し（ムロアジ）	35*	67.9	22.9	6.2	0.1	2.9	2.1	*頭部，骨，ひれなど
煮干し（イカナゴ）	0	38.0	43.1	6.1	1.5	11.3	7.1	
丸干し（ウルメイワシ）	15*	40.1	45.0	5.1	0.3	9.5	5.8	*頭部，骨，ひれなど
煮干し（カタクチイワシ）	0	15.7	64.5	6.2	0.3	13.3	4.3	別名：いりこ，ちりめん
生干し（マイワシ）	40*	59.6	20.6	16.0	1.1	2.7	1.8	*頭部，内臓，骨，ひれなど
丸干し（マイワシ）	15*	54.6	32.8	5.5	0.7	6.4	3.8	*頭部，骨，ひれなど
しらす（半乾製品）	0	46.0	40.5	3.5	0.5	9.5	6.6	主として関西向け
しらす（微乾製品）	0	69.9	23.1	1.6	0.2	5.2	4.1	主として関東向け
たたみいわし	0	10.7	75.1	5.6	0.7	7.9	2.2	
かつお節	0	15.2	77.1	2.9	0.8	4.0	0.3	
干しかれい（マコカレイ）	40	74.6	20.2	3.4	tr	1.8	1.1	生干し，ひと塩品．*頭部，骨，ひれなど
開き干し（サバ，大西洋）	25*	50.1	18.7	28.5	0.2	2.5	1.7	*頭部，骨，ひれなど
ふかひれ（ヨシキリザメ）	0	13.0	83.9	1.6	tr	1.5	0.5	別名：さめひれ，きんし
開き干し（サンマ）	30*	59.7	19.3	19.0	0.1	1.9	1.3	*頭部，骨，ひれなど
生干し（シシャモ）	10*	67.6	21.0	8.1	0.2	3.1	1.2	*頭部，尾，ひと塩品
すきみだら（スケトウダラ）	0	38.2	40.5	0.3	0.1	20.9	18.8	
干しだら（マダラ）	45	18.5	73.2	0.8	0.1	7.4	3.8	無頭，ひれなど．*骨，ひれなど，皮など
身欠きにしん（ニシン）	9*	60.6	20.9	16.7	0.2	1.6	0.4	*骨，ひれなど
開き干し（ホッケ）	40*	71.9	18.2	6.9	0.1	2.9	1.7	*頭部，骨，ひれなど
干しあわび	0	27.9	38.0	1.6	23.8	8.7	7.4	
煮干し（ホタテガイ）	0	17.1	65.7	1.4	7.6	8.2	6.4	
素干し（サクラエビ）	0	19.4	64.9	4.0	0.1	11.6	3.0	殻付き
煮干し（サクラエビ）	0	8.6	23.3	59.1	2.5	0.1	15.1	殻付き
するめ	0	20.2	69.2	4.3	0.4	5.9	2.3	
さきいか	0	26.4	45.5	3.1	17.3	7.7	6.9	
素干し（あおのり）	0	9.4	18.1	0.3	56.0	16.2	8.6	
素干し（エナガオニコンブ）	0	10.4	11.0	1.0	55.7	21.9	6.1	
素干し（マコンブ）	0	9.5	8.2	1.2	61.5	19.6	7.1	
角寒天（テングサ）	0	20.5	2.4	0.2	74.1	2.8	0.3	
干しひじき	0	13.6	10.6	1.3	56.2	18.3	3.6	
素干し（ワカメ）	0	12.7	13.6	1.6	41.3	30.8	16.8	

(科学技術庁資源調査会, 2000)

4・2　乾燥による貯蔵性獲得の原理

新鮮な魚類筋肉の水分量は 70～80% 程度である．筋肉中の水分量が 25% 以下になると微生物が原因となる腐敗がおこりにくくなる．さらに，筋肉中の水分量が 15% 以下になると真菌類の増殖が抑えられる．このように，水産物に限らず食品の微生物による腐敗を防ぐためには，水分含量を下げる加工法すなわち乾燥が有効であることは経験的に広く知られている．一方，一部の水産乾製品に見られるように，水分量を下げるにつれ食品としてふさわしい食感が失われることがある．貯蔵性と食感を兼ね備えた加工食品を製造するには，どのような点に留意するべきなのだろうか．食品の安定性を論じる場合には食品中の水についての指標として，水分含量，溶質濃度，浸透圧，平衡相対湿度及び a_w がよく用いられる．本章では，食品における水の存在状態と微生物の繁殖との関係，すなわち a_w の概念ならびに乾燥方法の具体とその応用例について述べる．

4・2・1　食品中の水

食品に含まれる水分量の定義は以下に示すとおりである．すなわち，一般に使われる湿重量水分（M_w）は

$$M_w (\%) = (食品中に含まれる水の重量) / (食品全体の湿重量) \times 100$$

乾重量水分（M_d）は

$$M_d (\%) = (食品中に含まれる水の重量) / (食品の乾燥重量) \times 100$$

ここで，M_w と M_d の関係は

$$M_d = 100 / (100 - M_w)$$

$$M_w = 100 M_d / (100 - M_d)$$

いま，湿重量水分 80% の魚肉 10 kg を湿重量水分 25% まで低下させるのに，どのくらいの水を取り除けばよいかを考える．魚肉 10 kg 中には水 8 kg とそれ以外の乾物 2 kg に相当する成分が含まれる．一方，湿重量水分 25% の魚肉中に存在する 2 kg の乾物は 75% の質量に相当する．したがって，湿重量水分 25% の魚肉の全体の質量は $2 \times (100 / 75) = 2.67$ kg（乾物 2 kg と水 0.67 kg）である．すなわち，取り除くべき水分は $8 - 0.67 = 7.33$ kg であり，これを除去すれば目的とする乾燥が達成される．しかしながら，ここで示したような最初の水分の 90% 以上を取り除いても，実際には微生物の発育を抑えるこ

とはできない．すなわち，食品が微生物の発育に適しているかどうかを判断する上で，食品の水分量は有益な指標とは言い難い．そこで，微生物の発育に用いることのできる水分量に直接関係している溶質濃度の指標として，a_w が広く用いられている．

4・2・2 水分活性

water activity (a_w) の 'activity' という語は，閉じた系を構成する成分の熱力学的自由エネルギーとその成分を純粋に取り出した際の熱力学的自由エネルギーとの差をあらわすために用いられた．この熱力学的自由エネルギーの差は，その系で行われる仕事に使われる過剰な自由エネルギーの指標である関数 'fugacity' に比例する．Reid（1973）は，a_w は水の fugacity を示す割合であると考え，

a_w ＝ 系からの水の蒸発のしやすさ／その温度における純水の蒸発のしやすさ

と定義した．実際には，食品の関係湿度と fugacity との差は僅か 0.2％ であることから，食品の生化学的および微生物学的な脆弱性を支配する食品中の有効水分量として，a_w の有効性が広く受け入れられるようになった．

理想溶液の溶質濃度と蒸気圧の関係は Raoult の法則に従う．いま，溶液と溶媒の蒸気圧を p, p_0，溶液と溶媒のモル数を n_1, n_2 とすると，溶媒の蒸気圧が降下する割合は溶質のモル分率に等しいので，Raoult の法則は

$$(p_0 - p)/p_0 = n_1/(n_1 + n_2) \tag{1}$$

と表される．たとえば，水和状態で全くイオン化しない理想溶質 1 モルを水 1 kg（物質量は 1000 g／18＝55.51 モル）に溶解した場合には，溶液の蒸気圧は次式で求めるように 1.77％ 降下する．

$$n_1/(n_1 + n_2) = 1/(1+55.51) = 0.0177$$

(1) 式を以下のように展開すると溶液の蒸気圧と純水の蒸気圧の割合が求まる．

$$p/p_0 = n_2/(n_1 + n_2)$$

すなわち，上述した 1 モルの理想溶質を 1 kg の純水に溶解した場合，溶液の水蒸気圧の比は純水の 55.51／(1+55.51)＝0.9823 となる．すなわち，1 モル濃度の溶液の水蒸気圧は純水の 98.23％ まで低下する．ここで示した水溶液の蒸気圧と純水の蒸気圧の比を a_w と定義する．すなわち，

$$a_w = p/p_0$$

上述したように，理想溶質 1 モル濃度の溶液の a_w は 0.9823 であるが，密閉

容器内でこの水溶液と平衡状態に達した雰囲気の関係湿度は 98.23％となる. このように,平衡状態においては $a_w×100$ の値は平衡相対湿度と等しくなる. 純水では $p = p_0$ であるから a_w は 1.000 となり,平衡相対湿度は 100％を示す.

溶質が電解質の場合には 1 分子から生成するイオン分子数が多くなる.同濃度の砂糖と食塩では,食塩のほうが a_w を大きく引き下げるのはそのためである.表 4・2 に示したように,非電解質の a_w は理想溶液の示す a_w に近い値を示す.一方,電解質は低い a_w を示すが,

表 4・2　1 モル濃度 (mol / l) 水溶液の水分活性

溶質	水分活性 (a_w)
理想溶液	0.982
グリセロール	0.981
ショ糖	0.981
塩化ナトリウム	0.967
塩化カルシウム	0.945

2 価の塩化カルシウムは 1 価の塩化ナトリウムよりも a_w が低くなる.このように,一般に溶液の示す a_w は上述した理想溶液の a_w より小さい値をとる.表 4・3 には数種水産物乾製品の水分,食塩含量及び a_w の一例を示した.水分が高く,a_w の低い例がみられるが,これは食塩などの溶質濃度が影響しているためと考えられる.

表 4・3　市販水産物乾製品の水分活性,水分及び食塩含量

品名	水分活性	水分 (％)	食塩含量 (％)
あじ開き干し	0.96	68	3.5
しらす干し	0.87	59	12.7
いわし生干し	0.80	55	13.6
いかくん製	0.78	66	nd*
干しえび	0.64	23	nd
煮干しいわし	0.58	16	nd

(横関,1973)

実際の食品では理想溶液に比べて格段に溶質濃度が高いので,上述した溶質の電解現象の外に,溶質相互の塩溶や塩析が a_w に及ぼす影響は無視できない.

4・2・3　微生物の繁殖と水分活性

微生物の発育に a_w が密接に関係することをまとめた Scott (1957) の総説発表以来,微生物が食品成分を資化しながら増殖するのに伴って進行する食品の品質変化は広く関心を呼ぶにいたった.食品に対する微生物の作用は,腐敗や毒素産生などの品質劣化だけではなく,発酵作用による嗜好性の改善に伴う品

質上好ましい側面も含む．いうまでもなく，食品の a_w が各々の微生物の増殖と代謝に最も適した場合にこれらの食品の品質変化が起こる．一般に，加工食品は a_w の相違により a_w ＝1.0〜0.90の高水分活性食品，a_w ＝0.90〜0.60の中間水分活性食品及び a_w ＜0.60の低水分活性食品に分類される．食品中に存在する細菌類や酵母類の多くは，生育するのに a_w ＞0.88の環境を必要とする．a_w ＜0.95 では多くのグラム陰性菌及び Bacillus や Clostridium などの芽胞形成菌の増殖や芽胞の発芽が抑制される．発酵ハムやソーセージなどの食肉加工品の製造に用いられる Lactobacillus, Pedicoccus, Micrococcus など一部のグラム陽性菌は a_w ＜0.95 においても増殖が可能である．また，多くの発酵食品の製造に利用される Aspergillus や Penicillium などの真菌類のように，a_w が0.62〜0.75の低い環境でも発育できる微生物も存在する．一方，食中毒の原因となるグラム陰性桿菌のうち Salmonella sp., Escherichia coli および Vibrio parahaemolyticusなどの多くは a_w ＜0.96 で発育を抑制できるが，これらによる毒素産生は発育下限の a_w より 0.01 程度高い a_w において抑制される（表4・4）．a_w を低下させることである種の微生物に起因する食品の品質劣化は抑え

表4・4　微生物が発育可能な下限の水分活性及び食品の例

発育可能な 最低水分活性	微生物	食品の例
1.00	新鮮な多水分の食品	
0.95	グラム陰性桿菌 Escherichia coli 及び Bacillus 属の芽胞	40％ショ糖溶液，7.5％食塩水 調理したソーセージ
0.91	普通球菌，乳酸菌および Bacillus 属細菌	55％ショ糖溶液，12％食塩水 ハム
0.88	普通酵母	65％ショ糖溶液，15％食塩水 フィッシュミール，サラミソーセージ
0.80	普通カビ Staphylococcus aureus	小麦粉，シリアル，フルーツケーキ， ドライソーセージ
0.75	好塩性菌	26％食塩水，塩蔵タラ肉，ジャム
0.65	耐乾性カビ	水分5％に乾燥したフィッシュミール，乾燥タラ肉
0.60	耐浸透圧性酵母	乾燥塩蔵魚肉

(D.A.A. Mossel, 1975)

ることができたとしても，低a_w域に適応できる別種の微生物の発育に適した環境を新たに作り出してしまうこととなる．食品を乾燥して水分を減少させていく過程で，はじめは腐敗細菌，次に酵母，最後にカビが増殖しにくくなっていくのは，上述したようにこれらの微生物の発育可能なa_wの下限値がこの順に低いためである．このように，実際の加工食品の品質保持を行うにはa_wの調整だけでは限界がある．そこで，a_wの低下のみでは発育を抑えることのできない微生物に対応するために，pH，酸素の除去，加工・貯蔵温度の調整や，食品への保存料の添加といった原理の異なる貯蔵方法が併用される．

4・2・4 乾製品の貯蔵性と水分活性

気体の多くはファンデルワールス力によって固体表面に吸着する．この吸着現象は気体分子が固体表面を飽和したとき平衡に達するが，この平衡点においては気体分子は固体表面で単分子層あるいは液体を形成している．食品のa_wと水分量との関係は水分収着等温線で示される（図4・1）．魚介類などの多くは水分量が高く，a_wは1に近い．乾燥魚肉や穀類などのa_wは0.6前後であり，溶質含量の高い塩蔵魚やジャムなどのa_wは0.6〜0.8である．水分収着等温線は食品の貯蔵性を獲得するには多量の水分を取り除かなけれ

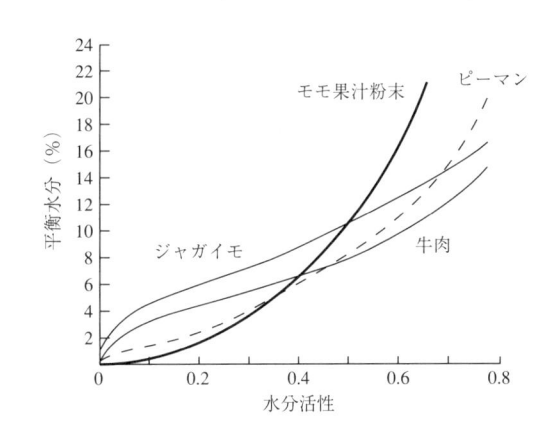

図4・1 乾燥食品の等温水分収着曲線（柴崎ら，1968）

ばならないことを明確に示している．Brunauerら（1938）のB.E.T多分子収着理論によると，水分子が固体表面で飽和状態になる前に多分子層を形成するのは，水分子の極性領域が相互作用することが原因である（図4・2）．A領域では水分子は食品成分に強く親和しており，化学的にかなり束縛された状態をとることから化学反応に関与することはない．この状態の水を結合水（bound water）と呼び，単分子層（monolayer）を形成している．このa_w領域においては微生物は発育できないので，微生物学的には食品のa_wをこの領域まで下

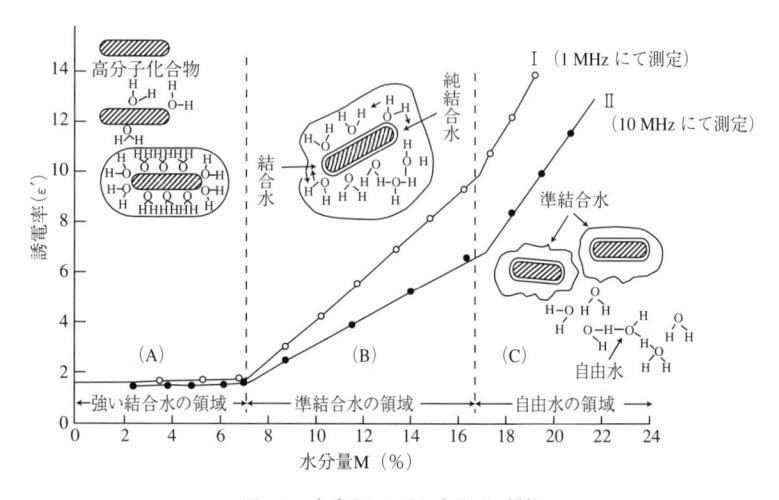

図 4・2 魚肉中における水分子の様態
魚肉の水分量の低下(乾燥)に伴い誘電率も減少することから,水分子の態様を予測できる
(秋場・元広,1985)

げる必要はない.B 領域においては,水分子同士が結合しあった多分子層(multilayer)を形成する.したがって,A 領域における結合水ほど組織成分との結合性が強くないことから,準結合水と呼ばれる.C 領域では,水分子は食品組織間の毛細空隙中に食品成分の溶液として凝縮した状態で存在する.この状態の水を自由水(free water)と呼ぶ.自由水は化学反応に関与することができ,食品から蒸発しやすい.さらに,微生物により利用されやすいので,長期間の貯蔵性の獲得手段として乾燥だけを用いる場合には,水分量を大幅に低下させる必要がある.食品の主要構成成分表面に水の単分子層を完全に形成するのに要する水の量を単分子平衡水分活性(a_{wm})という.a_{wm} に到達する水分量は食品により異なり,イモ類,豆類,穀類などのデンプン質の食品では乾物水分量約 6% で a_{wm} に達する.一方,水分子の吸着がそれほど強くない肉類や魚貝類では乾物水分量約 4.5% で a_{wm} に達する(図 4・1).a_{wm} よりも高い水分活性領域では微生物による腐敗が進行し,空気中の酸素分子に直接接触することによる品質劣化が進行する.食品中の結合水含量は乾物水分量で 16~50% を占め,a_{wm} における自由水量をはるかに上回る.すなわち,a_{wm} においては食品の反応性に富む部分を保護するのに必要な最小の水分量が食品中に存在していると考えられる.単分子吸着層の水分子が取り除かれて a_{wm} 以下の

a_w に至ると，食品の酸化されやすい部分の反応性が高まることとなる．このように，a_{wm} は食品の長期貯蔵に最適な a_w を判断するうえで有益な指標である．

4・3 乾燥法

　水産食品の乾燥法には，空気あるいは加熱媒体をとおして熱が水産食品に伝達される空気乾燥（直接乾燥を含む），水分の蒸発速度を助長する目的で減圧下において水産食品を熱媒体に接触させる減圧乾燥，0.64 KPa 以下の高い減圧下において凍結水産食品を融解しない程度に僅かに加熱することで水分を昇華させる真空凍結乾燥などがある．真空凍結乾燥で製造する乾製品は製品を過度に加熱しないので，食品成分の熱による劣化を起こしにくい．したがって，製品の風味や色調が損なわれないだけではなく，熱安定性に劣るビタミン類などの損失が少ないなどの利点がある．その反面，高真空及び極低温状態を作り出すための運転経費がかさむ．一方，空気乾燥においては運転経費は比較的低く抑えられる反面，過熱による成分損失を生じやすい．いずれの乾燥法においても，水分の蒸発速度が組織表面への水分の移動を上回ると表面のみが乾燥する'上乾き'を起こす．とくに，空気乾燥や減圧乾燥では製品表面に水分の透過を妨害する硬化膜が形成され，製品内部は水分含量が高い状態が続き，品質劣化を引き起こす'むれ'を生じやすいので，上乾きには注意が必要である．

4・3・1 乾燥理論

　水産物を乾燥する際には，水分は水産物表面から自由に蒸発するが，その表面温度は湿球温度（検温部を湿ったガーゼで覆った状態で測定した空気温度）と同じであるので乾燥初期における湿球温度は重要な要因といえる．水分が食品表面から蒸発する際には，表面は水分子が蒸発するのに必要な熱エネルギーを絶えず供給している．すなわち，表面温度は雰囲気温度よりも低下することになる．このようにして形成される温度勾配は雰囲気空気から水産物表面への熱移動を生じ，その結果水分の蒸発がさらに進行する．表面からの水分の蒸発に要する空気からのエネルギー供給量が蒸発によって奪われる潜熱と平衡状態に達すると，乾燥はそれ以上進行しなくなる．この点における空気の温度を湿球温度（wet bulb temperature）と呼ぶ．湿球温度差（wet bulb depression）とは，検温部に接触するものがなく乾燥した状態で測定した乾燥空気温度と湿球温度との差をあらわす．湿球温度差は，乾燥初期における水産物の表面温度

と雰囲気空気の温度との差に相当すると考えられる．当然のことながら，雰囲気空気が水分子で飽和していれば，湿球温度差は0を示し，この状態では水産物の乾燥は進まない．また，雰囲気空気の水分量が比較的高い場合には，乾燥速度は遅い．そこで，雰囲気空気を加熱して空気から水産物表面への熱勾配を大きくして乾燥速度を速めることが必要である．空気線図（psychrometric chart，図4・3）は，空気の加熱が湿球温度差に与える影響を示すが，水産物の過熱による品質劣化を起こさない最高表面温度を予測するのに用いることができる．例えば，タラ肉のタンパク質は30℃以上で熱変性を起こし肉のテクスチャーが悪くなるなどの品質劣化を起こす．空気線図を用いて，関係湿度80％，25℃の空気を60℃に加温して魚肉フィレの空気乾燥を行う場合，乾燥初期のフィレ表面の温度が何度に達するか考えてみる．関係湿度80％の曲線（a）が加熱前の空気温度25℃で示す関係湿度（縦軸）はA点で与えられる．60℃まで加熱した空気の状態はB点で与えられる．B点から関係湿度80％の曲線（b）の接線に垂直に降ろしたC点は水分が飽和状態の水産物表面の状態を示している．すなわち，C点の横軸上の値は水産物表面の温度を表す．この場合，30℃を少し超える表面温度であるので，空気の加熱温度を当初の60℃よりも幾分下げなければならないことがわかる．

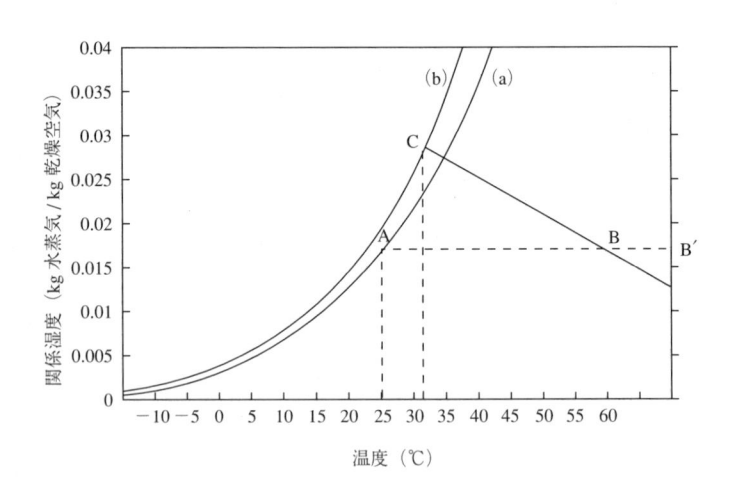

図4・3　空気線図（サイクロメトリック　チャート）

食品を完全に脱湿（desorption）した後に再び吸湿（absorption）させると，水分収着等温線は乾燥時に得られる曲線とは完全には重ならない．a_w が高い領域においては，吸湿時に同じ水分であってもより高い a_w を示す（図4・4）．この現象を履歴現象（hysteresis）と呼び，魚肉の乾燥においてはタンパク質の凝集と変性に起因すると考えられる．すなわち，W.F.A. Horner（1991，1992）が示すように，新鮮魚肉の未変性タンパク質の保水量は，乾燥過程で変性したタンパク質のそれを上回ることに起因している．水分収着等温線上において履歴現象の3％以上の相違は，乾燥食品を貯蔵中の吸湿量に有意の差を生じるので，貯蔵中の品質劣化の指標とすることができる（M. Woulf et al., 1972）．官能検査の結果，色，味及び吸水性に差が認められるが，これは乾燥によりタンパク質分子間に生じる凝集による溶解性の低下と，これに伴う組織の硬化によるものと考えられている（T.P. Labuza et al., 1970）．

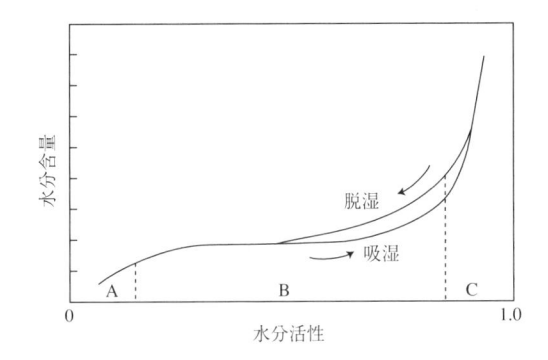

図4・4　乾燥食品にみられる水分収着等温線の履歴現象
A：強い結合水の領域（単分子層収着水），B：準結合水の領域（多分子層執着水），C：自由水の領域（毛管凝縮水）．
（L.B. Rockland, 1969）

　魚肉を過度に乾燥した場合には，魚肉表面に半透明な黄色斑点の形成を見ることがある．この斑点は水の吸収が悪く，硬い繊維質の部分を生じる．水分収着等温線の形状は乾燥温度により影響されるとする考えと，魚種，塩濃度及び乾燥温度には影響されないとする考えとがある．

4・3・2　乾燥法の種類

1）天日乾燥法

　天日乾燥（sun drying）では，魚介類表面からの水分の蒸発に必要なエネルギーとして太陽光の輻射熱を利用する．原料を網やすのこの上に，あるいは砂浜や砂利の上に直接広げたり，棚から吊るしたりして乾燥できるので，干し場面積が確保できれば一時に大量の魚介類を処理することができる．大掛かりな設備とその運転エネルギーを必要としない．一方，乾燥状態は天候に大きく左

右されるので，計画的な生産管理が困難である．太陽光が強い場合には紫外線による乾燥中の成分変化が著しく，製品に油焼け（rusting of oil）などを起こしやすい．乾燥速度が速い場合には，上乾きを防ぐために製品の表裏を返す作業を乾燥中に頻繁に行わなければならず，多くの人手を必要とする．このように，わが国では天日乾燥は一部の地場産業を除いては行われなくなり，その多くが後述する機械乾燥法（mechanical drying）に置き換わっている．しかしながら，天日乾燥は生産コストが低いので，途上国では今日でも広く行われている乾燥法である．

2) 熱風乾燥法

60～90℃の熱風を製品表面に吹きつけて，水分の蒸発を促す．金網などに広げたり吊るしたりした原料を台車に重ねて，台車ごと庫内に静置させて熱風を吹き付けるバッチ式と，可動式のベルト上に並べた材料を装置内でゆっくりと移動させ，ベルトの動きに対向する方向から熱風を吹き付けて乾燥する連続式とがある．全魚体を乾燥させる「トンネル式乾燥機」，削り節や小型えび類などの乾燥に用いる「バンド式通風乾燥機」，フィッシュミールの乾燥などに用いる「円筒式乾燥機」などが実用化されている．熱源としては古くは薪の燃焼熱を利用していたが，今日では重油の燃焼熱や電熱が多用される．比較的高温の空気を吹き付けるため，過熱による品質低下を起こしやすい．熱風の温度が高すぎる場合には上乾きを起こしやすく，タンパク質の熱変性により肉質の硬い製品ができやすい．また，ビタミン類などの耐熱性の低い成分の熱分解により，栄養価が低下したり製品が退色したり，メイラード反応を起こして褐変したりすることがある．

3) 冷風乾燥法

冷却機で除湿・冷却した空気を乾燥器内に循環させて，原料表面からの水分の蒸発を促す．冷却機を必要とするので，相応の設備費と運転費が必要となる．乾燥温度が低いので製了までに時間を要するが，製品の仕上がり状態は天日乾燥や熱風乾燥に比べてよい．

4) 真空乾燥法

減圧下においては水分子の蒸発速度が大きくなる現象を利用した乾燥方法である．食品を密閉容器内に入れ，減圧ポンプで高真空を保ちながら食品を僅かに加温しつつ水分を蒸発させる．食品の加温にはトレーを電熱で温める方法の他に，赤外線や電磁波を用いることもある．熱風乾燥に比べれば，食品は低温

かつ酸素分圧が低い状態に保たれるので、タンパク質の変性や脂質の自動酸化が起きにくく、品質のよい製品ができる。バッチ式製法のため大量生産にはむかない。さらに、装置の設備費と運転経費がかさむ。

5) 真空凍結乾燥法

高真空下に保ったチャンバー内で、凍結させた食品から水を昇華させる乾燥方法である。昇華に伴い食品の温度が低下するため、水の昇華速度は時間とともに低下する。そこで、凍結食品をおいたプレートを食品が融解しない程度に電熱で加温し、乾燥速度の低下を防ぐ。食品は凍結状態を保ったまま乾燥されるので、タンパク質の変性や脂質の自動酸化に基づく品質劣化が起こりにくい。とくに、製造中の食品の香り落ちや退色を防ぎ、水戻りのよい高品質の製品を製造する場合に使われる。一方、製了後の製品は氷が昇華した後の空隙が多孔質状に散在するので、空気中においては吸湿性が強く、脂質などは酸化されやすい。バッチ式製法のため大量生産には不向きであるが、連続式の真空凍結乾燥機も実用化され生産性が向上した。いずれにおいても、装置の設備費と運転経費がかさむ。

6) 焙乾法

火山と呼ぶ焙乾炉の上に原料を並べた蒸篭を数段重ね、火床（火山の底）で燃焼させた薪やおがくずからの高温空気の上昇気流で水分を蒸発させる。同時に、抗酸化成分および抗菌成分を含む煙で製品を燻蒸することで、貯蔵性と嗜好性を向上させる。燻製品の製造に用いる燻乾法と本質的には同一であるが、焙乾法では燻蒸の効果は比較的弱い。原料表面からの水の蒸発が速く、原料中心部は高水分の状態になる上乾きを起こしやすい。そこで、焙乾後に一晩程度静置放冷（あん蒸）して、水分が内部から表面へ拡散移動するのを待って焙乾する操作を繰り返し行い、内部の乾燥を十分行う。節類の製造に用いられる。

7) 噴霧乾燥法

エキスやフィッシュソリュブルなどの液状食品を乾燥して粉末化するには噴霧乾燥（スプレードライ）法が用いられる。ノズルから噴霧した液状食品は十分な空間を持つチャンバー内で熱風を吹き付けられて水分が蒸発により奪われ、製品質はチャンバー底部に溜まる。食品が加熱空気に接触する面積が大きいため、熱風乾燥に比べて乾燥時間は数秒から数分で短く、過熱による品質劣化は少ない。しかし、低沸点化合物は蒸発により失われやすく、香りを大事にする食品の製造には不向きである。

8) 凍乾法

めんたい（凍干すけとうだら）や棒寒天の製造に用いられる．水産物以外では凍み豆腐の製造に用いられる．従来は寒冷地の夜間の氷点下で原料を凍結し，気温の上がる日中に氷解した水分を除く操作を繰り返し，徐々に水分を低下させる．最近では，冷凍庫で凍結することが多くなった．水溶性の成分は融解した水分とともに除かれることとなる．氷結・融解により除かれた水分の後が空隙として残り，製品はスポンジ状の外観と物性を有する．

9) その他の乾燥法

調理した原料を透水性のあるセロファンなどで包み，乾燥した灰，粘土，ベントナイトなどに包埋して脱水する方法で，伝統的にさばの文化干しの製造に用いられてきた灰干し法が有名である．最近では，水飴などの吸水性の強い高浸透圧物質を透水性多孔質シートを介して被乾燥食品に密着させて，水分子を吸着する方法が開発されている．水の蒸発現象を用いた乾燥法とは原理が異なり，蒸発を伴わない水分子の拡散移動を応用した脱水法である．厳密には多孔質シートの孔径の大小によりアンモニアやイオン類などの水分子以外の溶質も透過して水分子とともに原料から除かれるが，アミノ酸，核酸関連化合物及び脂質は透過しないので原料中にとどまる．脱水には一般に数十時間を要するため，その間は定温に保つ必要がある．加熱を要しないので，脂質の自動酸化やメイラード反応による褐変が起こりにくい．まだ応用例は少ないが，魚の塩干し品の製造に応用されている．高浸透圧物質の給水能がそれほど高くはないので，他の乾燥法で製造された乾物の水分量にまで脱水することはできない．

4・4　各種乾製品の製造

水産物の乾製品には魚介類をそのまま，あるいは調理してから水洗いして乾燥した素干し品，原料を一旦煮熟してから乾燥した煮干し品，原料を調理したのち，あるいはそのまま食塩で処理して乾燥した塩干し品，原料の凍結・融解を繰り返して脱水した凍乾品及びかつお節やさば節といった節類などがある．

4・4・1　素干し品

海産魚類や海藻類を水揚げしてそのまま，あるいは調理したのちに水洗いし，天日あるいは機械乾燥にかける．魚類ではイカ，タコ，ニシン，タラ類の肉やサメの鰭，ニシンの卵，イワシ類の稚魚及びさまざまな海藻類が原料となる．

2000年の素干し品の生産量約3.6万トンのうち主なものは,するめ1.1万トン,みがきにしん1.1万トン,いわし0.3万トンなどであった.

1) するめ

イカを素干しした製品で,古くから輸出水産物として盛んに生産されてきた.2001年のわが国沿岸及び近海でのイカ類の漁獲量は22.2万トンで5年前に比べて10万トンほど減少している.一方,遠洋イカ釣りによる漁獲量は15.8万トンと増加傾向にある.輸入イカ類は2001年度までの5年間は8～10万トンでほぼ横ばいである.原料に用いられるイカは,スルメイカ(Japanese common squid, *Todarodes pacificus*),ケンサキイカ(swordtip squid, *Loligo edulis*),ヤリイカ(spear squid, *Loligo bleekeri*),マイカ(*Sepielle mainddroni*),ホタルイカ(firefly squid, *Watacenia scintillans*),トビイカ(*Symplectoteithis ovalaniencis*),コウイカ(golden cuttlefish, *Sapia esculenta*),アオリイカ(oval squid, *Sepioteuthis lessoniana*),カミナリイカ(kisslip squid, *Sepia lycidas*)など多種にわたる.スルメイカは北海道と東北地方北部での漁獲量が多く,体長が30 cmと比較的大きいことから生産量が多い.トビイカは九州南部から沖縄海域で漁獲される.ホタルイカは主に富山湾で漁獲される体長5 cm程度の小型イカである.マイカ,コウイカ及びカミナリイカの胴肉は厚く,触手が長い.

ケンサキイカ,スルメイカを原料とするするめは,それぞれ「一番するめ」,「二番するめ」と呼ばれる.この呼称は,かつて中国への輸出品として長崎県で製造されていたころの製品の等級を表すのに用いられていた呼称である.今日でも,一番するめは高価格で取引される.二番するめは佃煮や珍味加工品の原料として消費されることが多い.原料の調理の際に外皮とひれを除いて製造した製品をみがきするめ,それ以外を並するめという.

一番するめの製法は以下のとおりである.まず,新鮮なスルメイカの胴肉の中央を尾端から1～3 cmを残し縦に切り開き,丁寧に内臓を取り出す.頭部の中央を縦に裂き,眼球と口吻(くちばし)を取り除く.海水あるいは2～3％の食塩水で洗浄し,真水で手早く塩分を落として乾燥する.塩分が過剰に残ると,光沢が劣るだけではなく,乾燥後に吸湿しやすくなり保存性が劣ることになる.表皮を除く際には,尾部から胴長の10％程度に包丁で浅い切れ目をいれて表皮を残す.一般にはひれも除去する.胴の中心部に竹串を水平方向に刺して胴肉を広げ,尾部を竹ざおにつけた金具に架けて吊るす.晴天下で2～3時間天日乾燥してから胴肉の密着部を引き離し,余分な水分をふき取ってからさらに夕刻まで天

日乾燥を続ける．これを取り込んで，乾燥室で 50～60℃で翌日まで温風乾燥する．8 分乾きとなったところでローラーを転がして胴肉を伸ばす．さらに，すのこあるいはむしろの上で天日乾燥し，夜間は乾燥室内で温風乾燥を続け，目的の水分まで乾燥したら再度ローラーをかけ，周辺を引っ張り整形して製了する．乾燥途中に雨にあたると水溶性成分が漏出して肉が薄くなり肉質が硬くもろくなる．また，色素胞から色素が溶出して肉が赤褐色に変色する．このような品質の悪い製品を「かっぱするめ」あるいは「あめいか」といい，商品価値は著しく低い．

近年は，天日乾燥に代わって天候に左右されない温風乾燥が行われることが多い．25～30℃の温風で 15 時間程度乾燥したのち一晩程度あん蒸を行い，さらに同条件下で 40 時間程度乾燥する．歩留まりはケンサキスルメで 18～20％である．

するめの包装に関してはとくに規定はないが，数枚を結束してポリエチレン袋に入れるか段ボール箱に入れて販売する．

2) 身欠きにしん

1955 年以降は沿岸漁業で漁獲される春ニシンの水揚げ量が急減したことから，今日では北米の魚体が大きく脂肪含量が高すぎない春ニシンの冷凍品が原料として使われる．したがって，身欠きにしんの製造は周年可能である．

ニシンの素干し品は肉の割き方によって製法と呼称が異なる．本来は背肉部を原料とした製品を身欠きにしんと呼び，腹肉部からの製品は胴にしんといい主に肥料として用いた．今日では，内臓除去後に二枚に卸して腹肉を残したまま素干しした生身欠きにしんが主流となっている．まず，えら，生殖巣，内臓を取り除き，細縄を鰓蓋から口に通し 4～6 尾ずつまとめる．清水で洗浄後，晴天で 2 日間ほど天日乾燥する．つぎに，尾柄部を残して 3 枚に卸し，中骨を除去する．さらに晴天で 30 日間ほど天日乾燥して製了する．近年は，天日乾燥と機械乾燥の併用，あるいは機械乾燥だけで製造することが多くなった．

製品の水分は本乾(ほんかわき)で水分 25％以下，半乾(はんかわき)で水分 35％以下，生乾(なまかわき)で水分 35％以上であり，製造時期や仕向け地により差がある．製品の歩留まりは乾燥度によって異なるが，原料魚が完熟している場合には本乾では 10～12％，半乾では 15～25％程度である．

3) 干したら

秋から春にかけて北海道の稚内や留萌で水揚げされる鮮度良好の大型マダラ

（*Gadus macrocepharus*）が原料となる．マダラの乾燥品には素干し品の棒だら及び塩乾品の開きだらがある．さらに，棒だらには身の割り方の異なる在来割り棒だら及び平割り棒だらがある．なお，ノルウェーやアイスランドで生産される干しだらは「ストック・フィッシュ」（stock fish）と呼ばれ，大西洋マダラ（*Gadus morhua*）を原料とする．

　大型の生鮮マダラのあごを切り離し，次に背部を中骨に沿って切り開き内臓をとり出す．反対側の身も切り開き，頭部と首を除去する．背割りで1枚となった身は，頭部側を10 cmほど残して腹割し，尾部のみ左右2片に分割する．清水で水洗いした後，頭部側の連結部を利用して竿に鞍掛けする．身の竿に接した部分は腐敗しやすいので，掛けた位置をずらす「竿送り」を数回行う．水分の均質化を図るためにあん蒸を行うが，干しあがるまでには45日程度かかる．塩を使わない棒だらは乾燥中に腐敗しやすいので，気温が低く，半製品が凍らない春と秋に乾燥は行われる．平割り棒だらは，割裁後の身が左右対称になるように原料処理して製造される．

　ストック・フィッシュには，背割りをしないで腹開きして中骨を残したまま頭と内臓を除き乾燥したラウンド（round）と，平割り棒だらに似たスプリット（sprit）とがある．ラウンドの乾燥には時間がかかり，肉むれを起こしやすいので，製造は低温期に行われる．

　製品の歩留まりは棒だらの場合11～12％である．乾燥品はプレスで直方体に圧縮成形し，5～6月に出荷する．

4）たたみいわし

　主産地は静岡県で，その生産量は全国の90％以上を占める．原料は体長1～2 cmのカタクチイワシ（Japanese anchovy）およびマイワシ（Pacific sardine）の稚魚（シラス）を用いる．いずれも鮮度が極めてよく，脂肪が少ないことが必須条件である．

　夾雑物を除くために水槽で水洗いした原料は，水中で竹のすのこまたは網を張った型枠（20×25×2 cm）に，魚体同士が重ならないよう均一に広げる．水中から取り出して数分間水切りした後，原料はすだれの上に移し，乾燥を行う．今日ではほとんどが機械乾燥で製造されるが，この場合は温度50～60℃で3～5時間乾燥を行う．天日乾燥の場合は，晴天下で5時間程度で干しあがる．原料1 kgあたり20×25 cmの製品が7～10枚製造される．2ツ切りして数枚重ねたものをセロファンやポリエチレンのシートで包装する．

5) ふかひれ（さめひれ）

サメ類のひれを切り取り乾燥した素干し品で，ひれ中心部にある筋糸は鶏がらや豚骨スープとの相性がよい．胸びれはスープ，背びれと尾びれは姿煮として，中国料理の高級食材に珍重され，その多くは輸出される．2001年度の輸出量は230トン（119千万円）であったが，ここ数年減少傾向にある．

生産地はほぼ全国にわたっている．サメの種類は多いが，鰭が白色の白びれにはコテザメ，メジロザメ（sandbar shark, *Carcharhinus plumbeus*），シュモクザメ（hammmerhead shark, *Carcharhiniformes sphyrnidae*），ツマジロザメ（silvertip shrak），黒びれにはネズミザメ（salmon shark, *Lamna ditropis*），アオザメ（shortfin mako, *Isurus oxyrinchus*），ヨシキリザメ（blue shark, *Prionace glauca*），ネコザメ（Japanese bullhead shark, *Heterodontus japonicus*）などがあるが，白びれの方が高級とされる．

筋糸の多い胸びれ，背びれ，尾びれを，基部から肉を付けないようにして切り取る．肉が多いと乾燥が遅く腐敗しやすくなる．逆に基部から浅く切り取ると，乾燥後の加工中に筋糸がばらばらに外れてしまう．薄い食塩水で表面をよく洗浄したのち，清水で塩分を除く．タコ糸を通して竿から吊るし，天日乾燥する．冷涼な季節には4週間程度で干しあがる．気温の高い夏季には腐敗しやすいので，冷風乾燥を行う．この際に，上乾きを起こしやすいので，あん蒸を繰り返しながら1週間程度乾燥する．輸出製品の水分は13％以下が基準とされている．魚体からのひれの回収率は5～8％，乾燥前のひれからの製品の歩留まりは約48％である．

4・4・2 煮干し品

煮干し品は原料の魚介類を煮熟したのちに乾燥して製造する．煮熟工程は原料魚介類の多様な酵素活性を加熱失活させ自己消化などによる品質劣化の防止，ならびに，付着した細菌類を殺菌することによる微生物由来の腐敗の抑制などの意味をもつ．生産は全国的に行われるが，北海道と東北地方日本海側は生産量が少ない．イワシ類及びそれらの稚魚を煮干しにしたしらすなどが主な製品である．2002年度の煮干し品生産量8.2万トンのうちイワシ類の煮干しは3.5万トン弱，しらすは2.8万トンの生産量であった．このほかに，いかなご・こうなご類9.4千トン，貝柱2.5千トンなどがある．

1) 煮干しいわし（いりこ）

一般に「いりこ」と呼ばれる，製法が簡易な煮干し品である．原料はカタク

チイワシが主であるが，マイワシやウルメイワシ（red-eye round herring）を用いることもある．鮮度不良の原料を用いると腹部に破れを生じ，外観の光沢が悪くなる．また，脂質含量が高すぎると油やけを起こしたり，だし汁が濁ったりする．すなわち，鮮度が良好で脂質含量の低い原料魚を用いなければならない．水揚げされた原料魚は砕氷で冷却しながら輸送する．

　水洗いしてうろこや夾雑物を取り除いたのちに，魚体をせいろにすくい上げる．15～20枚の生原料を並べたせいろと共に沸騰した3～5％の食塩水を含む煮釜に沈め煮熟する．沸騰すると魚体が踊って外観を傷つけたり身割れをおこすので，再沸騰が始まる直前にせいろごと引き上げる．この際に，浮上油やあくが製品表面に付着して外観を損ねることがないように，注水して水面の浮遊物をオーバーフローさせる．天日乾燥の場合は夏季の晴天下で3日程度で干しあがる．機械乾燥の場合は主に冷風乾燥が行われる．製品の歩留まりは魚種と魚体の大きさでさまざまであるが，カタクチイワシの大羽（8 cm以上）と中羽（5～8 cm）で27％，小羽（4～5 cm）で20％，それ以下の小型魚で25％程度である．大型の煮干しいわしは雑節の原料として用いられる．

2）しらす干し（ちりめん，釜あげ）

　孵化後2～3ヶ月のカタクチイワシとマイワシの稚魚が原料となる．鮮度低下が速いので，水揚げから加工処理まで時間をかけられない．したがって，関東から九州までの太平洋沿岸の漁獲地に隣接した地域で生産される．

　煮熟水の食塩濃度は生産地域によりかなりの差があり，東京向けのちりめんでは15％前後，関西向けちりめんでは5～6％である．ステンレス製丸釜または角釜で1～2分間煮熟したあと，十分に水切りして天日乾燥あるいは機械乾燥に付す．機械乾燥の場合は50～60℃の熱風で15～25分で干しあがる．天日乾燥の場合は乾燥終了まで数時間を要する．製品の外観で市場価値が左右され，天日乾燥の方が製品の色とテリがよく，高級品とされる．乾燥度が仕向け先によりまちまちであるため，歩留まりは37～55％程度と幅が広い．

3）干しえび

　干しえびには，シバエビ（Shiba prawn），クルマエビ（kuruma prawn），テナガエビ（oriental river prawn），サクラエビ（Sakura shrimp）を原料とする皮付きえびと，シバエビ，テナガエビ，シラエビなどを加工した皮を剥ぎ取ったすりえび，及びクルマエビを原料とした，やはり皮を剥ぎ取って製造した高級品のはぎえびがある．かつては煮干しさくらえびが主流であったが，近年

は漁獲量の減少とそれに伴う小型エビ輸入加工品の増加により，生産量はエビ加工品の10％以下に減少している．

　小型エビを原料とする煮干しの製法はどれも大きな相違はない．すなわち，10～15％の食塩水を沸騰させ，これに原料の小エビを投入して浮上するまで（1分以内）煮熟する．浮上したえびから順次すくい上げ，冷却機あるいは送風機で冷却する．乾燥は天日で行われることが多い．3～6月で数時間，10～12月には約1日間の乾燥で水分は30％にまで低下する．熱風乾燥を行う場合は，まず100℃で数分間乾燥したのち，120℃まで温度を上げてさらに10～15分間熱風乾燥するか，当初より120℃で1回のみ乾燥する．製品の歩留まりは33～40％である．

4）干しあわび

　アワビ（abalone）を煮熟後に乾燥した製品で，中華料理では高級食材として「明鮑（めいほう）」が珍重される．大形で光沢がありべっ甲色から飴色を呈する「明鮑」と，小形で肉は濃い暗褐色を呈するが表面に白粉を生じることで外観は灰白色を示す「灰鮑（かいほう）」とがある．

　原料にはマダカアワビ（giant abalone），メガイアワビ（Siebold's abalone, *Nordotis gigantea*），クロアワビ（disk abalone, *Nordotis discus*），エゾアワビ（Yezo abalone, *Nordotis discus hannai*）などが用いられるが，このうち前二者は肉厚であり，明鮑の原料に適している．磯がねで活貝から肉を外し，内臓をきれいに除去する．生肉に対して6～10％の食塩でふり塩漬けを1～2日間行う．その後，芋洗いと同様にたらいの中で清水をかけながらもみ洗いして，過剰な食塩と汚れを除去する．表面をたわしでこすって水洗し，水切り後にかごに並べて外側が膨らむように整形しながら50～55℃の熱水の入った平釜で最初の煮熟（1番煮）を行う．さらに水温を80～95℃まで徐々に上げたのちに，約1時間煮熟する．一晩放冷後，炭火の上で約70℃で焙乾して水分を抜いたのち，再び煮熟（2番煮）を行う．再び焙乾で水抜きしたのち天日乾燥を行う．天候しだいで焙乾を取り入れながら天日乾燥を繰り返し，大型のもので約1ヶ月間乾燥を行う．殻つき活鮑から肉の回収率は47％である．製品の歩留まりは明鮑で11％程度である．

5）煮干し貝柱

　ホタテガイ（Yezo giant scallop, *Patinopecten yessoensis*），イタヤガイ（Japanese scallop, *Pecten albicans*），タイラギ（comb pen shell, *Atrina pectinata*) などの貝柱の煮干し品で，水戻しをしてから様々な料理に用いられる．今日では，養殖ホタテガイの水揚げ量の増大に伴い，生産ラインの機械化が大幅に進んでいる．

　活貝を回転ドラム式の洗貝機により 30～40℃の清水で洗浄する．90℃以上の 3～4％塩水または清浄海水中で煮熟する．連続煮熟装置は金網ベルトコンベアーに乗せた貝を熱湯槽の中をゆっくりと移動させるもので，通過時間は 10 分程度である．この煮熟工程を 1 番煮と呼ぶ．バッチ式で一番煮を行う際には，十分量の煮熟水を用いる．連続煮熟装置の出口に設けたバイブレータ式の打開機により貝を開き，次に回転式貝離し機によりむき身を得る．回転ドラム洗浄機でむき身を流水洗浄したのち，剥き台に運ばれ，人の手で外套膜，内臓，貝柱の周囲の被膜を丁寧に除去する．冷水中で水晒ししたのち，選別機で大きさにより分別し，煮崩れに注意しながら 2 回目の煮熟（2 番煮）を行う．煮かごを用いたり，煮釜に直接投入するバラ煮のバッチ式と，1 番煮に用いた連続煮熟装置を条件を変えて再度用いる連続式とがある．食塩水は Bé10°程度（食塩濃度 8～8.5％）とし，沸騰直前の熱水に投入する．貝柱どうしが癒着しないように揺り動かしながら 10～15 分間かけて水温を上げて再沸騰させ，そのまま 5 分間程度沸騰を保つ．繰り返し煮熟を行うと煮熟水の塩分濃度が低下し，混濁するので，程度によって補い塩や換水が必要となる．煮熟の程度は貝柱の大きさで大きく異なるが，中心部の筋繊維の伸び具合や，小口からのエキスの染み出し具合，触感などで経験的に判断される．温度 90～100℃で 40～60 分，熱風乾燥を行う．その後，八分乾きまで天日乾燥を行う．さらに，むしろに移したのち，天日乾燥と夜間のあん蒸を繰り返して水分 16％以下になるまで乾燥して製了する．天日乾燥では，高温の強い太陽光により色の褐色化が極度に進行して商品価値を下げるので，注意を要する．歩留まりは時期により異なるが，夏季には最も高く，殻つき活貝に対して 3～3.3％である．

6）干しなまこ（いりこ，きんこ）

　古くはナマコ類（sea cucumber）を「こ」といい，生鮮品を「なまこ」，乾燥品を「いりこ」あるいは「ほしこ」と呼んだ．原料にナマコから製造した刺のある製品を「有刺参」，キンコ（northern sea cucumber）を用いた場合を「無刺参」あるいは「きんこ」という．ここでいう「いりこ」は同名のいわし煮干し品とは別物である．中華料理においても高級食材として珍重される．

　生簀で荒砂を吐きださせてから腹部を縦に裂いて内臓を除去する．沸騰直前

の海水あるいは塩水に投入し、攪拌しながら煮熟する．九分どおり火が通ったら取り上げ，釘を打ち付けて穴をあけ水分が抜けやすいようにする．さらに，1時間以上煮熟を続けたのち取り上げ，水を十分に切った後すだれに広げて天日乾燥する．通常は干しあがるまでに20日間程度を要する．生からの歩留まりは3％程度である．

4・4・3 塩干し品

2002年の乾製品の製造量は222千トンであり，このうち約65％を塩乾品が占める．原料にはアジ類，サバ類，イワシ類，ホッケ（Atka mackerel, *Pleurogrammus ozonus*），サンマおよびタラ類が用いられる．魚介類を調理したのち，あるいはそのまま食塩を浸透させてから乾燥させる．食塩の効用としては，適度な濃度における食味の向上，脱水による細菌による肉質悪変の防止のほか，塩溶性タンパク質の溶解，坐りによるテクスチャの向上に寄与しているとも考えられている．近年の傾向として，用塩量が減少している．

1）開き干し（あじ，さば，さんま）

体長15 cm以上のアジは開き干しの原料に用い，それ以下の小アジは丸干しに加工される．その他の魚種では丸干しは製造されない．乾燥中に脂質酸化が進行しやすいので筋肉脂質含量の低い原料が適しているといわれるが，近年は脂質含量の高い輸入魚を原料とすることが多い．開き干しは腹開きまたは背開きにした原料魚から内臓と鰓を除去し，水洗いする．さらに，清水あるいはゆるい流水中で，肉色が明るくなるまで1時間程度血抜きを行う．塩漬けは，水分が多い一夜干しや生干しなどの場合には15％の食塩水に20分ほど浸漬する立塩漬け（第6章6・3・1参照）を行う．送風機械乾燥を行うことが多いが，最近では脂質酸化による品質劣化を起こしにくくするために冷風乾燥が多くなっている．製品の外観色とにおいは乾燥温度に影響される．気温と湿度の環境条件にもよるが，18～25℃が適温とされる．製品の水分が多いので，低温流通する必要がある．十分に乾燥する製品では立塩漬けでは肉のしまりがよくないことがあるため，原料の7％程度の食塩を均等に振りかけて振り塩漬けとする．

2）丸干しいわし

脂質含量の低いマイワシ，カタクチイワシおよびウルメイワシは上乾品の原料として用い，脂の乗った原料は半乾品とする．半乾品は15～20％の食塩水に立塩漬けとし，竹串やわら縄に刺してから軽く水洗，乾燥し，目刺し，ほお刺しを製了する．今日ではほとんどが冷風乾燥される．歩留まりは，上乾品で

30～40％, 半乾品で50～55％, 生干し品で65～70％である.

3) 開きだら

素干し品の棒だらと同じくマダラを原料にする. わが国では, ほとんどが原料を無頭の背開きに調理してから乾燥するが, 開き方, 頭の処理, 背骨の有無などで地域, 国により様々な調理法がある. 水槽で換水しながら血抜きを十分に行う. 水切りしたのち, 魚肉重量の50％相当の食塩をふり, 樽の中で数日間仮漬け(振り塩漬け)する. 立塩漬けをする場合には, 18％の食塩水中で仮漬けを行う. 希薄食塩水で過剰の塩分と汚れを洗浄したのち, 20℃で1日程度, 天日乾燥する. その後, 仮漬けと同様の条件で本漬けを行い, 再び軽く洗浄後に天日乾燥して製了する. マダラの漁獲量の減少に伴い, 輸出向けの上干し品の生産量は減少し, 今日では国内消費向けの中干しあるいは生干し製品の生産が主流である.

4・4・4 凍乾品

屋外において原料を自然凍結させたのち, 昼間の気温上昇を利用して融解し, 脱水と乾燥を行った製品である. 1999年度に生産量が多かった凍乾品は, 頭つきの「凍干すけとうだら」と寒天である. 頭を除去した「めんたい」は今日ではほとんど製造されない. 同年の寒天の生産量は約1.2千トンであった.

1) 凍干すけとうだら, めんたい

北海道で1, 2月の厳寒期に漁獲されたスケトウダラの鮮魚が原料となる. 産卵後の魚体を用いる場合もある. 生殖巣および内臓を除去したのち, 肛門まで腹開きする. 清水でよく洗ったのち, 2～3℃の清水を張った水槽中で数日間水晒しを行う. つぎに, 数尾ずつ鰓蓋に縄を通して屋外の掛け場に吊るし, 夜間の冷気で凍結させる. 翌日の昼間気温の上昇に伴って, 凍結した魚肉の一部が融解し, 水分が除かれる. このような凍結, 融解, 脱水を繰り返して乾燥は徐々に進む. 目的の乾燥度に近づいたらあん蒸し, その後天日乾燥を経て製了する. 歩留まりは凍干すけとうだらで14～16％, めんたいで20～23％である.

数日間の水晒しにより魚肉は十分に吸水する. この水分は, 緩慢凍結する過程で氷結晶を十分に形成させるので, 製了した製品の肉質はスポンジ状の多孔質となる. また, 十分に血抜きするので, 肉色が極めて白くなる.

2) 寒 天

韓国, スペイン, ポルトガルではテングサ類 (limulo-loa, *Gelidium* spp. テングサ目およびイギス目) が, チリ, アルゼンチンではオゴノリ類 (*Gracilaria* spp.）が原料として用いられる．日本ではこれら両系統の原藻を使っているが，国内産のオゴノリは生食用に用いられるので，寒天製造用のオゴノリはその大部分が輸入されている．原藻を煮熟抽出して得たところてんを自然の寒気を利用して凍結・融解させることで製造する「天然寒天」（角寒天，細寒天）と，ところてんを機械的に脱水することで製造する「工業寒天」とがある．2000年度の生産量は天然寒天が約300トン，工業寒天が約950トンであった．

　天然寒天は水洗いした原藻を硬質系原藻（テングサ系）と軟質原藻（オゴノリ）とを重量比2：1で配合し，15倍量の沸騰水に投入する．硫酸でpH6.6程度に調整しながら85℃以上で12時間の煮熟抽出を行う．ナイロン濾布でこした濾液を凝固箱に移して放冷，凝固させる．角寒天では厚さ・幅4 cm程度，細寒天では厚さ・幅6 mm程度に裁断し，すのこの上に広げる．夜間の気温−5〜−10℃での凍結と，日中の気温5〜10℃での融解を1〜2週間繰り返して脱水，製了する．

　工業寒天は，原藻を85℃の5％苛性ソーダ溶液中に数時間浸漬して抽出し，水洗，中和したのち，煮熟抽出を行う．フィルタープレスにかけて得た濾液からドレスベルトによりところてんの薄片を得る．脱水・乾燥法には，薄片ゲルを濾布で包んで加圧，脱水する加圧脱水法と90℃程度の熱風乾燥を組み合わせた方法と，冷凍機による機械凍結とシャワー注水による融解を繰り返す冷凍法とがある．製品の形態は粉末状になる．歩留まりはそれぞれ15〜20％及び10％以下である．

4・4・5　海藻乾製品

　コンブ類（kelp, *Laminaria* spp.），ワカメ（wakame, *Undaria pinnatifida*），アマノリ類（*Porphyra* spp.）などの多くは素干し品に加工される．2002年の生産量は，干し昆布約7千トン，干しわかめ約6トン，その他の乾燥海藻類約875トンであった．

1）干し昆布

　原料には，コンブ類（ナガコンブ，ミツイシコンブ，リシリコンブ，アツバコンブ，マコンブ，オニコンブなど）とミスジコンブ属（トロロコンブ，ガゴメ）とが用いられる．95％以上が北海道で生産されている．原藻を根切りしたのち，小石や砂利を敷き詰めた干し場に並べて乾燥する．天日乾燥，浜寄せ（コンブが石に付着しないよう位置をずらす），選別，丸め（しわ伸ばし），あん蒸，おせかけ（重石をかけてあん蒸），耳切り（ふちの切断）などの工程を

経て乾燥を行い，乾燥品を結束して製了する．製品の形態により，長さを1m程度に切りそろえて結束した「長切り昆布」，根元を三日月上に切断し90cm程度になるように折り曲げて結束した「元揃い昆布」，先端より縦方向に巻き込んだのち加圧して押しつぶした「折り昆布」がある．歩留まりは15〜20%である．

2) 干しわかめ

コンブ科ワカメ属のワカメを原料として製造される．原料には天然及び養殖ワカメが用いられる．素干しわかめは原藻を海水で十分に洗浄して天日乾燥するが，砂浜に直接干すと砂やゴミの付着があるので，縄や竿に掛けて乾燥する．塩抜きわかめは真水で十分に洗浄して塩抜きしたのちに，同様に天日乾燥する．「灰干しわかめ」（鳴門わかめ）はシダ類やススキ類から作った灰を生わかめにまぶしたまま天日乾燥する．三分乾きしたのちに葉を縦に裂いて中肋部を除き，海水と真水による洗浄をして灰をおとす．縄にかけて陰干ししたのち筵に移して天日乾燥する．湯抜きわかめは生わかめを沸騰水に湯通ししたのち冷水に放ち色上げを行う．中肋部(ちゅうろく)を除き天日乾燥する．

4·4·6 節　類

魚肉を煮熟後に，乾燥を目的として十分に焙乾した製品を節類という．かつお節はわが国を代表する節類製品であるが，これを薄く削った削り節や粉状に粉砕した粉節(こなぶし)などの製品形態もある．2002年の節製品全体の生産量は11.6万トンであり，このうち節類は約7.1万トン，削り節は約4.5万トンであった．

1) かつお節

主な生産地は静岡県と鹿児島県であるが，三重，高知，宮崎，沖縄でも生産される，伝統的な乾製品である．焙乾を用いて煮熟肉を水分13〜15%程度まで乾燥することから，焙乾製品に分類される．近年は，主に粉節の原料としてインドネシアなどの南太平洋諸国でもかつお節の部分製品が製造されるようになった．近年は製造法も簡略化が進み，煮熟後に一度だけ焙乾を行って水分を40%程度と比較的高いままに保った「なまり節」や，焙乾後のカビつけ工程を省いた「荒節(あらぶし)」（鬼節(おにぶし)）の製造が盛んに行われるようになった．なお，焙乾後にカビつけして製造されるかつお節を「本枯れ節」（枯節）と呼んでいる．

原料には肉の脂肪含量が3%以下のカツオ（skipjack tuna, *Katsuwonus pelamis*）が適している．脂質含量の高い原料魚から製造されたかつお節は「油ぶし」と呼ばれるが，製造及びその後の貯蔵中に脂質酸化に由来する香味

や色調の低下を起こしやすい．また，死後硬直中の自己消化の進んでいない原料は，身割れや色調の劣化が起こらず，良質の製品の製造に適している．鮮魚だけではなくブライン凍結した南太平洋で漁獲される遠洋カツオも使われるようになり，かつお節の生産は周年行われている．

　原料魚は生切りを行う．すなわち，断頭後に三枚卸ししてフィレーを得る．4 kgまでの原料魚からは上身と下身のおのおのから1枚ずつの節「亀節」を製造する．4 kgを超える大型原料魚からは，半身をさらに側線に沿って断ち割り，背肉から「雄節（おぶし）」を，腹肉からは「雌節（めぶし）」を製造する．これらを「本節（ほんぶし）」という．亀節では皮膚面を，本節では見割り面を下にして，煮かごに尾部を内側にして並べる．この工程はかご立てといい，その後の煮熟で製品の形が固定されるので，肉片を慎重に並べる必要がある．

　煮熟水には真水を用いるが，湯の初温は原料の鮮度により異なる．鮮度がよい場合には75～80℃で煮かごを煮釜に投入するが，鮮度が不良の場合には湯温80～85℃で投入し，加熱による肉収縮を十分に行わせて低温水中での身伸びを防ぐ．湯温が97～98℃に到達したら，亀節で45～60分，本節で60～90分煮熟を続ける．

　煮かごを取り出して，肉が締まるまで放冷する．一節ずつ煮かごから取り出し（かご離しという），たらいにはった水中で身崩れしないように注意しながら丁寧に骨抜きする．肉に残された骨は後の焙乾中に収縮が少ないので，節の身割れやよじれの原因となる．さらに，表皮の一部（雄節と亀節ではあごの端から約1/2，雌節では約1/3）をはぎとり，皮下脂肪層を擦りおとす．

　節の肉面を下にして並べた「せいろ」を5～6枚重ねて，火山の上で焙乾する．これを1番火（水抜き焙乾）という．1番火における節周辺の空気温度は85～90℃になるように火力を調整し，せいろの上下を入れ替えながら節の表面が淡褐色になるまで約1時間焙乾を続ける．この工程で，火力が強すぎると節の表面に火ぶくれができて外観を損ねるだけでなく，上乾きをおこして節内部の乾燥に支障をきたす．一方，温度が低すぎると，あん蒸中に内部の水分が表面に滲み出て「ねと」を生じる．

　一晩あん蒸したのち，節の身割れを埋め，鼻の部分を整形する修繕を行う．中落ちから削ぎ落とした生肉と煮熟した肉とを2：1の割合で混合し，擂潰・裏濾しした，そくい（もみ），を竹べらで節の整形部分に摺りこんで修繕する．取り残した骨はこの際に除去しておく．

修繕を終えた節は再びせいろに並べて，1番火と同様に焙乾する．これを**2番火**という．火力は1番火よりも弱めるが，乾燥が進んで節の表面が熱くなるまで焙乾を続ける．火山から下ろして，一晩あん蒸する．この間に，節内部の水分は表面に拡散移動して，節全体の水分は均質化する．さらに，同様にして3番火以降の焙乾を行うが，通常は焙乾が進むにしたがって水分が低下しあん蒸中の水分の表面への移行速度は小さくなるので，焙乾工程を経るにしたがって温度を徐々に低下させるとともに，あん蒸の時間を伸ばしていく．4～5番火以降は1日おきに，7～8番火以降は2日おきに焙乾する．亀節では8～10番火，本節では10～12番火まで焙乾を行う．焙乾の終わった節は表面が燻煙のタール質で覆われて黒褐色を呈していることから「荒節」と呼ばれる．

半日～1日間天日乾燥した後，表皮以外の節の表面に付着したタール質を削り包丁を用いて削ぎ落とす．この工程を**削り**というが，節の形を整えるだけではなく，焙乾により表面に浮き出た脂肪を除去してカビつけを容易にする意味合いがある．削りの終わった節の肉部分の表面は赤褐色を呈することから，「裸節」(はだかぶし)（赤むき）という．

裸節を2～3日間天日乾燥したのち放冷し**カビつけ**用の木箱あるいは樽に詰めて蓋をする．気温により異なるが，気温の高い時期には約10日間で節の表面はカビに覆われる．この工程を1番カビという．表面のカビをブラシで払い落としたのちに再び10～14日間のカビつけ（2番カビ）を行う．カビを払い落としたのちに天日乾燥を行い，その後3番カビを行う．以上のカビつけ工程は4回行う．カビつけで増殖するカビは，1番カビの青緑色を呈する *Penicillium* 属から，以降は徐々に *Aspergillus glaucus*, *Asp. rubber*, *Asp. repens* などの淡緑灰色を呈する *Aspergillus* 属にとってかわる．黒カビや黄カビは見つけ次第払い落として除去する．4番カビが終わって製了した「本枯れ節」の水分は18％程度まで低下している．市販されるまでに繁殖したカビはそのつど天日乾燥で除去されるので，市販品の水分は13～15％程度までに下がっている．

かつお節製造におけるカビつけの意義は明確ではないが，水分と脂肪分の減少，節類特有の香気の生成と付加，透明なだし汁が得られる，節の乾燥度の指標，優良カビの繁殖による不良カビの繁殖抑制などが考えられている．

2）その他の節類

この外にソウダカツオ，サバ，イワシなどを原料にして製造する節類がある．大型のサバを原料とする場合にはかつお節と同様に製造されるが，イワシのよ

うな小形の魚体を原料とする場合には頭と内臓を除いたラウンドのままで煮熟し，放冷後に手指で身割して中骨を除き焙乾する．削り節の原料とする場合にはカビつけは行なわれない．

4・5 乾製品の貯蔵

　魚介類の乾製品は製了直後から吸湿が始まる．したがって，乾製品の貯蔵を考える際には，製了直後の乾燥状態で進行する品質劣化と，その後の貯蔵中に変化した水分状態で進行する品質劣化を考える必要がある．

4・5・1 吸湿と乾燥

　乾燥度が高く a_w が低い状態での微生物の繁殖に起因する品質の劣化は軽微であるが，水分の低下に伴う溶質濃度の上昇に起因する各種の化学反応，酵素反応および脂質自動酸化は促進されることがある．貯蔵状態により乾燥が進行して水分が減少する場合には，製品の目減りが問題となる．上乾品は貯蔵中の吸湿を防ぐために，水蒸気透過性の低い包剤で乾燥剤を封入するなどの注意が必要となる．上乾品を冷蔵あるいは凍結などの低温貯蔵をしたあとに室温に取り出す際には，製品表面に発生する結露が微生物の繁殖を容易にすることがある．包装された製品の場合には，開封前に品温を室温まで戻すなどの工夫が必要である．一方，半乾品は水分含量が高いのと同時に a_w も高いので，微生物の繁殖による品質劣化が著しい．したがって，流通上は凍結するのが普通であるが，凍結貯蔵中の乾燥による製品の上乾きに気をつける必要がある．

4・5・2 虫害とその防除

　塩乾品以外の乾製品は塩分濃度が低いので，常温貯蔵中にカツオブシムシ類（ガイタ）及びコナダニ類（コムシ）による虫害を受けやすい．

　カツオブシムシ類は水分の低い乾燥したタンパク質を好んで食する性質があり，カツオブシムシ（*Dermestes cadaverinus*），ハラジロカツオブシムシ（*D. valpinus*），トビカツオブシムシ（*D. coarctatus*），及びヒメカツオブシムシ（*Attagenus japonicus*）などが知られている．成虫も幼虫も背光性が強いので，これらの食害には天日乾燥が有効である．

　ダニ類のコムシ（*Tyrophagus* sp.）は薬剤耐性が極めて強く，カビつけした節類のカビを食害する．コムシの発生はアレルギーの原因になることも考えられ，食品衛生上も駆除が望まれる．

食品に発生する虫害を燻蒸などの薬剤の使用で防除することは，食品への薬剤の移行と残留を考えると慎重に行われなければならない．乾製品の虫害は産み付けられた卵から発生した幼虫による食害が主であることから，乾製品を貯蔵する環境を整備することが重要である．調理器具類，加工場，貯蔵倉庫などを一貫して定期的に駆虫することが望ましい．一方，虫害を防除する有効な手段としては，製品をこれらの害虫が活動できない 10℃以下の温度帯に低温貯蔵するか，製品をドライアイスなどと適当な容器に封入して害虫を窒息させる方法も有効である．

4・5・3　貯蔵中の品質低下

乾製品の貯蔵中に吸湿した場合の a_w と水分量との変化の関係を表す水分収着等温線の履歴現象は，貯蔵中の品質の変化を考えるうえで重要である．履歴現象は a_{w2} を示す水分量 M_2 の食品を水分量 M_1 まで乾燥し，その後の貯蔵中に吸湿して再び水分量 M_2 にいたった場合の a_w を考えてみる．吸湿後の水分量 M_2 における水分活性 a_{w3} は，貯蔵中の吸湿に基づく履歴現象により乾燥前の水分量 M_1 における a_{w2} を大幅に上回ることとなる（図 4・4）．すなわち，乾燥前の食品における品質劣化は自由水が単分子層を形成している場合の変化であったのが，吸湿後には自由水の多分子層における変化が起こる状態へと食品が変化する．このように，製品が同一の水分量であった場合においても，水産食品の主成分であるタンパク質と脂質で進行する多様な化学反応と酵素化学的変化は乾燥中（製造中）と吸湿中（貯蔵中）とでは厳密な意味で異なる．カビや細菌類の繁殖による微生物学的品質劣化と脂質酸化，内在酵素類による品質劣化の起こりやすさと a_w との関係は凡そ図 4・5 で表される．

1）肉質の変化

一般に，食品の物性はテクスチャーと言われるが，これには水分含量が大きく影響している．水分子の単分子層を形成する相対湿度 20％前後の食品の相対湿度を吸湿により 66％にまで上昇させると，固さと凝集性が増加する．このテクスチャーの変化は，タンパク質の割合が高い畜肉や魚肉では主にタンパク質分子間の架橋が関与している．真空凍結乾燥した魚肉は良好な水戻り性を有するが，天日乾燥や温風乾燥した魚肉はきわめて親水性が劣る．おそらく，乾燥ヒラメ肉に見られるようにタンパク質の不可逆的変性に基づく不溶化が関与しているものと思われる（右田ら，1956；丹保ら，1992）．スケトウダラ塩乾品を製造する際に用いた 30℃における乾燥によりおこるミオシン重鎖の多量化

122 第4章 乾製品

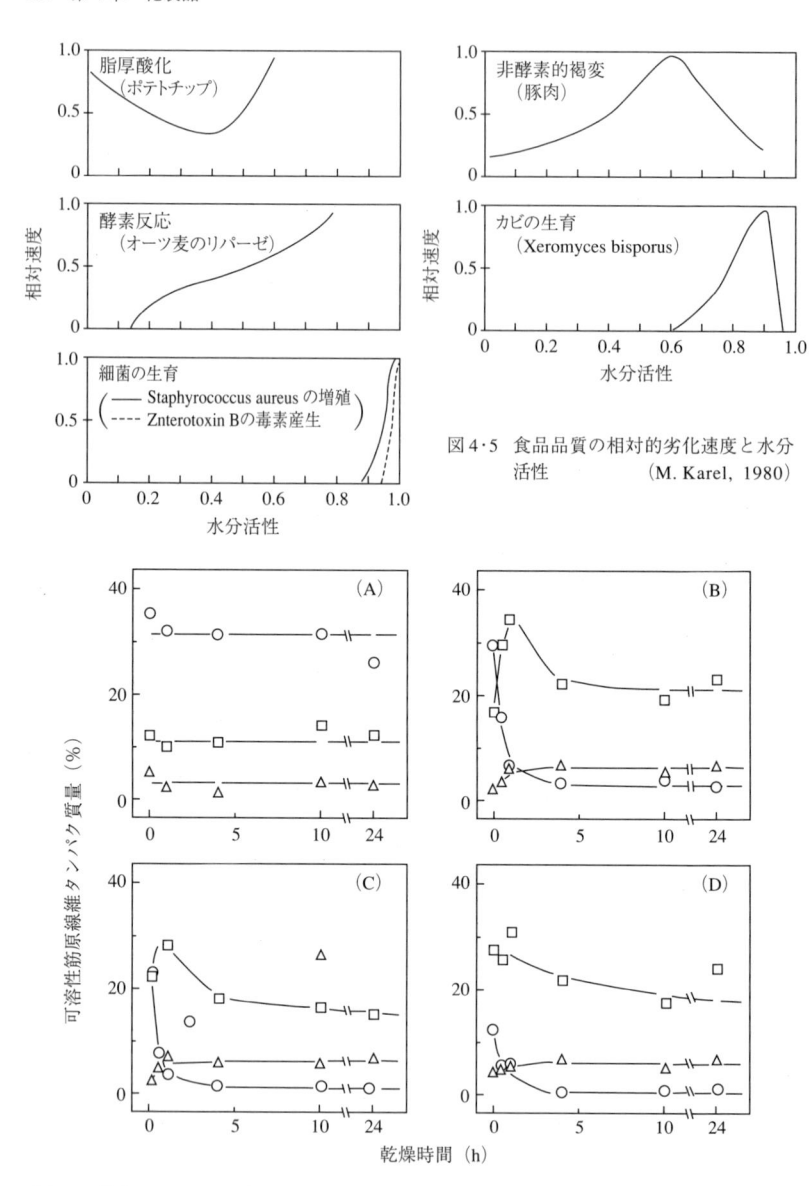

図4・5 食品品質の相対的劣化速度と水分活性　(M. Karel, 1980)

（グラフ：脂質酸化（ポテトチップ）、酵素反応（オーツ麦のリパーゼ）、細菌の生育（Staphyrococcus aureus の増殖、Znterotoxin B の毒素産生）、非酵素的褐変（豚肉）、カビの生育（Xeromyces bisporus））

図4・6　塩漬スケトウダラ肉の乾燥による塩溶性筋原線維タンパク質サブユニット含量の変化
スケトウダラ肉を3M食塩水に塩漬（A：0h, B：1h, C：4h, D：8h）したのち30℃で乾燥．—○—：ミオシン重鎖，—□—：ミオシン重鎖多量体，—△—：ミオシン重鎖より低分子成分　　　　　　　　　　　　　　　　　　　　　　（伊藤ら，1990）

は，肉のテクスチャーの変化に寄与しているものと考えられるが，乾燥中に見られる筋原線維タンパク質の変化には水分だけではなく乾燥に伴って増加する食塩濃度も影響する（図4・6，伊藤ら，1990）．このほかに，自由水含量の増加に伴って進行する化学反応の影響も考えられる．さらに，親水性基による水和やコロイドの凝集などもテクスチャーの変化に影響する因子である．

2）脂質の変化

脂質の酸化は，大気中及び水中の溶存酸素によっておこるオレフィン化合物の酸化反応である．水産動植物は高度不飽和脂肪酸の組成比が陸上動植物に比べてとくに高いので，乾燥に伴う脂質酸化を起こしやすい．一般に，食品乾物当たり30～80％の水分含量で脂質酸化の速度は増大する．脂質酸化により生成した脂質ラジカルはタンパク質に反応してタンパク質ラジカル（酸化タンパク質）を生成し，多くの低分子化合物へと分解する．これらの低分子化合物及びそれらのラジカル類は乾製品の限られた量の水分中で濃度を増大させ，他の成分との化学反応速度を一層大きくする．塩乾品製造時における脂質過酸化速度は魚種により大きく異なる（図4・7）．これは，魚肉中にもともと含まれるα-トコフェロールなどの抗酸化性物質含量の差異や中性脂質やリン脂質などの脂質種の相違，ミオグロビンなどのヘムタンパク質含量の多寡に起因する原料魚肉の酸化安定性の違いによるものと考えられる（図4・8）．乾製品の製造によく用いられる食塩は脂質酸化を促進する．異なった濃度の食塩水に浸漬し

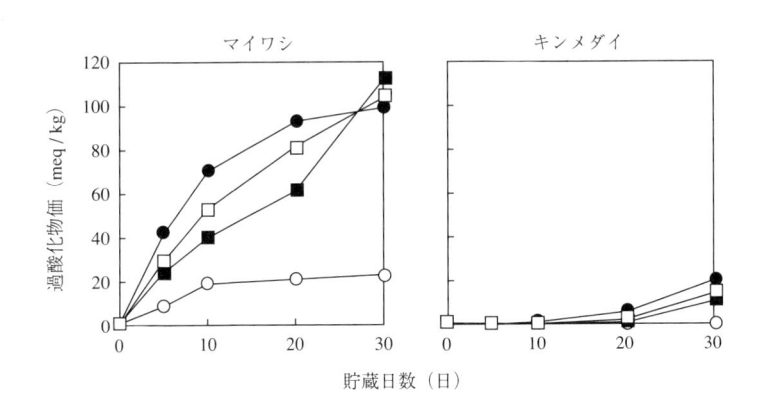

図4・7 マイワシ及びキンメダイ乾製品の貯蔵中における過酸化物価の変化 （滝口，2004）

てから常温で機械乾燥して製造したいわし塩乾品では，−35℃の凍結貯蔵中において食塩濃度依存的に脂質酸化が速くなる（図4・9）．

製造・貯蔵中に魚肉脂質は筋肉中に内在する酵素により加水分解を受けて遊離脂肪酸を生成する．煮干しのように原料を煮熟してから乾燥する場合には加水分解酵素は加熱により失活するので問題は無いが，開き干しや丸干しのよう

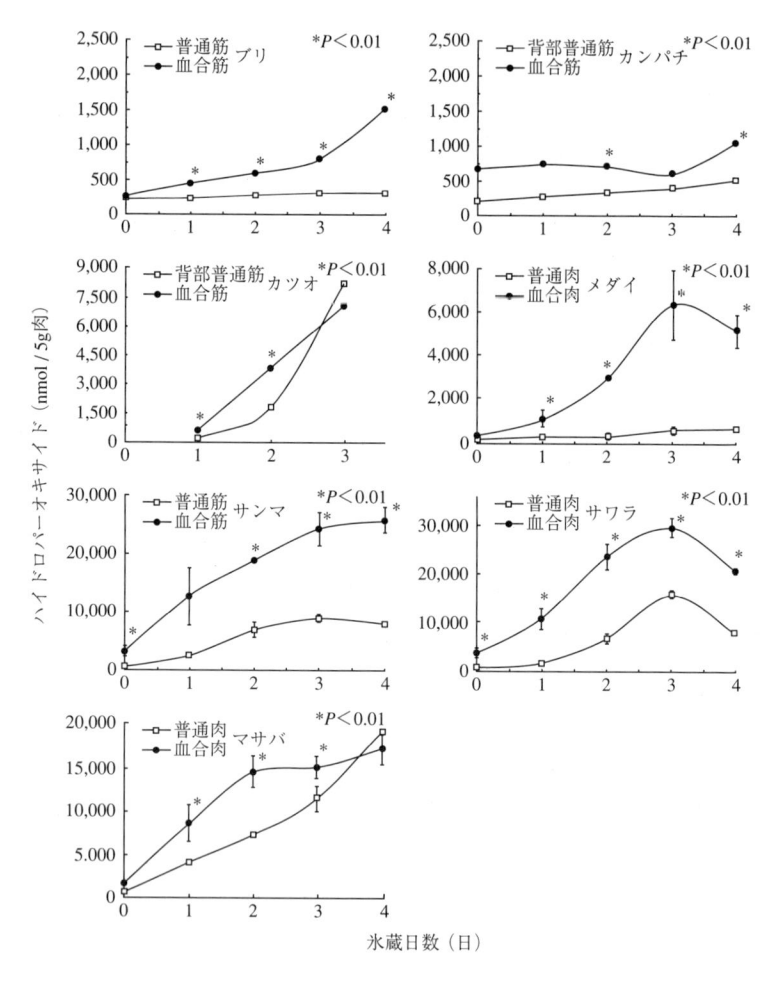

図4・8　魚種による普通肉と血合肉の酸化安定性の相違　　　　　（大島・孫，2004）

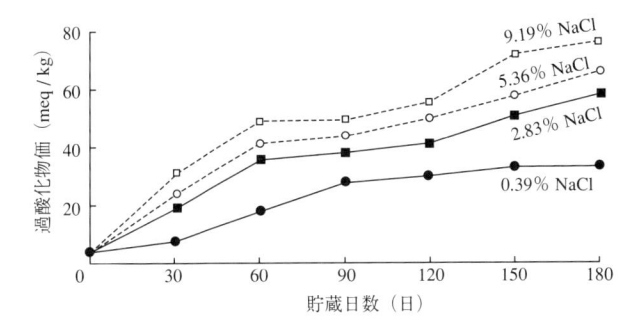

図 4・9 塩干しいわしの −35℃貯蔵中における過酸化物価の変化に及ぼす食塩の影響　(滝口, 1989)

に前処理が食塩水への浸漬のみで加熱工程がない場合には，製品の貯蔵中にリン脂質含量の著しい減少を招く（図 4・10）．脂質含量の高い原料魚を用いた乾製品は鰓ぶたや腹部表面が橙赤色に変色することがある．この現象は"油焼け"と呼ばれ，脂質酸化が原因とされる．製品の色だけではなく風味に対しても影響を及ぼす．脂質酸化二次生成物であるアルデヒド類などのいわゆるカルボニル化合物が魚肉中のアンモニアやトリメチルアミン（trimethylamine）などのアミン類やアミノ酸，タンパク質などのアミノ化合物（amino）との間で進行するメイラード反応（The Maillard reaction）により褐色物質を生成する機構が考えられている．

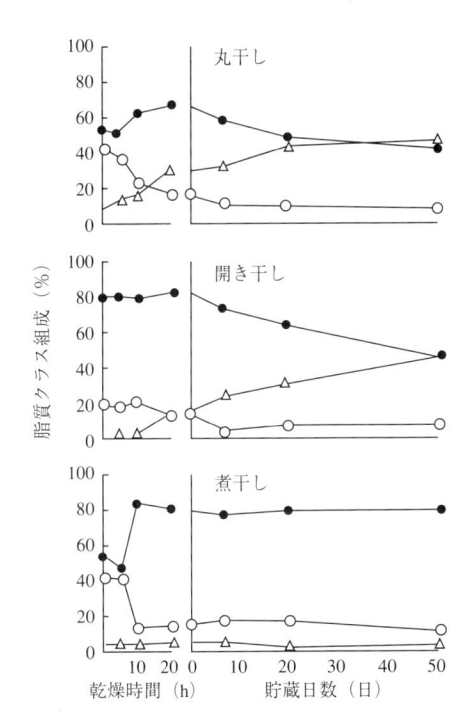

図 4・10 カタクチイワシ乾製品の製造時における乾燥工程及びその後の 25℃貯蔵中における脂質クラスの変化．●：リン脂質，○：遊離脂肪酸，△：トリグリセリド　(滝口, 1987)

3) 色調の変化

鮮度低下したイカを原料として製造したさきいかなどの乾製品は乾燥工程中に褐変しやすい．これは，ATP関連化合物の酵素的分解で生成・蓄積したリボースがメイラード反応を引き起こすことが一因と考えられている（大村，2003）．すき身だらのように色の薄い製品が嗜好される場合には，乾燥に伴って進行するメイラード反応に起因する褐変には注意を要する．

4) その他の成分の変化

メイラード反応は温度依存性が高く，褐変を防止するうえで低温での製造，貯蔵は有効な手段である．一方で，遊離ヒスチジンと還元糖とのメイラード反応生成物質には脂質酸化抑制効果があることが知られている．カタクチイワシを原料とした煮干しの貯蔵中に観察されるメチオニンの減少は，脂質酸化の挙動と一致する．一方，ヒスチジンとリジンの減少傾向は煮干しの褐変の程度に一致する（図4・11）．

不飽和脂質の酸化によって生じた過酸化物は，食品のタンパク質と結合することでタンパク質の変性を招く．その結果，食品の歯ざわりなどの物性や保水性などを変化させる．過酸化物の一つである脂質水酸化物はえぐみをもつので，食品の味を変化させる．アスコルビン酸などのビタミン類やコレステロールは不飽和脂質の酸化に伴う同伴酸化をうけて，栄養価を下げたり動脈硬化の原因物質の一つとして知られるコレステロール酸化物を蓄積する．さらに，過酸化脂質が化学的に分解し

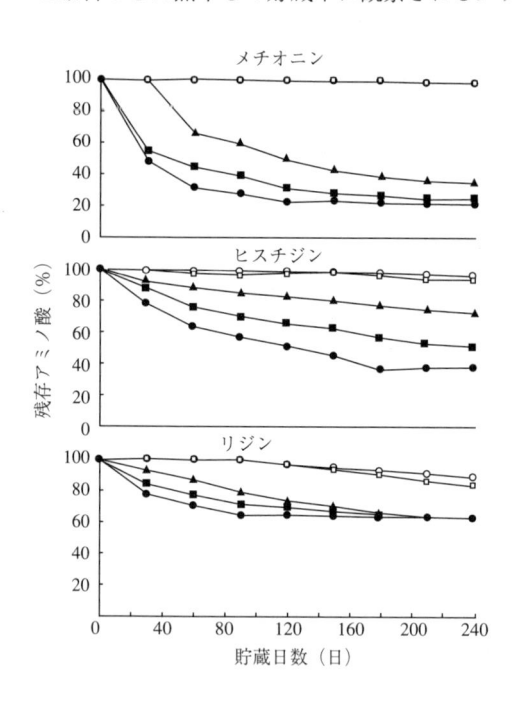

図4・11 かたくちいわし煮干しの貯蔵中における遊離アミノ酸量に及ぼす貯蔵温度の影響．—●—：30℃，—■—：20℃，—▲—：0℃，—□—：−20℃，—○—：−30℃ （A. Takiguchi, 1996）

て生成する低分子のアルデヒドやアルコール類のなかには独特のにおいをもつものがあるので，食品の味に大きく影響する．また，アルデヒド類はアミノ化合物とメイラード反応を起して，色やにおいに影響を及ぼす．このように，乾燥食品の加工・貯蔵中に進行する脂質成分の酸化は，味やにおいといった食品に対する嗜好性に関連した特性に影響するだけではなく，時として有害な物質を生じる場合もある（図4・12）．

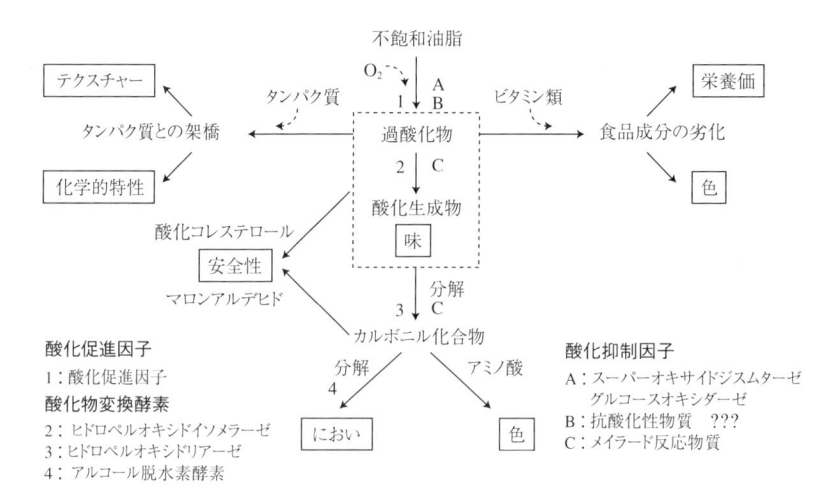

図4・12 食品成分の変化が品質に及ぼす影響 （C. E. Eriksson, 1982）

（大島敏明）

引用文献

秋場 稔・元広輝重（1980）：水産加工技術（太田冬雄編）恒星社厚生閣，78-112.
Brunauer, S., P.H. Emmett, and E. Teller,（1938）：*J. Am. Chem. Soc.*, 60, 309.
Eriksson, C. E.（1982）：*Food Chem*., 9, 3-19.
Horner, W.F.A.（1991）：Master Phil. Thesis, Lohborough University of Technology.
Horner, W.F.A.（1992）：in Fish Processing Technology（ed. by Hall, G.M.）, Blackie Academic. Professional, London, 31-71.
伊藤 剛・北田長義・山田典彦・関 伸夫・新井健一（1990）：日水誌, 56, 999-1006.
科学技術庁資源調査会編（2000）：五訂日本食品標準成分表.
Karel, M.（1980）：in Autoxidation in Food and Biological Systems（ed. by Simic, M.G.）, Plenum Press, New York, 191-206.

Labuza, T. P., S. R. Tannenbaum and M. Karel (1970): *Food Technol.*, 24, 543-550.
右田正男・松本重一郎・最首とみ子 (1956):日水誌, 22, 433-439.
Mossel, D.A.A. (1975): in Water Relations of Foods (ed. by R.B. Duckworth), Academic Press, London, 347.
農林水産省統計部 (2004):水産物流通統計年報.
大村裕治 (2003):水産物品質保持技術開発基礎調査事業研究成果の概要(水産庁増殖推進部研究指導課), 101-107.
大島敏明・孫 禎晧 (2004):水産物の品質・鮮度とその高度保持技術(中添純一・山中英明編), 恒星社厚生閣, 33-47
Reid, D.S. (1973): in Intermediate Moisture Food (ed. by R. Davies, G.G. Birch and K. J. Parker), Applied Science, London, 54-65.
Rockland, L.B. (1969): *Food Technol.*, 23, 11-21.
Scott, W. J. (1957): in Advances in Food Research, vol 7. (ed. by E.M. Mrak, and G.F. Stewart), Academic Press, London, 84-127.
柴崎一雄・大谷史郎・常田武彦 (1968):日食工誌, 15, 59-65.
滝口明秀 (1987):日水誌, 53, 1463-1469.
滝口明秀 (1989):日水誌, 55, 1649-1654.
滝口明秀 (2004):水産加工, 109, 千葉県水産加工研究センター.
Takiguchi, A. (1996): *Fish. Sci.*, 62, 240-245.
丹保矢人・山田豊彦・北田長義 (1992):日水誌, 58, 685-691.
Wolf, M., J.E. Walker, and J.G. Kapsalis (1972): *J. Agric. Food Chem.*, 20, 1073-1077.
横関原延 (1973):食品と容器, 14, 460-466.

参考資料

三輪勝利編 (1992):水産加工品総覧, 光琳.
日本水産学会編 (2001):水産学用語辞典, 恒星社厚生閣.
野中順三九・橋本芳郎・高橋豊雄・須山三千三 (1965):水産食品学, 恒星社厚生閣.
農林統計協会編 (2003):図説水産白書.
太田冬雄 (1980):水産加工技術, 恒星社厚生閣.
竹内昌昭・藤井建夫・山澤正勝編 (2000):水産食品の事典, 朝倉書店.
Troller, J.A. and J.H.B. Christian, (1978): Water Activity and Food, Academic Press.

第5章　燻　製　品

　燻製品（smoked product）は塩漬け後，燻煙による乾燥（燻乾）によって保存性を確保することを目的としているので，塩干し品（salted and dried product）に近い製品といえる．また，燻しながら焙って乾燥（燻乾）する工程は節類製造工程の焙乾（broiling and drying）に類似していることから，かつお節（boiled, smoke-dried and molded skipjack tuna）にも近い食品である．本書では，塩干し品やかつお節の製法とは少し異なることから，燻製品として別章を設け解説する．

5・1　燻製による貯蔵原理

5・1・1　貯蔵性と水分活性

　燻製品は原料魚を調理，塩漬け，塩抜き，水切り，風乾した後，燻煙処理により乾燥（燻乾）するという製造工程から考えるとその貯蔵性は燻乾工程で付加される．この工程によって保存性が改善される理由は2つある．一つは，燻乾することで抗菌・殺菌的効果をもっている煙成分が製品表面に付着することである．もう一つは，この燻乾中の原料魚の乾燥に伴う水分減少と塩分濃度の上昇による水分活性（water activity, a_w）の低下である．いずれも微生物の増殖を抑えるために有効に働く．

　燻製品の製造工程での水分量の変化は多くの成書に記されているが，a_wの測定例は少ない．冷燻法（cold smoking）では，一般に燻乾中に水分量が半減し，食塩濃度は約5〜10倍に上昇するのでa_w低下が保存性に大きく寄与していることが知られている．表5・1に示したのは，自由水と結合水に分けて水分量を測定したほっけ冷燻法の例である．自由水の量をa_wとして捉えると，燻乾開始1日目で大きく変化し，1週間目には0.805近くまで低下した．その後，2週間目にかけて再び上昇し，0.85付近で安定してくる．a_wからは安定した貯蔵性が確保できる．

表5・1 ほっけフィレー燻製中の水分量の変化

燻乾日数	全水分原物中(%)	自由水		結合水		乾物1g当たりのg数
		原物中(%)	全水分中(%)	原物中(%)	全水分中(%)	
風乾後	73.14	69.65	95.23	3.49	4.77	0.13
燻乾1日後	64.92	55.45	85.41	9.47	14.59	0.27
燻乾2日後	58.54	47.76	81.60	10.78	18.40	0.26
燻乾4日後	43.19	38.01	88.17	5.11	11.83	0.09
燻乾5日後	37.12	27.69	74.60	9.43	25.40	0.15
燻乾6日後	43.48	35.00	80.50	8.48	19.50	0.15
燻乾8日後	39.83	32.01	80.37	7.82	19.63	0.13
燻乾9日後	33.34	30.01	90.01	3.33	9.99	0.05
燻乾11日後	30.07	25.91	86.17	4.16	13.83	0.06
燻乾14日後	25.28	21.54	85.28	3.72	14.72	0.05

(太田, 1978)

燻乾は同時に製品に独特の香味を付加するが,この燻煙のソフトな香りを楽しむ水分量の多いソフト温燻品が作られるようになり,特に a_w が高く生に近いものはスモークサーモンとして消費者ニーズが拡大している.このスモークサーモンでは,冷燻品に比べて a_w が高いことから,燻製品の特徴の一つである保存性がよいという概念は損なわれている.冷燻品は a_w 低下で十分に保存性が確保されているが,温燻品(hotsmoked product)については水分量が多く,a_w も高いので,製品の貯蔵性と a_w の関係を明らかにしておくことが重要である.

スモークサーモンの a_w と貯蔵性については,a_w が 0.96～0.99 と 0.93～0.96 の範囲に分けて,それぞれ高 a_w タイプ及び低 a_w タイプのスモークサーモンとして報告されている(島崎ら,1994).両スモークサーモンの貯蔵性を異なる貯蔵温度条件(10℃と5℃)で保存し,官能検査によって可食期間を比較すると,低 a_w タイプと高 a_w タイプの間では 10 日間の違いが認められ,流通段階では大きな差異となり,前者が貯蔵性に優れている(表5・2).また,両タイプ製品の a_w の違いは 0.03 であるが,その可食期間は 10 日間の違いが認められた.このように低温貯蔵(low temperature storage)を要するスモークサーモンの貯蔵性は,a_w と貯蔵温度の両方の要因が同程度重要であることがわかる.香り,食感,味,色調と外観などを比較すると,色調と外観のみは貯蔵性に優れている低 a_w タイプのスモークサーモンが高 a_w タイプのものより評価の低下が速いことがわかった(図5・1).これは低 a_w タイプのスモークサ

表 5·2 異なる a_w のスモークサーモンの可食期間

製品タイプ	水分活性 (a_w)	可食期間（日）*	
		10℃	5℃
高水分活性型	$0.96 \leq a_w \leq 0.99$	20	30
低水分活性型	$0.93 \leq a_w < 0.96$	30	40

* データから官能検査で総合評価 1.5 点以上を保つ期間を可食期間として表に示した. 　　　　　　　　　　　　　　　　（島崎ら，1994）

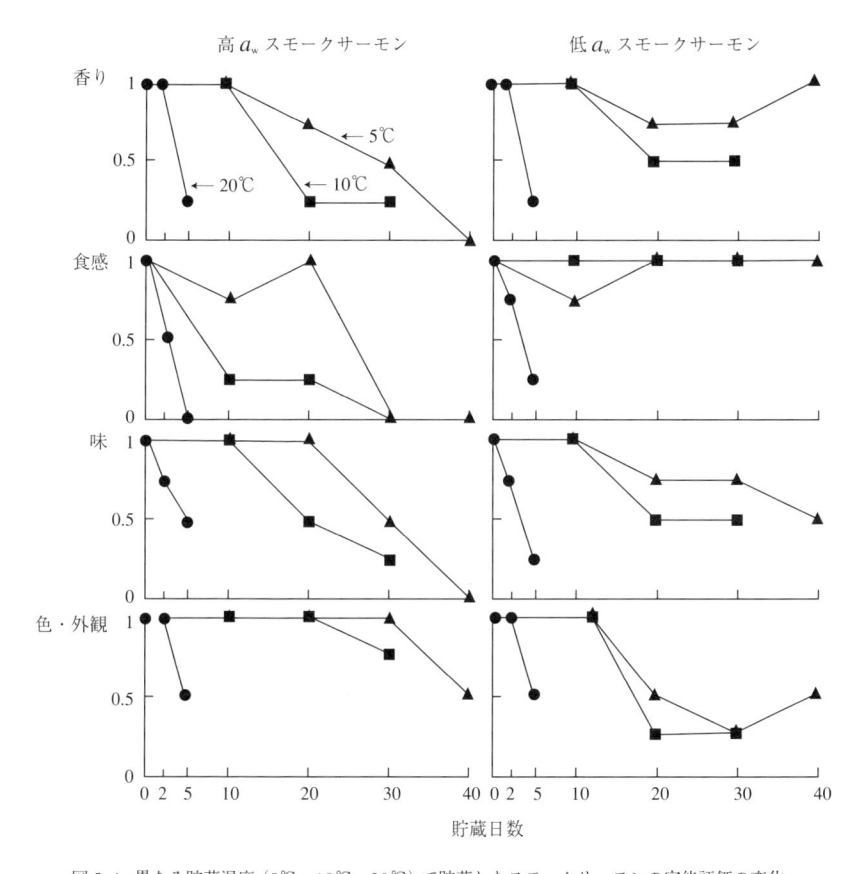

図 5·1 異なる貯蔵温度（5℃，10℃，20℃）で貯蔵したスモークサーモンの官能評価の変化
　　　パネラー，8 名
　　　評価：好ましい，1 点；好ましくない，0 点　　　　　　　（島崎ら，1994）

ーモンが，より長時間の乾燥を行うこと及びそれに伴う塩濃度の上昇によってタンパク質の変化が速く進んだためである．この項目以外は細菌数や揮発性塩基窒素（volatile basic nitrogen，VBN）値でも低a_wタイプのものの方がより長い日数の貯蔵に適していた．市販スモークサーモンのa_wは0.97以上であり，ほとんど生に近いものである．この範囲の製品のa_w低下は燻乾による水分減少よりも食塩含量の増加との相関が高い（峯岸ら，1995）．

5・1・2 燻煙成分と保存効果

食文化が進み，さらに低温保存法が一般的になった現在では，スモークサーモンの消費が伸びていることからも理解できるように保存性よりもむしろ香りが重視されるようになった．しかし，燻製品の主たる目的は本来保存にあったことから，保存性とともに香りと味を楽しむことができる冷燻品の燻煙成分の防腐作用について知っておくことは重要である．

燻煙や燻液によって燻製品の香りや保存性に関係すると考えられている主成分を表5・3に示した．

表5・3 燻煙の主成分

分 類	主 成 分
有機酸類	ギ酸，酢酸，プロピオン酸，酪酸など
アルコール類	メタノール，エタノール，プロパノールなど
アルデヒド類	ホルムアルデヒド，アセトアルデヒド，ベンズアルデヒドなど
フェノール類	フェノール，(オルト-, メタ-, パラ-) クレゾール，グアヤコール，4-エチルグアヤコール，オイゲノール，シリンゴール，ピロガロールなど
ケトン類	アセトン，2-エチルケトン，2-アセチールなど
エステル類	ギ酸メチルエステル，酢酸メチルエステルなど
フラン類	メチルフラン，エチルフラン，5-メチルフルフラール，アセチルフランなど

このうちで抗菌作用，殺菌作用のあるものはフェノール類，アルデヒド類，有機酸類である．特に，燻乾中のホルムアルデヒドがガス状態で存在する場合は殺菌効果が強い．また，抗菌性を示す成分の単独の作用のほかに，これらの相乗効果によってさらに強い抗菌効果を示すことも明らかになっている．フェノール類とアルデヒド類は反応することで一種の樹脂膜を作るので，この被膜による外部からの雑菌の侵入を防ぐことでも保存性を高めている．

クレゾールやピロガロールのようなフェノール類は殺菌効果のほかに酸化防止効果もあり，風味が長く保たれるのもこれらの酸化防止作用のためである．

従って，冷燻品の保存性は，燻煙による抗菌・殺菌効果及び酸化防止効果，樹脂膜形成による二次汚染防止，燻乾による乾燥効果（a_w 低下），塩漬けに伴う食塩による a_w 低下などが相乗的に作用するためといえる．

5・2 燻 製 法

5・2・1 原 料

燻製品の原料として広く利用されているものに，サケ・マス類，ニシン，タラ，サバ，ホッケ，ブリ，イカ，タコなどがある（表5・4）．

表5・4 燻製品とその主な原料

製 品	主な原料
冷燻品	サケ，マス，ニシン，ブリ，タラ，サバ，ホッケ
温燻品	サケ，マス，ニシン，イカ
調味燻製品	イカ，タコ，ホタテ，スケトウダラ，タラ

原料魚としては鮮魚が最も適しているが，鮮度（freshness）のよい状態で凍結（freezing）した冷凍魚も利用される．外傷のないもの，そして脂肪の適度にのったものを選ぶことである．また，外観上は正常でも筋肉内部が部分的に軟化しているジェリーミート（jellied meat）のような異常肉には注意しなければならない．脂肪の少ない魚体は製品の外観及び歩留りも悪く，また香味も付きにくいので味もよくなく，原料としては不適である．一方，脂肪の多いものは乾燥しにくく，燻乾中に腐敗したり，油焼け（rusting of oil，第4章 4・5・3，2）参照）を引き起こしやすい．一般に脂肪分は冷燻法では7～10％，温燻法では10～15％のものが適している．

5・2・2 燻製室

燻製室の規模や方式はさまざまであるが，燻製室に共通して必須な条件としては次のような項目がある．

①燻製室内の温度と発煙を調節できる．
②燻煙が燻製室内で均一になる．
③湿度と通気の調節ができる．
④掃除がしやすく，衛生的である．
⑤無理のない作業ができる構造である．
⑥失火の恐れがない．

燻煙の発生方式は大きく2つに分けられる．一つは燻製室内で燻煙を発生させて直接食品に当てる直火方式である．もう一つは，燻煙発生装置で別に発生させた煙を燻製室に導く方式である．後者は，温度や湿度を調節しやすいので広く使用されている．煙成分に含まれる3,4-ベンツピレンやベンツアントラセンなどは発がん性が強いことから，その発生を防止する必要がある．これらの物質は発煙温度が低い場合に発生しないことがわかっているので，発煙温度を380～400℃に調節できるような装置が開発されている．

直下方式では，温度，湿度，煙の流れを常時調節できなければならないことから，燻製室の大きさも決まってくる．間口2m，奥行き1～2m，高さ3m位が使いやすい大きさである．火床面と原料魚との距離は重要で，冷燻法では1.5～2m離すようにする．近すぎると燻煙のタール成分が付きやすく，黒ずんだり色むらが起こりやすい．

5・2・3 燻　材

燻製品の風味の決め手となるのは燻材である．多くはよい香りの煙を出す木材のチップが使われる（表5・5）．国産品のチップでは，サクラ，ブナ，ミズナラ，リンゴ，オニグルミ，カシワなどがあり，外国品では，ヒッコリー，メスキート，オールダー，エルム，ポプラなどがある．木材としては，樹脂（やに）の少ない堅木で徐々に燃焼し，芳香成分を含む多量の煙を出すもので，しかも煤の少ないものが適しており，一般には広葉樹が使用される．スギ，マツ，ヒノキなどの針葉樹は煤が多く，刺激の強い特有の臭気と苦味を与えるのであまり用いられない．燻材の形は温燻法では薪材や木屑の形で，冷燻法ではくすぶる性質を利用して温度を低く押さえるため，おが屑の形で用いる場合が多い．

表5・5　主な燻材と香りの特徴

燻　材	香りの特徴など
サクラ	タンニンが多いのでやや渋みがあるが，すっきりした香り
ブナ	タンニンが多く色づきが速い
リンゴ	甘味があり，ソフトな香り
オニグルミ	最も堅い材質で香りがよい
カシワ	香りもよくオールマイティー
ヒッコリー	クルミ科であることからオニグルミに似た香り
メスキート	香りが強い
オールダー	ヒッコリーに似た香りと味

燻材は使用時に十分乾燥されていて水分量が20〜30％のものがよく、水分が多い生木を用いると製品にタール分の付着が多くなること、有機酸量が増加して酸味も強くなり、風味が低下しやすいことから注意が必要である．

5・2・4　冷燻法

この方法は保存を主目的としたもので、比較的低い温度で長時間の燻煙処理を行うため、製品の塩分量は8〜10％と比較的高く、水分量も40％前後の仕上がりとなる．従って、保存性もよく、3ヶ月以上の保存が可能である．冷燻法では、燻乾初期の悪変を防いだり、肉の締まりをよくするために、一般に撒き塩漬け（dry salting, 第6章6・3・1参照）を行い、塩抜きと風乾後に燻煙工程に移る．燻煙処理中の温度は15〜23℃で、これ以上高いと原料が微生物の作用により悪変する虞があり、低いと乾燥効率が落ちる．また、燻煙室内の温度を23℃以下に保つためには、外気温が16〜17℃以下であることが望ましく、外気温が高い夏場は製造には適さない．初めの1週間は18℃位からスタートし、次の週には22℃位まで上げ、3週目から仕上げまでは25℃位まで上げる．

5・2・5　温燻法

保存が主目的である冷燻法に対して、温燻法は製品に風味をつけることに重点がおかれている．冷燻法に比較して燻煙温度も30〜80℃と高く、3〜8時間（保存性を増すために低温で2〜3日燻乾する場合もある）の短時間で燻乾する．従って、水分は50％以上（55〜65％）で、塩分も2.5〜3.0％であるため保存性は余り期待できず低温で貯蔵しなければならないが、肉質が軟らかいことが特徴である．

本法では、立塩漬け（brine salting, 第6章6・3・1参照）を行うが、さらに風味を付加するために調味塩溶液（砂糖、化学調味料、有機酸などを含む）に数時間浸漬する場合もある．この工程は企業のノウハウであり、それぞれ特色のある風味を付加する工夫が行われている．

5・3　各種燻製品の製造

燻製品の製造工程の順序は以下のようであるが、製品により少しずつ異なる．原料 → 調理 → 塩漬け → 塩抜き → 洗浄 → 水切り風乾 → 燻製室へ搬入 → 燻煙 → 燻製室から搬出 → あん蒸（aging in drying process, 第4章4・3・2, 6) 参照）→ 仕上げ手入れの順である．

5・3・1 冷燻品

冷燻品にはさけ棒燻と称している背肉燻製品やさけフィレー冷燻品，あるいは丸にしん冷燻品などがある．

べにざけ棒燻（さけ冷燻品）　原料としてはベニザケの立塩漬けしたものが最もよいが，塩蔵べにざけを用いるのが一般的である．図 5・2 には塩蔵べにざけからの製法を示す．塩抜きは甘塩のもので 6〜7 時間，普通の新巻（salted salmon，第 6 章 6・4・1，1）参照）で 10〜18 時間，塩さけでは 2〜3 日間行う．塩抜き中に生じた変形などは最終製品にまで影響するので手直しする．塩抜きの限度は勘に頼っているが，塩抜き後の塩分量は 2〜3％ が好まれる．塩抜きが過剰になると燻乾中に腐敗することがあり，逆に塩抜きが少ないと塩味が強くなり過ぎ商品価値が低下することになるので，十分に留意すべきである．

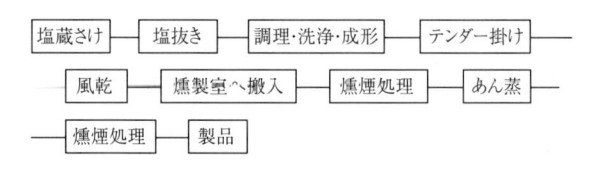

```
┌─────────┐   ┌─────────┐   ┌──────────────┐   ┌──────────┐
│ 塩蔵さけ │──│ 塩抜き  │──│ 調理・洗浄・成形 │──│ テンダー掛け │─┐
└─────────┘   └─────────┘   └──────────────┘   └──────────┘ │
┌─────────┐   ┌──────────┐   ┌─────────┐   ┌──────┐           │
│  風乾   │──│ 燻製室へ搬入 │──│ 燻煙処理 │──│ あん蒸 │───────────┘
└─────────┘   └──────────┘   └─────────┘   └──────┘
┌─────────┐   ┌──────┐
│ 燻煙処理 │──│ 製品 │
└─────────┘   └──────┘
```

図 5・2　さけ棒燻の製造工程

塩抜き後の原料魚の調理法は，鰓蓋(えらぶた)から包丁を差込み，背骨に沿って一刀で尻鰭(ひれ)の付根まで切り落とす．続いて差込み口から頭部に刃を入れ，頭の一部を付けて切り落とす．その背肉を洗浄後，燻煙処理を容易に，かつ効果的に行うために 5〜10 時間風乾して表面の水分を除去する．風乾後に原料魚を吊るして燻製室内で燻煙処理を行う．燻乾は夕刻点火し，翌朝に窓，扉を開放し，夕刻に再び点火することを繰り返す．テンダー（掛け棒）に 2〜3 段に吊るす場合，一般に下段の原料魚は乾燥しやすく，上段のものは燻煙中のタール成分によって過度の着色を起こしやすいので，適宜，上下段の位置を換えたり，大きな原料魚は下に，小さいものは上段に，あるいは火床面に近いものは過熱しないように適当な距離（2 m 前後）に吊るすなど，色調や乾燥度を均一にするように留意する．燻煙処理温度は冷燻法の項に記したが，温度を徐々に上昇させる理由は，最初から高い温度で処理すると表面のみが乾燥して硬くなり，表面に小じわを生じたりして製品の商品価値を低下させる原因になるからである．燻煙処理 10 日目頃に原料魚を燻製室から搬出し，粗い目の布の上に約 1 m 位の高さに積み重ね上部をさらに布で覆い，3 日間位あん蒸した後再度燻煙処理を行

う．このような操作を2, 3度繰り返す．製品の水分は40％位であり，水分バリア性に優れたポリエチレンなどで包装して出荷される．

にしん冷燻品　冷凍ニシンをラウンド（round fish）または内臓と鰓を除去して塩漬けする．約15％の塩水中で7～8時間塩漬けするか，魚体重量の10％位の塩を容器中で撒布し，重石を増しながら塩漬けする．塩抜きし，テンダー掛け後，風乾してから燻煙処理を行う．燻製室の温度は初めの1週間は18℃前後，2週目は22℃前後，仕上げの3週目は25℃位にする．燻乾の初期は温度管理に注意する必要がある．高温になると魚体が落下することがあり，また良品が得られない．特に脂肪の多い原料を使用する場合は塩分量と燻乾初期の温度管理が重要である．

5・3・2　温燻品

温燻品はラウンドのものも燻製品とするが，近年はフィレー（fillet）とし皮付き状態の燻製とすることが多い．

さけフィレー温燻品　原料はべにざけ棒燻製品と同様ベニザケが主体である．生サケの頭部，内臓を除去し，洗浄後三枚におろす（フィレー）．次にこれを調味塩水溶液に浸漬後，水切り，風乾して燻煙処理を行う．調味塩水溶液は約15％の食塩水に砂糖，化学調味料，香辛料，有機酸類を添加混合したものである．その割合，種類は加工者あるいは原料魚の状態によって異なる．浸漬時間は20～24時間である．燻乾処理温度は最初30～50℃で12時間前後，次いで徐々に上昇し50～80℃で数時間燻乾した後あん蒸する．2日間位あん蒸後，水分の多い場合には前記と同様な燻乾処理を行う．

製品の水分量は50～65％である．常温での保存期間は短いので，ポリエチレン及び各種ラミネート包材を用いて真空包装し，低温で保管する．

スモークサーモン　ベニザケあるいはマスノスケフィレー燻製品でa_wが高く，生に近い状態のものはスモークサーモンと呼ばれ（島崎ら，1994），主にホテルやレストランの業務用に製造されている．1967年頃からソフト志向と高級感から急成長したものである．この頃から，わが国でも燻製品が普通の食品として受け入れられるようになった．

冷凍原料を水中で解凍（thawing）し，フィレーとした後，調味液（食塩12％，ショ糖2.5％，化学調味料0.5％；加工者によって異なる）に24時間浸漬し，冷蔵庫で調味する．次に，燻室内温度20℃，相対湿度50～60％を保ちながら30分間の乾燥と30分間の燻煙処理を行い，a_wを低下させる目的で追

加乾燥を 2 時間または 8 時間行う．2 時間ではかなり生に近く，水分約 68％，a_w 0.96〜0.99 である．8 時間では保存性が少し増し，水分約 62％，a_w 0.93〜0.96 となる．市販されているスモークサーモンの食塩量，a_w，細菌数は表 5・6 に示す．

表5・6 市販の真空包装スモークサーモンの塩分量，a_w 及び細菌数

試料	塩分量（％）	a_w	中温細菌（ヶ/g）	低温細菌（ヶ/g）	大腸菌群	販売状態
A_1	2.40	0.968	1.1×10^7	1.8×10^7	nt	冷蔵
A_2	2.54	0.971	6.9×10^6	8.3×10^6	nt	冷蔵
A_3	2.39	0.979	1.1×10^3	1.0×10^6	陰性	凍結
B_1	2.56	0.979	5.8×10^5	5.0×10^5	nt	冷蔵
B_2	1.79	0.983	4.1×10^4	4.2×10^4	nt	冷蔵
B_3	3.00	0.971	5.8×10^4	3.5×10^6	陰性	冷蔵
C_1	2.62	0.966	3.8×10^3	4.0×10^4	nt	凍結
C_2	2.13	0.974	4.8×10^2	2.0×10^3	nt	凍結
C_3	3.66	0.965	<60	1.9×10^3	陰性	凍結
D_1	1.80	0.977	nt	5.1×10^2	nt	凍結
D_2	2.04	0.978	nt	1.4×10^4	nt	凍結
D_3	2.23	0.980	2.6×10^2	5.4×10^4	陰性	凍結
E_1	2.01	0.973	3.4×10^5	4.9×10^5	nt	冷蔵
E_2	2.54	0.971	3.6×10^5	6.6×10^6	nt	冷蔵
E_3	1.85	0.981	3.2×10^5	5.6×10^5	nt	冷蔵

(峰岸ら，1995)

にしん温燻品 凍結原料を使用し，頭部と内臓を除き，背開きとする．約 3％の食塩水中で軽く洗浄し，血液やその他の汚物を除き，水切り後に立て塩漬けを行う．約 15％の食塩水に 30〜40 分浸漬し，水洗，水切り後にテンダーに掛け 2〜3 時間風乾する．燻乾は 1 時間までは 50℃以下で，2 時間後は 65℃，3 時間後は 70℃と順に温度を上昇させ最終は 80℃とし，ほぼ 4 時間で終了する．製品の水分は 63〜68％，塩分は 2.5〜3％である．

5・3・3 調味燻製品

わが国で燻製品が一般家庭で食卓にのるようになるのは比較的遅く，1942 年にいか調味燻製品が開発されてからで，1956 年にいか燻製品がヒット商品となり，珍味食品の代表的なものとなった．イカ，タコ，スケトウダラなどを調味後に燻煙処理して調味燻製品（seasoned and smoked product）とする．以下に主なものをあげる．

いか調味燻製品 温燻法に分類されるが，調味後に燻乾するのが特徴であ

る．原料イカの内臓をつぼ抜きし，ひれ肉を除去した胴肉部分を使用する．洗浄した胴肉を 50～55℃の温湯中で 10～20 分攪拌しながら剥皮する．清水で洗浄後約 80℃で 2～3 分間煮熟する．冷却後，調味液（例えば，砂糖，食塩，グルタミン酸ナトリウムの比 20：6：1 など）に 6～8 時間漬け込む（一次調味）．調味を終えたものを燻製用テンダーに吊るして表面が軽く乾燥する程度に風乾後，40～80℃で 3～5 時間燻乾する．燻煙色と香りが付いたら表面の汚れをきれいに成形した後，スライサーで胴肉を 1～2 mm の厚さに輪切りにする．次いでくず肉を除去し，ミキサーで調味粉末を振りかけながら二次調味を行う．配合は一次調味よりもやや薄めとする．

すけとうだら調味燻製品　大型の生鮮スケトウダラを原料に使用する．頭部を除去後，三枚におろしたフィレーから皮を除き，あらかじめ 15％前後の食塩水に 20 分間つけてから調味液の中で調味し，20～30℃で 2～3 日燻乾し，細かくほぐして製品とする．

5・4　燻製品の貯蔵

冷燻品は水分量が 40％前後であり，a_w も 0.80～0.85 と低いので室温でも長期間の貯蔵が可能である．水分バリア性の高い包材を使用して貯蔵することで 6～12ヶ月は細菌類による腐敗はないが，長期の貯蔵ではカビの発生，虫害，油焼けを起こす．また，温燻品であっても低温保存法が確立している現在では真空包装などの併用によって 1ヶ月位は貯蔵できる．図 5・1 から総合的に判断すると，a_w が高くなってきた最近のスモークサーモンでは 2 週間以内に消費することが美味しく食べることのできる目安といえる．

また，脂質は，フェノール化合物とアルデヒド化合物によってできる一種の樹脂膜とともに燻製品特有の表面の光沢を出す効果がある．燻煙中の強い酸化抑制効果は，消味期限内での冷燻品の風味低下防止にまでは至らない．

高 a_w 領域の製品として市販されているスモークサーモンは，10℃以上の貯蔵では腐敗細菌（spoilage bacteria）の増殖を主因とする品質劣化が速く起こることから，その貯蔵性を増す手段としてガス置換包装がある（峯岸ら，1996）．窒素ガス置換（100％窒素ガス，N_2 包装）及び窒素ガス 70％－炭酸ガス 30％混合ガスと置換（CO_2 包装）して貯蔵すると，空気による含気包装区が官能評価で 10 日間の可食期間であったのに対して，それぞれ 20 日間，30 日間以上

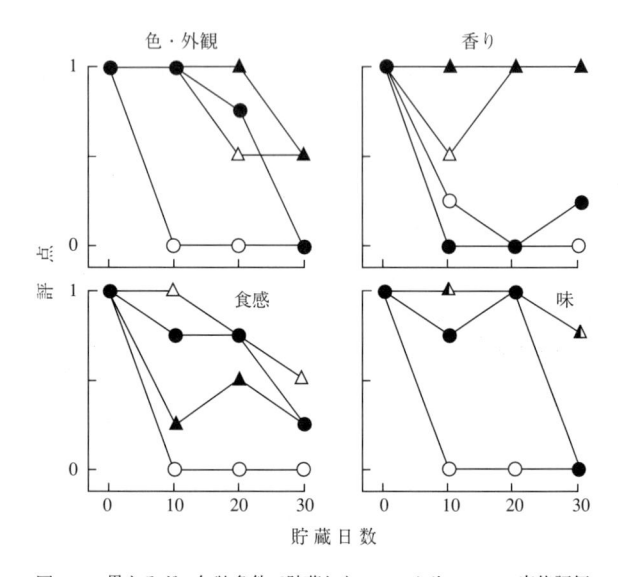

図5・3 異なるガス包装条件で貯蔵したスモークサーモンの官能評価の変化. 貯蔵温度 10℃
○, 含気包装；▲, 100%N_2ガス包装；△, 30%CO_2－70%N_2ガス包装；●, 真空包装
パネラー, 8名. 評価：好ましい, 1点；好ましくない, 0点
(峯岸ら, 1996)

であった(図5・3). この場合, 可食期間が短い区ほどEnterobacteriaceae (腸内細菌) とが主要菌相となるまで期間が短いことが分かっている. 従って, Enterobacteriaceaeの制御がスモークサーモンの貯蔵性向上にとって重要である.

(猪上徳雄)

引用文献

峰岸 裕・塚正泰之・三明清隆・島崎 司・今井千春・杉山雅昭・信濃晴雄 (1995)：食衛誌, 36, 443-447.

峰岸 裕・塚正泰之・三明清隆・島崎 司・杉山雅昭・田中幹雄・信濃晴雄 (1996)：日本包装学会誌, 5, 11-21.

太田静行 (1978)：くん製食品 (太田静行著), 恒星社厚生閣, 106.

島崎 司・三明清隆・塚正泰之・杉山雅昭・峰岸 裕・信濃晴雄 (1994)：日水誌, 60, 569-576.

参考資料

太田静行（1978）：くん製食品，恒星社厚生閣．

太田静行・高坂和久・グュエン・ヴァン・チュエン（1997）：スモーク食品，恒星社厚生閣，43-122．

須山三千三・鴻巣章二編（1987）：水産食品学，恒星社厚生閣．

山中英明・田中宗彦共著（2001）：水産物の利用－原料から加工・調理まで－（改訂版），成山堂書店，109-113．

第6章　塩蔵品

6・1　概　　要

　塩蔵は，食品を適量の食塩とともに漬け込んで保存する，古くから用いられてきた貯蔵法の一つである．その貯蔵原理は，食塩による脱水作用及び浸透した食塩の水分活性（water activity，a_w；第4章4・2・2参照）低下作用に起因する微生物の増殖抑制にある．操作が簡単で，特別な設備や容器を必要としないため，水産物の一般的な貯蔵法として発展してきた．

　一方，塩蔵処理は単に貯蔵法として用いられるばかりでなく，塩辛，魚醬油，なれずしなどの発酵食品はもとより塩干し品，燻製品などの製造においても，重要な役割を果たしている．これらの加工品と塩蔵法との関係を図6・1に示す．いずれも原料は先ず塩蔵処理される．塩干し品及び燻製品では，塩蔵処理後自己消化による肉質の過度の軟化を避けるため，可及的速やかに乾燥または燻製処理が行われる．一方，塩辛や魚醬油の場合には，熟成中に自己消化及び有用微生物による発酵作用に伴って，それぞれに固有の風味が醸成される．なれずしでは，米飯によりさらに発酵が促進され，米飯の発酵生産物による独特の風味が生成される．このように，塩蔵処理は加工食品の基本的な製造工程の一つということができる．

　塩蔵法は，腐敗細菌やカビなどの増殖を抑制して腐敗や変敗を防止することを目的とするため，かなり高濃度の食塩が必要である．ところが，市販塩蔵品

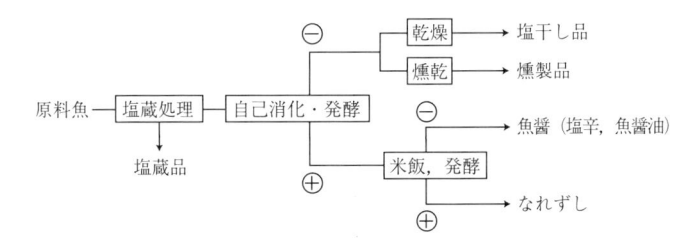

図6・1　水産加工食品と塩蔵処理

表 6・1 市販水産物塩蔵品の一般成分組成および食塩含有量

塩 蔵 品	% 廃棄率	水分	タンパク質	脂質	炭水化物	灰分	食塩相当量	備 考
新巻き(シロサケ)	0*	67.0	22.8	6.1	0.1	4.0	3.0	切り身,三枚下ろしの場合30%
塩さけ(シロサケ)	0*	63.6	22.4	11.1	0.1	2.8	1.8	切り身,三枚下ろしの場合20%
塩ます(カラフトマス)	30*	64.6	20.9	7.4	0.6	6.5	5.8	*頭部,骨,ひれなど
塩さば(タイセイヨウサバ)	0	52.1	26.2	19.1	0.1	2.5	1.8	原料:輸入魚.切り身
塩いわし(マイワシ)	45*	66.3	16.8	9.6	0.4	6.9	6.1	*頭部,内臓,骨,ひれなど
塩だら(マダラ)	0	82.1	15.2	0.1	Tr	2.6	2.0	切り身
塩ほっけ	40*	72.4	18.1	4.9	0.1	4.5	3.6	*骨,ひれ,皮など
すじこ(シロサケ)	0	45.7	30.5	17.4	0.9	5.5	4.8	卵巣を塩蔵したもの
イクラ(シロサケ)	0	48.4	32.6	15.6	0.2	3.2	2.3	卵を塩蔵したもの
たらこ(スケトウダラ)	0	65.2	24.0	4.7	0.4	5.7	4.6	別名:もみじこ
からしめんたいこ(スケトウダラ)	0	66.6	21.0	3.3	3.0	6.1	5.6	
キャビア塩蔵品	0	51.0	26.2	17.1	1.1	4.6	4.1	輸入品
かずのこ,塩蔵,水戻し	0	80.0	15.0	3.0	0.6	1.4	1.2	
くらげ,塩蔵,塩焼き	0	94.2	5.2	0.1	Tr	0.5	0.3	
おきなもずく,塩蔵,塩抜き	0	96.7	0.3	0.2	2.0	0.8	0.6	
湯通し塩蔵わかめ,塩抜き	0	93.3	1.7	0.4	3.1	1.5	1.4	市販通称名:生わかめ
くきわかめ,湯通し塩蔵,塩抜き	0	84.9	1.1	0.3	5.5	8.2	7.9	

* 廃棄物

(科学技術庁資源調査会,2000)

の可食部の一般成分組成及び食塩相当量を日本食品標準成分表（五訂，2000）で調べてみると，表6・1に示すように一部の製品を除いて，水分は高く，食塩含量は1.8～6.1％の範囲で比較的低いことから，これらの製品の貯蔵性は必ずしもよいとはいえない．塩ます，塩いわし，すじこ，たらこ，からしめんたいこ，キャビアは食塩含量が4.1～6.1％でやや高く，ある程度貯蔵性は期待されるが，新巻き，塩ざけ，塩さば，塩だら，塩ほっけ，イクラは1.8～3.6％で明らかに貯蔵性は劣り，低温流通，低温貯蔵が必要である．

　塩蔵品が低塩化していく主な原因は，消費者の健康志向の高まりにあることは言うまでもないが，コールドチェーンの急速な整備も見逃すことはできない．すなわち，変質しやすい農産・畜産・水産物は生産から消費に至るまで，ほぼ完全に低温流通されるようになり，高水分・低塩分の塩蔵品も消費者に届くまで腐敗や変質の心配はほとんどなくなった．低温流通機構の整備という時代の背景も低塩化をもたらした原因の一つであると思われる．

　水産物塩蔵品の2000年における生産量は，248千トンで，主な塩蔵品はさけ・ます，さば，いわし，たらこ・すけとうたらこなどである．この中には，生鮮・冷蔵・冷凍魚として輸入されたチリ産養殖銀ザケ及びノルウェー産養殖大西洋サケの塩蔵品や同様に生鮮・冷蔵・冷凍魚として輸入されたノルウェー産サバの塩蔵品も含まれている．この外，さけ・ます卵，にしん卵及びたら卵は，生鮮・冷蔵・冷凍卵のほかに塩蔵品としても輸入されている．

6・2　塩蔵による貯蔵原理

6・2・1　食塩の防腐効果

　食塩は，古くから食品の貯蔵用として広く用いられていることから，微生物に対して発育を阻止する特別な作用があるものと考えられてきた．しかし，好塩細菌，耐塩細菌のような食塩細菌は多量の食塩を含む培地に発育することができるし，また，普通の細菌は食塩が飽和状態の培地では発育を停止するが，直ちに死滅するわけではない．これまでの研究によれば，食塩の細菌に対する毒性は，他の多くの塩類よりむしろ弱いことが明らかにされている．例えば，木俣（1949）は魚肉の懸濁液を用いて*Pseudomonas fluorescens*の増殖率に及ぼす数種の塩類の影響を調べている．その結果は表6・2に示すように，試験した塩類の中で食塩は供試菌の増殖率に及ぼす影響が最も小さいことが分かる．

表 6・2 Pseudomonas fluorescens の増殖率（分裂に要する時間）に及ぼす諸種の塩類の影響

mol.濃度	LiCl	NaCl	KCl	MgCl$_2$	CaCl$_2$	SrCl$_2$	BaCl$_2$	NaBr	NaI	NaF
0.98	○	∞	○	—	—	—	—	—	—	—
0.50	2.91	1.80	6.58	○	○	○	○	—	—	—
0.25	—	—	—	○	○	○	○	1.76	○	○
0.20	1.38	1.36	1.18	—	—	—	—	—	—	—
0.125	—	—	—	—	—	—	—	1.41	2.90	○
0.10	1.30	1.26	1.08	1.59	○	○	○	—	—	—
0.05	—	—	—	1.21	2.39	1.61	○	1.31	1.43	○
0.04	1.27	1.26	1.17	—	—	—	—	—	—	—
0.025	—	—	—	—	—	—	—	1.31	1.31	16.65
0.02	1.27	1.26	1.19	1,23	1.27	1.41	○	—	—	—
0.01	1.29	1.25	1.20	1.27	1.24	1.30	∞	1.31	1.24	4.11
0.005	1.25	—	1.24	1.32	1.27	1.27	16.47	1.32	1.25	2.48
0.0025	—	—	—	1.33	1.30	1.29	1.89	1.30	1.25	1.61
0.001	1.31	—	1.31	1.34	1.30	1.32	1.53	—	—	—
0.000	1.31	1.32	1.33	1.33	1.33	1.33	1.33	1.33	1.33	1.32

注　∞：無限大，○：増殖せず．BeCl の場合には，0.001 mol の濃度でも増殖せず．

(木俣, 1949)

他方，食塩の防腐効果は主として食塩による①脱水作用，②浸透圧の上昇，③塩素イオンの静菌作用に起因するものといわれてきた．魚を塩蔵すると，経過時間に伴って魚肉の重量は，脱水が強く起こる場合には減少するが，塩漬けの食塩濃度によっては逆に増加することもある（図 6・2）．魚肉重量が増加するのは，後述するように脱水ばかりでなく，吸水も起こるためである．したがって，食塩の防腐効果は食塩による脱水作用及び浸透圧の上昇に起因するものと

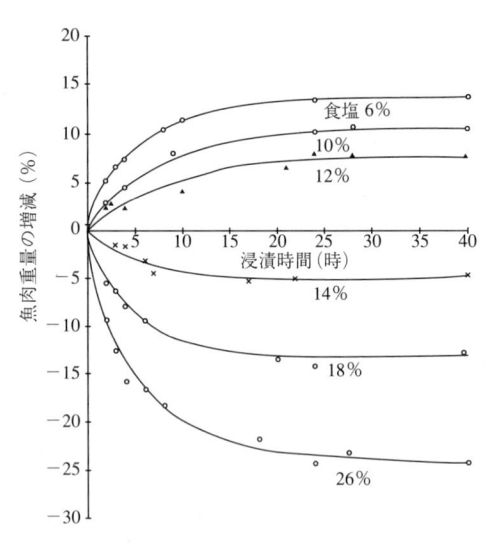

図 6・2　20℃で種々の濃度の食塩水に浸漬したタラ科魚肉の重量変化　　　（H. Fougère, 1952）

速断することは問題である．清水・千原（1954）は，新鮮マアジ肉（水分77.20％）にいろいろの濃度になるように食塩を加えて貯蔵し，貯蔵中における揮発性塩基窒素（volatile baisic nitrogen, VBN）の変化を調べ，アジ肉のVBNが30mg/100gに達するまでの日数，すなわちアジ肉が腐敗するまでの日数と肉の食塩濃度との関係を調べ，その結果を図6・3の曲線Aとして示した．一方，同図の曲線Bは，水分76.28％のスズキ肉を乾燥して水分67.82％の肉を調製し，アジ肉の場合と同様に食塩を添加して貯蔵し，VBNの変化を調べ，腐敗するまでの日数と食塩濃度の関係を求めたものである．清水・千原は曲線AとBを比較して，乾燥に伴って増大する食塩の防腐効果は，食塩濃度に関係なく，一定の割合であるように見えることから，食塩が浸透圧によって細菌の水分摂取を妨げるという，単なる物理的効果に過ぎないと推測した．このような食塩の防腐効果に対する推論は，次に述べる貯蔵性とa_wとの関係に相通じるものがる．

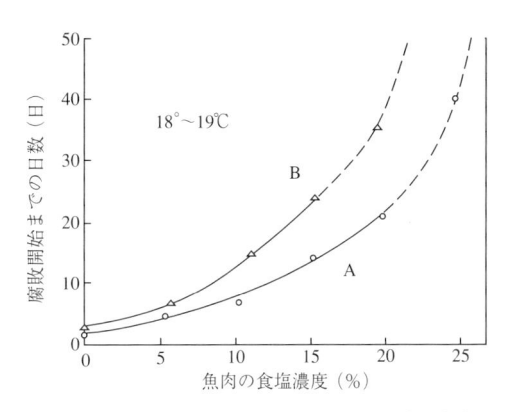

図6・3 魚肉が腐敗を開始するまでの日数と魚肉の食塩濃度との関係
曲線A：アジ肉，水分77.20％
曲線B：スズキ肉，水分67.82％
腐敗開始までの日数：VBNが30mg/100gに達するまでの日数
魚肉の食塩濃度（％）：
　　　食塩含量／食塩含量＋水分×100
　　　　　　　　　　（清水・千原，1954）

6・2・2 貯蔵性と水分活性

　細菌は，一般に高濃度の食塩を含む培地には発育できないが，中には高濃度特に飽和状態の食塩を含む培地に発育できるものがある．高濃度の食塩を含む培地に細菌が発育できない主な理由は，培地のa_wが添加された食塩によって降下するためである．微生物は発育できるa_wの範囲が，培地の組成やpHによって変動するが，微生物の種類によってほぼ定まっているからで，例えば発育可能なa_wの下限値は細菌類0.90，酵母類0.88，真菌類（カビ）0.80程度である．しかし，微生物の中には，一般の微生物が発育することができないような低いa_wの培地でよく発育するものがある．ある種の好塩細菌（halophilic bacteria) は a_w 0.75, 耐乾燥性カビ (xerophilic mold) は 0.65, 耐浸透圧性酵母 (osmophilic yeasts) は 0.62 の培地にも生育することができる.

したがって, 塩蔵品の a_w を腐敗細菌の発育可能な a_w の下限値以下に調整すれば, その塩蔵品は貯蔵性がよく容易に腐敗する虞はないことになる. 小泉ら (1985) は水分及び食塩含量の異なる塩干しいわしの挽肉を a_w 0.95 及び 0.93 に調整した雰囲気中に貯蔵して a_w, 水分, 食塩含量, 食塩濃度及び VBN を測定し, 次のような結果を得ている. 塩干しいわし肉の初期腐敗に達するまでの日数 (VBN が 100 mg / 100 g 乾物に達するまでの日数. これは, 水分 70% の魚肉が初期腐敗に達したと見なされる VBN 30mg / 100 g に相当する) と a_w との関係は, 図 6・4 に示すように, 両者の間に負の高い相関関係が認められる. すなわち, 塩干しいわし肉の貯蔵性は a_w が低いものほどよいことが分かる. 次に, a_w と食塩濃度 (%, 食塩含量／食塩含量＋水分×100) との関係を調べ

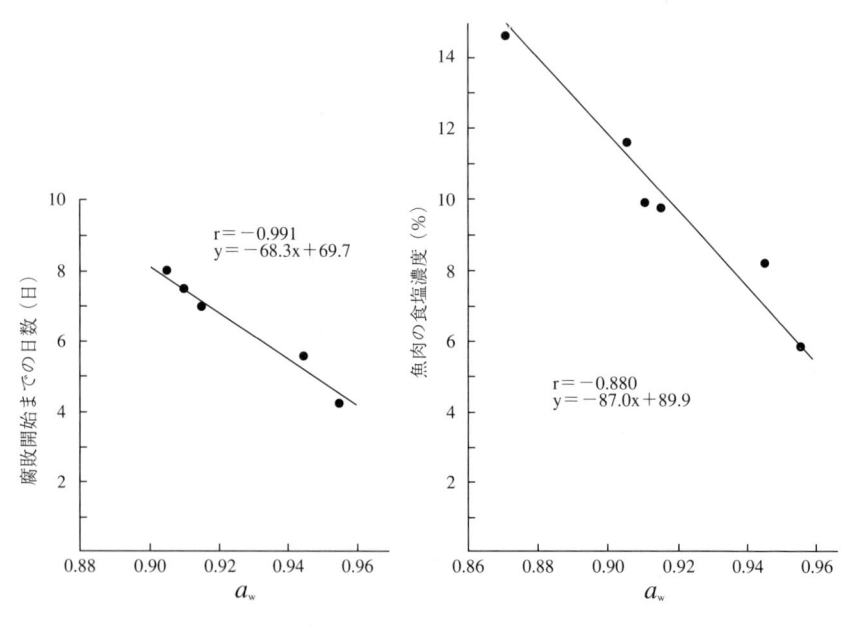

図 6・4 25℃ に貯蔵した塩乾マイワシ肉の腐敗開始までの日数と a_w との関係
腐敗開始までの日数：VBN が 100 mg / 100 g 乾物に達するまでの日数
(小泉ら, 1985)

図 6・5 塩乾マイワシ肉の食塩濃度と a_w との関係
魚肉の食塩濃度 (%)：食塩含量／食塩含量＋水分×100

(小泉ら, 1985)

てみると，図6・5に示すようにこの場合にも両者の間に高い負の相関関係が認められた．これらの結果を総合すると，塩干しいわし肉の貯蔵性には水分と食塩含量で決まる食塩濃度が支配的要因として作用していることは明らかである．同時に，食塩には特別な静菌作用がないことも示唆している．

なお，魚肉からの水分の除去法は，塩蔵品と塩干し品では相違するが，食塩の防腐機構は両者とも同様に a_w 低下作用による腐敗細菌の増殖抑制にあることはいうまでもない．

6・3 塩蔵法

6・3・1 塩蔵法の種類

塩蔵法は，基本的には原料に固形の食塩を振り掛けて塩蔵する振り塩漬け（dry salting，または撒き塩漬け）と食塩水に浸漬する立塩漬け（bring salting）の2種類であるが，この外両者を組み合せた改良立塩漬け，仮漬けと本漬けに分けて漬け込む2回漬け，圧搾塩蔵法などが目的に応じて適宜使用される．

1) 振り塩漬け

丸のままか，または内臓を除去し，適当に調理した魚を簀の上に並べ，固形の食塩を振り掛け，食塩をよくまぶして漬け込む．塩蔵中，魚体に付着した食塩は，魚体表面の水に溶解し，飽和食塩水となって魚体表面を覆うようになる．この間，魚体は飽和食塩水によって脱水されると同時に魚肉中へ食塩が浸透していく．魚体表面が常に飽和食塩水に覆われた状態で保持されるよう，あらかじめ多量の食塩を用いて合塩をしておく（魚から浸出した水によって食塩濃度が希釈されるのを防ぐために補充する食塩を合塩という）．漬け込みは1回で終了する場合もあるが，固塩ものを製造する場合には古い食塩を取り除いてから漬け換えをする（長期の貯蔵用に十分な食塩で漬け込んだ水分の少ない製品を固塩ものという）．漬け換えを行った場合，初めの塩漬けを仮り漬け，後の塩漬けを本漬けということがある．振り塩漬けはサケ・マス類，タラ類，ブリ，サバなどの中〜大形魚類や海藻類の塩蔵に用いられることが多い．

振り塩漬けの長所は，①魚肉の脱水が効率的に進行する，②特別な施設や設備を要しないなどであるが，一方短所として，①食塩を均一に振り掛けることが困難なため，食塩の魚肉中への浸透が不均一になりやすい，②脱水が急激に起こるため，立塩漬けの場合より製品の外観が劣り，歩留りも悪い，③塩蔵中

に魚体が空気に直接触れるため,脂質が酸化して酸敗(oxidative rancidity),さらには油焼け(rusting of oil,第4章4・5・3,2)参照)を起こしやすい,などが挙げられる.

2) 立塩漬け

あらかじめ所定の濃度の食塩水を入れたコンクリート製のタンクやたるを準備し,その中に丸のままか,または内臓を除去し,適当に調理した魚を漬け込む.塩蔵中,適宜合塩をして食塩水の濃度を調整する.製品によっては,仮漬けと本漬けの2回漬けをすることがある.立塩漬けは,サケ・マス類,タラ類などの大形魚類,サバ,サンマ,イワシ類などの小〜中形魚類に広く適用される.

立塩漬けの長所は,①食塩が比較的均一に魚肉に浸透する,②塩蔵中に魚体が空気に触れることがないため,脂質が酸化しにくい,③過度の脱水が起こらないから,製品の外観や風味が良いことなどであるが,一方,短所として,①容器や設備に経費がかかる,②塩蔵中,魚体から浸出した水により魚体周囲の食塩水が希釈されるため,適当に合塩と攪拌を行わないと,食塩の浸透が停止し,塩蔵の初期に腐敗を起こしやすい,③比較的多量の食塩を要することなどが挙げられる.

3) 改良漬け

振り塩漬け,立塩漬けには,前述のようにそれぞれ塩蔵法として一長一短がある.そこで,両者を組み合わせることにより,お互いの短所を補うことができれば製品の品質改善に資するものと,考案されたのが改良漬けで,改良立塩漬けまたはタンク漬けとも呼ばれる.タンクやたるの中で振り塩漬けと同様に,調理した魚体に固形食塩をまぶし,合塩をしながら層状に積み重ね,最上部にやや多量の食塩(止塩)を振り掛け,落し蓋をし重石をして漬け込む.一昼夜もすると魚体から水が浸出し,周囲の食塩を溶かして飽和食塩水となり,魚体は次第に食塩水に覆われるようになり,立塩漬けの状態となる.温暖の季節には,塩蔵の効果を促進するために,飽和食塩水を塩蔵直後に注入することもある.

この塩蔵法の長所として,①魚体への食塩の浸透が比較的均一に進行する,②塩蔵の初期に腐敗を起こす虞が少ない,③脂質酸化が比較的軽微である,④製品の外観がよいことなどが挙げられ,立塩漬けと振り塩漬けの長所がよく反映されている.

4) 2回漬け

塩蔵魚を良好な状態でより長期間貯蔵するには，まず仮漬けにより魚体から浸出する腐敗しやすい成分を洗い流した後，改めて本漬けにする2回漬けが推奨される．2回漬けには仮漬け，本漬けを共に振り塩漬けにする場合，仮漬けは立塩漬け，本漬けは振り塩漬けにする場合，または仮漬け，本漬けを共に立塩漬けにするなどの組み合わせがある．原料魚の種類や状態などに応じて適当な組み合わせを選択する．

5) 圧搾塩蔵法

調理した魚を水が漏らない容器の中で振り塩漬けにし，これに飽和食塩水を注ぎ込み，5〜20日間程度漬け込む．次いで，塩漬けにした魚を別の容器の中で並べ，最上部の魚が容器より少し高くなるまで層状に積み重ねる．その上に仮蓋を載せ，圧搾機を用いて加圧する．最初の10時間は30分毎に，次の10時間は1時間毎に徐々に加圧を強めていく．その間に魚体から浸出する水は，容器の底部に設けられた穴から排出される．

この塩蔵法では，圧搾により強く脱水されるため，製品は塩味が比較的薄いが，保存性がよい．

6・3・2 塩蔵中における食塩の浸入

1) 食塩の浸入に影響する因子

魚肉を塩蔵すると，魚肉を構成する筋繊維内外の浸透圧に差が生じ，そのため脱水が起こると同時に食塩が魚肉内部へ侵入することはすでに述べた．浸透圧は，溶液の溶質濃度と絶対温度に比例することから，魚肉への食塩の浸入速度と最高浸入量は魚肉周辺の食塩水の濃度と絶対温度に比例する．しかし，食塩の浸入量は用塩量ばかりでなく，塩蔵法，塩蔵温度，原料魚の形態や成分組成，食塩の純度などの要因によっても影響を受けるので，塩蔵に際してはこれらの要因を考慮して用塩量を決める必要がある．

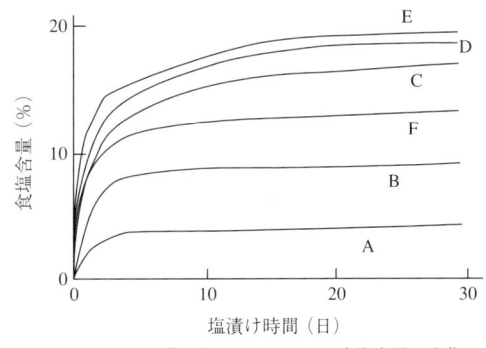

図6・6 ニシン肉の塩漬け中における食塩含量の変化
食塩水の濃度：A, 4.2%；B, 9.0%；C, 18.0%；D, 22.4%；E, 25.4%；F, 固体食塩　　(G.A. Reay, 1936)

塩蔵法の影響　　図6・6に

は，三枚におろしたニシンを0℃で立塩漬けと振り塩漬けにしたときの食塩含量の変化を示す．18.0%（曲線C）以上の食塩水で立塩漬けにすると，振り塩漬け（曲線F）の場合より，食塩の浸入速度は大きく，浸入量も多い．ただし，魚肉の塩蔵中には後述するように，水分も変化し，その変化の様相は塩蔵条件によって著しく異なる．それ故，貯蔵性の目安となる魚肉中の食塩濃度を知るためには，単に食塩含量だけでなく水分も併せて測定しておく必要がある．

用塩量の影響　薄井ら（1938）は，マイワシを10%〜飽和食塩液に漬け込み，25℃の冷蔵室に放置し，経時的に水分と食塩量を測定して，漬け込み液の食塩濃度が高いほど食塩の浸入速度も，最高浸入量も，また脱水量も大きいという結果を得ている（図6・7）．振り塩漬けにおける食塩の浸入量と用塩量

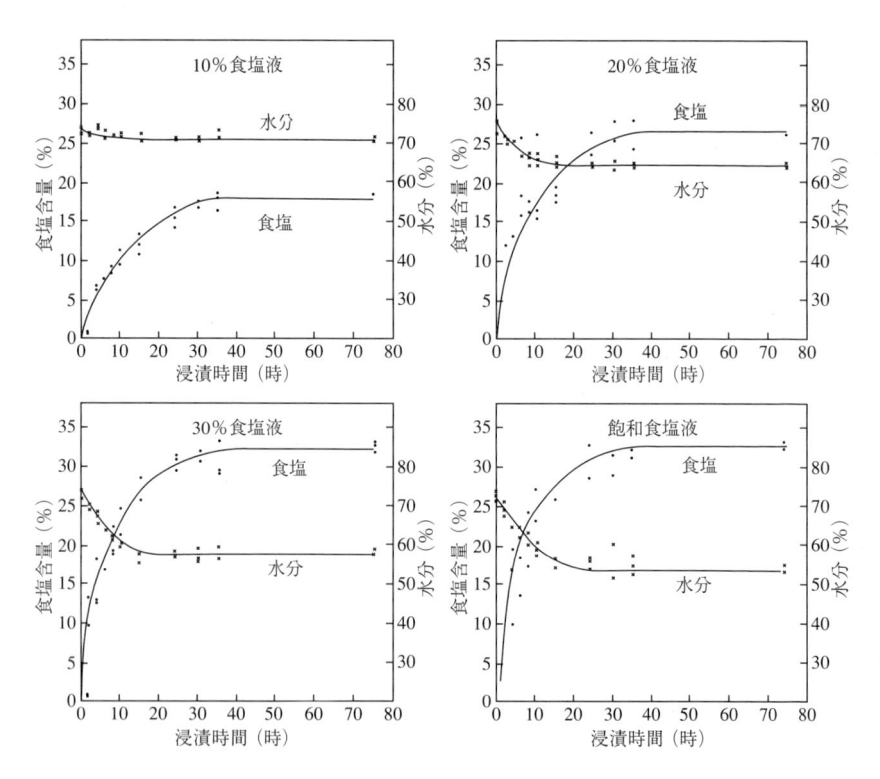

図6・7　25℃で種々の濃度の食塩液中に浸漬したマイワシ肉の食塩含量（無水物に対して）及び水分の変化

（薄井ら，1938）

との関係については，ソウダカツオで調べた研究例があり，立塩漬けの場合とほぼ同様に用塩量が多いほど浸入量が多い．なお，十分量の食塩水を用いて魚肉を長時間立塩漬けにしても，魚肉中の食塩濃度は漬け込み液の濃度には達しない．これは，魚肉に含まれている水の一部は，結合水として存在し，溶媒としての機能をもたないためと考えられている．

温度の影響　吉原・野村（1956）は，魚肉の塩蔵に際して魚肉の塩分，水分及び固形分の量的な変化に及ぼす用塩量，塩蔵時間及び塩蔵温度の影響について，$-3℃$及び$30℃$で調べている．その結果は，図$6·8$の三角座標に示すように，①塩分の浸入速度は高温（$30℃$）の方が速く，高温では約 3 時間，低温（$-3℃$）では約 10 時間（各曲線の極小点）で塩分の増加は停止し，これ以上塩漬け時間を延長しても固形分の減少と水分の増加が起こるだけである，②塩蔵温度が約 $30℃$ 高いと，その効果は食塩水の濃度として約 5％の差に相当

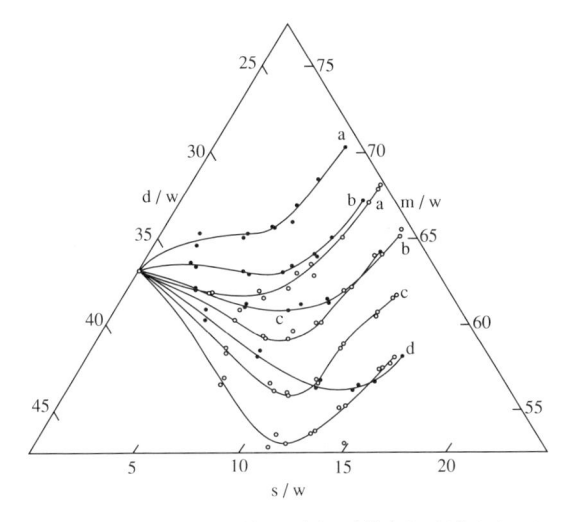

図$6·8$　$-3℃$及び$30℃$で種々の濃度の食塩水中に浸漬したメカジキ肉の塩分，水分及び固形分の変化
魚肉の全重量，W；水分，m；食塩量，S；固形分，d.

塩漬け温度	食塩水の初濃度（％）			
$30℃$, —○—	15.1	19.2	24.0	31.2
$-3℃$, —●—	10.1	15.2	20.1	30.1
図中の記号	a	b	c	d

（吉原・野村，1959）

する，と述べている．それ故，立塩漬けでは水分が増加に転ずる時間以上に塩漬けを行うことは効果的でない．

魚の形態及び成分の影響　一般に，皮下脂肪を蓄積する種類の魚は，丸のまま塩蔵すると，皮下脂肪層によって食塩の浸入が妨げられるので，脂肪含量の多いものほど食塩の浸入速度は小さくなる．weak fish（ニベの一種）について，表皮の有無が食塩の浸入に及ぼす影響を調べた結果では，表皮の有無の違いは，塩蔵の初期に強く現れるが，塩蔵時間の経過に伴って差異は見られなくなる．したがって，魚を塩蔵するとき内臓の除去，三枚おろしあるいは切り身にするなどの前処理を施すことにより，魚肉への食塩の浸入は促進されるものと思われる．

原料魚の鮮度と食塩の侵入との関係については，カジキ及びニシンで新鮮な魚の方が食塩の浸入速度が大きいことが知られているが，研究者の見解は必ずしも一致していない．

食塩中の不純物の影響　工業用塩に含まれる主な不純物は Ca，Mg の塩化物・硫酸塩・炭酸塩などである．不純物として $CaCl_2$ または $MgCl_2$ を添加した食塩を用いてニベ科の weak fish を振り塩漬けにして，食塩の浸入速度に及ぼす添加塩類の影響を調べた研究では，いずれも食塩の浸入を妨害することが明らかにされている．

2）魚肉の水分及び固形量の変化

魚を塩蔵すると，振り塩漬けでも，立塩漬けの場合でも食塩は魚肉中へ一方的に浸入して行くが，塩蔵後ある時間が経過すると，食塩の浸入は停止する．そのときの食塩の浸入量は，塩蔵法，用塩量，塩蔵温度，原料魚の形態などによって著しく相違する．一方，魚肉は食塩の浸透作用によって脱水され，水分は減少するが，塩蔵条件によっては必ずしも一方的に減少するわけではなく，水分が増加することがある．

振り塩漬けの場合には，魚肉からの脱水と魚肉への食塩の浸入が，同時にかつ一方的に進行し，塩蔵条件によっても異なるが，ある時間経過後には脱水も食塩の浸入もそれぞれ平衡状態に達する．普通に行われている振り塩漬けによる製品の場合には，平衡状態に達したときの魚肉の水分は 55〜60％程度である．

一方，立塩漬けの場合には振り塩漬けと異なり，魚肉の水分は食塩水の濃度，温度などによって塩蔵時間の経過とともに変化することがある．薄井ら（1938）

は，マイワシを10％～飽和食塩液に浸漬し，25℃の冷蔵室に放置して，水分量と食塩量の変化を調べている．その結果は，すでに示したように10％以上の食塩液では濃度が高いほど脱水が速く，脱水量も多い（図6・7）．この結果を食塩を含まない原料魚肉100 g当たりの水分に換算して増減量の変化を求めると，図6・9に示すようにかなり異なった結果が得られる．すなわち，10％食塩液を用いて立塩漬けにした魚肉では，水分は時間の経過に伴ってむしろ増加し，20及び30％の食塩液の場合には，漬け込み後10時間前後までは減少するが，その後やや増加した後にはほぼ一定になる．さらに，飽和食塩液の場合には水分は最初の約15時間まで一方的に減少した後ほぼその値を維持するようになる．このように，魚肉の水分の増減は，塩蔵用食塩水の濃度によって異なった様相を示すが，その原因については明らかにされていない．

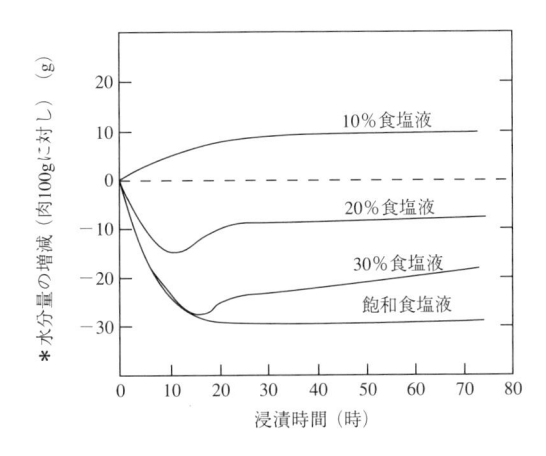

図6・9 25℃で種々の濃度の食塩液中に浸漬したマイワシ肉の水分量の増減
＊ 食塩を含まない原料魚肉100 g当たりの水分に換算した増減量．

（薄井ら，1938）

魚を立塩漬けにすると，前述のように水分が増減し，かつ食塩が浸入するため魚肉重量も増減する．薄井らは，前述のマイワシについて行った塩蔵実験のデータに基づいて，立塩漬け中に起こる魚肉の重量の変化について検討した．その結果を，塩漬け中の魚肉の重量とその重量の魚肉に相当する塩漬け前の魚肉の重量との差を，塩漬け前の魚肉100 g当たりに換算して示している（図6・10）．まず，10％食塩液の場合には，塩漬け前の魚肉100 gは75時間の塩漬け後には116 gに増加し，20％の食塩液では最初の10時間は減少するが，75時間後には105 gにまで増加する．30％及び飽和食塩液の場合には，最初の12～13時間までは，それぞれ減少して約87及び78 gになるが，その後増加して75時間後にはそれぞれ約96及び85 gとなる．この結果と前述の水分

の増減の結果（図6·9）とから，立塩漬けにおける魚肉重量の増減をもたらす支配的要因は，魚肉への水の出入りである，と述べている．

魚肉に含まれる水溶性・塩溶性成分は，その一部が塩蔵，特に立塩漬け中に溶出するので，固形分は減少するものと思われる．マグロの肉片を14.0～25.2％の食塩水に浸漬して，食塩を除いた固形分の時間経過に伴う変化を測定した結果によれば，食塩の濃度にほとんど関係なく，固形分は塩漬けの初期に急速に，その後の100時間までは緩慢に減少した．塩漬け100時間で，初めの固形分の約40％が溶出する（図6·11）．この減少は，主としてタンパク質が食塩溶液に溶解するためであろう（長谷川，1938）．吉原ら（1956）もメカジキ肉について，塩漬け中における水分，塩分及び固形分の変化を調べているが，その結果はすでに図6·8に示したとりである．

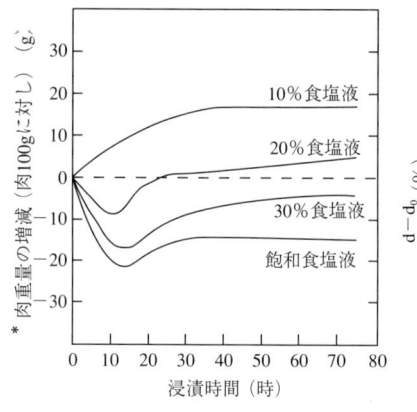

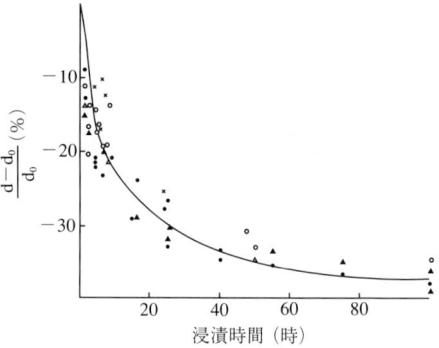

図6·10　25℃で種々の濃度の食塩液中に浸漬したマイワシ肉の重量の増減
　　　　＊ 塩漬け中の魚肉の重量とその重量の魚肉に相当する塩漬け前の魚肉の重量との差を，塩漬け前の魚肉100 g当たりに換算した値．
　　　　　　　　　　　　（薄井ら，1938）

図6·11　20～25℃で種々の濃度の食塩水に浸漬したホンマグロ小肉塊の食塩を除いた乾物重量の減少
　　　　使用した食塩水の濃度は14.0, 15.4, 17.6, 19.0, 21.6及び25.2％で，結果はすべて図中にプロットしてある．
　　　　d_0：塩漬け前の魚肉の乾物重量
　　　　d：塩漬け後の魚肉の食塩を除いた乾物重量
　　　　　　　　　　　　（長谷川，1938）

6・4 各種塩蔵品の製造

6・4・1 魚類塩蔵品
1）塩さけ・ます

原料に用いられる主なサケ・マス類はシロサケ（chum salmon），カラフトマス（pink salmon），マスノスケ（king salmon），ベニザケ（red salmon），ギンザケ（silver salmon）などである．最近では輸入されたノルウェー産大西洋サケやチリ産ギンザケも塩蔵品に加工される．塩さけ・ますは，主として北海道，東北地方で生産され，その生産量は全魚類塩蔵品のほぼ1/2を占めている．主として改良漬け塩蔵法及び新巻き塩蔵法により製造される．

改良漬け塩蔵法　腹部を切り開いて内臓及び鰓を除去し，腹こう内の脊椎骨に固着しているじん臓（メフンとも呼ばれる）に切れ目を入れ，洗浄タンク中でじん臓をかき取ると共に血液，汚物を洗い去る．水切り後，鰓と腹こう内に粉砕塩を振り，さらに合塩をしながら山積みにして塩蔵する．一定期間放置した後，魚の山を崩し，魚体に付着している余分の食塩を払い落として箱に詰める．用塩量は約30%で，歩留りは原料魚に対して約60%である．

新巻き塩蔵法　魚体の処理法は，改良漬け塩蔵法の場合と同様である．洗浄，水切り後，塩切り台上に魚を並べ，その上から粉砕塩を振り掛け，さらに魚を井桁状に重ねて並べ，振り塩をし，同様にして魚を高さ約1.5mまで積み上げる．用塩量は固塩のものでは9～10月ころで25～30%，11～12月で18～20%，甘塩の場合には15%程度である．塩漬け時間は製品の仕向け先によって異なり，普通24時間程度であるが，時には48時間の場合もある．塩漬け後，魚体を簡単に洗浄して余分の食塩を除き，尾部から頭部へ向かって食塩を擦り込むようにして合塩をする．また，眼窩及び腹こう内に食塩を詰め込み，腹部を上に向けて箱に詰める．

この外，魚を前述のように処理し，洗浄，水切り後，鰓と腹こう内に食塩を振り，直ちに魚箱に合塩をしながら詰め込む塩蔵法も行われる．この場合の用塩量は魚体重の約20%で，その12～15%を鰓の部分に，17～25%を腹こう内に，残りの60～70%を箱詰の際に用いる．特に，甘塩製品の場合には，用塩量は15%程度とし，箱詰後は直ちに冷蔵する．低温のため食塩の魚肉への浸透が悪く，肉の締りは新巻きざけ程よくない．

2）塩さば

塩さけ・ますに次いで生産量が多く，関西方面で消費量が多い．原料には鮮度のよいマサバ（chub mackerel）が用いられるが，最近では輸入されたノルウェー産のサバ（Atlantic mackerel）も使われている．魚の頭部の付け根付近から背骨に届くまで包丁を入れ，次いで頭部をつけたまま背開きにする．鰓及び内臓を除去し，希薄食塩水で洗浄する．水切り後，容器の中で振り塩漬けにし，軽く加圧して2～3日間塩蔵する．用塩量は原料魚の約15％とする．塩蔵後，6％程度の食塩を用いて，まず腹こう内に食塩を振り掛け，次いで背開きにしてある片身を元の丸の状態に戻して合塩をしながら別の容器に詰め替える．

なお，立塩漬けにより甘塩の製品を作る場合には，魚を同様に調理，水洗，水切り後，約20％の食塩水で1時間程度立塩漬けにする．水切り後，製品は直ちに冷蔵する．

3）塩いわし

原料には大羽イワシ*（Japanese sardine）が用いられる．魚を丸のまま洗浄し，20％程度の食塩水で立塩漬けにする．水切り後，5～7％の食塩を用いて合塩をしながら箱に詰める．振り塩漬けの場合には，丸の魚を希薄食塩水で洗浄し，むしろの上で少量の食塩と混ぜ，むしろを揺り動かして魚体に食塩をよくまぶす．次いで，少量の食塩を用いて合塩をしながら箱に詰める．

4）塩だら

新だらとも呼ばれ，原料にはマダラ（Pacific cod）が用いられる．乾製品を目的として塩蔵する場合には，背開きにするが，塩だらの場合には頭部を切り落とし，魚体を開かずに内臓をつぼ抜きにして除く．腹こう内を特によく洗浄し，血液，汚物を除去する．水切り後，腹こう内に多量の食塩を加え，魚体の表面には食塩を擦り込んで，箱詰にする．用塩量の目安は原料魚に対して，秋期には12～13％，冬期には7～8％，春期には15％程度である．

5）塩ほっけ

ホッケ（Atka mackerel）は，鮮度低下が速い魚であるから，丸のまま塩蔵することは避け，内臓を除去することが望ましい．一般に，有頭腹開きとするが，この際に鰓は必ず除去し，腹部は肛門の後部まで切り開いて内臓を取り除

---

* 体長が20 cm以上のイワシを大羽イワシ，15～18 cmのものを中羽イワシ，8～12 cmのものを小羽イワシと呼ぶ．

く．洗浄は食塩水中で行い，血液，汚物を洗い去ると共にじん臓をよくかき取って完全に除去する．水切り後，漬け込み用タンクの底に食塩を散布し，その中へ腹こう，頭部に食塩を擦り込んだ魚体を並べ，合塩をしながら積み重ねて漬け込む．最上部に比較的多量の止塩を散布し，落し蓋をする．1日放置後，重石を載せて加圧し，仮漬けをする．用塩量は魚体重量の20％程度とする．仮漬け3～4日目ころに，魚体をすだれの上で水切りした後，本漬けを行う．本漬けで用いる食塩の目安は，仮漬け・水切り後重量に対して，春～夏期は15％，秋～冬期は10％とする．本漬け後3～4日間で製品となるが，その後も蓋をし，重石を載せて貯蔵する．歩留りは45～50％である．

一塩ほっけ：小型のホッケは丸のまま塩蔵することが多いが，普通，頭部及び内臓を除去，または内臓を除去し，背開きにして塩蔵する．魚を食塩とよく混合し，箱に詰め，塩切り後，冷凍する．用塩量は10～15％である．

6）塩にしん

塩にしんは，ヨーロッパで生産量が多い．産地により製法は多少異なるが，多くの場合たるの中で振り塩漬けにより製造される．スコットランドは，製造設備が完備していることで有名である．オランダの塩にしんは，漁獲直後漁船上で加工されるのが特徴である．ロシアのポーチカは，たる漬けにして長時間熟成したものである．わが国では，塩にしんを粒にしん（または丸にしん）と呼び，以前には振り塩漬けで若干作られていたが，現在ニシン（Pacific herring）の漁獲量が少ないため，僅かしか作られていない．

一塩にしん　原料重量に対して10～15％の食塩を魚体に散布して十分に混合し，直ちに箱詰めにする．用塩量と保存期間との関係は，10％で7～8日間，15％で8～10日間，20％で17～20日間程度である．

固塩にしん　原料魚に対して20％の食塩を用いて7～8日間振り塩漬けによる仮漬けを行う．仮漬け中に魚体から浸出した液汁は常に排出されるようにしておく．次いで，10％の食塩で7～8日間本漬けした後，5％の食塩で合塩をしながら箱に詰める．アブラニシンは腐敗しやすい内臓を除去してから塩蔵する．固塩にしんの歩留まりは約65％である．なお，アブラニシンを原料とした振り塩漬けによる製品は，立塩漬けによる製品より脂質酸化による油焼けを起こしやすい（表6・4）．

7）その他の塩蔵品

塩蔵かたくちいわし（アンチョビー），塩くじら，塩さんま，塩くらげなど

がある.

塩蔵かたくちいわし　カタクチイワシ（Japanese anchovy）を長期間塩蔵し，熟成をしたものをアンチョビーと呼び，主として欧米で賞味されている．原料魚を希薄食塩水で洗浄した後，飽和食塩水に7～10時間浸漬する．次いで，頭部及び内臓を除去し，魚の重量の15％相当の食塩を用いてたるの中で振り塩漬けにし，たる一杯になるまで魚を詰め，落し蓋をし，重石を載せて加圧する．魚体から浸出した液汁を汲み取り，容積が減った分だけ同様に塩漬けにした魚をたるに一杯になるように詰める．たるに蓋をして密封し，小孔から飽和食塩水を注入してたる内部の空気を排除し，約1年間冷所に貯蔵して熟成をする．

塩くじら　クジラのいわゆる脂肪肉を振り塩漬けにしたものである．原料となる脂肪肉として皮，畝（腹部の脂肪肉），尾鰭などが用いられる．特に賞味されるのは尾鰭を原料とした製品である．尾鰭を細切りにして，冷水中で血液や汚物をよく洗い流す．水切り後，表面に食塩を擦り込んでおけに漬け込み，落し蓋をし，重石を載せて加圧する．そのまま約20日間放置した後，浸出した液汁を除去し，合塩をして本漬けをする．なお，塩蔵畝須（畝の脂肪層の下に赤肉が若干ついているものを畝須という．また，赤肉を須の子という．）は，クジラウネスベーコンの原料に使用されることがある．

塩くらげ　中華料理で賞味されるくらげはビゼンクラゲの塩蔵品である．まず，10時間程度冷水につけて表面の粘液を溶かし去り，さらに十分洗浄する．竹すの上で水切り後，5％の明ばんを混合した食塩を擦り付けて，たるに漬け込む．2～3日後，水洗し，再び5％の明ばんを加えた食塩を用いて，たるの中で本漬けにする．

6・4・2　魚卵塩蔵品

わが国で生産される魚卵塩蔵品の主なものはサケ・マス類，スケトウダラ（Alaska pollock）及びニシンの卵巣から作られるそれぞれすじこ・イクラ，たらこ（もみじ子）及びかずのこである．ロシア，ノルウェーにはチョウザメ（green sturgeon）の卵巣を塩漬けにしたキャビアが，特産品として珍重されている．

1）すじこ

サケ・マス類の新鮮な卵巣をそのまま塩蔵にしたものである．魚体から取り出した卵巣をかごに入れ，3～4％の食塩水で洗浄して血液，粘液，汚物などを

除く．血管内の血液は，特に丁寧に取り除く．血液が血管内に残存すると，製品は貯蔵中に黒褐色を呈するようになり，著しく外観を損ねる．竹すの上に並べて水切りした後，塩漬けをする．食塩が比較的均一に浸透した甘塩の製品は，主として立塩漬けにより製造される．漬け込みに用いる飽和食塩水は，煮沸して食塩をよく溶解，ろ過し，冷却して作ることが望ましい．この飽和食塩水に，原料卵巣の10％程度の食塩と50〜100 ppmの亜硝酸ナトリウムを添加する．亜硝酸ナトリウムを添加する理由は，血液中のヘモグロビン（hemoglobin, Hb）に作用して鮮明な赤色を呈するニトロソヘモグロビン（nitrosohemoglobin, HbNO）を生成し，製品の色調を安定した好ましい赤色に保持するためである．ただし，製品中に残存する亜硝酸ナトリウムの量は，法律により亜硝酸根（NO_2^-）として1 kg中0.005g（5 ppm）以下に規制されている．規制値を上回らないよう，十分注意する必要がある．洗浄し，水切りした卵巣は，亜硝酸ナトリウムを添加した飽和食塩水に浸漬し，20〜30分間時々攪拌して食塩を均一に浸透させる．塩漬け後，卵巣はかごまたはむしろの上に並べ，その上をポリエチレン紙などで覆って空気との接触をできるだけ断った状態で，30〜60分間水切りをする．次いで，少量の合塩とともにたるに漬け込み，ポリエチレン紙で包んで空気との接触を避けて，7日間程度熟成をした後たるまたは箱に詰めて冷蔵する．生卵巣に対する歩留りは約93％である．

2）イクラ

サケ・マス類の卵巣から卵粒を分離して，立塩漬けにした甘塩の製品である．イクラは，原料とする卵巣の鮮度が品質に強く影響するので，普通漁獲後6時間以内の魚の卵巣のみが用いられる．魚体から採取した卵巣は，希薄食塩水中で速やかに血塊，汚物を洗い去り，むしろの上で水切りをする．次いで，魚卵分離器を用いて卵粒を傷めないように1粒ずつに分離する．飽和食塩水に卵粒をいれ，卵粒が適当な食塩濃度になるまで攪拌する．普通，15分程度を要するが，使用する原料卵により若干異なる．浸漬後，卵粒を目かごなどで手早くすくい上げ，2〜4時間水切り後，台の上で異物を丁寧に取り除き，たるまたは箱に詰めて冷蔵する．

3）たらこ

スケトウダラの卵巣を塩蔵したものである．卵巣の鮮度は，製品の品質に著しく影響するので，できるだけ新鮮な卵巣を用いる．鮮度が低下した卵巣は，胆のうや内臓から浸出した胆汁や自己消化酵素を含む浸出液によって，一部が

濃緑色に着色したり，自己消化により卵のう膜が弱くなり，破れやすくなる．魚体から取り出した卵巣は，大，中，小，水子，未熟卵などに選別してかごに入れ，希薄食塩水（Bé 4°）中で血液，汚物を除く．洗浄用の食塩水は，時々交換して常に清浄な状態を保つようにする．十分に水切りした後，おけの中で塩漬けを行う．塩蔵法には，振り塩漬け，立塩漬け及び半立塩漬けとがある．振り塩漬けは，あらかじめ赤色系色素を混合した食塩で漬け込む方法，立塩漬けは色素を溶解した食塩水に漬け込む方法，また半立塩漬けは卵巣に食塩を振り掛ける際に，同時に色素液を少量ずつ散布する方法である．一般に，成子には半立塩漬けが，水子卵には脱水のよい振り塩漬けが行われる．上質の食塩を使用し，成子では食塩15〜18％，塩漬け5〜6時間，水子では食塩2％，塩漬け8〜10時間が標準である．

魚体から取り出した卵巣は白色から赤橙色を呈し，一腹ごとに色調が著しく異なる．これは，卵巣に含まれているカロテノイド（carotenoid）系の色素であるアスタキサンチン（astaxanthin）の量が違うためである．そこで，製品の色調が均一に見えるよう，赤色系の人工着色料や天然色素が使用される．また，卵巣には毛細血管が比較的密に分布していて，その毛細血管の中には血液が残存している．血液中のヘモグロビンが酸化すると，たらこの色調は黒みを帯びてくる．この変色を防止するため，すじこの場合と同様に亜硝酸ナトリウムを亜硝酸根（NO_2^-）として製品1 kg当たり0.005 g（5 ppm）以下の使用が許可されている．亜硝酸ナトリウムは，塩漬けの際に食塩に混合するか，食塩水に溶かして使用する．5 ppmを上回らないよう十分に注意をする．

4）塩かずのこ

原料には，産卵期の生鮮ニシンの卵巣が最良であるが，近年北海道周辺海域における春ニシンの資源が激減しているため，カナダ，米国（アラスカ）産の冷凍ニシンの卵巣が用いられる．現地で加工された塩かずのこの輸入も増加している．

ニシンの腹部を開き，卵巣に傷を付けないように丁寧に取り出す．卵巣は血液で赤色を呈しているので，Bé3°〜4°の希薄食塩水中で1〜2日間血抜きをし，十分に洗浄する．少しでも血液が残存すると，その後，酸化して褐色を呈するため，製品の色調を損ねる原因になる．次いで，卵を固化するため，飽和食塩水中で2日間程度塩漬けする．水切り後，選別し箱に詰めて冷凍貯蔵する．

かずのこの色は，カロテノイド系色素ルテイン（lutein）による奇麗な黄色

が最良とされるが，冷凍ニシンの卵巣は血抜きが困難なため，残存する血液が褐変し奇麗な黄色にはならないことが多い．このような場合，過酸化水素を用いて漂白処理が行われることがあるが，食品・食品添加物等規格基準で最終製品の完成前に過酸化水素を完全に分解または除去することとされている．過酸化水素の使用には十分注意する必要がある．

6・4・3 海藻塩蔵品

ワカメ（sea mustard）の生塩蔵品及びボイル塩蔵品と1年コンブの塩蔵品がある．

1）生わかめ塩蔵品

塩蔵わかめが商業的に生産されるようになったのは，1965年ころからである．生ワカメに50％程度の粉砕塩を混合して15時間以上塩蔵し，水切り後茎を切り取って除く．次いで，薄い葉体に約5％の並塩を混合し，水分を50％程度に調整して袋詰にする．歩留りは約50％，葉体は緑色を呈し，使用時には水中に漬けて塩出しをする．

2）ボイル塩蔵わかめ

1970年ころから北海道，東北地方で生産されるようになった．ボイル工程で，ワカメは鮮明な緑色を呈するようになるため，生わかめ塩蔵品より商品価値が高い．生ワカメを海水または4～5％の食塩水中，85℃～100℃で加熱し，ワカメの茎が緑変したとき（加熱時間にして30～60秒），手早く釜から取り出す．直ちに容器の中で真水または海水を流して十分冷却する．冷却が不足すると，保管中に変色して商品価値を損なう．タンクの中へワカメを入れ，原料の30～50％の粉砕塩を加えて十分塩もみを行い，別のタンクへ移して約24時間塩漬けをする．約30 kgずつ網袋に入れ，網袋を2段に積み重ねて約48時間脱水した後，茎を切り取って除去する．選別後，5％の食塩を混合し，15 kgずつビニール袋に詰めて箱に入れ，5～15℃に保管する．製品歩留りは37～40％，小袋詰めとして周年に亘って出荷される．茎は調味漬物や佃煮などに利用される．

3）塩蔵こんぶ

マコンブ（Japanese sea tangle）の1年もの及び間引きもの，ホソメコンブの利用法として1970年から製造が開始された．ボイル塩蔵わかめとほぼ同様に，85℃～100℃で30～60秒間加熱して葉体が緑変したら，釜から揚げる．流水中で冷却，水切り後，タンクの中でコンブの30％の粉砕塩を加え，混合

して2日間程度塩漬けをする．水切り後，形を整えて折りたたむか，長さ6〜7cm，幅2〜3mmに細切りにして包装する．

6・5　貯蔵中の品質劣化

　魚類塩蔵品は，適切な条件下で加工しかつ貯蔵しないと，腐敗はもとより脂質の酸敗及び油焼け，自己消化による肉質の軟化，カビの発生などによる品質低下を招き，商品価値を著しく損なう．

6・5・1　微生物による劣化

1）腐　敗

　塩蔵品のうち，固塩品は常温でもほとんど腐敗を起こすことはないが，甘塩品は常温では腐敗する虞がある．近年，市場に流通している塩蔵品は，表6・1に示したように，甘塩品が多いので低温流通が必要である．一方，用塩量が35％以上で，15日間程度塩蔵したものは，ほとんど腐敗することはない．また，食塩含量が20％以上で，魚肉の食塩濃度が飽和状態に達しているような製品も，1ヶ月以上の保存が可能である．仮漬けと本漬けに分けて塩漬けをする2回漬けの固塩品は，魚肉が強く脱水されているので，15〜16％程度の食塩含量でも魚肉の食塩濃度はかなり高くなり，貯蔵性は特によい．一例として，

表6・3　ホッケ施塩量と貯蔵中の成分変化

施塩量	成　分	日　数			
		2	7	14	28
10%	水分%	69.6	70.2	68.0	64.4
	塩分%	4.4	6.1	7.6	8.9
	V.B-N mg%		25.6	29.7	46.7
15%	水分%	66.5	63.5	62.4	61.4
	塩分%	5.7	9.3	9.6	9.7
	V.B-N mg%		20.9	27.4	60.9
20%	水分%	65.6	56.0	54.6	55.6
	塩分%	7.4	11.5	12.9	13.7
	V.B-N mg%		16.6	15.9	20.7

（田元，1980）

一塩ほっけの施塩量と貯蔵中の成分変化を表 6·3 に示す．施塩量が 10 及び 15％の製品は，20％の製品より高水分で低塩分のため，品質低下が速いことは VBN の上昇傾向から明らかである．

2） カビの発生

一般に，カビの発育可能な a_w の下限値は腐敗細菌より低いため，腐敗細菌が発育できないような低い a_w の塩蔵品にもカビが発生することがある．カビの多くは好気性であるから，空気が直接触れやすい塩蔵品の表面に発生することが多い．カビが発生すると，カビが生産する色素により白，黒，紫，赤褐色のはん点が形成される上，時には異臭を伴うこともあるので，著しく商品価値を損なう．カビの発生は，用塩量を多くして脱水率を高めると共に食塩をよく浸透させることによって，製品の a_w をカビの発育可能な a_w の下限値以下になるように調整するか，あるいは真空包装して空気との接触を避け，低温貯蔵することによりある程度防止することができる．

3） 赤　変

塩蔵魚は，貯蔵中夏季の高温多湿の時期に赤変することがある．この原因は，天日製塩に含まれている赤色の好塩細菌（*Sarcina* 属，*Serratia* 属）が繁殖するためである．この種の赤変は，かつて塩蔵さけ・ます，塩蔵たらなどで多発したことがあり，特に塩蔵たらの被害は大きかったといわれている．しかし，近年塩蔵用食塩の品質が著しく改善され，この種の赤変はほとんど見られなくなった．

6·5·2　自己消化

魚類の塩蔵中，魚肉タンパク質は肉組織に含まれている酵素系により加水分解を受けて減少し，分解生産物である遊離アミノ酸が増加する．この魚肉タンパク質の加水分解は，自己消化によるものと考えられている．自己消化作用は，共存する食塩の影響を受け，濃度が高くなると抑制されるが，食塩が飽和状態に達しても停止することはない．その作用は，ある温度までは高いほど強く起こる．また，魚種により相違が見られ，一般に白身魚より赤身魚で自己消化は起こりやすい．同一魚種の場合には，内臓を除去した魚体より丸の魚のほうが自己消化は速い．これは，魚類の内臓にもタンパク質を分解する酵素が含まれているためである．内蔵を含む塩蔵品は気温の高い季節に常温で貯蔵しておくと，内臓が消化して溶解することがあるので，低温貯蔵が必要である．永田（1935）がニシンを用いて行った自己消化に関する研究例を示すと，次のよう

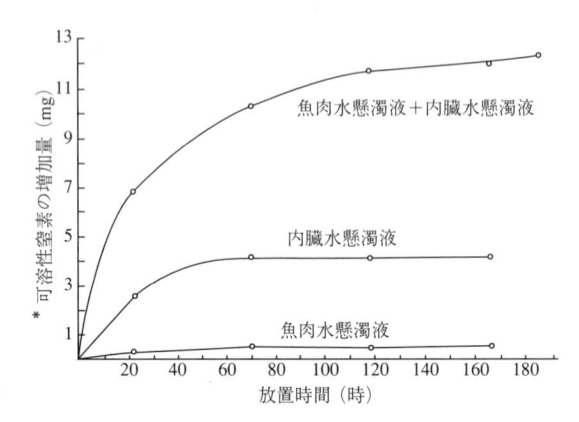

図6·12 30℃におけるニシン肉タンパク質の分解に及ぼすニシン内臓酵素の影響
* 供試魚肉水縣濁液，内臓水縣濁液及び魚肉水縣濁液＋内臓水縣濁液の放置開始時の可溶性窒素はそれぞれ 9.57，40.25 及び 12.90 mg/15 ml 供試液で，これを基点0として増加量を求め表示. （永田，1935）

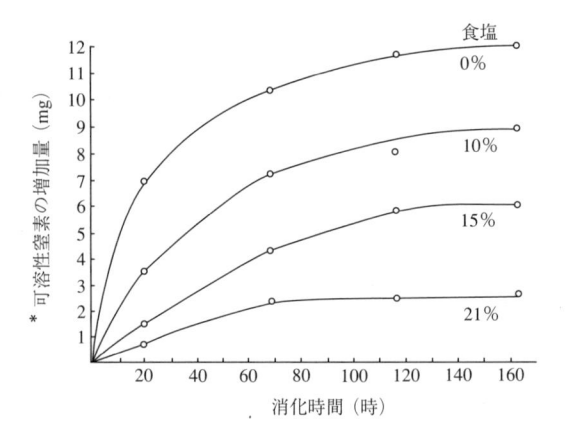

図6·13 30℃におけるニシン肉タンパク質のニシン内臓酵素による分解に及ぼす食塩の影響
* 供試魚肉水縣濁液＋内臓水縣濁液の消化開始前の可溶性窒素は 12.83mg/15 ml 供試液で，これを基点0として増加量を求め表示. （永田，1935）

である．ニシン背肉の水懸濁液にトルオールとクロロフォルムを加えて防腐し，ニシン内臓（生殖巣を除いたもの）の水懸濁液を加えて30℃に放置し，増加する可溶性N量を測定して，図6·12に示すような結果を得ている．まず，①肉の水懸濁液のみの場合には，可溶性N量の増加は少なく，70時間後には増加は停止する，②内臓の水懸濁液のみの場合には，可溶性N量の増加は大きくなるが，70時間後にはその増加は停止する．しかしながら，③肉の水懸濁液に内臓の水懸濁液を加えたものでは，可溶性Nの増加は著しく，魚肉タンパク質の内臓酵素による分解が顕著に起こる．また，肉の水懸濁液に内臓の水懸濁液を加え，さらに種々の量の食塩を添加して30℃に放置し，可溶性Nの増加量を調べた結果では，図

6·13に示すように，ニシン内臓のタンパク質分解酵素は食塩15%，21%の高濃度でも作用すること及びその作用は食塩濃度が高くなる程弱くなることを明らかにしている．

6·5·3 脂質の酸化

一般に，魚類の脂質は高度不飽和脂肪酸（highly unsaturated fatty acid）を比較的多量に含むため，自動酸化を起こしやすい．特に，脂質酸化を促進することが知られている食塩を多量に含む塩蔵品の場合には，脂質酸化に伴う品質低下が問題となる．塩蔵処理及びその後の貯蔵中に脂質が酸化分解して，低級脂肪酸やカルボニル化合物が生成すると，塩蔵品は不快な刺激臭や渋みを帯びるようになる．この現象を酸敗という．さらに，生成したカルボニル化合物に揮発性塩基のような窒素化合物が作用すると，褐色色素が生成し製品は褐変する．この現象は油焼けと呼ばれている．一般に，塩蔵魚の褐変が腹部で起きやすいのは，背肉より腹肉に脂質が多く含まれているためである．

塩蔵法と脂質酸化との関係を調べた研究によれば，立塩漬けによる塩蔵品より，魚体が長時間空気に接触する振り塩漬けによる製品で，脂質酸化が起こりやすい．その一例として，アブラニシンの用塩量と貯蔵性について調べた結果を表6·4に示す．用塩量が多くなるに伴って，貯蔵性もよくなること，振り塩漬けに比べて立塩漬けによる製品は貯蔵性がよいことなどが分かる．特に，官能検査の結果では，振り塩漬けの製品は立塩漬の製品より油焼けの点で品質が劣ることは明らかである．

塩蔵品の酸敗や油焼けを防止するためには，脂質の酸化を抑制することが必要である．そのため，塩蔵処理に際してジブチルヒドロキシトルエン（dibutylhydroxytoluene，BHT），$dl\text{-}\alpha\text{-}$トコフェロール（$dl\text{-}\alpha\text{-tocopherol}$），天然抽出物などが酸化防止剤として使用されることがある．

6·5·4 貯蔵性と用塩量

塩蔵処理に際して用塩量が多いほど，食塩の魚体への浸透速度は大きく，浸透量は多く，また魚体からの脱水量も多い．その結果，魚肉の食塩濃度が高まるため，a_w が低下して貯蔵性は向上する．一方，用塩量が少ないと，食塩の浸透が遅く，浸透量も脱水量も少ないため，魚肉の a_w は余り低下しないので製品の貯蔵性は乏しい．魚肉の食塩濃度が15%以上であれば，a_w はかなり低下するので，製品は容易に腐敗を起こす虞はない．一般に，貯蔵温度が15℃前後の場合には，貯蔵可能な期間は用塩量10%で約7日間，15%で10日間，

表6・4 アブラニシンの用塩量とその品質

	施塩量%	塩蔵日数	3	5	7	9	12	14	21	28	35
たて塩漬(樽漬)	25	水分 (%)	60.93	55.22	52.74	50.59	50.71	49.58	49.80	48.35	47.66
		塩分 (%)	6.67	10.71	11.72	13.61	13.73	15.93	17.16	16.85	17.20
		V.B-N (mg%)	22.04	20.70	23.90	20.50	28.52	28.27	23.49	22.61	29.10
		S.P-N (%)	1.080	1.107	1.111	1.114	1.090	1.131	1.080	1.060	1.158
		官能検査						正常	正常	正常	正常
	20	水分 (%)	62.77	56.18	55.60	53.86	53.73	53.17	49.15	47.72	47.99
		塩分 (%)	6.55	10.96	10.96	12.09	12.35	13.06	15.91	16.22	16.94
		V.B-N (mg%)	20.50	21.32	23.79	21.01	26.95	24.95	25.60	27.01	26.36
		S.P-N (%)	1.036	1.080	1.073	1.026	1.063	1.090	1.090	1.090	1.171
		官能検査						正常	正常	正常	正常
	15	水分 (%)	60.10	55.97	57.40	58.08	55.97	55.20	51.44	51.21	51.10
		塩分 (%)	7.81	11.59	10.58	12.09	12.22	12.10	15.37	14.96	14.65
		V.B-N (mg%)	21.01	19.57	25.54	25.75	32.97	39.83	44.18	44.82	54.76
		S.P-N (%)	1.114	1.080	1.114	1.097	1.087	1.104	1.136	1.089	1.178
		官能検査				微青草臭	かなり青草臭	微異臭	臭気消失		若干腐敗臭
	10	水分 (%)	60.15	58.47	58.54	59.20	58.76	60.51	55.25	55.81	
		塩分 (%)	5.54	6.67	7.75	8.94	8.44	9.49	13.54	13.04	
		V.B-N (mg%)	20.19	21.73	28.63	37.18	61.19	86.48	88.35	90.04	
		S.P-N (%)	1.046	1.046	1.080	1.046	1.131	1.148	1.209	1.239	
		官能検査			微青草臭	かなり青草臭	むれ臭及び青草臭	腐敗臭	微異臭味不良	味不良微腐敗臭	
撒塩漬	25	水分 (%)	59.24	53.94	48.58	50.96	50.12	47.79	48.33	47.40	49.77
		塩分 (%)	6.67	8.81	11.08	11.97	13.10	14.78	14.02	15.43	15.08
		V.B-N (mg%)	19.57	24.41	24.31	26.27	27.93	40.02	29.12	31.64	37.99
		S.P-N (%)	1.013	1.073	1.111	1.148	1.215	1.144	1.193	1.198	1.222
		官能検査						微油焼	微油焼	油焼	油焼
	20	水分 (%)	60.83	56.08	52.94	52.29	51.14	52.20	50.29	49.08	46.48
		塩分 (%)	6.29	8.57	10.45	11.72	13.23	13.76	12.91	12.91	13.27
		V.B-N (mg%)	19.98	25.13	28.02	27.50	29.91	38.64	36.36	41.78	47.05
		S.P-N (%)	1.036	1.073	1.100	1.138	1.199	—	1.283	1.317	1.354
		官能検査						微油焼	微油焼	油焼	油焼
	15	水分 (%)	64.45	61.23	60.00	60.31	57.83	58.37			
		塩分 (%)	4.91	6.55	7.43	7.43	9.07	9.94			
		V.B-N (mg%)	19.36	27.19	25.03	32.03	39.68	54.78			
		S.P-N (%)	1.030	1.077	1.034	1.087	1.182	1.350			
		官能検査				微むれ臭	若干むれ臭	微腐敗臭			
	10	水分 (%)	62.94	62.85	62.07	64.37	60.76	61.00			
		塩分 (%)	3.53	4.66	5.29	5.29	6.05	7.20			
		V.B-N (mg%)	19.57	27.30	29.87	46.35	62.38	93.69			
		S.P-N (%)	0.979	1.043	1.013	1.114	1.182	1.293			
		官能検査				むれ臭	若干腐敗臭	かなり腐敗臭			

(田元, 1980)

20%で20日間程度である．タラ，スケトウダラなどの脂質含量の低い魚種では，塩蔵中食塩の浸透が比較的速く，用塩量が20%以上の場合には，5～6日間の塩蔵処理で浸透量は15%以上に達する．しかし，脂質含量の高いサンマ，ホッケ，ニシンのような魚種では，食塩の浸透が遅く，同じように20%以上の用塩量で塩蔵しても，食塩の浸透量が15%になるまでに25～30日間を要する．脂質含量の高い魚種の場合には，魚体の食塩含量ができるだけ速く15%以上になるように，用塩量を多くするか，低温で塩蔵して塩蔵の初期に腐敗を起こさないようにする．鰓や内蔵を含む魚は，自己消化が速く腐敗しやすいので，用塩量を多くすると共に，塩蔵処理は低温室で行うことが望ましい．

〈小泉千秋・大島敏明〉

引用文献

Fougère, H.（1952）：*J. Fish. Res. Bd. Can.*, **9**, 388-392.
長谷川 漸成（1938）：日水誌，**7**，339-342.
科学技術庁資源調査会編（2000）：五訂日本食品標準成分表．
木俣正夫（1949）：食品保蔵学，朝倉書店，296-300.
小泉千秋・大島敏明・和田 俊（1985）：日水誌，**51**，87-90.
永田米作（1935）：日水誌，**4**，21-23.
Reay, G. A.（1936）：*J. Soc. Chem. Ind.*, **55**, 309T.
清水 亘・千原 到（1954）：日水誌，**20**，30-32.
田元 馨（1980）：水産加工技術（太田 冬雄編），恒星社厚生閣，228-235.
薄井与兵衛・助川輝武・周 国慶（1938）：日水誌，**6**，151-153.
吉原友吉・野村義雄（1959）：日水誌，**22**，429-432.

参考資料

日本水産学会編（2001）：水産学用語辞典，恒星社厚生閣．
野中順三九・橋本芳郎・高橋豊雄・須山三千三（1965）：水産食品学，恒星社厚生閣．
野中順三九・小泉千秋・大島敏明（2000）：食品保蔵学，恒星社厚生閣．
太田冬雄編（1980）：水産加工技術，恒星社厚生閣．
清水 亘（1958）：水産利用学，金原出版．
谷川英一（1954）：水産製造学，紀元社出版．

第7章 缶詰，瓶詰及びレトルト食品

 食品を缶，瓶内に密封して外界から遮断し，食品に付着している微生物を加熱殺菌することによって食品に半永久的な貯蔵性を付加した製品が缶詰，瓶詰である．缶，瓶容器に食品を入れて密封しただけのものは缶入り，瓶入りであり，缶詰，瓶詰とは異なる．プラスチック製容器を用いるレトルト食品も缶詰，瓶詰の仲間であり，これらを食品衛生法では「容器包装詰加圧加熱殺菌食品」として定めている．

7・1 密封加熱食品の歴史

 缶詰はフランス人 ニコラ・アペール（Nicolas Appert, 1749～1841）が最初に考案したとされている．当時フランスでは，皇帝ナポレオンがヨーロッパ各地に戦線を拡大していた．このころの軍用食糧はほとんどが乾製品，塩蔵品，燻製品で，新鮮食品が不足していたため，ナポレオンは新しい保存食品を懸賞金付きで募集した．アペールは食品をガラス瓶の中に入れてからコルク栓を載せ，加熱・脱気後，密封して瓶詰を作った．1809年，この新食品保存法の考案によりナポレオンから12,000フランの賞金が与えられた．このように，アペールが容器として用いたのはガラス瓶であった．1810年に金属製の缶を初めて考案したのはイギリス人 ピーター・デュランである．しかし，このような方法で食品がなぜ長期保存できるかは当時わかっておらず，アペールの発明から約60年後フランスの細菌学者ルイ・パスツールによる証明を待たねばならなかった．
 アペールやデュランによって開発された瓶詰，缶詰は瞬く間に周辺国に伝えられ，1821年アメリカに渡って大きく開花した．特に，缶詰産業は戦争のたびに大きく発達し，アメリカの缶詰産業を最初に発展させたのは1861年に始まった南北戦争であった．優れた保存食品である缶詰は軍隊になくてはならない食糧となり，第一次世界大戦では48億缶に及ぶ缶詰がアメリカからヨーロッパに送られた．さらに第一次世界大戦を上回る規模の第二次世界大戦では，

連合軍の食糧の 2/3 が缶詰であったという．

　日本で最初に缶詰を作ったのは松田雅典で，1871 年のことである．松田は当時長崎にあった外国語学校広運館の司長で，フランス人教師からいわし油漬缶詰の製法を学んで試作した．まもなく 1877 年には，わが国最初の缶詰工場である北海道開拓使石狩缶詰所が設置され，さけ缶詰が製造された．

　レトルト食品は，1950 年代後半にアメリカ陸軍の研究所で，軍用食のために新しいプラスチック容器が開発されたことに始まる．食品衛生上安全なプラスチックフィルムを重層することで，単一の素材では得られない耐熱性，密封性，ガスバリア性を有するレトルトパウチが開発された．アメリカでは活発な商業生産に結びつかなかったが，わが国では 1969 年に世界で初めてレトルトカレーの本格的な生産が開始され，現在では世界最大のレトルト食品生産国となっている．

7・2　密封加熱による貯蔵原理

7・2・1　密封加熱食品の変敗と微生物

　加熱殺菌した密封食品でも，殺菌加熱が不十分な場合や容器の密封が不完全な場合には，生き残った微生物や殺菌後容器内に進入した微生物により腐敗を起こす．殺菌不足により腐敗した密封加熱食品では，食品の pH，水分活性（water activity, a_w，第 4 章 4・2・2 参照）や加熱温度・時間などから，腐敗をもたらした微生物の種類を予測できることが多い．

1）pH

　通常，微生物の増殖は pH 7.0 付近の中性域において活発で，酸性あるいはアルカリ性域では不活発となる．ほとんどの食品は pH 3.5〜7.0 で，やや酸性である．図 7・1 には，主な微生物の発育可能 pH 域と主要な密封加熱食品のおおよその pH を示す．カビ，酵母，乳酸菌などは耐熱性は低いが，広範囲の pH 域で増殖できるため，あらゆる食品を変敗させる．これに対し，細菌芽胞は耐熱性に富むが，発育できる pH 域は限られている．

　食中毒菌の中ではボツリヌス菌（*Clostridium botulinum*）は芽胞の耐熱性が高く，密封加熱食品の食中毒原因菌として特に重要である．本菌芽胞が pH 4.5 以下の酸性食品では発育できないため，食品衛生の立場から pH 4.5 より低い食品は酸性食品（acid food），高い食品は低酸性食品（low acid food）

と呼んで区別される．低酸性食品では，特にボツリヌス菌の発育と毒素産生を確実に阻止する必要がある．食品をpHにより4群に分類した場合の各食品群と，これらの主要変敗原因微生物，さらに実際に採用されている殺菌温度の範囲との関連を表7・1にまとめて示す．ボツリヌス菌の芽胞が発育できないpH 4.5以下の酸性食品では，酵母，カビなどが殺滅する程度の加熱殺菌を行えばよい．

微生物の発育範囲

―――――― カビ・酵母・乳酸菌 ――――――

←―――――― 細菌芽胞 ――――――

←―――――― 病原性食中毒細菌（ボツリヌス菌）――――――

pH   3.0   3.7   4.0   4.5   5.0   6.0   7.0   8.0

食品の種類：ピックルス、果汁、リンゴシロップ、ミカンシロップみつ豆、フルーツシロップ漬、モモシロップ漬、トマトジュース、ミートソース、フキ・タケノコ、マッシュルーム、アスパラガス、さんま味付、赤貝味付、魚類スープ類、カレー類、コンビーフ、カニ、魚類水煮、コンニャク

図7・1　微生物の発育可能pHと食品のpH　　　　　　　　　（松田，1974）

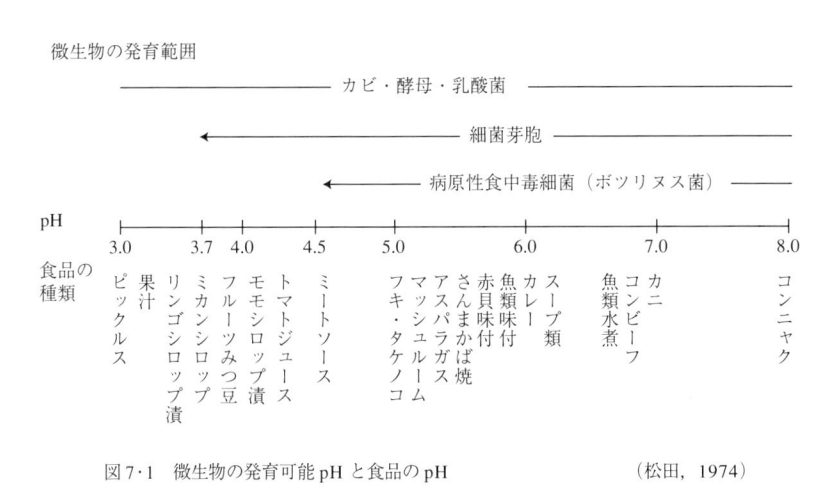

表7・1　缶詰食品のpHによる分類と加熱殺菌温度ならびに主な変敗原因微生物

食品群	pH	加熱殺菌温度（℃）	C. botulinum (A, B)	C. sporogenes	C. thermosaccharolyticum	C. pasteurianum	B. stearothermophilus	B. coagulans	B. subtilis	B. licheniformis	無芽胞細菌，カビ，酵母
非酸性食品	>5.0	>110	+	+	+	+	+	+	+	+	+
中(弱)酸性食品	4.5〜5.0	>105（100）*	+	+	+	+	−	+	+	+	+
酸性食品	3.7〜4.5	90〜100	−	−	±	+	−	±	?	?	+
高酸性食品	<3.7	75〜80	−	−	−	−	−	−	−	−	+

＋：変敗原因になる，−：変敗原因にならない，±：変敗原因になるとの報告がある，
？：不明，＊：瓶詰，透明プラスチックフィルム袋詰で湯殺菌する場合が多い．

（松田，1975）

2) 水分活性

微生物をとりまく環境中の水分量もそれらの増殖に大きな影響を及ぼす．すなわち，食品の水分量を減らしていくと微生物の活動は不活発となり，いずれは発育できなくなる．乾燥食品を腐敗せずに保存できるのはこのためである．

通常の微生物の増殖可能な a_w 域と代表的な食品の a_w を図 7・2 に示す．ボツリヌス菌が発育できる a_w の下限値が 0.94 であること，他のほとんどの細菌芽胞のそれは 0.91 であることから，a_w 0.91 以下の食品の殺菌はカビや酵母を殺滅する比較的温和な加熱条件で行えばよい．例えば，a_w が低いのり佃煮などの瓶詰は 100℃以下で殺菌する．しかし，pH 4.6 以上，a_w 0.85 以上の低酸性食品では，ボツリヌス菌芽胞の殺滅と商業的無菌を達成する殺菌処理（商業的殺菌）が要求される．ここで a_w を 0.85 以上としているのは，a_w の測定誤差を ±0.05 程度見込んでいるためである．

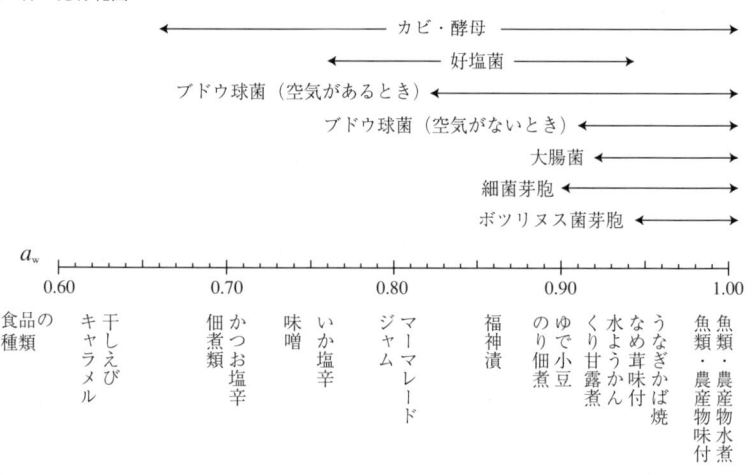

図 7・2 微生物の発育可能水分活性域と食品の水分活性 （松田，1974）

3) 微生物の耐熱性と殺菌温度

一般に増殖しつつある微生物（栄養細胞状態）は，最高生育温度より 10～15℃高い温度にさらされると急速に死滅し始め，100℃付近でほとんどすべてが死滅する．しかし，芽胞形成細菌（*Bacillus* 属，*Clostridium* 属）の芽胞には，100℃で 30 分から数時間の加熱にも耐えるものが多い．一方，腐敗原因

細菌,病原細菌は芽胞を形成しないため,60℃で30分間の加熱でほぼ完全に死滅する(表7・2).

表7・2 食品微生物の耐熱性

カビ[1]			細　菌		
	温度(℃)	死滅時間(分)		温度(℃)	死滅時間(分)
菌糸	60	5～10	Salmonella typhosa	60	4.3
無性胞子	65～70	5～10	E. coli	57	20～30
カビの菌核は90～100℃でも短時間は生き残り,果実缶詰変敗の原因となる.Penicilliumの菌核は82℃,1,000分,85℃,300分ではじめて死滅する.カビ胞子は乾熱では,120℃,30分でも生き残ることがある.			Staphy. aureus	60	18.8
			Micrococcus sp.	61～65	>30
			Sc. faecalis	65	>30
			Sc. thermophilus	70～75	15
			L. bulgaricus	71	30
			Microbacterium sp.	80～85	>10
			Bac. anthracis(芽胞)	100	1.7
酵母			Bac. subtilis(芽胞)	100	15～20
	温度(℃)	死滅時間(分)	Flat-sour bacteria(芽胞)	100	>1030
栄養細胞	50～58	10～15	(Bac. stearothermophilusなど)	110	35
	通常55～65	2～3	Cl. botulinum(芽胞)	100	330
胞子	60	10～15	Cl. caloritolerans(芽胞)	100	520
Torula (Candida) monosaは牛乳中で98℃,10分ではじめて死滅する.					

(注) 1) Aspergillus, Mucor, Penicilliumは他のカビより耐熱性が強い.Byssochlamys fulva(果実に発生)の子嚢胞子は最も強い.

(好井ら,1995)

多くの細菌の加熱致死時間は,一般に加熱温度を10℃上げると1/10に短縮される.これに対し,食品の品質を左右する化学反応速度は,加熱温度を10℃上げても2～3倍になるのが通常である.従って,殺菌効果が同等の場合には,低温で長時間加熱するよりも高温で短時間加熱する方が,品質の優れた製品を得ることができる.このように缶詰やレトルト食品の加熱殺菌条件を設定する場合には,微生物の耐熱性,内容物のpH,a_wなどを考慮する必要があるが,一般には表7・1のように食品のpHに基づいて加熱殺菌条件が設定される.

4) 加熱殺菌条件の設定

缶詰食品をはじめとした密封食品の加熱殺菌条件を設定する場合,まずその食品に存在する微生物の耐熱性を明らかにする必要がある.微生物の耐熱性を表す指標としてD値,z値,F値が使われている.

ある特定の微生物は致死効果のある一定温度で加熱すると，加熱時間とともに生菌数が減少し，その生残菌数の対数と加熱時間との関係を求めると，図7・3のような直線関係（加熱温度＝116℃）が得られる．これを加熱致死速度曲線（死滅曲線，生残曲線）と呼ぶ．この直線から分かるように，微生物を加熱処理すると加熱時間とともに生菌数は無限に小さくなるが，理論上決して0にはならない．加熱致死速度曲線で生残菌数を1/10にする（90％を死滅させる）のに要する時間をD値（decimal reduction time，分）と呼ぶ．図7・3において，生残菌数を1/10にするためには8分間加熱しなくてはならないため，D値は8分となり，一般に$D_{116}=8$と記述する．この生残曲線の勾配は微生物の死滅速度を示すため，微生物の死滅速度は勾配が大きい（すなわちD値が小さい）と速く，勾配が小さい（D値が大きい）と遅い．

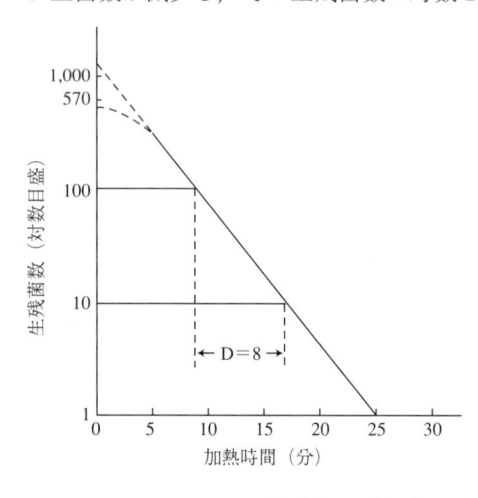

図7・3 フラットサワー菌芽胞の生残曲線

微生物は高温下でより速やかに，低温下でより緩慢に死滅するため，D値は高温下で小さく，低温下で大きくなる．加熱温度を変えてD値を測定し，D値の対数と加熱温度の関係を求めると直線関係が得られる．これを加熱致死時間曲線（thermal death time curve，TDT曲線）あるいは加熱減少時間曲線（thermal reduction time curve，TRT曲線）と呼ぶ．この曲線においてD値が10倍あるいは1/10となるのに要する温度差をz値（℃）で表示する．図7・4にボツリヌス菌芽胞のTDT曲線を示した．この曲線より，ボツリヌス菌芽胞のz値は10℃であることが分かる．z値が大きいことはTDT曲線の勾配が緩やかで，加熱温度の変化が微生物の死滅速度に及ぼす影響が小さいことを意味する．

密封加熱食品の殺菌条件は，その食品中で発育できる微生物の耐熱性すなわちD値とz値，初発菌数No及び殺菌の目標とする残存生菌数のレベルNで決まる．ボツリヌス菌が発育して毒素を産生する可能性がある低酸性食品において，この細菌の芽胞だけは確実に殺滅する加熱条件を設定しなくてはならない．

ここで，芽胞の No を1，N を 10^{-12} とすると，安全率は 99.9999999999％となり，これは 12D に相当する．このように必要加熱時間をボツリヌス菌芽胞の D 値の 12 倍とすることを，12D の概念と呼んでいる．これまで報告されているボツリヌス菌芽胞の D_{121} ＝ 0.21 分を採用すると，12D は 121℃で約2.5分となる．わが国の食品衛生法では，pH 4.6 を超え，かつ a_w が 0.94 を超えるものにあっては，その中心部を 120℃で 4 分間加熱する方法またはこれと同等以上の効力を有する方法で加熱殺菌することが定められている．また，一般細菌に対しては通常 5D が採用されている．なお，D 値はそれぞれの食品について測定するか，またはこれまで発表されているデータから推定する．

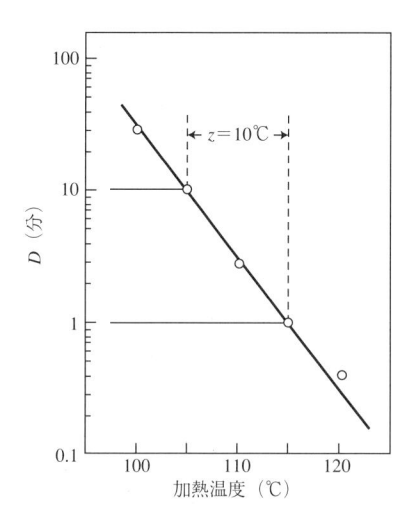

図7・4　ボツリヌス菌芽胞のTDT曲線

ある食品を 110℃で 30 分間加熱処理した時の殺菌効果と，115℃で 5 分間処理した時の殺菌効果を比較することは難しい．これは両加熱処理の温度が異なっているからで，温度が同一であれば，加熱時間の長さから比較することができる．そこで，殺菌効果を比較するための基準温度を定め，通常レトルト殺菌する食品では 121℃としている．加熱による微生物に与える殺菌効果は F 値によって評価することができる．F 値とはある一定の温度で加熱したと仮定した場合，どのくらいの時間の加熱に相当するかに換算した値である．F 値は z 値と加熱温度により変化するため，F 値には用いた z 値と加熱温度を明示しなくてはならない．F 値と z 値との関係は

$$F=\int_0^t 10^{\frac{T-Tr}{z}} \cdot dt$$

で表わされる．

ここで Tr は加熱基準温度である．レトルト殺菌の対象であるボツリヌス菌では，z＝10，Tr＝121℃が歴史的に採用されている．これらの値を使って算出した F 値を，特に F_0 値と呼ぶ．すなわち，

$$F_0 = F_{121}^{10} = \int_0^t 10^{\frac{T-121}{10}} \cdot dt$$

となる.

この式を用いて,120℃,4分と同じ殺菌効果を得るための加熱時間を求めると,100℃では400分,110℃では40分,115℃では12.7分が必要であるが,130℃では0.4分でよいことになる.表7・3にD値,z値,F値の意味をまとめた.

表7・3 微生物の耐熱性表示法

表示法	表示事項	表示値	表示値の意味	求め方
D値	所定の温度で90%死滅させるに要する時間(分)	$D_{100}=10$	100℃,10分で90%死滅	死滅曲線より求める(死滅曲線の一対数周期に当たる)
F値	一定温度で一定濃度の微生物を死滅させるに要する時間	$F_{111}=15$	111℃,15分で全部死滅	TDT曲線より求める
z値	加熱致死時間(または死滅率)の1/10(または10倍)に対応する加熱温度の変化	$z=10$	加熱温度10℃上昇により菌数1/10減少	TDT曲線より求める

* 通常F値は121℃における値を示し,その場合には温度を表示しない.なおF_0値と表示する場合があるが,これは缶詰で耐熱性の強い芽胞のzは約10℃であるので,z=10とした場合のF値.

図7・5に,レトルト食品殺菌経過の例を示す.この食品の殺菌条件は,品温の経過からレトルト温度で殺菌された積算時間を求め,これがF値に到達するに必要な加熱時間から設定される.また図7・6には,加熱温度121℃で殺菌を行い,直ちに冷却した工程での致死率を連続的に測定した例を,F=1分に

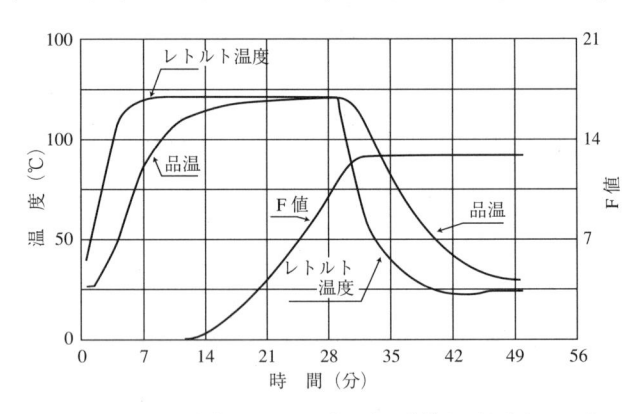

図7・5 レトルト殺菌における品温経過とF値算出の例(堤,1991)

相当する単位面積とともに示した．致死率とは，基準温度における殺菌効果を1としたときの，任意の温度における殺菌効果である．図7・6における致死率の積算量が必要とするF値に到達した時点で冷却を開始すればよい．現在では温度センサーを備えたF値コンピューターによって，殺菌中のF値を自動的に測定，表示できる装置が市販されている．

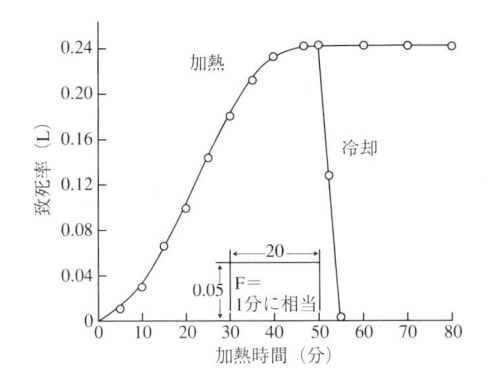

図7・6　加熱経過の致死率曲線
(R. Lund, 1975)

7・3　容　器

7・3・1　金属缶

ブリキ製のハンダ缶を用いた牛肉，スープ，ニンジンなどの缶詰が，イギリスで初めて商業生産（1812年）されて以来，1960年代までは工業的な食品保存用缶詰といえばブリキ缶という時代が続いた．しかし，最近の食生活の変化に対応して金属容器の役割にも大きな変化が生じ，これまでの長期保存性やリジッド性などの基本的な性能ばかりでなく，利便性やファッション性などのニーズも付加されつつある．

現在，金属容器として使用されている金属材料は，①鋼原板をスズメッキしたブリキと極薄スズメッキ鋼板，②鋼原板を電解クロム酸処理したティンフリースチール（TFS），③アルミニウムに合金元素を添加したアルミニウム合金板に大別される．これら金属材料の特性を表7・4にまとめた．

1）ブリキ缶（サニタリー缶）

ブリキ板は鋼原板上に電気メッキしたスズ層と，耐食性，耐硫化黒変性，塗装密着性を付与するため，重クロム酸ナトリウム中で陰極処理して生成されるクロメート層からなる（図7・7）．長期間美しい光沢を保ち，腐食しにくくて，毒性が少なく，製缶の際に加工しやすいなどの特色がある．

ブリキにメッキされたスズ層は極めて展延性に富み，しごき加工という特殊

表7・4 容器用金属材料の諸特性の比較

特 性		ブリキ	ティンフリースチール	アルミニウム	備 考
外観	無塗装板	◎	○～△	○	
	印刷板	◎	○	○	光沢の点でブリキが良好
塗装・印刷性		○～△	◎	◎～○	
塗膜密着性		△	◎	◎～○	
加工性	深絞り性(塗装)	○～△	◎	◎	
	しごき性	○	×	◎	
耐衝撃性		○	○	△	運搬時に凹みやすい
重量(比重)		約7.8	約7.8	約2.7	
熱伝導度(cal/cm・sec℃)		約0.1～0.15	約0.1～0.15	約0.5	
耐食性	酸性飲料	厚メッキものは無塗装で使用可	塗装後良好	塗装後良好	
	耐硫化性	×	◎	◎	
	塗膜下耐食性	△	◎	○	
	耐食塩性	○	○	×	
	その他	赤サビあり	赤サビあり	水腐食あり	
耐熱性		スズが溶解(232℃)	良好	機械的性質の温度依存性大	高温焼付けなどを起こした場合に重要

(西山, 1989)

な製缶法で成形されるDI缶(drawn & ironing can)では良好な固体潤滑剤として作用する.このためブリキはスチールDI缶用材料として最も適している.DI缶は缶胴を元板厚の約30%という極めて薄くしごき加工して作られる.

ブリキ缶の種類 缶詰用のブリキ缶には,丸缶,角缶,だ円缶,コンビーフ缶などがある.丸缶は最も多く使用されている缶(図7・8)で,ハンダ付けあるいは溶接によって円筒状にした缶胴に,蓋と底の部分を二重巻締して作られる.一般にサニタリー缶と呼び,蓋・胴・底の3部分からできているためスリーピース缶ともいう.これに対して角缶,だ円缶は,ブリキ板を打ち抜いて胴と底の部分を作り,これに蓋を二重巻締したもので,打ち抜き缶あるいはツーピース缶という.

内面塗料 缶内容物が金属によって汚染されたり,逆に内容物によって金属が腐食されることを防止して,缶内容物の香味を保持し,安全かつ衛生的に缶詰食品を消費者に提供するために,缶内面塗装を行う.缶内面塗料としては,

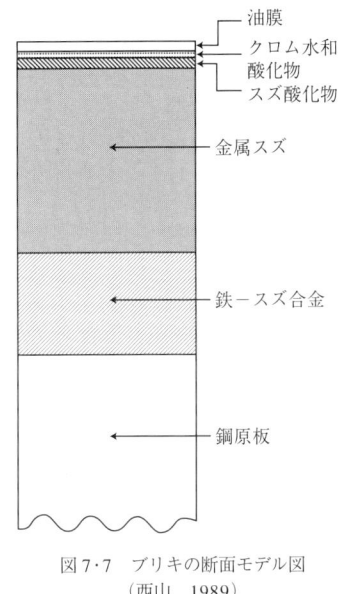

図7·7 ブリキの断面モデル図
（西山，1989）

図7·8 ブリキ缶の構造と名称

通常エポキシ系，塩化ビニル系，アクリル系，ポリエステル系などの樹脂が使われる．

シーリングコンパウンド（sealing compound） 缶蓋巻締部の気密性を保持するために塗布するラバー密封材である．主成分は合成ゴムと樹脂系粘着材であり，缶蓋の巻き込み部（カーリング部）に塗布乾燥して薄い粘弾性に富む皮膜を作り，巻締部のすき間や凹凸部を埋めて密封機能を発揮する（図7·9）．

2）その他の缶

ティンフリースチール缶（TFS 缶） ティンフリースチール（tin free steel）は，表面処理の方法がブリキと異なるのみで，その素地となる鋼原板はブリキと同様に製造される．ブリキに比べて容器代が安く，塗装の密着性に優れ，耐食性が強い特色がある．TFS 缶は必ず塗装して使用されるが，傷が入ると簡単に素地の鋼原板に達するため取扱いに注意を要する．その反面，耐熱性，塗膜密着性，耐硫化黒変性，経済性などでブリキ缶より優れている．なお，TFS 缶の場合，缶胴の接合にハンダが使えないため，合成樹脂による接着法が使用される．

アルミニウム缶 アルミニウムはブリキや TFS などの表面処理した鋼板よ

(1) 切　断

板材　　スクロール・ブランク

(2) 打　抜

(3) カーリング

(4) シーリング・コンパウンドの塗布乾燥

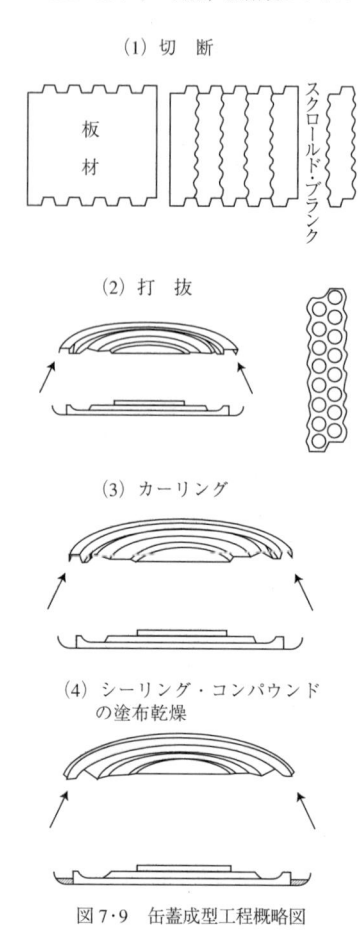

図7・9　缶蓋成型工程概略図

り軟らかくて，加工しやすく，軽量であるが，強度が弱いため厚い板厚が必要となる．また，スチール系材料のようにメッキが施されていないため，表面と内部の化学的性質の差がないのも特徴である．欠点は価格が高い，内圧の高い飲料缶などに限られる，食塩により腐食されやすいことなどである．しかし，手で容易に開けられるイージーオープン缶用の蓋が開発されてから，炭酸飲料やビール用のアルミニウム缶の生産が飛躍的に伸びている．

コンポジット缶　蓋と底にブリキやアルミニウムを使用し，胴にはアルミニウム箔やプラスチックフィルムを張り付けた紙筒を利用した合成容器である．冷凍濃縮ジュース，粉末チーズ，香辛料，菓子類の容器に用いられている．

7・3・2　ガラス瓶

古くから使用されてきたガラス瓶は，食品容器として必要な機能の大部分を有しているにもかかわらず，重い，割れるといった欠点のため，金属容器やプラスチック容器などにとって代わられようとしている．

ガラス瓶は気密性，化学的耐久性に優れ，ほとんどの飲料や食品は瓶詰にすることができる．さらに，形状，色，印刷，キャップなど意匠性に富み，内容物が透視できるので消費者に安心感を与える．また，開封後も簡単に再密封して保存容器としても利用でき，さらに回収再使用することもできる．

瓶の価格を押さえ，重量の欠点を払拭するため，最近，①瓶に表面処理を施して高い強度を保つ，②瓶の肉厚部分をより均一にする研究・開発が進み，瓶の軽量化が可能となった．瓶の強度は表面の傷によって大きく低下する．そこで，傷が付かないような処理を瓶表面に施すことにより，強度を高く維持でき，

その分軽量化が可能となった．主な表面処理方法としては，コールドコーティング，ホットコーティング，デュアルコーティング，化学的強化，プラスチックコーティングなどがある．

7・3・3 レトルト食品用容器
1）レトルト食品用容器の特徴
レトルト食品用容器（レトルトパウチ）は，アルミニウム箔を含む不透明なものと，アルミニウム箔を含まない透明あるいは半透明のものに大別される．また，その殺菌可能温度から，通常殺菌（100〜120℃）に耐えるレトルトパウチ，120〜135℃の高温短時間殺菌（high temperature short time sterilization, HTST）に耐えるハイレトルトパウチ，135〜150℃の超高温加熱殺菌（ultra high temperature heating, UHT）に耐えるユーレトルトパウチに分類される．

透明なレトルトパウチの特徴は，① 内容物を外から見ることができる，② 微生物学的には半永久的に内容食品を保存できるが，光，酸素，水蒸気を完全に遮断できないため，内容食品の風味，色調などが貯蔵中に劣化する可能性がある，③ 包装された状態で電子レンジにより加熱できる．

一方，アルミニウム箔を含むレトルトパウチの特徴は，① 微生物学的には缶詰と同じように永久保存が可能である，② 酸素，光，水蒸気を完全に遮断し，内容食品の品質劣化を防ぐことができる，③ アルミニウム箔の光沢を利用した印刷が可能である．

2）フィルムの形態と利点
レトルトパウチは各種フィルムを利用したフィルム包装容器である（図7・10）．包装容器として使用するフィルムは，単体で使用することはほとんどなく，フィルムそれぞれの特徴を生かしてラミネートしたフィルムとして使う．プラスチックフィルムはほとんど溶融押出し法で製造するが，その中でもインフレーション法が多く，また二次加工として延伸することもある．フィルムのラミネート法としては，押出しラミネート法，ドライラミネート法，共押出し

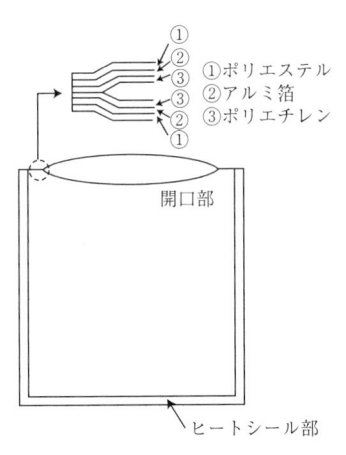

① ポリエステル
② アルミ箔
③ ポリエチレン

開口部

ヒートシール部

図7・10 レトルトパウチの構造

ラミネート法がほとんどで，最近では共押出しラミネート法が増えている．

レトルトパウチの代表的構成と特徴を表7・5に示す．高温殺菌が要求される場合には内面にポリプロピレンを使用し，透明用にはアルミニウム箔の代わりにナイロンを用いる．平袋のものはほとんど箱入りで商品化されているが，スタンディングパウチは外装用の箱を必要としない．

表7・5 レトルトパウチの代表的構成と性能

適用殺菌条件及びタイプ	通常殺菌（120℃）		高温短時間殺菌（135～140℃）		
	UB	UBF	UHT	UHB	UHF
代表的な構成	ポリアミド／ポリオレフィン	ポリエステル／アルミ箔／ポリオレフィン	ポリエステル／ポリアミド／ポリオレフィン	ポリエステル／防気層／ポリオレフィン	ポリエステル／アルミ箔／ポリアミド／ポリオレフィン
外観	透明・半透明	不透明	透明	透明	不透明
引っ張り強度（kg/15 mm）	5.0～6.5	6.0～7.0	8.0～12.0	6.0～7.5	10.0～13.0
伸び（%）	40～50	70～90	40～100	60～90	100～110
シール強度（kg/15 mm）	4.0～5.0	6.0～7.0	6.0～7.0	5.5～6.0	7.0～9.0
耐圧強度（kg）	920	1120	960	830	1380
耐ピンホール強度（kg）	1.0～2.0	0.9～1.5	1.4～2.0	0.9～1.2	1.3～2.0
耐酸素透過度（cc/m²·24h）	50～60	0	40～50	10～20	0
透湿度（g/m²·24h）	3～5	0	3～5	1～2	0
備考	業務用大型袋にも適する	ポリアミド使用の耐ピンホール性強化品種あり	業務用大型袋にも適す．ほかに2層構成もあり	脂肪食品用としてO₂バリヤー性強化，ほかに2種	強度，耐ピンホール性を配慮

（片山，1989）

レトルト食品には，軽くてかさばらない，容器の廃棄が簡単である，熱伝導が良好であるため殺菌時間を短縮できるなどの利点がある．特にパウチの厚みが薄く，表面積が大きいため，缶詰食品と比べてレトルト殺菌の際内容物への熱伝達が速いのが特徴である．

7・4 缶詰，瓶詰，レトルト食品の一般的製造法

缶詰をはじめとした密封加熱食品を製造するに当たり，まず原料を調理する．この際，選別，トリミング，洗浄，混合，ブランチング，煮熟などの操作を，原料の種類に応じて行う．次いで，原料の肉詰め，脱気，巻締，殺菌，冷却の順で製品が作られる．ここでは，缶詰製造工程上特に重要である脱気，巻締，

加熱殺菌，冷却について解説する．

7・4・1 脱　気

　缶詰製造で重要な操作の一つは，巻締前に缶詰から空気を除去することである．この操作は，① 加熱殺菌中に空気の膨張による缶の変形を最小にする，② 缶詰の内面腐食や内容物の酸化を促進する酸素を除去する，③ 殺菌中の熱伝導を良好にする，④ 缶詰を冷却した時に真空を生成するなどのために必要である．脱気の方法としては，① 加熱脱気法，② 熱間充填による脱気法，③ 真空密封装置による脱気法などがあり，一般には缶詰の脱気と密封を同時に行う真空巻締機（バキュームシーマー）が使用される．

7・4・2 巻　締

　容器の密封は，缶詰，瓶詰，レトルト食品の貯蔵性を左右する重要な工程である．缶詰の密封は通常二重巻締（図7・11）により行う．二重巻締機は，巻締の3要素と呼ばれるリフター，チャック，巻締ロールの主要部分を装備し，巻締ロールは第1巻締ロールと第2巻締ロールからなる．内容物を肉詰めした缶胴部をリフター上に置き，蓋を載せリフターを上昇させる．缶胴と蓋はリフターとチャックでしっかりと保持される．次いで，第1巻締ロールが接近して，缶胴フランジに缶蓋のカール部を大まかに巻き込み，さらに第2巻締ロールが接近して同部を圧着して，巻締が完成する（図7・12）．また，缶蓋カール部の内側に塗布されているシーリングコンパウンドは，巻締形成時に圧着されて，巻締内部のすき間を満たして二重巻締の気密性をより確実にする．

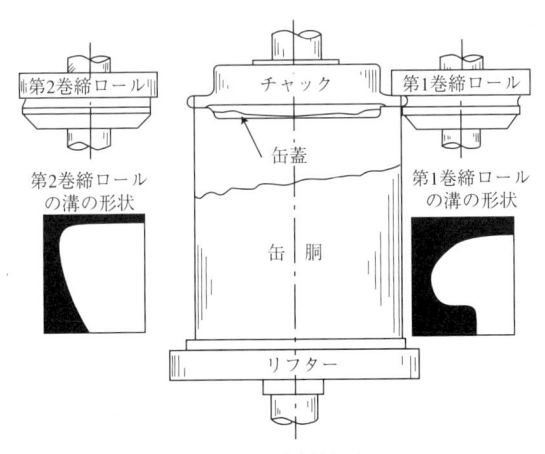

図7・11　二重巻締の原理

図7・12　巻締工程中の巻締部の変化

（巻締前、第1巻締中、第1巻締完了、第2巻締中、第2巻締完了）

7・4・3　殺　菌

　脱気，巻締後，缶詰は飽和蒸気あるいは熱水中で，一定の温度と時間のもとで，正確に加熱される．この操作は一般に殺菌と呼ばれ，食品の品質や貯蔵性に大きな影響を及ぼすため，缶詰製造工程で巻締とともに特に重要な工程である．食品の殺菌には通常熱が用いられる．一般に，食品は加熱すると風味を失い，ビタミンをはじめとする栄養素も破壊されるため，ただ単に微生物の殺滅を目的に長時間加熱を続けると品質は著しく損なわれ，食用に耐えないものになる．従って，食品の加熱殺菌処理は，有害微生物を殺滅する必要最小限度の加熱にとどめなくてはならない．ここでいう有害微生物とは，① ヒトの健康に悪影響を及ぼす微生物（例えば食中毒菌や病原菌），② 通常の貯蔵・流通条件下で食品に発育し，食品を変質させる微生物のことである．缶詰の加熱殺菌処理は，一般に商業的殺菌（commercial sterilization）と呼ばれ，完全殺菌とは区別される．従って，耐熱性の高い微生物が缶詰食品中に生き残っている可能性があるが，無害な微生物であるから問題はない．

　缶詰などの密封食品の殺菌にはいろいろな方法が用いられているが，いずれの方法を選択するかは食品の物理的性質（固形状，液状，ペースト状），化学的性質（pH, a_w），容器の種類などによって判断される．

1）低温殺菌法

　100℃以下の温度で加熱処理する方法で，pHの低い食品，例えば果実，ピクルス，ジャムなどの製品に採用される．これには，① 70～95℃の温水槽中に浸漬する，② 沸騰水中に浸漬する，③ 温水シャワーをかける，④ 蒸気で満たされたトンネル内を通過させるなどの方法がある．

2）熱間充填法

　80～95℃に加熱した食品を，熱いうちに容器に充填，密封し，冷却せずにそのままし ばらく保持して殺菌する方法である．通常は93℃で20～30秒間保持する．果汁や野菜ジュースの加熱殺菌法として利用される．

3）レトルト殺菌法

100℃以上で加熱処理する方法で，通常の缶，瓶詰やレトルト食品などの殺菌に採用される．基本的には，レトルト (retort, 図 7·13) と呼ばれる大型の高圧殺菌釜に密封食品を収容して加熱処理する．加熱媒体により，① 飽和蒸気，② 空気加圧蒸気，及び ③ 熱水を用いる方法に大別できる．飽和蒸気は安価に得られ，温度制御が容易で，レトルト内の温度分布にむらが少ないなどの理由から，飽和蒸気を用いる場合が多い．空気加圧蒸気はレトルト食品の加熱処理に用いられる．

缶詰食品を加熱処理すると，内容物と封入されているわずかな空気が膨張するため，容器内圧が高くなる．丸缶では蓋と底がある程度膨らむが，力輪（エクスパンションリング）が付いているので，冷却すると元の偏平な状態に復元する．

レトルト食品はプラスチックフィルムを熱融着して密封してあるので，密封部は容器内圧が外部圧よりも高くなると剥離しやすい．このため，レトルト食品を缶，瓶詰食品のように飽和蒸気で加熱処理すると，容器内部圧が外部圧よりも高くなり，容器が膨張して密封性が失われる．これを防止するため，蒸気に空気を圧入して外部圧を高めて加熱処理する方法を用いる．熱水も缶詰，瓶詰，レトルト食品の殺菌に使用される．特に，瓶詰食品の加熱処理は熱水で行うのが一般的である．

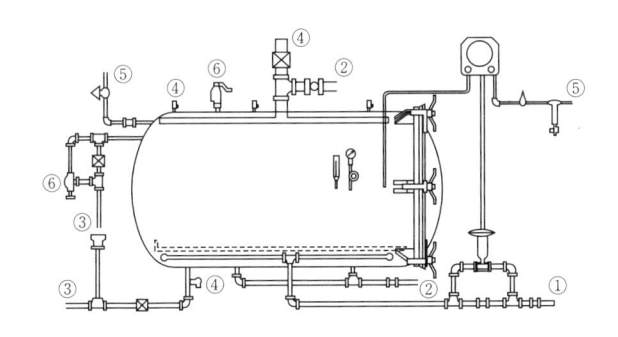

①：蒸気　②：水　③：排水口，オーバーフロー
④：ベント，ブリーダー　⑤：空気　⑥：安全弁，減圧弁

図 7·13　静置式レトルト

7・4・4 冷　　却

加熱殺菌が終了すると，内容物の過熱を防ぎ，巻締部の変形を避けるため，できるだけ速やかに缶詰を冷却する．通常水を用いるが，これには微生物に汚染されていない飲用適の水か，あるいは塩素処理した水が用いられる．冷却後の製品温度は 35～40℃以下になっていることが望ましい．缶詰では，容器に付着した水滴を製品が保持している余熱で蒸発させないと鉄サビ発生の原因となるので，過剰の冷却をしてはならない．一方，冷却が不十分で，40℃以上の製品をそのまま箱詰めにすると，温度が下がりにくいため製品は高温にさらされることになる．40℃以上の高温で発育する細菌の芽胞は通常の商業的殺菌処理では殺滅されていないため，十分冷却されなかった pH 5.0 以上の低酸性食品は本菌により変敗する可能性がある．

7・5　水産缶詰，瓶詰，レトルト食品の製造

7・5・1　水産缶詰

水産缶詰はわが国で最初に製造された缶詰である．その種類は極めて多く，魚種別及び調理法別で見ると，100 種類を超える（表7・6）．しかし，その生産量は時代とともに変化し，以前は主要製品であったさけ・ます缶詰やかに

表7・6　缶詰の種類

種類	製造方法	主な製品
水煮缶詰	原料を生，または蒸煮したのち，切断した肉を缶に詰め，0.2～0.7％の食塩を加える	さけ，ます，まぐろ，かつお，さば，さんま，いわし，いか，かに，あさり，かき，ほたてがい
味付缶詰	肉詰めした原料に，醤油，ショ糖などの調味液や味噌などを加える	まぐろ，かつお，さば，さんま，いわし，うなぎ，あじ，くじら，いか，たこ，あさり，さざえ
油漬缶詰	肉詰めした原料に少量の食塩と植物油を加える	まぐろ，かつお，にしん，さば，いわし，さんま，燻製（にしん，かき，ほたてがい）
トマト漬缶詰	肉詰めした原料にトマトピューレを加える	いわし，さんま，さば
かば焼き缶詰	かば焼きにした原料を肉詰めし，調味料を加える	うなぎ，さんま，はも

（國崎ら，2001）

缶詰，さらには大衆缶詰として人気があった鯨肉缶詰の生産は，現在では著しく減少している．まぐろ缶詰もかつては輸出品の花形であったが，最近では国内向けに限られている．水産缶詰を種類別にみると，水煮が最も多く，次いで油漬，味付，野菜煮である．

1) さば缶詰

さば缶詰はマサバ，ゴマサバを原料とし，わが国の水産缶詰の内でまぐろ・かつお缶詰に次いで生産量が多く，製品の一部は輸出されている（生産量29,800トンの約13%，2000年）．水煮，トマト漬缶詰は東南アジア，アフリカ諸国に，フィレー油漬缶詰は中近東諸国に輸出されている．国内向けにこれまでは水煮，味付，味噌煮缶詰などが製造されていたが，最近ではフィレー油漬缶詰が多い．さば缶詰の製造工程を図7・14に示す．さば・いわし・さけ・ます水煮缶詰は魚体を缶に生詰めし，殺菌したもので，缶詰内の液汁は魚肉から滲出したエキス分である．

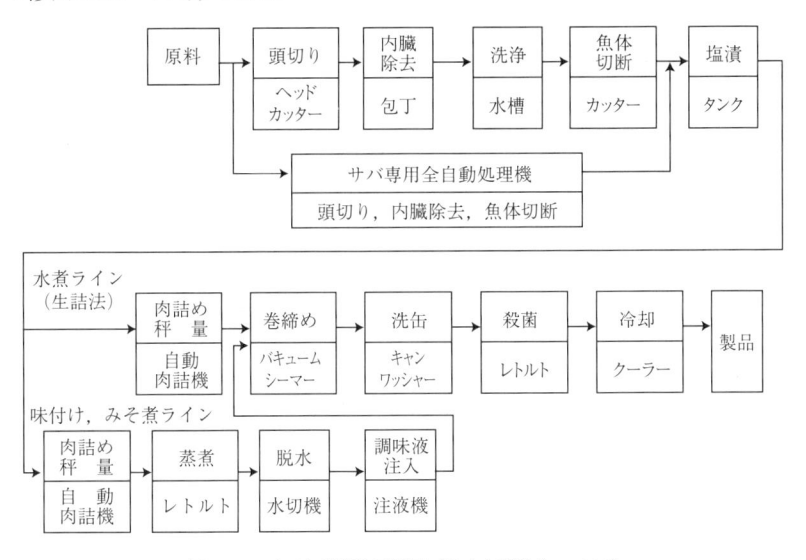

図7・14　サバ缶詰製造工程図（日本缶詰協会，1984）

2) いわし缶詰

マイワシ，ウルメイワシ，カタクチイワシを原料とするいわし缶詰には，水煮，味付，トマト漬，香辛料漬，油漬缶詰がある．トマト漬缶詰は主として東南アジア諸国に輸出されている（生産量1,120トンの83%，2000年）．アンチ

ョビーはカタクチイワシの頭と内臓を除去後，塩漬けして熟成させたものから骨を取り除き，油漬缶詰にしたものである．

3) さんま缶詰

大衆魚の缶詰ではサバに次いで多く生産されているのがさんま缶詰である．国内向けのかば焼缶詰（角5号A缶）が主体で約90％を占める．その他は味付缶詰（6号缶）である．

4) まぐろ・かつお缶詰

まぐろ類缶詰は，従来主として輸出用に塩水漬・油漬缶詰が生産されていた．現在は輸出が振るわず，国内向けにホワイトミート（ビンナガマグロ）の油漬缶詰が生産されてきたが，キハダマグロ，メバチマグロ，カツオを原料としたライトミートの油漬缶詰が多くなっている．まぐろ缶詰の製造工程を図7・15に示す．油漬缶詰の油は，わが国では主として大豆サラダ油や綿実サラダ油を使用しているが，欧州などではオリーブ油も用いられている．

この他，カツオやマグロの味付並びにフレーク味付缶詰が市販されている．フレーク味付は，まぐろ油漬缶詰の製造工程でマグロ蒸煮肉をクリーニングしたときに生じるフレーク肉で製造される．また，フレークのうち血合肉の少ない良質の部分は水煮や油漬缶詰とし，血合肉はペットフード缶詰とされる．

5) さけ・ます缶詰

さけ・ます水煮缶詰はかつてカムチャッカ漁場を中心に母船式工船で製造されていたが，現在ではほとんどが北海道で生産される．頭切り，内臓除去，精肉の切断，肉詰め，密封，殺菌の全工程が機械化されている．ベニザケ（red salmon），カラフトマス（pink salmon），ギンザケ（silver salmon），シロザケ（chum salmon），マスノスケ（king salmon）の5種類が使われる．カラフトマスは最も多く漁獲されているサケ科魚類で，市販されているさけ缶詰の代表的な魚種である．一方，高級魚であるベニザケは味も良好であるが，生産量は少ない．

6) かに缶詰

かに缶詰は歴史が古く，タラバガニが最上級品で，従来母船式のカニ工船及び北海道の陸上工場で製造された．最近では生鮮原料を用いた製品は少なくなり，煮熟したカニを殻付き，あるいは採肉して冷凍した原料が用いられる．原料としては，タラバガニの他にズワイガニ，ケガニ，ハナサキガニなどが用いられる．カニは自己消化が速く，鮮度が急速に低下するため，鮮度が良好な内

にできるだけ速やかに調理する必要がある．通常，C-エナメル缶が用いられ，硫酸紙を敷いて肉詰めされる．

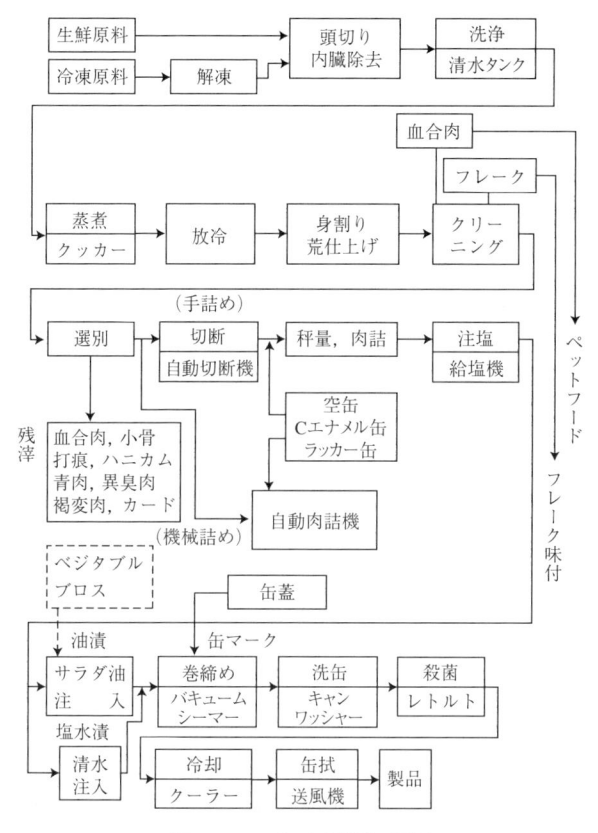

図7・15 マグロ缶詰製造工程図
（日本缶詰協会，1984）

7）いか缶詰

イカには多くの種類があるが，缶詰の主原料はスルメイカである．缶詰としての生産量は少なく，6月から9月に味付缶詰として北海道及び青森，岩手，宮城の各県で製造される．

8）あさり缶詰

アサリのはく皮には生はぎ法とはたき法がある．生はぎ法は小刀を使い人手によるため手間がかかるが，水煮の場合にはこの方法でないと良品が得られな

い．はたき法とは自動分離機で湯煮して身を取り出す方法で，味付缶詰や佃煮の原料に使われる．水煮缶詰では，湯煮・冷却した原料をC-エナメル缶に詰め，食塩水を注入する．味付缶詰の場合は，食塩水の代わりに醤油，砂糖の調味液を用いる．

9）赤貝缶詰

缶詰の原料にはサルボウ（モガイ）を使う．製品のほとんどは味付缶詰で，福岡，熊本，佐賀などの各県で生産される．製法はアサリの味付缶詰と同様で，湯煮したむき身原料を肉詰めし，調味液を注入する．

10）かき缶詰

水煮と燻製油漬缶詰が3月から5月の間，主として広島県と大分県で生産される．水煮の場合，むき身原料を湯煮・肉詰め後，塩水を注入し，密封，殺菌，冷却を行う．燻製油漬は，軽くゆでた原料を風乾し，燻煙したものを缶に詰め，サラダ油を注入する．

11）ほたて貝柱缶詰

ホタテ貝柱の缶詰はほとんどが水煮である．煮熟後除殻し，外套膜を除去した貝柱をさらに蒸煮してから缶に詰め，蒸煮液を注入して製造する．ほたて貝柱缶詰の製造では，身崩れと褐変防止に注意を要する．ホタテ貝による中毒は，貝の中腸腺に蓄積したサキシトキシン（saxitoxin）という毒素に起因するが，缶詰原料にはすべて毒性検査済みのものが使用される．

7・5・2 水産瓶詰食品

各種水産物を調理・加工して瓶に詰め，保存性をもたせたものである．殺菌せずに長期間保存できるものもある．殺菌する製品の製造原理は缶詰とほぼ同様である．主な製品としては，サケ・マスのフレーク瓶詰，魚醤油（ナンプラーなど），いか塩辛，かつお塩辛，練りうに塩辛，イクラ醤油漬け，のり・こんぶ佃煮などがある．

7・5・3 水産レトルト食品

代表的なレトルト食品はカレー，スープ，ミートソースなどで，最近ではまぐろ油漬レトルト製品の生産量が増加している．この他の水産レトルト食品としてはシーフードカレー，さば味噌煮などが市販されている．まだ水産レトルト食品は種類も生産量も少ないが，新製品の開発が期待されている分野である．

7・6 製造，貯蔵中における品質変化

7・6・1 容器の変化
　内容物の品質と直接には関係しないが，貯蔵中に容器自体が様々な影響を受けることがある．製品の貯蔵中に容器が受ける現象には次のようなものがある．

　1）サビの発生

　製品貯蔵中あるいは流通中に環境温度が急激に変動すると，缶表面に結露してサビの原因となる．例えば，環境湿度が90％の場合，温度が2℃低下すると結露する．特に，春先や梅雨の期間は，湿度が高く，気温の変動も大きいため結露しやすい．

　2）缶詰容器の膨張

　容器の膨張はその程度によって，フリッパー（片面膨張，膨らんだ部分を手で押すと元に戻り，反対側は膨らまない），スプリンガー（片面膨張，膨らんだ部分を押すと反対側が膨らむ），スウェル（缶の両面が膨らむ）などに区別される．

　水産缶詰の膨張の原因は，① 微生物による変敗，② 非酵素的褐変反応によるストレッカー分解，③ 缶内面の腐食，④ 脱気不足に大別される．これらのうち，微生物がもたらす変敗が原因で膨張する場合は殺菌不足が原因で，通常スウェルに至る．*Clostridium sporogenes*（中温菌），*C. thermosaccharolyticum*（高温菌），*Bacillus subtilis*（中温菌）などが原因菌で，これらの細菌が生成する二酸化炭素をはじめとするガスによって膨張する．また，非酵素的褐変反応（メイラード反応，Maillard reaction）によってアミノ酸がストレッカー分解を受けて二酸化炭素を生成する．さば味噌煮缶詰，さんまかば焼缶詰などのように味噌，醤油，砂糖で調味した缶詰で起こることがある．特に，缶詰製造時に脱気が不十分であると，少量の二酸化炭素が発生しただけで缶が膨張する．

　缶内面の腐食が進行して鉄が溶出し始めると水素が発生し，これが缶を膨張させる場合がある．これを水素膨張と呼ぶ．トマト漬缶詰のように，有機酸のため充填液のpHが低い製品で起こりやすい．

　3）缶内面腐食

　缶詰の貯蔵中，缶内面がある程度腐食することは避けられない．軽度の腐食（適切なスズの溶出）は内容物の品質保持に役立つ（非酵素的褐変反応を抑制）

が，極度の腐食は品質を損ねる上に下痢や嘔吐などの障害をもたらすという二面性がある．

電解質を含む食品の缶詰では，缶内で局部電池が形成され，電位の高い金属から低い金属に電流が流れ，前者は陰極（カソード），後者は陽極（アノード）となる．陽極になった金属が溶解する反応を腐食（saprophagous）という．缶詰ではスズが陽極となって溶出し，鉄はスズの犠牲的溶出によって保護される．ほとんどの金属は溶けるとき水素を発生するが，スズは溶出しても水素の発生を伴わない．

脱スズ型腐食 無塗装缶に肉詰めした果実シラップ漬缶詰で通常見られる腐食現象で，スズのみが優先的に溶出し，鉄の溶出はない．

孔食型腐食 スズよりも鉄が溶出する腐食で，水素の発生を伴うため，通常缶が膨張する（水素膨張）．極端な場合には缶に孔があく．塗装缶で起こりやすい．

界面腐食 界面腐食は内面無塗装缶を使用した果実シラップ漬缶詰でしばしば見られる．脱気が不十分であるとかなりの量の空気が缶内に封入され，ヘッドスペースと内容液との界面で集中的にスズが溶出し，この部分が黒い腐食痕となる．これは酸素によって界面のスズが溶出するために生じる．

7・6・2 内容物の化学的変化

食品衛生や健康上には影響を及ぼさないが，品質劣化とみなされる水産缶詰特有の品質劣化現象がある．

1）カード・ハニカム・アドヒージョン

カード さば・さけ水煮缶詰などを開缶したときに観察される豆腐状の白色凝固物である．魚肉缶詰を加熱する際，外側の肉から熱収縮が起こり，そのとき滲出してきた液汁が魚肉の表面や内部で熱凝固して生じる．

ハニカム ハニカムは蜂の巣状に多数の穴があいた肉部をいう．まぐろ缶詰の製造にあたって鮮度低下した原料マグロ肉を蒸煮しているときに発生する．最近では冷凍技術の向上と取扱いの改善によりほとんど見られなくなった．

アドヒージョン 開缶した時，缶蓋の内面や缶底に肉塊が剥離・付着する現象で，缶内面に粘着した魚肉がそのまま加熱殺菌中に熱凝固するために生じる．

2）青肉

青肉には，まぐろ缶詰の青肉とかに缶詰の青変とがある．まぐろ缶詰製造に

あたって原料のマグロを蒸煮したとき，通常蒸煮肉はビンナガマグロは淡いピンク色を，キハダマグロは赤褐色を呈するが，時として魚体の一部あるいは全体が淡青色ないしは青緑色を呈することがある．これをまぐろ缶詰の青肉（グリーンミート，green meat）という．肉色やにおいが不快なため，クリーニング工程で除去される．高含量のトリメチルアミンオキシド（trimethylamine oxide，TMAO）を含むマグロ肉を蒸煮すると青肉になりやすく，この色素はミオグロビンから生成することが明らかになっている．

かに缶詰の青変（blue meat）は，鮮度低下した原料や血抜きが不十分の肉に起こりやすい．血液タンパク質であるヘモシアニンが，血液中に含まれる銅と反応して青斑をもたらすためと考えられている．防止法としては低温煮熟法があり，これは筋肉タンパク質は熱凝固するが，ヘモシアニン（hemocyanin）は凝固しない60〜65℃の温度域で肉を加熱し，水洗して熱凝固していないヘモシアニンを除去する方法である．

3）黒　変

かに・まぐろ・さけ缶詰などで，缶内面の一部が黒変していることがある．タンパク質や含硫アミノ酸から加熱によって生じた硫化水素が，缶材のスズや鉄と反応して硫化スズや硫化鉄の黒斑を生じるためである．魚肉のpHが高いと生じやすい．酸化亜鉛を含むC-エナメル缶を使用すると防止できる．

あさり水煮缶詰でも黒変が見られることがある．耐熱性に富み，好熱性の硫化黒変菌が，アサリに含まれている含硫化合物を分解して硫化水素を生成し，これが鉄と反応して黒変を起こす．現在ではあさり缶詰は121℃以上で殺菌されているので，硫化黒変菌は完全に死滅し，黒変はほとんど見られない．

4）褐　変

船内ブライン凍結カツオは，蒸煮すると肉色が褐色に変色することがある．この変色は製造工程中に解糖作用によって生じる糖類とアミノ酸との非酵素的褐変反応（メイラード反応）に起因する．かつお缶詰のほかに，かに・ほたて貝柱缶詰などでも見られる．特にかつお缶詰では肉が極度に橙黄色に変色することがあり，これをオレンジミート（orange meat）と呼ぶ．褐変反応に関与する糖は主としてグルコース-6-リン酸とフルクトース-6-リン酸で，アミノ化合物はカツオ肉エキスに多いヒスチジン，アンセリン，クレアチンなどであることが明らかにされている．漁獲直後のカツオを適当に予冷するか，緩慢凍結することにより，オレンジミートの発現を防止できる．

5) ストラバイト

ストラバイト（struvite）はさけ・かに缶詰などに生じるガラス様結晶である．大きいのは 1 cm 位のものから，小さいのはごく微細なものまである．この結晶はリン酸アンモニウムマグネシウム（$MgNH_4PO_4・6H_2O$）で，内容物のマグネシウム，リン酸化合物，アンモニアなどが加熱時に結合して生成する．緩慢冷却するとストラバイトは発生しやすい．食べてもさしつかえないが，ガラスの破片と間違えられることがある．

7・7　規格と検査

7・7・1　缶詰，瓶詰の規格

缶詰食品の種類は多岐にわたるため，品質の基準について一概に規定できない．しかし，一般には原材料のもつ色沢，香味，肉質を保持し，異味・異臭をもたず，異物を含まない製品がよいとされる．

缶詰，瓶詰の規格化及び品質表示の適正化については，日本農林規格（Japan Agricultural Standard, JAS）によって規制されている．水産，果実，野菜，食肉をはじめとした食料缶詰のJASは，最初1961年頃に初めて設定され，その後，加工食品品質に関して安全性や表示に社会的関心が深まり，JASの改正が進められてきた．水産物については，1997年3月に改めて「水産物缶詰及び水産物瓶詰の日本農林規格」が設定され，それまでの規格は廃止された．各種水産缶詰，瓶詰について，品質としては香味，肉質，形態，色沢，液汁，原材料，異物，内容量，容器の状態などが，表示としては一括表示事項，表示の方法，表示禁止事項が規格化されている．

7・7・2　レトルト食品の規格

レトルト食品（retort food）の品質も日本農林規格で定められている．品質としては調理後の内容物の品位，食肉などの割合，食肉，臓器及び可食部分，糖類，食品添加物，異物，内容量，容器または包装の状態について，表示としては一括表示事項，表示の方法，その他の表示事項及びその表示の方法，表示禁止事項について規格化されている．また，表示基準としては，「レトルトパウチ食品品質表示基準」が農林水産省から2000年12月に告示された．

7・7・3　検査

1) 容器の密封検査

金属缶の密封検査　金属缶の密封は二重巻締の良否にかかわるため，正確な器具を用いて正しい方法で検査を行う必要がある．缶詰製造流通基準では，「容器の外観検査は少なくとも 1 時間ごとに，内部検査は少なくとも 4 時間ごとに，金属製容器の巻締検査基準により行い，その記録を 3 年間保管すること」と定めている．検査の最適頻度は機械の運転状況によって変えるべきである．

視覚による検査は巻締全周について，計量測定は定められた 3 ヶ所について行わねばならない．検査項目としては，第 1 巻締の外部・内部検査，第 2 巻締の外部欠陥の検査，第 2 巻締の外部寸法の測定，第 2 巻締の内部視覚検査，第 2 巻締の内部寸法の測定，耐圧試験などがある．この検査の詳細については，成書を参照されたい．

ガラス瓶及びレトルト食品容器の密封検査　瓶詰食品製造工場における容器の密封検査は，蓋閉直後の外部検査・解体検査，殺菌・冷却後の外部検査・解体検査からなる．レトルト食品容器の密封に関して食品衛生法は，① 耐加圧加熱殺菌，② 耐圧縮試験，③ 熱溶融密封強度（シール強度），④ 落下試験を定めている．以上の検査方法については成書を参照されたい．

2) 製品検査

基本検査　缶詰，瓶詰，レトルト食品の内容物の検査では，開缶あるいは開封する前に次のような事項の調査と検査を行う．容器寸法（缶型，パウチ寸法），缶マーク，ラベルの表示事項，外観の状態（膨張やへこみの状態）などを確認し，記載するとともに，さらに次のような基本検査を行う．主な検査項目は，真空度の測定，重量測定，pH，糖度，酸度，食塩，a_w である．

香味　におい，酸味，甘味などの官能的評価と密接に関連する成分を分析することもある．におい成分はガスクロマトグラフィー，糖類と有機酸は高速液体クロマトグラフィー（high-performance liquid chromatography，HPLC），アミノ酸は自動アミノ酸分析計で測定する．

色調　着色度，色調の測定，色素の分析などを行う．色調の測定は一般にハンター表色法に基づいた測色計で，カロテノイド系色素・クロロフィル系色素などはカラムクロマトグラフィーで分離・測定する．

肉質　食品の肉質は物理学的特性として一般に捉えられるが，化学的成分の影響も大きい．硬さ，粘度のような力学的性質の測定には，基礎的レオロジー測定と実用的試験がある．前者には各種粘度計が，後者にはテクスチュロメーターやレオメーターが使われる．

官能検査　ヒトの感覚を分析機器の代わりに用いて，製品の食味，香り，肉質，色調などの品質評価を行うのが官能検査である．品質評価（製品間の差の識別）は，十分な訓練を受けたパネル（官能検査を行うヒト）によって行われる．嗜好性の調査の場合は，不特定多数の消費者の好みを調査することを目的とし，少なくとも50人のパネルが必要である．

缶内面腐食　缶内面腐食は，水素ガスの発生やスズ・鉄の溶出を伴うため，重要な検査項目である．なお，缶詰内のガス発生は，化学的な原因の外に微生物による場合もある．

その他　褐変，硫化黒変，青変などをはじめとする変色，白濁や結晶物の析出，異味・異臭，異物の混入などについても検査する．

3）**微生物学的検査**

　缶詰，瓶詰，レトルト食品の原料は，微生物学的にできるだけ清浄なものを用いることが望ましい．これら食品は加熱殺菌によって貯蔵性が付与されるため，特に耐熱性細菌芽胞に注意を払わねばならない．原材料の中でも粉末状のものは，ときに大量の耐熱性細菌芽胞で汚染されていることがあるので，特に注意が必要である．通常，食品のpHあるいはa_wに応じて問題となる種類の細菌芽胞について検査すればよい．

　製品の微生物学的検査はおおよそ次の要領で行う．まず製品検体を35℃に14日間保持し，20℃付近まで冷却後缶の膨張，内容物の漏れの有無を調べる（恒温試験）．容器が膨張したり，内容物が漏れているものは，微生物の発育が陽性とみなされる．恒温試験で異常が認められなかった検体については細菌試験を行う．低温殺菌したpHあるいはa_wが低い食品では，ある程度の細菌芽胞が生残している．これらは環境のpHあるいはa_wが低いためにその生育が阻止されている．従って，この種の食品の微生物学的検査は，別の方法で評価する．

　変敗した製品には，容器の外観が正常のものと異常のものがある．外観が正常なものについてのみ行い，恒温試験は膨張している検体については行わない．pH4.6以上の低酸性食品では35℃で3週間保存する．微生物学検査方法の詳細は成書を参照されたい．

〔田中宗彦〕

引用文献

片山健三 (1989):食品と容器, 30, 127.
國崎直道・川澄俊之 (編者) (2001):新食品・加工概論, 同文書院, 105.
Lund, R. (1975):Principles of Food Science Ⅱ. Marcel Dekker, 32.
松田典彦 (1974):缶詰時報, 53, 294.
松田典彦 (1975):食品加工食品の保全, 恒星社厚生閣.
日本缶詰協会 (1984):缶びん詰・レトルト食品事典, 277, 279.
西山澄生 (1988):食品と容器, 29, 173.
堤 隆一 (1991):新殺菌工学実用ハンドブック (高野光男・横山理雄編), サイエンスフォーラム, 235.
好井久男・金子安之・山口和夫 (1995):食品微生物ハンドブック, 技報堂出版, 114.

参考資料

平野孝三郎・三浦利昭 (1992):缶詰入門, 日本食料新聞社.
鴨居郁三 (監修) (1997):食品工業技術概説, 恒星社厚生閣.
日本缶詰協会 (1984):缶びん詰・レトルト食品事典, 朝倉書店.
日本缶詰協会 (1999):缶・びん詰, レトルト食品製造流通基準 (GMP) マニュアル, 日本缶詰協会.
日本缶詰協会 (2000):缶詰手帳, 日本缶詰協会.
日本農林規格協会 (1997):食料かん・びん詰 (水産物編), 日本農林規格協会.
日本農林規格協会 (2001):レトルトパウチ食品, 日本農林規格協会.
芝崎 勲 (1983):新・食品殺菌工学, 光琳.
須山三千三・鴻巣章二編 (1987):水産食品学, 恒星社厚生閣.
高野光男, 横山理雄 (1998):食品の殺菌-その科学と技術-, 幸書房.
山中英明, 田中宗彦 (1999):水産物の利用, 成山堂.

第8章　魚肉ねり製品

　魚肉ねり製品（fish (meat) paste product, または surimi-based product）は，食品衛生法で「魚肉を主原料として，擂り潰し，これに調味料，補強材，その他の材料を加えて練ったものを，蒸し煮・焙り焼き・湯煮・油あげ・燻煙などの加熱操作によって製品化した食品」と定義されている．具体的には，かまぼこ，はんぺん，ちくわ，さつま揚げなどのかまぼこ類（salt-ground and heated fish (meat) paste products）と魚肉ハム（fish ham）及び魚肉ソーセージ（fish sausage）をいう．

　かまぼこの起源はかなり古く，それ故，伝統食品と呼ばれている．「宗五大双紙」（1528）によると，「かまぼこにはナマズ本也，蒲の穂をにせたる物なり」とある．すなわち，ナマズの肉に塩を加えて擂り潰し，竹ぐしに塗りつけて焼いた形が"蒲の穂"に似ていたことから蒲鉾(かまぼこ)と呼ばれたものと思われる．当時のかまぼこは今日のちくわ（竹輪）であったようである．やがて，魚のすり身を杉板に付けたり，椀の蓋で半月状に形どる方法が考案され，蒸しもの，茹でものが作られるようになった．これらは宴席用の料理として作られていたが，江戸時代には商品として製造されるようになり，明治時代に入ると各地に専門の業者が出現した．

　かまぼこ業界は，第二次世界大戦前までは家内工業に過ぎなかったが，戦後急速に発展した．その主な理由は，製造機械の進歩や冷凍すり身（frozen surimi）の開発により量産化への道が開拓されたことにある．同時に，かまぼこ類の特徴，すなわち，① 和・洋両風の食事に合い，料理素材として応用範囲が広い食材であること，② 鮮魚と比べて保存性がよく，手間のかからないインスタント性をもつ調理済み食品であること，③ 魚介類の機能性成分が，心筋梗塞や脳溢血などの生活習慣病の予防に有効で，健康志向の時代に適した食品であることなども，少なからず寄与しているものと思われる．

　一方，魚肉ハム・ソーセージは，第二次世界大戦前にすでに考案されていたが，商品として生産されるようになったのは1950年代前半以降のことである．その契機となったのは機密性の優れたハム・ソーセージ用の人工ケーシングの

開発であり，その結果，常温流通が可能な保存性の優れた製品が生産されるようになった．その後，洋風化を志向する青少年の食嗜好によく適合したこと，冷蔵庫の普及が遅れていた農山村への供給が容易になったことなどを背景に，魚肉ハム・ソーセージの消費が急速に拡大していった．

8・1 かまぼこの製造原理

魚肉は加熱すると，熱凝固して液汁を放出し，もろくて弾力に乏しい凝固肉に変わるが，あらかじめ食塩を加えてよく擂り潰してから加熱すると，凝固肉はゴムのようなしなやかな弾力をもつようになる．このことは，「魚肉を食塩とともによく擂り潰す」操作のどこかにかまぼこの製造原理の重要な部分が隠されていることを示唆している．かまぼこは，魚肉の筋原繊維タンパク質（myofibrillar protein）が食塩水に溶解するという物理化学的性質を巧みに利用して作られた加工食品である．

8・1・1 タンパク質と水和

水分子は，正負の電荷が対称位置にあり，双極子能率（dipole moment）をもつ．タンパク質は環境のpHに応じて正また負に荷電していて，そのため常に水を引きつけ，水を伴って行動している．この現象を水和（hydration）という．一般にタンパク質の溶解性は，水和，格子エネルギー，誘電恒数などと関係し，特に水和との関係は密接で，塩類の有無，pHなどによって溶解性は著しく変化する．

アクトミオシン（actomyosin）は繊維性の巨大分子で，純水には溶解せず，正負の電荷数が等しい等電点（isoelectric point）はpH5.4付近にある．新鮮な魚肉から調製したすり身のpHは，等電点より中性側にあるため，アクトミオシンは正電荷より負電荷が多く，全体として負の電荷をもっている．もし，塩類が全く存在しない場合には，アクトミオシンは負の電荷による水和や分子間の反発のために膨潤する．これに少量の無機塩を加えると，塩の陽イオンが負の電荷を中和して等電状態に近づいて水和中心が失われるため，分子間の反発が消失してアクトミオシンの膨潤が抑えられる．

塩類をさらにイオン強度（ionic strength）0.4〜2.0になるまで添加すると，アクトミオシンは無機塩の陰イオンを界面化学的に吸着して再び負に荷電し，水和が著しく高まるとともに分子間の反発が増進し，溶解するようになる．こ

れがいわゆるアクトミオシンの溶解である．魚肉に 2～3％の食塩を加えて擂潰（grinding）し，肉糊（fish meat paste）を調製する工程はかまぼこ製造上の必須工程である．

8・1・2 かまぼこの弾力

1）水晒しの意義

魚肉に含まれる Fe, Cu, Ca, Mg などの無機質や水溶性タンパク質は，筋原繊維タンパク質の変性を促進するため，魚肉のゲル（gel）形成能を阻害する．そこで，これらの成分を除去するために，原料魚から採取した落し身（minced fish meat）は冷水で繰り返し洗浄する．この操作を水晒し（leaching または washing）という．水晒しは，製品の弾力増強に効果があるばかりでなく，色調の改善や魚臭の除去にも有効である．特に，冷凍すり身は長期間の冷凍貯蔵に耐える必要があるため，製造に際し水晒しは必須の工程である．

2）食塩の作用

魚肉はそのままか，あるいは細かく擂り潰してから，60℃以上に加熱すると多量のドリップ（drip）を分離して凝固し，きめが粗くもろくて弱い肉塊になる．一方，同じ魚肉に 2～3％の食塩を加えて擂り潰し，肉糊状にしてから加熱すると，ゴム状のしなやかで弾力のあるゲルを形成し，ドリップを遊離することはない．この違いは，魚肉には約 80％の水が含まれていて，その大部分は筋肉組織内の筋繊維（muscle fiber）間，筋原繊維（myofibril）間及びフィラメント間に毛細管現象やイオン結合によって保持されている．肉を加熱すると，これらのタンパク質繊維は，変性凝固して保水機能を失うため，水はドリップとして遊離する．しかし，魚肉に食塩を加えて肉糊にした場合には，食塩のイオン作用により筋原繊維を構成しているミオシンフィラメント及びアクチンフィラメントから溶出したミオシン（myosin）及びアクチン（actin）は，ランダムに結合してアクトミオシンを生成しゾル（sol）に変化する．アクトミオシンは，肉糊中で互いに絡み合い網目構造を形成して粘稠性を増し，水分子はその網目の中に収められる．加熱によってアクトミオシン同士が絡み合ったまま網目構造が固定化され，水分子はそこに封じ込められる．

こうしてできたゲルがかまぼこであり，しなやかで弾力（elasticity）に富んだテクスチャーは足（essential texture of fish meat paste products）と呼ばれている．

3) 加熱によるゲル化；坐りと戻り

肉糊を加熱すると，アクトミオシンのゾルからゲル（gel）への反応が2段階で起こる．1段目は50℃以下の温度域を通過するときの通過履歴に応じて進行するゲル形成段階で，これを坐り（setting of fish meat paste）という．2段目は60℃を中心とする温度帯で起こるゲル構造が劣化する戻り（degradation of fish meat paste gel）である．

坐りの現象は，アクトミオシンが熱によって分子間に架橋を形成し，三次元の網目構造を作る過程である．坐りの進行に伴ってミオシンの高分子化が起きていることが確かめられている．この架橋（cross linking）には，S-S結合と疎水結合（hydrophobic bond）の寄与が大きく，坐りの速度は加熱温度が高いほど速く，坐りゲルの強度は低温で長時間をかけるほど強くなる．SH基酸化剤は坐りの促進効果を，またグルコースやショ糖などの糖類は坐り抑制効果を示す．

戻りの現象は，坐りの温度帯で形成されたゲル構造が70℃以下の温度帯で徐々に劣化し崩壊する特異な現象である．60～70℃で最も顕著に起こるが，50℃以下でも時間をかければ起こる．その劣化・崩壊する機構については，① 筋肉プロテアーゼ説，② 水溶性タンパク質とアクトミオシン間の相互作用説，③ 両者の合併説などがある．しかし，筋肉プロテアーゼ活性の分布が魚の戻りやすさと必ずしも対応しないこと，すり身では筋原繊維を洗浄して水溶性成分を除いているにも拘わらず，戻り現象を抑制できないことなど問題点があり，いずれも定説になっていない．戻りやすさは坐りやすさにも増して魚種特異的であり，その特異性をミオシン自身が担っていることは確かであるが，それ以上のことは明らかにされていない．

8・2 原 料

8・2・1 原料魚

かつては地先の魚をかまぼこの原料魚として利用していたので，各地方の名産品といわれる「かまぼこ」は特徴ある足や風味をもっていた．その後，底曳き網漁業が発達して，黄海や東シナ海のグチやエソが原料として大量に利用されるようになった．さらに，北太平洋，ベーリング海からスケトウダラの冷凍すり身が原料として年間を通して安定供給されるようになった．冷凍すり身の

品質や保存方法などに関する技術開発は，かまぼこが工業化製品として発展する転機となる一方，原料が全国的に均一化された結果，地域的な特色が薄れる原因となった．1977年に200海里漁業専管水域が設定されると，北洋のスケトウダラ冷凍すり身の主生産国はわが国から米国へと移行していくことになる．その後，南半球のホキやミナミダラなどの新しい原料魚が開発され，さらに，タイ，インド，中国からイトヨリ，グチ類などのかまぼこ原料が冷凍すり身として供給されるようになった．今日では，わが国で開発された冷凍すり身は「surimi」という世界の共通語として通用するに至った．

かまぼこ原料のすり身として世界各地から供給されている魚類を，魚肉タンパク質の特性である温度安定性により分類すると図8・1のようになる．魚肉タンパク質の温度安定性と生息温度との関係から原料魚を生息温度以下で取り扱うことにより，魚肉タンパク質としての安定性をある程度制御できることが分かる．このことは魚肉タンパク質加工食品の製造における重要なポイントである．

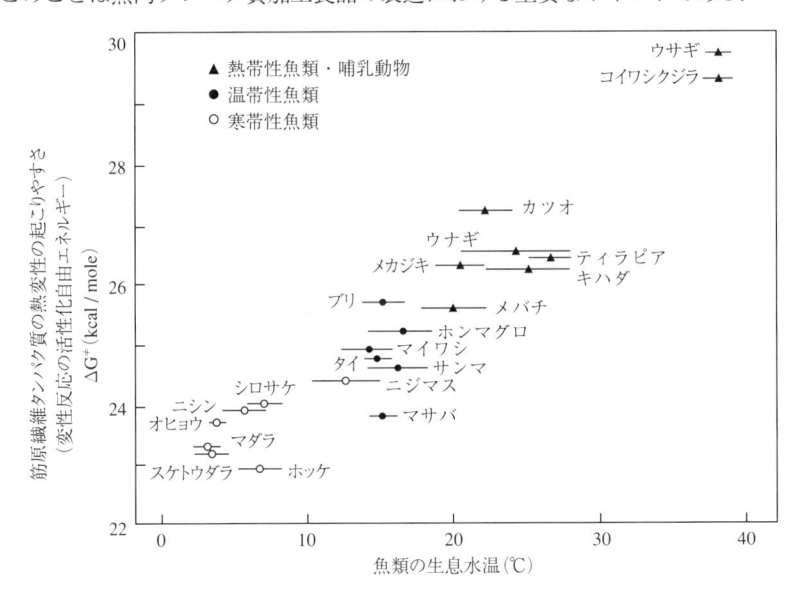

図8・1　魚類の筋原繊維Ca-ATPaseの熱変性の起こりやすさと生息水温の関係
(橋本ら，1982)

1) 寒帯性魚類

スケトウダラ（タラ目タラ科）　　スケトウダラ（*Theragra chalcogramma*;

walleye pollock, Alaska pollock）は，北太平洋に分布し，日本海側の山口県以北，太平洋側では宮城県以北からオホーツク海，ベーリング海と広く分布する．成魚の体長は30～60 cmで，産卵期は北太平洋で12～5月，日本海側で12～3月，オホーツク海で3月，ベーリング海で4～5月である．タラ科の魚は，背鰭が3枚，臀鰭が2枚，下顎に髭があるのが特徴である．

　米国でのスケトウダラの漁期は，自然保護と資源管理を目的に1月から3月までのA・Bシーズン，8月のCシーズン及び9月から11月までのDシーズンに分割されている．生産される冷凍すり身の等級は，原料魚の鮮度で決められる．漁獲後すり身に処理するまでに時間のかかる陸上工場の製品は，鮮度のよい魚を船上で処理する洋上すり身（surimi manufactured on board）に比べて品質が劣る．鮮度が特に重視される主な理由は，スケトウダラにはトリメチルアミンオキシド（trimethylamine oxide, TMAO）とこれを分解してホルムアルデヒド（formaldehyde）を生成する酵素が含まれているため，氷蔵や冷凍中にタンパク質の変性が促進されることにある．また，スケトウダラのタンパク質は温度に対して不安定であることも一因である．10℃以下の低水温に生息しているので，魚の取扱は常に10℃以下で行うことが望ましい．一般に坐りやすく，戻りやすい魚に分類される．

　ホッケ（カジカ目アイナメ科）　ホッケ（*Pleurogrammus azonus*；atka mackerel）は日本海側とオホーツク海側の2系列の群れに分類され，北海道沿岸で漁獲される．すり身は釧路，網走，紋別，稚内の陸上工場で主に生産されているが，最近では米国でもホッケ洋上すり身の生産が増加している．かまぼこ原料としては，肉色が灰褐色を呈するため色の白いかまぼこには使用されないが，旨味があるのでちくわや揚げかまぼこに多く使用される．

　ニシン（ニシン目ニシン科）　ニシン（*Clupea pallasii*；Pacific herring）は寒海性で北日本からオホーツク海，北アメリカ沿岸，北大西洋に分布する．やや扁平の紡錘形であり，4年で成魚となる．かつては100万トンの漁獲があったが，現在は減少している．卵巣はかずのことして正月料理に定着している．肉質は魚独特の旨味があるので，すり身を作るとき水晒しせず，フィレーのまま水洗して使用する場合が多く，味の機能面を生かした製品に使われる．

　シロサケ（ニシン目サケ科）　シロサケ（*Oncorhynchus keta*；chum salmon, keta salmon）には回帰本能があり，北海道・東北地方沿岸の河川に遡上して産卵する．卵は孵化後，川を下って海に戻り，北洋海域で3～4年間生活

して，再び産卵のために母川に戻る．産卵後のシロサケをブナサケと呼び，かまぼこ用の原料とされる．ブナサケは坐りにくく極めて戻りやすい魚種である．そのためゲル形成能を補強する目的で酵素トランスグルタミナーゼ（trans-glutaminase, TGase）を用いたり，油と乳化してクリーミーな食感のテリーヌ様新製品の開発が期待される．

ミナミダラ（タラ目タラ科）　ミナミダラ（$Micromesistius\ australis$；southern blue whiting）は，ニュージーランド海域及び南米パタゴニア海域の400〜600 m の水深に分布し，オキアミ，ハダカイワシ，ソコダラなどを摂餌する．産卵期は南半球の冬場（8〜9月）である．冷凍すり身は洋上のすり身工船で日本向けに生産される．ゲルの性質は破断距離（L 値）が高くしなやかであるが，坐りやすい特徴がある．ミナミダラは南極に近い寒帯に生息してる魚種で，タンパク質の温度安定性からスケトウダラと同様に 10℃以下での取り扱いが重要である．

ホキ（タラ目メルルーサ科）　ホキ（$Macruronus\ novaezelandiae$；blue grenadier）は，ニュージーランド周辺やオーストラリア沖の 300〜800 m の水深に分布し，時には 900 m 以深の深海域でも混獲されることがある．体長は 60〜68 cm で成熟し，最大 1 m を超えるものもある．ミナミダラと同様に南半球の寒帯で生息している魚種である．原料としては色が白く弾力性に富むがしなやかさに欠ける．

メルルーサ（タラ目メルルーサ科）　メルルーサ（$Merlucciius\ australis$；southern hake）の分布は，北アメリカから南アメリカの太平洋岸，ニュージーランド，南北大西洋沿岸の大陸棚から水深 1,000 m 付近までの大陸棚斜面に生息する深海性魚種である．メルルーサにはケープヘイク（ナミビアから南アフリカ共和国の沿岸），ニュージーランドヘイク（ニュージーランド南方沖合，チリ及びアルゼンチンのパタゴニア海域），シルバーヘイク（米国，カナダのニュファンドランド大西洋沿岸）など 13 種の仲間がいる．

2）温帯性魚類

シログチ（スズキ目ニベ科）　グチ類は，シログチ（$Pennahia\ argentatus$；silver croaker, silver jewfish）をはじめ世界に約 250 種類ほどが確認されている．ニベ科の魚類には，キグチ，フウセイ，シログチ，クログチ，ニベ，ホンニベなどがあり，水深 40〜160 m の砂泥底に群れをなして生息し，産卵期は 4〜8 月である．朝鮮半島南部から東シナ海に多く分布し，日本近海では，

南房総以南で漁獲される．グチ類はしなやかな強い足をつくり，40～50℃で高温坐りすると弾力の強いかまぼこになるが，60℃付近では大きく低下する．坐りやすく，戻りやすい魚種に分類される．京阪神地域では，ニベ，シログチ，エソ，ハモは弾力のある旨味が強い魚として好まれるが，シログチはしなやかな強い弾力が特徴で小田原かまぼこの主原料である．

マエソ（ハダカイワシ目エソ科）　エソは，日本海沿岸から東シナ海，南シナ海，インド洋，紅海と広く分布し，その種類はマエソ（*Saurida undosquamis*；brushtooth lizardfish），ワニエソ（*Saurida wanieso*），トカゲエソ（*Saurida elongata*）の3種が主にねり製品原料に用いられる．肉が白く，旨味の強い魚である．また40～50℃の高温で坐り，弾力に富む足を形成するが，グチに比べてしなやかさは乏しいが独特の食感がある．ごく新鮮なもののみがかまぼこ原料に用いられる．その理由は，スケトウダラと同様に筋肉に含まれるTMAOが酵素作用により，分解してホルムアルデヒドを生成するためである．九州，四国，中国など西日本各地でかまぼこ原料とされ，脂が多く旨味に富む皮は名産の「皮ちくわ」や「八幡巻き」に使われる．

ハモ（ウナギ目ハモ科）　ハモ（*Muraenesox cinereus*；daggertooth pike conger）は熱帯性で，本州中部から四国，九州，黄海，東シナ海，インド洋まで広く分布する．小骨が多いが，関西ではハモ料理（湯びきや魚そうめんなど）に珍重される．また，京阪神のかまぼこでは旨味を付ける材料として重要であり，旨味成分の流出を避けるため，水晒しをしないか，簡単に晒してから使用する．ハモは足が強くなく，坐りやすさ，戻りやすさも普通である．

トビウオ（ダツ目トビウオ科）　トビウオ（*Cypselurus agoo agoo*；Japanese flyingfish）は，日本海西部，東シナ海で漁獲されるツクシトビウオやホソトビウオなどの中型魚がかまぼこ原料として利用される．山陰地方の名産品である出雲の「野焼き」の原料として有名である．40～50℃の高温で坐り，足が最高となる．坐りやすさは普通で，戻りにくい魚種に分類される．

マイワシ（ニシン目ニシン科）　一般にマイワシ（*Sardinops melanostictus*；Japanese pilchard, Japanese sardine）などの赤身魚はゲル形成能が弱いが，これは漁獲直後に筋肉中のグリコーゲンが解糖系酵素で分解して乳酸を生成し，筋肉のpHが急激に低下してタンパク質の酸変性が起こるためである．従って，旨味を活かしたちくわや揚げかまぼこ類の味付け用として多く用いられる．また，イワシを主体としたつみれはおでん種として好まれる．漁獲時期

によっては保存中に脂質の酸化が起き色，味，においが損なわれるので，比較的脂の少ないサッパやカタクチイワシが代用される．

　マサバ（スズキ目サバ科）　マサバ（*Scomber japonicus*; chub mackerel）は，イワシと同様に漁獲直後に筋肉のpHが低下し，タンパク質が変性してゲル形成能が低下するため，かまぼこには利用されない．しかし，旨味が強いのでちくわや揚げかまぼこの原料として使用される．静岡県の名産「黒はんぺん」の原料である．

　サンマ（ダツ目サンマ科）　サンマ（*Cololabis saira*; Pacific saury）は，千島占守島付近から本州を経て九州に分布している．漁獲量の多い魚種であり，秋の味覚を代表する魚である．サンマの習性を利用した棒受け網で漁獲される．旨味が強いので，その味を活かしてちくわや揚げかまぼこに添加される．

　マアジ（スズキ目アジ科）　以西底曳き網で漁獲されるマアジ（*Trachurus japonicus*; Japanese jack mackerel）は，長崎のちくわや揚げかまぼこ，野焼きの原料として利用される．チリ沖マアジは，南太平洋の中・東部に生息し，日本産のマアジよりほっそりとしているが30〜50 cmの大型になる．足も強く，旨味があり，坐りやすく，戻りにくい魚種である．

　タチウオ（スズキ目サバ亜科タチウオ科）　タチウオ（*Trichiurus japonicus*; largehead hairtail）は，わが国の中部以南のほか，太平洋から大西洋までの世界の温水域に広く分布している．細長く扁平で，体表には鱗がなく，銀粉が付いている．銀粉の混入により色調が灰色になるため白色が好まれるかまぼこには向かないが，旨味があるので揚げかまぼこやちくわに利用される．紀州名産の「ほねく」は頭と内臓を除いて丸掛けした揚げかまぼこである．

　パシフィックホワイティング（メルルーサ科）　パシフィックホワイティング（*Merluccius productus*; Pacific whiting）は，北アメリカ西海岸のカリフォルニア州からカナダのブリティシュコロンビア州の沿岸に分布する．かつては，陸上，洋上すり身を合わせて約3万トンが生産されていた．パシフィックホワイティングには，顕微鏡でなければ検出しにくい微小寄生虫の粘液胞子虫（Myxosporea）が寄生していることがある．この胞子虫は強いタンパク分解酵素をもっていて，冷凍しても失活しない．そこで，卵白や牛血漿タンパク質が胞子虫のタンパク分解酵素の阻害剤として開発された．パシフィックホワイティングのすり身は，スケトウダラに比べて肉の白さは劣るが，極めて坐りやすく，戻りやすい．これに酵素阻害剤を添加すると，すり身は戻りにくいゲ

ルになる.

イトヨリダイ（スズキ目イトヨリダイ科イトヨリ属）　イトヨリダイ（*Nemipterus virgatus*; golden threadfin bream）は，糸のような鰭をもつタイの仲間で5属26種類が存在し，わが国南部から東シナ海，南シナ海，インド洋，北西オーストラリア，太平洋西部などの熱帯・亜熱帯に生息する．沖合いの大陸棚と沿岸の砂泥に生息し，水深220〜300 m付近にまでその生息範囲が及んでいる．タイ国で生産されるイトヨリ冷凍すり身の原料には，ソコイトヨリ，ニホンイトヨリ，ユメイトヨリなど7種類が用いられている．イトヨリダイは，肉色が白く，旨味があり，足の強い魚種であるが，坐りやすく極めて戻りやすい．東南アジアでは，フィシュボールの原料として使われる．

キントキダイ（スズキ目キントキダイ科）　キントキダイ（*Priacanthus macracanthus*; red bigeye）のすり身をタイ国でキンメダイ冷凍すり身と呼ばれていた．キントキダイは，わが国南部から太平洋熱帯部，オーストラリア，インド洋，紅海に分布する．イトヨリダイに比べ，肉色の白さは劣るが旨味があり，高温坐りで強い足を形成するので，ちくわやかまぼこに使用される．

3）熱帯性魚類

ヨシキリザメ（ネズミザメ目ネズミザメ亜目メジロザメ科）　ヨシキリザメ（*Prionace glauca*; blue shark）の肉質は，水分が多く「水もの」（アオザメ，モウカザメは「硬もの」）と呼ばれ，特に，塩ずり中に空気を抱き込みやすいので，はんぺんの原料として利用される．また，鰭は中華料理用のフカヒレに，骨は医薬品の原料として，皮もベルトやハンドバックの素材として利用される．サメ類の肉には，多量のTMAOや尿素が含まれていて，鮮度低下に伴い細菌の分解作用によってアンモニアを生成する．アンモニア臭は，酢などの酸で消臭することは可能であるが，タンパク質も変性するので注意を要する．またサメはマグロ類と同様に水銀含量に配慮する必要がある．

クロカジキ（スズキ目サバ亜目マカジキ科）　クロカジキ（*Makaira mazara*; Indo-Pacific blue marlin）などの遠洋漁業の大型魚は，1955年ごろには魚肉ソーセージ・ハムの原料として大量に使用されていた．肉色が淡く，旨味もあるので高級魚肉ソーセージ，高級はんぺん，揚げかまぼこなどの原料として使用される．坐りにくく，戻りにくい魚種である．

8・2・2　副資材
1）デンプン

デンプンは，ジャガイモ，コーン，サツマイモ，小麦，米，タピオカなどから作られる．これらのうち，従来から使われているものは，ジャガイモ・サツマイモデンプンである．現在は安価なコーンが大量に輸入され，コーンスターチが生産量のほとんどを占めている．魚肉ねり製品には，主としてジャガイモ（硬くて弾力のあるぷりぷり感），タピオカ（もち感と，粘りの強い食感），コーン（硬くて，弾力に乏しいぼそぼそ感），小麦（しなやかで，ソフト感）などのデンプンが利用される．

ジャガイモデンプン　大部分が北海道で生産されており，工場規模も大きい．原料にはデンプン含有量（17〜19％）の多い農林1号，紅丸，男爵などの品種が用いられる．

ジャガイモデンプンにはタンパク質含量が少なく，白度が高く，さらに製品が均質なため，魚肉ねり製品，医薬品に利用される．また，粘性，糊化後の透明性がよいことから，食品用の外に工業用，加工デンプン用としても使用される．

デンプンの製造法は，原料芋→洗浄→磨砕→ふるいでデンプン乳とデンプン粕に分離する．デンプン乳を水洗式ノズル遠心分離機にかけ，脱水後，フラッシュドライヤーで殺菌を兼ねて乾燥して製品とする．

コーンスターチ　トウモロコシは，米国，アフリカ，アジア各地から輸入して飼料用やデンプン原料として使用される．

コーンスターチは，大量に生産され，品質が一定していて，大部分は糖化原料に使用される．ジャガイモデンプンに比べ，水分，灰分が少なく，タンパク質，脂質が多いが，比較的純度が高く，純白，無臭，吸湿性が低いので食品，製薬，調理用に使用される．また酸や塩類に耐性があるので，繊維，紙類の糊料として用いられ，その他，化工デンプン用やビール用など用途は多岐にわたる．原料にはデントコーンが使用される．

サツマイモデンプン　九州，関東で主に生産され，原料には農林2号，コガネセンガンなどが多く用いられる．ジャガイモデンプンと同様にタンパク質，脂質含量が低く，加工適正に優れている．製造方法はジャガイモとほぼ同様である．主に水あめ，ブドウ糖製造に用いれられ，魚肉ねり製品やビールにも利用される．

小麦デンプン　小麦デンプンは古くから利用されていて，製造の際にグルテンを得ることができる．

小麦デンプンは，原料の小麦の品質が一定していないため，均質な製品を得ることが困難であり，比較的利用しにくい．デンプン糊の性質は，粘度が低く，攪拌しても均一な粘度を保つので，糊料として繊維工業で利用される．ゲル特性から弾力性をあまり要求しない関西向けのかまぼこやねり製品に多く使用される．

デンプンの糊化に及ぼす各種条件の影響　デンプンの糊化は，デンプン粒の吸水，膨潤，崩壊によって進行する．その変化の過程をアミログラフ（図8・2）と，そのときのデンプン粒子を写真で示す（図8・3）．これらの変化を促進する因子として加熱温度，攪拌力，加熱速度，糊の粘度などがある．これらの条件を選定するのに，濃度，加熱または冷却速度，攪拌力など一定条件下で粘度が測定できる記録式の連続粘度測定装置ブラベンダーのアミログラフ，ビスコメーターなどが用いられる．デンプンのゲル形成には，加熱条件，加熱温度と時間，デンプン濃度などが重要である．一般に　コーン＞ジャガイモ＞小麦　の順にゲル形成は弱くなり，タピオカやモチデンプンは12%濃度でも糊化しない．

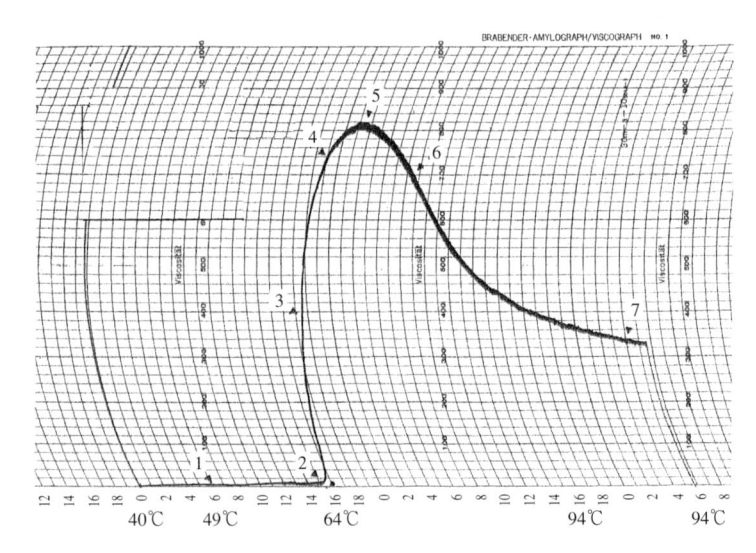

図8・2　デンプン粒のアミログラフ（松谷化学工業（株）提供，2001）

2）卵　白

卵白は粘度の高い濃厚卵白と粘度の低い水溶性卵白から成り，水溶性卵白は外水溶性卵白と内水溶性卵白とに分けられる．全卵白に対するこれらの割合は，

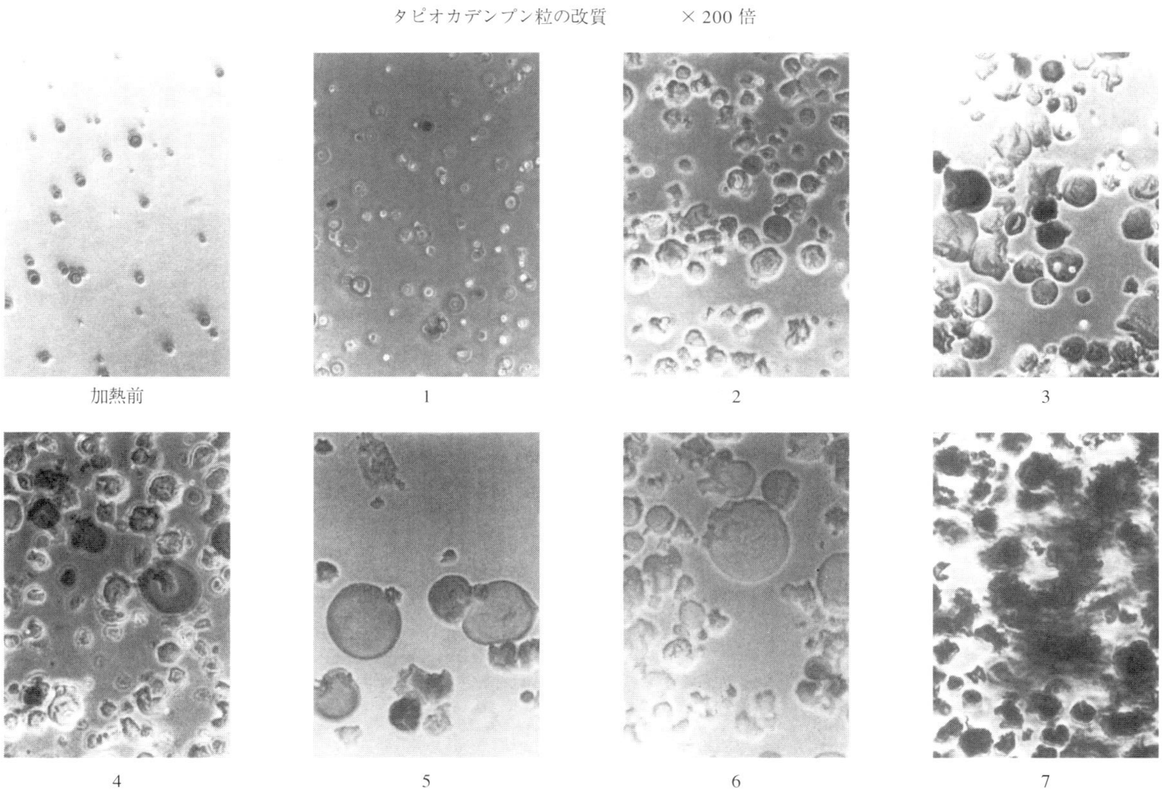

8·2 原料 213

図8·3 アミログラフ分析中におけるデンプン粒の変化の写真（松谷化学工業（株）提供，2001）
（図中の数字1～7は，図8·2のアミログラフ図で示した．）

外水溶性卵白が 25％，濃厚卵白が 50〜60％で，残りは内水溶性卵白である．卵白の一般成分は，水分 88％，タンパク質 10.4％，脂質こん跡，糖質 0.9％，灰分 0.7％である．卵白タンパク質は，オボアルブミン，コナルブミン，オボムコイド，リゾチーム，オボムチン，フラボプロテインなどから成る．卵白は 56℃から凝固が始まり，66℃で大部分が，80℃で完全に凝固する．

各種加工卵の足の補強効果は，①生卵白と冷凍卵白に差はほとんど見られないが，歯切れや光沢で生卵白が優れている，②生濃厚卵白と生水溶性卵白には大差はない，③加塩卵白（生卵白からリゾチームを除去し，5％食塩を添加したもので，粘度は低くさらさらしている）は，冷凍卵白に比べて足補強効果が低く，白度も劣る，④殺菌卵白（60℃で 1 分間加熱したもの）は冷凍卵白に比べて劣る．⑤乾燥卵白は，冷凍卵白に比べてやや劣る，などである．

3) 植物タンパク質

大豆タンパク質　大豆タンパク質素材には，粉末状や繊維状，肉様に組織化したいろいろな製品がある．粉末状の製品のうち濃縮大豆タンパク質は，脱脂大豆を微酸性の水で洗って炭水化物を除き，乾燥，粉砕して作る．分離大豆タンパク質は，脱脂大豆から水でタンパク質を抽出して，酸や凝固剤で沈殿分離し，噴霧乾燥して作る．従って，濃縮大豆タンパク質に比べて，においや色が改良され，ゲル化能，乳化能などの機能特性が高い．組織化タンパク質は，濃縮タンパク質をエクストルーダーで高温高圧処理して，多孔質や層状の組織をもたせたものであり，畜肉に似た強い嚙み具合をもち，魚肉ハム・魚肉ハンバーグなどに使用されている．かまぼこなどに粉末大豆タンパク質を利用する場合には，足の補強効果を目的に大豆タンパク質の乳化能を利用して，まずエマルジョンカードを調製する．粉末タンパク質：油：水 ＝ 1：0.5：4 の割合で乳化してから塩ずり身と混合することにより足が補強される．大豆タンパク質は，かまぼこの中では微細な粒子として肉組織中に分散して，デンプンと同様にコンクリート中の砂利のように充填剤として機能する．大量にこのエマルジョンカードを入れると，ソフトな食感に改良でき，色も白く見える．大豆タンパク質の粉末をあらかじめ水和してから添加したり，粉体のまま塩ずり身に添加することにより，それぞれ異なった食感のかまぼこに改良することができる．

小麦タンパク質　小麦粉は水でこねると次第に粘性と弾性が強くなる．これは水でこねている間に小麦タンパク質分子内の S-S 結合が解け，隣接するタンパク質分子と結合して連続したグルテンの網目構造ができることによる．小

麦タンパク質であるグルテンは，グルテニンとグリアジンの2種類のタンパク質で構成される．グルテニンは強い弾性をもっているが伸展性に欠ける．一方，グリアジンはグルテニンとは異なり伸展性に富む．

かまぼこ用には，弾力性は強いが混合しにくい生グルテン（冷凍グルテン）と，混合しやすい粉末グルテンがある．グルテンは80℃以上に加熱しないと足の補強効果は見られないが，100℃以上に加熱する魚肉ソーセージやレトルト加熱製品の足の低下防止に有効である．

4）植物油

植物油脂はヤシやカカオを例外として，オレイン酸（oleic acid）やリノール酸（linoleic acid）などの不飽和脂肪酸が多く，常温では液体である．かまぼこ類への植物油の添加は10〜20%の範囲までは物性に影響することはない．添加用には大豆油，トウモロコシ油，ゴマ油などが，揚げ油としてはてんぷら油（白絞油）やサラダ油が安価なので使用されるが，大豆油，なたね油，トウモロコシ油，ゴマ油なども風味付けのために使用される．

5）調味料

ねり製品の品質の良否は，外観（形態，表面の状態，包装の良否），足（弾力の程度，歯切れのよさ），香味（原料の旨味，調味料や香辛料の調和の程度）によって決まる．特に足はねり製品の重要な品質であるが，味がよいことも基本的な要点である．

旨味はグルタミン酸（glutamic acid）とヌクレオチド（イノシン酸 inosinic acid，グアニル酸 guanylic acid，アデニール酸 adenylic acid など）の相乗作用によって醸し出される．各種アミノ酸，有機酸，糖類などの呈味成分の作用により，それぞれの味が構成され，更に脂質，タンパク質，グリコーゲンなどによって味がまとめられる．

現在，ねり製品用の化学調味料として広く使用されるのは，グルタミン酸ナトリウム，イノシン酸ナトリウム，混合アミノ酸調味料，コハク酸ナトリウムなどである．天然調味料としては，各種魚介類エキスや魚醤油などが，また酒類調味としてみりん，酒類もよく使用される．

6）その他の足補強剤

足の補強効果を目的に使われる食品添加物には，タンパク質の溶解促進剤としてアルカリ塩類や重合リン酸塩類，網目構造強化剤としてアスコルビン酸製剤，カルシウム塩類及びトランスグルタミナーゼ（transglutaminase, TGase）

などがある．

　塩ずりにおける筋原繊維タンパク質の溶解性はpHに著しく依存し，等電点（pH5〜6）のときタンパク質の溶解性は最低となり，それよりアルカリ性側ではpHが高くなるほど溶解性は増加する．pH6.5〜8.0の範囲では溶解性が増大するため，かまぼこのゲル強度も高くなる．pHの調整には，食品添加物である水酸化ナトリウム，重炭酸ナトリウム，リン酸ナトリウム，クエン酸ナトリウムなどのアルカリ塩類が使われる．

　また，ねり製品によく使用される重合リン酸塩は，ポリリン酸，ピロリン酸，トリポリリン酸，ヘキサメタリン酸などのナトリウム塩である．ピロリン酸塩はpHを高めるばかりでなく，アクトミオシンをミオシンとアクチンに解離する作用があり，足の増強効果を高める．しかし，グチ，イトヨリでは，肉糊の流動性が増すことにより加熱中に垂れて変形し，製品にならなくなることもある．

　アスコルビン酸は，タンパク質のSH基を酸化してポリペプチド鎖間にS-S結合をつくり網目構造を強化する．また，塩化カルシウム，炭酸カルシウム，乳酸カルシウム，焼成カルシウム（酸化カルシウム）などを添加すると塩ずり身の坐りが促進される．すなわち，＋の荷電をもつカルシウムイオンによってポリペプチド鎖間に架橋（crosslinking）ができ，坐りが促進されると考えられる．

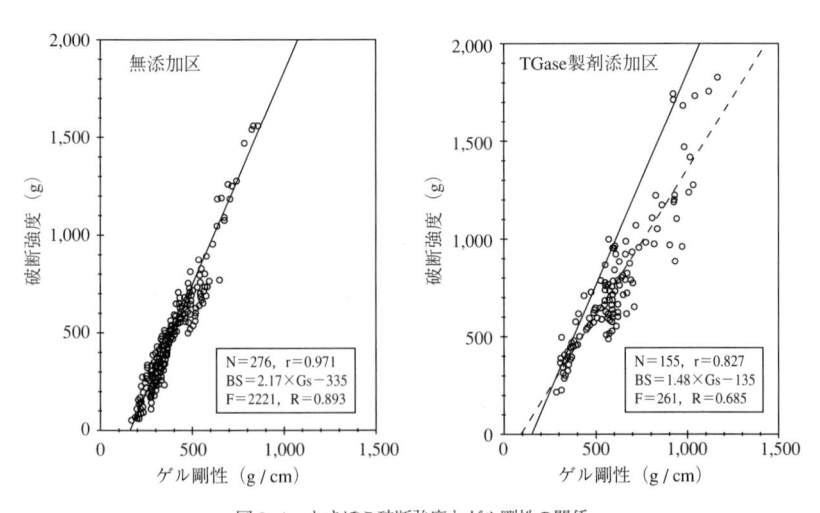

$$-COO^-\ \cdots Ca^{++}\cdots\ ^-OOC-$$

図8・4　かまぼこ破断強度とゲル剛性の関係

(阿部，1996)

カルシウムの坐り促進効果には，電気的な架橋という直接作用のほかにTGase を活性化させる間接的な作用も関係している．TGase は，グルタミン残基の γ-カルボキシルアミド基とリジン残基の ε-アミノ基との間に ε-(γ-glutamyl) lysine を形成する反応を触媒する酵素で，ポリペプチド鎖間にイソペプチドの架橋を作る．この TGase 酵素は，植物や動物の各組織に広く分布し，魚肉や冷凍すり身にも含まれていて，坐りにも関与していることが明らかにされている．しかし，市販 TGase（微生物起源の BTGase）は，天然食品添加物として認められているが，図 8・4 に示すように，かまぼこに使用するとゲル剛性が大きくなり，従来の品質と異なり変形に際してもろい食感となる．

8・2・3 冷凍すり身
1) 製造法

魚肉すり身は，原料魚の頭部・内臓などを除去してから採肉機で落し身を採取し，これを 2～5 倍量の水で晒し，脂，血液，水溶性タンパク質などを除く操作を数回繰り返した後，脱水し，そのままか，または糖類などを加えて混合し調製される（8・3・2 参照）．この魚肉すり身を凍結したものが冷凍すり身である．すなわち，冷凍すり身は，魚肉筋原繊維タンパク質を水晒しによって精製し，糖類を加えてタンパク質の冷凍変性を防止したねり製品などの原料素材である．冷凍すり身の製造工程を図 8・5 に示す．魚肉すり身の製造を専業とする場合には営業許可が必要である．しかし，魚肉すり身及び冷凍すり身の場合は，その製造工程中に加熱操作を伴わないので，魚肉ねり製品の成分規格から大腸菌群（coliform bacteria）の規格及び製造基準から殺菌の基準が適用除外される．また，添加物の使用基準では，ソルビン酸及びソルビン酸カリウムが，魚肉ねり製品に使用することが認められているが，魚肉すり身には認められていないなど魚肉ねり製品の基準と異なる．

次に，全国すり身協会が示したスケトウダラ冷凍すり身の製品説明の一例を紹介する．

   製品の名称：冷凍魚肉すり身
   原材料名：スケトウダラ，砂糖，食塩，水
   添加物の名称：ソルビトール，リン酸ナトリウム
   容器包装：個包装；ポリエチレン，梱包資材；段ボール
   製品の規格及び特性：1 枚の重量；10 kg，梱包の重量；20 kg
   賞味期限及び保存方法：賞味期限；〇年，保存方法；－18℃以下

輸送方法：−18℃以下で運搬する．
利用方法：魚肉ねり製品の主原料として利用され，副原材料とともに，

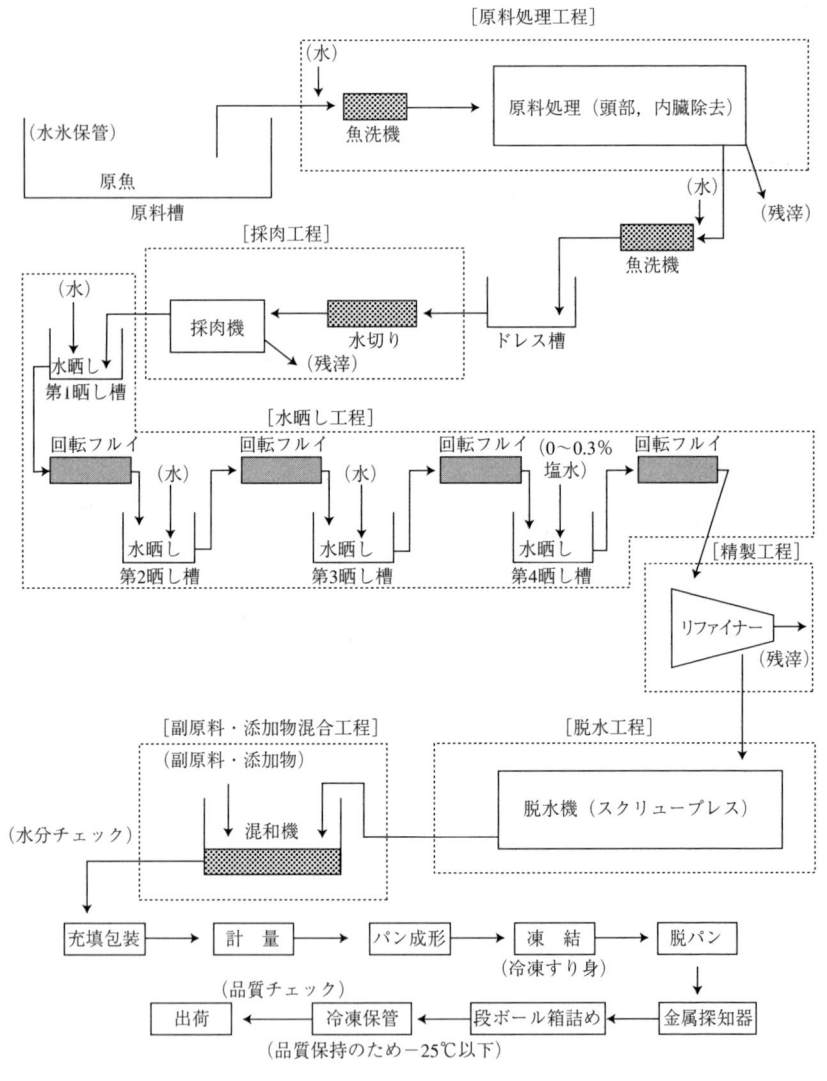

図8・5　冷凍すり身工程フロー図
（魚肉ねり製品HACCP研究班，2001）

製造加工工程において十分加熱処理され製品となる．

販売対象の製造業者：魚肉ねり製品製造業者（消費者）

表示上の指示：−18℃以下に保管する．

2）無塩すり身と加塩すり身

冷凍すり身には，食塩を加えない無塩すり身と，食塩 2.5％を加えて塩ずりして作る加塩すり身とがある．無塩すり身は，1959 年ころ北海道水産試験場の西谷らによって，耐凍性の弱いスケトウダラの冷凍変性（freezing denaturation）を防止する技術開発の結果として開発された．一方，京都大学の池内，清水らも同じころ，エソを用いて耐凍性のある冷凍加塩すり身を開発している．

加塩すり身は，開発当初には需要も多く特に細工かまぼこ用として使用されたが，最近では無塩すり身の需要に押され生産量は少ない．加塩すり身は半解凍状態のまま低温で擂り上げるのは困難である．加塩すり身は解凍後の温度が高いと坐りの状態となりやすいため，だれを嫌う細工かまぼこに最適である．弾力のある良質の物性を得るためには，塩ずりをマイナスの温度下で行うことにより坐り現象を避けるのがポイントとなる．

3）糖の効果

冷凍すり身に用いられる添加物は，魚肉の貯蔵や加工中に起こるタンパク質の変性に影響を及ぼす．大泉（1991）は，不安定な条件下にある筋原繊維タンパク質の変性を阻止し，安定化を図ることを目的として，変性に及ぼす各種糖類，アミノ酸，有機酸類，エキス類などの添加物の影響を各種条件下で速度論的に解析している（表 8・1）．その結果，

表 8・1 筋原繊維の熱変性と冷凍変性に対する糖類，アミノ酸類及びカルボン酸類の保護効果の比較

添加物	保護効果（$E = \Delta \log K_{D/M}$）	
	熱変性	冷凍変性
ラクチトール	1.04	10.8
シュクロース	0.77	6.2
ソルビトール	0.70	5.3
グルコース	0.67	6.7
マルトース	0.63	5.3
マンニトール	0.51	0
グルタミン酸 Na	1.04*	10.0
アスパラギン酸 Na	0.74*	—
グリシン	0.50	3.0
アラニン	0.50	
リジン	−0.75	
ヒスチジン	−0.90	
ギ 酸 Na	0.15	1.3
酢 酸 Na	0.25	2.1
コハク酸 Na	0.50	7.0
酒石酸 Na	0.60	8.0
グルコン酸 Na	0.84	8.9

* : 0～0.75M　　　　　　　　（大泉，1991）
E ：保護効果
K_D ：Ca-ATPase に変性速度
M ：添加物の濃度

糖類は分子構造中に OH 基が多いものほど保護効果が強い傾向にあること，分子構造中に複数の COOH 基を有するグルタミン酸，アスパラギン酸，クエン酸及びグルコン酸などの Na 塩が強い保護効果を示すこと，一方，塩基性アミノ酸であるヒスチジン，リジンは変性を促進する傾向があることなどが明らかにされた．

筋原繊維タンパク質の熱変性，冷凍変性に対する糖類やアミノ酸などの保護効果は，これらの添加物が筋原繊維タンパク質に直接働きかけるためではなく，周囲の水の構造性を強めることによってもたらされるものと考えられる．

4）世界のすり身の生産動向

冷凍すり身は，わが国をはじめ北米，南米，ロシア，東南アジアなど世界各地で，スケトウダラ，ホキ，ミナミダラ，チリマアジ，ヘイク類，イトヨリ類，グチ類，キンメダイ類などを原料として年間 50〜55 万トンが生産される．わが国の需要量は 35 万トンであるが，生産量は 10 万トンで約 63％が輸入に依存している．表 8・2 にすり身原料魚の種類と世界の主な漁場を示す．

　日　本　　主にスケトウダラ，ホッケ冷凍すり身をトロール船と北海道の陸上工場で年間約 13 万トンを生産している．

　米　国　　スケトウダラ，パシフィック・ホワイティングの冷凍すり身を工船と陸上工場で年間約 23 万トン生産している．なお，パシフィックホワイティングには，粘液胞子虫の酵素が存在するため卵白や牛血漿粉末が使用されていたが，牛海綿状脳症の問題からこれらのすり身が敬遠され，スケトウダラすり身が主体となりつつある．

　ロシア　　スケトウダラ冷凍すり身を工船で生産している．

　タ　イ　　イトヨリ，キンメダイ（キントキダイ），グチ，エソなどの冷凍すり身を中心に陸上工場で年間約 10 万トンを生産している．

　インド　　イトヨリ，シログチ，キグチ，タチウオ，エソなどの冷凍すり身を年間約 1 万トン生産している．

　チ　リ　　ミナミダラ，ホキの冷凍すり身を工船で，アジすり身は陸上工場で生産している．

　アルゼンチン　　ミナミダラ，ホキの冷凍すり身を工船で年間約 6 万トン生産している．

表8・2 すり身原料魚の種類と主な漁場

魚種	用途・特徴	主な漁場
スケトウダラ	かまぼこ,ちくわ,さつま揚げ 洋上,陸上で品質を区別	日本近海,カムチャッカ,オホーツク,アラスカ,ベーリング海
メルルーサ	ちくわ スケトウダラとホッケの中間の性状	大西洋全域,ニュージーランド
ミナミダラ	高級かまぼこ,ちくわ スケトウダラに近い性状で弾力に富む	ニュージーランド,オーストラリア南,アルゼンチン
パシフィック・ホワイティング	ちくわ,さつま揚げ 1989年より輸入	北米西海岸
ホキ	ちくわ,かにかまぼこ,リテーナーかまぼこ 白身で弾力に富む	ニュージーランド,オーストラリア南
ホッケ	ちくわ,さつま揚げ 足が弱く,白度も落る	北海道近海,アラスカ湾
アジ	ちくわ,さつま揚げ 味付けとして使用	日本近海,チリ沖
イワシ	つみれ,さつま揚げ 味付けとしての使用	日本近海
キンメダイ	ちくわ,揚げ物	カナダ沖
イトヨリダイ	かまぼこ,ちくわ,揚げ物 スケトウダラの代替魚種として使用	タイ,インド
シログチ	高級かまぼこ 大きさでランクがあり,独特の弾力と食感	東シナ海,黄海
タチ	さつま揚げ 味付けとしての使用範囲が広い	東シナ海
ハモ	かまぼこ,ちくわ 色が白く「しんじょう」や「はも板」に使用	本州南部,オーストラリア
エソ	かまぼこ,ちくわ 味と独特の食感,九州,山口,四国で使用	日本近海
ヨシキリザメ	はんぺん 気泡性が特徴	太平洋全域

(岡田,1999)

8・3 かまぼこ製造

8・3・1 かまぼこの種類

かまぼこは,使用する素材や配合の組み合わせが多く,成形も自由で,加熱

の手段もあらゆる熱媒体を駆使して作られるため種類も非常に多い．

かまぼこの形態別分類を示すと以下のようである．

形態	製品名
板付き	蒸し板かまぼこ，焼き板かまぼこ，焼き抜きかまぼこ
串つき	ちくわ類，笹かまぼこ
型もの	なんば焼き，梅焼き，厚焼き
巻物	昆布巻き，揚げ巻き，だて巻き，いか巻き，ごぼう巻き
型抜き	さつま揚げ，はんぺん，つみれ，魚河岸揚げ
包装製品	リテーナー成形かまぼこ，ケーシング詰めかまぼこ
組み立て製品	かに風味かまぼこ
細工もの	切り出し，刷り出し，絞り出し，一つもの

また，加熱方法による分類は次のようである．

加熱方法	製品名
蒸 す	蒸し板，簀巻き，昆布巻き，細工かまぼこ
焙 る	ちくわ，笹かまぼこ，焼き抜きかまぼこ
焼 く	なんば焼き，梅焼き，厚焼き，だて巻き
茹 でる	はんぺん，しんじょ，なると，つみれ
揚げる	さつま揚げ（つけ揚げ，てんぷら），いか巻き，ごぼう巻き

かまぼこは，かつては全国各地で漁獲される魚とその土地の嗜好によって作り出された名産品が多く，外観だけでなく，足の質や調味にも地方色が豊かであった．しかし，近年はスケトウダラ冷凍すり身の普及や製造工程の自動機械化が進むにつれ，こうした地方色は急速に失われつつある．

次に，各種かまぼこについて，原料，添加物，規格，賞味期限などの製品概要をまとめて示す．

① かまぼこ

製品名称：魚肉ねり製品（蒸しかまぼこ）

原　料：魚肉すり身（スケトウダラ），食塩，砂糖，卵白，デンプン，発酵調味料，水，空板．

添加物：調味料；グルタミン酸ナトリウム，イノシン酸ナトリウム，グアニ

ル酸ナトリウム，魚介類エキス，保存料；ソルビン酸，ソルビン酸ナトリウム（ソルビン酸として2g/kg），着色料；食用赤色3号，106号．

容器包装形態：個包装；ポリエチレン，ポリプロピレン，梱包資材；段ボール，ガムテープ，セロテープなど．

製品の規格及び特徴：重量；○○g/本，保存料としてソルビン酸を使用，大腸菌陰性．

賞味期限：平成○年○月○日，保存方法；10℃以下．

輸送条件：品温を10℃以下に保つことのできる保冷車を使用し，納入時の製品の中心温度は10℃以下．

喫食または利用方法：直接食用または加熱調理後摂食．

販売を対象とする消費者：子供を含む一般消費者．

表示上の指示：冷蔵庫(0～10℃)に保管し，開封後はなるべく早く喫食する．

② 焼きちくわ

製品名称：焼きちくわ

原　料：魚肉すり身（スケトウダラ，ホッケ，その他），食塩，砂糖，卵白，デンプン，発酵調味料，ブドウ糖，水．

添加物：調味料；グルタミン酸ナトリウム，イノシン酸ナトリウム，グアニル酸ナトリウム，魚介類エキスなど，保存料；ソルビン酸，ソルビン酸ナトリウム（ソルビン酸として2g/kg）．

容器包装形態：個包装（内包装）；三方ピロー包装（ポリプロピレン），梱包資材；段ボール，ガムテープ，セロテープなど．

製品の規格及び特徴：重量；150g/5本，保存料としてソルビン酸を使用，大腸菌陰性，異物を含まない．

賞味期限，輸送条件，喫食または利用方法，販売を対象とする消費者及び表示上の指示：① かまぼこに同じ．

③ はんぺん

製品名称：はんぺん

原　料：魚肉すり身（ヨシキリザメ，アオザメ，スケトウダラ外），食塩，砂糖，卵白，デンプン，発酵調味料，水．

添加物：調味料；グルタミン酸ナトリウム，イノシン酸ナトリウム，グアニル酸ナトリウム，魚介類エキス，増粘多糖類（気泡剤）．

容器包装形態：個包装；四方ピロー包装，ポリプロピレン，個包資材；ボール，ガムテープなど．

製品の規格及び特徴：1枚入り，大腸菌陰性，異物を含まない．

賞味期限，輸送条件，喫食または利用方法，販売を対象とする消費者及び表示上の指示：①かまぼこに同じ．

④ **揚げ物**

製品名称：あげもの

原　料：魚肉すり身（スケトウダラ），食塩，砂糖，卵白，デンプン，発酵調味料，ブドウ糖．

添加物：調味料；グルタミン酸ナトリウム，イノシン酸ナトリウム，グアニル酸ナトリウム，魚介類エキス類，保存料；ソルビン酸，ソルビン酸ナトリウム（ソルビン酸として2 g / kg）．

容器包装形態：包装形態；トレー・ラップ包装，個包装（内包装）；フィルム（ポリエチレン，塩化ビニリデンなど），トレー（ポリプロピレン，ポリスチレンなど），個包資材；段ボール，ガムテープなど．

製品の規格及び特徴：5枚入り，保存料としてソルビン酸を使用，大腸菌陰性，異物を含まない．

賞味期限，輸送条件，喫食または利用方法，販売を対象とする消費者及び表示上の指示：①かまぼこに同じ．

⑤ **かに風味かまぼこ**

製品名称：かに風味かまぼこ

原　料：魚肉すり身（スケトウダラ），食塩，砂糖，卵白，デンプン，発酵調味料，水．

添加物：調味料；グルタミン酸ナトリウム，イノシン酸ナトリウム，グアニル酸ナトリウム，魚介類エキス（カニ，エビ，魚介類エキス），着色料；紅こうじ色素，アナトー色素，コチニール色素，唐辛子色素，クチナシ黄色色素，香料；カニ香料など．

容器包装形態：包装形態；脱気包装，個包装（内包装）；ポリエチレン，ポリプロピレン，トレー；ポリエチレン，化粧包装用；ナイロン＋ポリエチレンラミネート，梱包資材；段ボール，ガムテープなど．

製品の規格及び特徴：140 g / 10本入り，大腸菌陰性，異物を含まない．

賞味期限，輸送条件，喫食または利用方法，販売を対象とする消費者及び表

示上の指示：① かまぼこに同じ．

⑥ だて巻き

製品名称：だて巻き

原　料：魚肉すり身（グチ，スケトウダラ），全卵，砂糖，発酵調味料，デンプン，食塩，水．

添加物：調味料；グルタミン酸ナトリウム，イノシン酸ナトリウム，グアニル酸ナトリウム，魚介類エキス，増粘多糖類（気泡剤）．

容器包装形態：包装形態；四方ピロー包装，個包装；ポリプロピレンなど，個包資材；段ボール，ガムテープなど．

製品の規格及び特徴：1枚入り，大腸菌陰性，異物を含まない．

賞味期限，輸送条件，喫食または利用方法，販売を対象とする消費者及び表示上の指示：① かまぼこに同じ．

8・3・2　一般的製造法

原料魚から肉を採取し，水晒し（leaching）により精製後，食塩を添加し摺潰してすり身（fish meat paste）を調製する．かまぼこは，このすり身に副原料を加えて混合し，各種形状に成形した後，加熱して製品化する．その工程と製造装置を図8・6に示す．

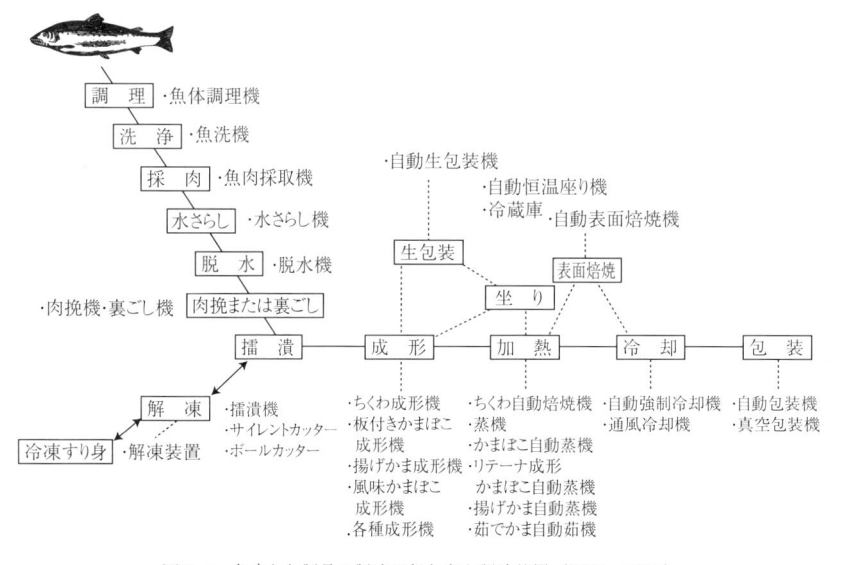

図8・6　魚肉ねり製品の製造工程と主な製造装置（岡田，1987）

すり身は次の工程に従って調製される．

1）原料魚の処理

魚類は鮮度低下が速く，魚肉タンパク質が変性（denaturation）しやすいので，原料魚は低温（氷蔵，冷蔵庫保管）に保ち，迅速に処理することが必要である．魚体から肉を採取するには，包丁で頭及び内臓を除去する必要があるが，大量処理の場合には魚体処理機が用いられる．調理後の魚体は，十分に水洗して粘液，鱗（うろこ），血液，内臓の破片などを除去する．魚洗機や除鱗機なども用いられる．

2）採　肉

一般に，連続的に採肉ができるロール式採肉装置が使われる．調理した魚体を直径 3.5～5.0 mm の多数の細孔をあけた網目状の金属ドラム上で，合成樹脂製ベルトにより圧延して細孔を通過した軟らかい肉質のみを集め，骨，皮，筋，鱗などをドラムの外側に残して分離する．最初，圧力を弱くして採肉すると，異物の混入が少ない落し身（minced fish meat）が得られ，一番肉として高級品の製造に向けられる．さらに，圧力を高めてもう一度採肉機にかけて二番肉をとり，色調が問題にならない製品に向けられる．

3）水晒し

採肉機で分離した落し身には，皮下脂肪，血液，臭気成分などが含まれているので，水でよく洗って異物を除去し，筋原繊維タンパク質を精製する．この工程を水晒しという．落し身に対して約 2.5 倍から 5 倍量の水を加えてよく攪拌した後，静置して上澄液を傾斜して流す．再び水を加えて水洗する操作を数回繰り返す．洋上すり身の製造では，通常，落し身に対し 1.5～5 倍程度の水で一次晒し，二次晒しの 2 回の水晒し後脱水する．船上では，多量の水を使用することが困難であることと，鮮度が良好なため色調やにおいを改善する必要が少なく，落し身に対して数倍程度の水による水晒しでも水溶性タンパク質の除去が可能であるためである．この工程では，エキス成分（extracts）などの旨味成分ばかりでなく水溶性タンパク質も流出するため，歩留りも悪くなる欠点がある．しかし，水晒しはねり製品の色調やにおいを改善するだけでなく，製品の弾力を著しく増強する効果がある．さらに，冷凍すり身（frozen surimi）の製造工程では，魚肉タンパク質の冷凍変性を防止するため，水晒しによる水溶性成分の除去は不可欠である．

4） 脱　水

水晒しの終わった肉を加圧して過剰の水分を除くため脱水する．脱水には，油圧式圧搾機や遠心分離機などのバッチ式とロータリースクリーンやスクリュープレスによる連続式がある．膨潤した晒し肉の水分を脱水により80％以下に下げるため，最終の晒し用水に塩類（0.3～0.5％）を添加して脱水効率を高める．脱水中には，かなりの圧力がかかり肉温が上昇するので，その防止策を講じる必要がある．

5） 擂　潰

ねり製品製造における最も重要な工程である．まず，肉片などの組織を破壊し，微細で均一の大きさに調えるために晒し身を擂潰し細分化する．これを空ずりという．次に，食塩を添加して均一に分散させるための粗ずり（塩ずり）を行う．最後に副原料を加えた本ずりの3区に分けて擂潰が行われる．塩ずりで食塩が均一に浸透するように，より微細で均質な状態にすることが理想である．

粗ずりでは，使用する擂潰装置によって食塩の添加方法が異なり，石臼式擂潰では，食塩を均一になるよう少量ずつ数十回に分けて加え，攪拌効率を高めている．一方，サイレントカッターのような高速攪拌機の場合には，空ずり，本ずりに分けず，原料肉に食塩や副原料を同時に添加して混合する．本ずりでは砂糖，デンプン，化学調味料，みりんなどをあらかじめ水に溶かしてから添加する．添加水は擂り上がり温度に合わせて冷却して使用する．なお，ゲル化を促進するカルシウム剤やつや出しを目的とする卵白はなるべく最終段階で加える．

擂潰工程における攪拌効率は，使用する擂潰機によって異なる．高速攪拌などでは攪拌効率は優れていても，塩ずり原理に基づいた3段階に区分けして攪拌した製品のほうが明らかに品質的によい．また，高速攪拌機使用では，摩擦熱や，室温によって肉温が上昇し，魚肉タンパク質の変性が促進される．肉温の上昇防止に十分配慮する必要がある．特に魚肉タンパク質の変性は，魚の温度安定性に依存するから，使用魚種によって攪拌条件を調整する必要がある．

6） 成　形

塩ずり工程によって得られる粘稠な肉糊は，それぞれの製品の形態に応じた形状に成形され，加熱される．ねり製品の成形は，従来，手付包丁を用いて人手で行われていたが，現在ではそれぞれの製品に応じた成形機が開発され自動的に行われている．

7) 加 熱

加熱も擂潰と同様にねり製品の製造上重要な工程である．加熱の目的は，粘稠な肉糊（ゾル）の弾力があるゲルへの変換と魚肉中に含まれている微生物の殺菌にある．

食品衛生法の魚肉ねり製品製造基準には，「10℃以下で保存流通する一般製品では75℃以上で，常温流通するケーシングかまぼこ，魚肉ハム・ソーセージでは製品の中心温度が120℃ 4分，または同等以上の殺菌効果のある方法で加熱しなければならない」とされている．

加熱方法には，蒸す，焼く，茹でる，揚げるの4種がある．これらの加熱効率を上げる手段として，ジュール加熱方式，遠赤外線照射加熱，高周波誘電加熱なども用いられる．

① 蒸 煮　板付けかまぼこの多くが蒸煮方式で加熱されている．小規模には，蒸かご（せいろう）を蒸気釜に乗せて行われる．また，ベルトコンベアやリフトに乗せて蒸気室内を移動する自動蒸し器が開発され使用されている．

② 焙 焼　焼きちくわや焼き抜きかまぼこは焙焼方式で加熱される．以前は，炭火を使う焼き炉を用いたが，現在ではガス炉，電気炉，赤外線ランプなどが用いられる．

③ 湯 煮　はんぺん，なると巻きなどは茹でることにより加熱される．伝熱が速く，温度管理が容易である．

④ 油ちょう　湯の代わりに油を使った加熱方法である．揚げ油には大豆油が多く使われ，西日本ではナタネ油もよく用いられる．油の温度は120～200℃の範囲である．

加熱の終わった製品はなるべく迅速に冷却する．かまぼこは温度が下がりにくく，細菌による二次汚染の危険性があるので注意が必要である．保存や流通は10℃以下が義務付けられている．

なお，冷凍すり身を原料としてかまぼこを製造する場合には，あらかじめ解凍しておいた冷凍すり身の擂潰工程から作業を開始する．

8・3・3　各種かまぼこの製造

各種ねり製品は，主にかまぼこ，揚げかまぼこ，茹でかまぼこ，ちくわ，その他のねり製品で，全国各地の伝統食品として特徴ある独自の製造方法で生産され，現在も受け継がれている．ここでは，名産と呼ばれる各種かまぼこのうち，代表的な製品について紹介する．

1) かまぼこ

　名産といわれるかまぼこは，全国各地で生産され，独特の風味と形態により，各地方の文化と歴史を担っている．蒸しかまぼこは，練り上げたすり上がり身（すり身を塩ずりして副原料を混合した肉糊）を蒸器を用いて加熱したかまぼこの総称で，板付きかまぼこと板を使わないかまぼこがある．一方，表面を焼いてないものを蒸しかまぼこといい，表面に焼き色をつけたかまぼこは，焼きかまぼこと呼ばれている．

　(1) 蒸しかまぼこ：全国各地で生産されるが，板付きかまぼこの代表的な製品に小田原かまぼこがある．板付きかまぼこの一種リテーナー成形かまぼこは，セロファンやプラスチックフィルムで包装後リテーナーに入れて加熱する．加熱後の二次汚染を防止できるので，従来の蒸しかまぼこより保存性がよい．

　板を使わない蒸しかまぼことしては，昆布巻きかまぼこ，赤巻きかまぼこ，簀巻きかまかまぼこ，しのだ巻きかまぼこなどがある．

　小田原かまぼこ　扇形に盛り付けた表面のなめらかな製品である．小田原かまぼこの起源は，約200年ほど前の天明年間といわれる．沿岸で漁獲されたオキギスを主体に，イサキ，カマス，ムツなどを原料として使い，当初はちくわの形態でつくられた．その後150年前の嘉永年間に現在の板付きかまぼこの形態となり，加熱方法も「焼く」から「蒸す」に変わり，小田原かまぼこの原型となった．水晒しにより魚肉を丹念に洗い，くさみや血液，脂肪などを取り除くことによって白く，しわのないきめ細かい外観と弾力のある食感が得られる．現在，全国的に行われている水晒し工程は，小田原かまぼこの製法から発祥したという．

　昆布巻きかまぼこ　富山県の名産である昆布巻きかまぼこは，昆布の上にすり上がり身を薄く延ばして渦巻状に巻いて蒸したものである．古くは地先で漁獲された魚を使ったが，現在ではスケトウダラのすり身が主な原料とされている．板の替りに昆布が使われる．かつて北前船交易が盛んであったころ越中の米を北海道に運ぶ見返りとして昆布が大量に越中に持ち込まれたため，この地の名産となったといわれる．

　簀巻きかまぼこ　すり上がり身を円筒状に成形し，周りを麦わらやストローで巻いて蒸したものである．地方によって，簀巻き，すっぽ巻き，麦わら巻き，つと巻きとも呼ばれる．簀巻きかまぼこは，江戸時代末期に愛媛県の今治地方の鮮魚商が地魚（エソ，グチ，トラハゼ）を原料に作り始めたといわれて

いる．最近では原料魚としてスケトウダラ冷凍すり身がかなり使われるようになった．愛媛県，香川県，島根県などが主産地である．

しのだ巻き　すり上がり身にヒジキ，シイタケ，ニンジン，ゴマなどを混ぜて，油揚げ（揚げ豆腐）で巻いて蒸したものである．キツネが油揚げを好むという「信田の森」の伝説から付けられた名前である．静岡，愛媛県が主産地であるが，愛媛県では揚巻と呼んでいる．

みりん焼きかまぼこ　福井県敦賀地方の名産品で，大正末期から昭和初期にかけて生産され始めた．すり上がり身を板につけて蒸した後，表面を焙り焼きして仕上げる．表面にみりんを塗って焼き上げるため，赤褐色の焼き色がついて，さわやかな香りとみりんの風味に特徴がある．昔は，地先で漁獲されるコダイ，グチ，エソが主力原料であったが，現在ではスケトウダラ冷凍すり身が使われている．

リテーナーかまぼこ　保存性を高める目的で，新潟県の業者によって1960年代に開発された．成形した板付きかまぼこを加熱前に合成樹脂フィルムで包装し，リテーナーと呼ばれる金属製の型枠に入れて蒸気加熱して作られる．加熱後の包装工程が省かれ，微生物による二次汚染が防止できるため，保存性が改善されて広域流通が可能となり，全国各地に広まった．原料にはスケトウダラの冷凍すり身が主に使用され，一部グチのすり身を混ぜて使うこともある．新潟県，福島県などで生産が多い．

（2）**焼きかまぼこ**：エソ，グチ，ハモなどを原料魚として入手できる関西以西に限定された製品である．山口県の仙崎，萩の白焼きかまぼこ，大阪の焼き通しかまぼこは古くから作られ，また，板のない焼きかまぼことして，和歌山県のなんば焼きなどがある．焼き板かまぼこは，炭火，ガス火，電熱などの乾熱による焙り焼きで製造される製品の総称で，加熱温度が高く急速加熱されるので弾力の強いかまぼことなる．

大阪焼きかまぼこ　一般に焼きかまぼこといわれ，古くから関西地方で親しまれている製品である．瀬戸内海で獲れたハモ，グチ，ニベ，モンゴウイカなどが原料であったが，最近では東シナ海の以西底曳き網で漁獲されるものに移っている．すり上がり身を板付けして蒸した後，表面にみりんなどを塗り，焼き炉で表面を焙り焼きして焼き色をつける．兵庫県明石市周辺が発祥といわれる．

白焼きかまぼこ　萩，仙崎が発祥とされ，焼きかまぼこと同様な製造方法で生産されながら，表面に焼き色を付けず白いまま仕上げる．原料には近海で

漁獲されるエソやコダイが使われ，魚本来の味を大切にするため甘さをできるだけ抑え，粘り，弾力ともに強いのが特徴である．すり上がり身を板付けした後，板面の下から直火でじっくりと加熱するため，表面には焼き色が付かないが，坐りの効果による強い弾力が得られる．

焼き通しかまぼこ　大阪焼きかまぼこと同様に古くから関西地方で親しまれ，高級かまぼことして扱われる．昔は，瀬戸内海で獲れたハモを主原料としていたが，その後，漁獲量の減少により以西底曳き網漁のグチにハモを混ぜて作る．すり上がり身を板に付けてから蒸さずにガス火など直火で焙り焼く（焼き通し）．表面に鼈甲（べっこう）模様などの焼き色を付ける点で白焼きかまぼこと異なる．

なんば焼き　紀州田辺（和歌山県田辺市）の名産とされ，江戸時代後期文化文政のころに南蛮焼きの名で本格的に作られていた．この名前の由来は，鉄板を使って焼く方法が南蛮から伝わったとか，南浦寿翁という人が創作したので南浦焼きが訛って南蛮焼きになったとの諸説がある．かつては近海で獲れるエソ，ムツ，トビウオなどを原料としていたが，近年は紀伊水道周辺で漁獲されるエソが原料として使われる．すり上がり身を 10〜12 cm 角の鉄製の容器に流し込み，直火で焙り焼く．身が締まり，弾力が極めて強いのを特徴としている．

2）揚げかまぼこ

揚げかまぼこは，生産量がかまぼこ類の中で最も多く，全国各地で生産されている．原料魚には，地先で水揚げされる鮮度のよいエソ，グチなどが使われるが，イワシ，アジ，ホッケ，スケトウダラなどの冷凍すり身も用いられる．さつま揚げ，白てんぷら，じゃこてんなど地方色に富んだ製品が各地の名産品として作られいる．

つけ揚げ　つけ揚げとは，魚を揚げたものを指す琉球地方の言葉「チキアーゲ」に由来するとされている．関東地方では，さつま揚げ，関西地方ではてんぷら，鹿児島を中心とした九州地方ではつけ揚げと呼んでいる．地元で獲れるエソ，ハモ，グチの外に，底曳き網で獲れるサバ，イワシ，サメなどに豆腐と多量の砂糖を加えてすり上げ，三角形やだ円形，小判形，梅の花形などに成形した後，油で揚げて作られる．ニンジン，ゴボウなどの野菜やエビ，イカ，キクラゲなどをすり上がり身に練り込んだものも多い．

じゃこてんぷら　じゃこてんぷらは，愛媛県宇和島地方の特産で，沿岸で漁獲されるホタルジャコ，ヒメジなどの小魚の頭と内臓を除き，皮や骨付きの

ままミンチにかけ食塩を加えて擂潰し,成形して油で揚げたものである.色はやや黒いが,魚の味が生かされた弾力のある独特の風味と食感をもつ,カルシウム(Ca)など栄養成分が豊富な製品である.皮てんぷらとも呼ばれる.

　いか巻き,ごぼう巻き　つけ揚げの生地に,細長く切ったイカを巻き込んだものである.イカの風味とその食感が好まれる.ごぼう巻きは,同様にゴボウを巻き込んだもので,独特の風味としゃきしゃきとした食感が特徴である.種物としては,エビやウインナー,関西地方ではキクラゲ,コンブ,グリンピースなどを巻いたり,混入したものが多い.

　魚河岸揚げ　豆腐とスケトウダラのすり身を混ぜ合わせて揚げたもので,一般のかまぼこ類に比べて,軟らかくなめらかな食感が特徴である.大豆タンパク質の乳化力を生かした新製品である.

3) 茹でかまぼこ

　茹でかまぼことは,すり身を成形して,85～90℃の湯中で茹で加熱したもので,はんぺん,しんじょ,つみれ,なると巻きなどがある.

　はんぺん　はんぺんの名の由来は,椀蓋に半分ほどすり身をすくったためとか,かつてはんぺんは半円形をしていたため,ちくわの断面に比べて半分であったのが由来ともいわれる.また,はんぺい,はんべい,はへん,あんべいなどいろいろな異名があり,半片,半弁,半餅,鱧餅などの漢字が当てられる.はんぺんは東京の名産であり,おでん種やお吸い物の種とされる.アオザメ,ホシザメ,カスザメ,ヨシキリザメなどのサメ類を主原料として,山芋,調味料,デンプンなどを加えて,空気を抱き込むようにすり上げて熱湯に浮かせて茹でる.ふわふわとして軟らかいが,良品にはしっとりした弾力がある.

　しんじょ　京都の名産であり,白身魚のすり上がり身に山芋と卵白を混ぜて,茹でたもの,または蒸したものである.しんじょの名前の由来は,真薯と書き薯の字は薯蕷すなわち山芋のことであり,約300年前の元禄時代から作られていた.原料魚種により,たいしんじょ,えびしんじょ,はもしんじょ,きすしんじょと呼ばれ,揚げたものは揚げしんじょという.そのままわさび醤油で食べるか,焼いたり,椀種として用いられる.

　つみれ　どこの家でもつくられる典型的な家庭料理で,調製したすり上がり身を摘み取りながら鍋や熱湯中に入れて作るため,「つみいれ」から「つみれ」と呼ばれるようになった.イワシ,サンマ,サバ,小アジなどの赤身魚を使用し,食塩,調味料,デンプンなどを加えてすり上げる.すり上がり身を団

子状に成形して，熱の通りをよくするため中央部にへこみをつける．おでん種や汁物の具，煮物などに使われる．

なると 1846年に出された『蒟蒻百珍』にその名が記載されている．スケトウダラを主な原料として紅白のすり上がり身を調製し，なると巻き成形機により特有な渦巻き模様を作り出す．つらづけといわれる予備加熱後に，波形をしたプラスチック製のすだれに巻いてから湯中で本加熱する．静岡県の焼津市が最大の生産地であり，おでん，茶碗蒸，ちらし鮨や中華料理の具として使われる．

魚そうめん 魚(うお)そうめんは，京都の名産品であり，別名はもそうめんともいわれる．夏の風物詩である祇園祭りのころに旬となるハモは，湯引き，焼き物，はも鍋として使われ，魚そうめんもその一つとして江戸時代に考案された．現在は，ハモの他にグチやスケトウダラも使用される．すり上がり身を，底に小さな孔を開けた筒から熱湯中へところてん式に押し出して，茹でる．そうめんのように冷やして，ユズやワサビを添えて薄味の出し汁につけて食する．

すじかまぼこ 関東地方ですじとは，サメのすじ（筋，軟骨）で作ったかまぼこで，おでん種として用いられるが，関西地方ではあまりみられない．サメのすじを主原料とし，スケトウダラのすり身を加えたすり上がり身を棒状に成形し茹でたものである．軟骨のコリコリとした歯触りが特徴である．

黒はんぺん 静岡県の名産である黒はんぺんは，イワシ，サバなどの赤身魚を原料にして，すり上がり身を薄く半月形に成形して茹でたものである．ややもろく崩れやすいが，魚のもつ独特の風味が特徴である．江戸時代にイワシが豊漁で処分に困って考案されたのが始まりといわれている．Fe，Ca，ビタミンA，タウリン，ドコサヘキサエン酸（docosahexaenoic acid, DHA），エイコサペンタエン酸（eicosapentaenoic acid, EPA）など，原料魚に由来する栄養成分が多く含まれている．

あんぺい 大阪地方で消費量の多いはんぺんの一種である．ハモが主原料でニベ及びシログチも用いるが，サメ肉は20％以下である．すり上がり身をよく伸ばした後，茹でる．半月形で扁平な形状をしたものが多く，吸い物の椀種として用いるか，軽く焼いて醤油をつけて食する．

ケーシングかまぼこ 山口県，兵庫県，福岡県，愛知県，東京都，北海道などで長期の保存に耐える製品として開発された．すり上がり身をケーシングフィルムに詰め，密封，加熱殺菌した製品を「ケーシング詰め普通かまぼこ」

という．原料には，スケトウダラ冷凍すり身やエソなどが使われる．ケーシング詰め特種かまぼこは，ホタテ，カニ，サケ，チーズ，グリンピースなどを種物として混合した製品である．

4）ちくわ

ちくわ（竹輪）には，全国各地に名産があり，生食用の「生ちくわ」と煮込みやおでん種として用いられる「焼きちくわ」に大別される．豊橋ちくわ，野焼き，豆腐ちくわ，黄金ちくわ，いわしちくわなどが生ちくわであり，北海道，東北・北陸地方で作られる冷凍ちくわ（ぼたんちくわ）は焼きちくわである．また，笹かまぼこもちくわ類としてここで扱う．

豊橋ちくわ　1837年に現在の愛知県豊橋市の水産業者が，香川県に金毘羅詣でに出かけた際にちくわ製造の現場を見かけ，これを参考にして作ったのが最初であるといわれる．昔は，三河湾で水揚げされるエソ，カレイ，ハモなどを原料にしていたが，現在ではスケトウダラ冷凍すり身が主原料である．中央部に濃い焼き色が付き両端は白く，やや甘味があるのが特徴である．生ちくわの原型といわれ全国的に普及した製品である．

野焼きちくわ　島根県出雲地方で古くからつくられているトビウオ（アゴ）を原料とした大型ちくわの高級品である．原料魚の塩ずり身にデンプン，ブドウ糖，地元独特の調味酒である自伝酒を加え，鉄くしに巻き付けて焙り焼きして作る．焙り焼きの作業が野外で行われたところから野焼きという名称が生まれた．トビウオのもつ濃厚な旨味と自伝酒の香りがうまく調和した独特の香味に特徴があり，大きな製品は長さ80 cm，重さ1 kgにもなる．

竹つきちくわ　徳島県が主産地であり，古い歴史をもっている．近海で獲れるエソ，ハモ，グチ，イトヨリダイなどが用いられる．天然の青竹にすり上がり身を，1本ずつ手付けして焼いたちくわである．正月のおせち料理や贈答品などに使われる．

黄金ちくわ　明治時代初期に長崎市深堀町で製造されたのが始まりで，長崎県の名産である．焼き色が山吹色であったので，黄金ちくわと呼ぶようになった．東シナ海や長崎近海で獲れるエソを主原料とし，カナガシラ，コダイ，コチ，キグチなどを混ぜ合わせて作られた．現在ではエソの他に，グチやスケトウダラも使用される．焼き皮がちりめんしわで，しなやかな弾力をもっている．そのままで，またはわさび醤油につけて食する．

白ちくわ　関東地方，特に東京が主産地で，おでん種のちくわ麩の原形と

いわれる．なると巻きと同じ時期，明治時代に生産が始まったという．かつてはグチなどの近海魚を使用していたが，現在ではスケトウダラが主原料である．すり上がり身を棒に巻き付けた後，表面を固め，すだれで巻いて茹でる．冷却後すだれを外し，表面を乾燥させ，棒を引き抜いて製品とする．主に吸い物の具とされる．

皮ちくわ　愛媛県八幡浜市と宇和島市が主産地である．昭和初期にかまぼこ職人が仕事の合間にエソの皮をはいで作ったのが始まりという．エソやハモを原料に，かまぼこ用の肉をとった後に残る皮を利用して作ったちくわである．はぎとった皮にすり上がり身と調味料を加えてよく混ぜ，竹棒に何層にも巻きつけてちくわ状に成形し，焙り焼きにする．独特の歯ごたえと，風味豊かな味わいをもつ珍味である．

チーズ入りちくわ　ちくわの穴のなかにチーズを詰めたものと，ちくわの中にリング状にチーズを詰めた2つのタイプがある．チーズ入りに使われるちくわは，豊橋ちくわのような小型のもので，前者にはプロセスチーズが使われ，後者にはカマンベール風味のチーズが使われる．焼き物類とチーズとの相性がよく，ちくわ以外に笹かまぼにダイス状のチーズを混ぜ合わせた製品もある．

ぼたんちくわ　宮城県気仙沼市の水産加工業者により1880年代につくられたという．現在の主な生産地は，宮城県と青森県である．原料はスケトウダラ，アブラツノザメ，ヨシキリザメなどで，すり上がり身をちくわ状に成形し，ボタン状の膨らみを付けながら焼き上げるのが特徴である．このちくわの名前はボタン状の膨らみに由来する．また，当時，販路の拡大を図るため凍結して出荷されたことから冷凍ちくわの別名もある．おでんなど煮込み専用のちくわで，煮込んだ後煮汁を多く吸い込んでふっくらと軟らかくなるように仕上げられている．

笹かまぼこ　宮城県の仙台市，塩釜市，石巻市などの名産品である．明治時代初期にヒラメの大漁が続き，その利用と保存のためにすり上がり身を手のひらでたたいて木の葉形に成形して焼いたのが始まりである．現在では，くしにさして焙り焼きにして作っている．近年ではスケトウダラ冷凍すり身が主原料になったが，高級品はヒラメ，キチジなどの近海魚を原料としている．

5）その他のかまぼこ

伝統的なねり製品は，この他に，コピー食品として国際的に有名なかに風味かまぼこやほたて風味かまぼこ，まつたけかまぼこ，削りかまぼこ，鮮魚カス

テラ，〆かまぼこ，だて巻き，珍味かまぼこ類などがある．慶弔時などに用いられる細工かまぼこは，食材を用いて作られる伝統の技が映えた芸術品である．

削りかまぼこ　愛媛県八幡浜市，宇和島市が主な産地で，かまぼこを削り節のように薄く削ったかまぼこで，貯蔵性を付与した製品である．原料魚のエソが豊富な冬季に，かまぼこを天日で 15～20 日間乾燥し，かんなで削ったのが始まりである．現在では，生産は機械化されている．約 1 ヶ月間の保存が可能である．

だて巻かまぼこ　仙台藩の伊達政宗が非常に好んだことからだて巻きと呼ばれている．原料にはヒラメなどを用い，魚肉すり身：卵黄：砂糖＝1：1：1 を基準に混ぜ合わせたものを長方形の薄鍋に入れて焙り焼きし，竹すだれで「の」の字に巻いて成形する．関西ではの巻きという．正月のおせち料理やうどん，そばの種もの，鮨種にも使われる．

かに風味かまぼこ　1970 年代に新潟と広島の業者により開発された新しいタイプのねり製品で，サラダの具材として海外でも生産されて surimi とともに国際商品となった．製造法は，カニのエキスや香料を混合したすり上がり身を，板状，薄いシート状に成形し，加熱後細かく繊維状に裁断して作る．製品は，3 つの形態に分類される．① かに様に表面を紅色に着色した板状かまぼこを細断して，かに肉の繊維状にした「刻みタイプ」，② 刻みタイプをすり上がり身でつなぎ合わせた「チャンクタイプ」，③ シート状のかまぼこを製麺機で繊維状に細断して，これを収束器で棒状に束ねて表面を紅色に着色した「スティックタイプ」である．いずれもかに足様のみずみずしい食感と風味に人気があり，生食，サラダを中心にさまざまな料理に利用される．

燻製かまぼこ　熊本県牛深市周辺で 1942 年ころ，アジ，イワシ，シイラなどを原料として作ったかまぼこを燻煙で処理したねり製品である．1953 年ころから本格的に生産されるようになり，その後，機械化された．アジを原料としてスケトウダラ冷凍すり身を混合して使用するようになり，燻煙材にマツ材などを使用して高温で燻製にし，真空包装して保存性を高めた製品である．燻煙により魚臭がマスクされ，サラダやサンドイッチの具材として好まれる．

細工かまぼこ　様々な色に彩色したすり上がり身を組み合わせて図柄を作り，装飾効果を楽しむ製品であり，祝儀ものとして用いられてきた．製法によって，① 切り出し，② 刷り出し，③ しぼり出し，④ 一つものに分類される．「切り出し」は，かまぼこのどこを切っても切断面に同じ図柄が現れる．「刷り

出し」は，あらかじめ図柄を切り抜いた型紙を使用して，様々な色に彩色したすり上がり身で描く製品である．「しぼり出し」は，先端に吸い口をつけた円錐形の布袋に色すり身を詰めて，手で絞り出してかまぼこの表面に図柄を描いた製品である．「一つもの」は，かまぼこのすり上がり身を使って塑造し，加熱して作る製品である．

鮮魚カステラ 中国地方の岡山県と広島県，九州地方の福岡県と佐賀県などで大型の鮮魚カステラが作られている．スケトウダラ冷凍すり身を用いて塩ずりしてから，卵黄，デンプン，調味料などを加え，四角の形枠に流し込みオーブンまたは鉄板の上で焼いた製品である．卵黄の混入率を多くし，空気を十分に抱き込ませて混ぜるとカステラ状のふんわりとした食感となる．

まつたけかまぼこ 広島市の特産で，1950年に地元の業者によって開発された．マツタケの形に似せた細工かまぼこは以前からあったが，この製品は，マツタケの香りがするのが特徴で，吸い物の具として利用される．

〆かまぼこ 熊本の業者によって近年開発された製品である．長崎県の天草近海で漁獲されるハモ，グチを原料とし，その上に新鮮な〆サバを貼り付けた製品である．〆サバの風味と食感を損なわずにそのままかまぼこと調和させた独創的な製品である．

8・3・4 かまぼこの品質鑑定

かまぼこの品質鑑定は，色・外観，香り・味，足の3つの特性について行われる．成分分析や物性試験も補助的に用いられるが，熟練者の五感による官能評価（sensory evaluation）に依存しているのが現状である．

1) 色・外観

姿・形が端正であるかどうか，表面のしわの有無やその状態，肌の色・つや，着色と焼き色の具合などを観察する．形状と色調は製品の種類や産地によってそれぞれ固有の特徴があるから，それを知った上で見た目に食欲をそそるものをよい製品とする．その場合，表面のつやの有無を特に注意して観察する．自然のつやがあり，包丁で切った断面にもみずみずしいつやがあれば，足の質も大抵良好である．つやの有無は組織中の水の存在状態と関係があり，火戻りを起こした製品やデンプンを多量に添加したものには光沢が見られない．

2) 香り・味

生ぐさ臭や油焼け（rusting of oil）臭があってはならない．新鮮な魚肉の加熱臭，焙焼製品や揚げものの場合には特有の焦げ臭がみりんや酒など発酵調味

料の香りとよく調和して，食欲をそそるものがよい．

かまぼこの味は，旨味，塩味，甘味の3つが基本味であるが，本来，魚の味を塩味で調えた淡白な味であってよい．甘味の使い方によって各地の特色が現れ，四国，西中国，北部九州は辛口，近畿一円は甘辛，関東は甘口である．製品の種類によっても調味に特徴があるが，3つの基本味がよく調和しているものがよい．

3）足

足はかまぼこの命といわれ，品質鑑定の3つの特性のうち最も重視される．食感からみた足の構成要素は「硬さ」，「弾力」，「歯切れ」，「きめ」，「粘り」，「しなやかさ」などである．これらの食感を総合し，嗜好に照らして好ましいかどうかを判断し，足の良し悪しを判定する．

外観や香味と同様，足にも地方色があり，原料魚の種類や製法によってそれぞれの個性が出る．例えば，板付きかまぼこでも「小田原式蒸しかまぼこ」はきめが細かいぷりぷりしたはち切れそうな足，「山口式焼き抜きかまぼこ」は硬くて強じんな足，「大阪式焼き板かまぼこ」は硬さ，弾力，歯切れのどれも中庸の足，「宇和島式焼き抜きかまぼこ」はややきめの粗い素朴な感じの足が特徴である．従って，足が強ければ強いほどよい製品というわけではない．その種類にふさわしい強さと粘りがある足がよいとされる．

8・3・5　かまぼこの変敗

食品が微生物によって分解され，食品本来の性質が損なわれ，不可食化することを腐敗と呼ぶ．魚介類のようにタンパク質やアミノ酸が豊富な食品は細菌の作用を受けると，アンモニアや硫化水素など種々の悪臭成分を生じる．海産魚ではトリメチルアミン（trimethylamine，TMA）のような特有の腐敗生産物も増加する．変敗の指標として，生菌数や腐敗生産物のアンモニアを主体とする揮発性塩基窒素，トリメチルアミン量などが測定される．

ねり製品の腐敗や食中毒の原因となる微生物には，家畜，魚介類，果実，野菜などの原料動植物にもともと付着している一次汚染微生物と加工流通の過程で二次的に付着した汚染微生物とがある．一次汚染微生物は，水圏か底土の微生物の影響を大きく受けるが，二次汚染微生物は範囲を特定しにくく，加工品の副原料をはじめ，工場内の空気や用水，製造用機器などの外，作業者の衣服や手指などに由来するものがある．これらの微生物は増殖の速度や変敗の様式が異なるので，加熱条件や加熱前後の包装条件によってねり製品の変敗の様相

は大きく相違する．

1) 簡易包装製品の変敗

加熱前の塩ずり身に存在する細菌は通常 $10^3 \sim 10^7$ / g で，かまぼこを中心温度が75℃で10分程度加熱してもその10%程度は生き残る．これらの細菌のほとんどは好気性の耐熱性細菌芽胞である．無包装製品で起こる変敗の最初の兆候はネトの発生である．ネトは表面にできる透明で微酸性の水滴状のものである．これは乳酸菌の一種である *Leuconostoc mesenteroides* がショ糖を分解，重合して作るデキストラン（dextran）という多糖類で，それ自体は無害である．赤いネトは梅雨期によく発生するが，原因は *Serratia marcescens* という腸内細菌の一種で，きわめて繁殖力が旺盛なため，一夜にして製品の表面に鮮やかな赤色の斑紋が発生する．ネトの段階を過ぎると赤橙色，黄色，灰白色など不透明なバター状物質が生成し，悪臭を発するようになるが，これには *Micrococcus*, *Streptococcus*, *Flavobacterium*, *Bacillus* などの細菌が関係している．また，デンプン含量の多い製品や表面に水分の少ない製品には *Aspergillus*, *Penicillium*, *Mucor* などのカビ類の繁殖が優勢になることがある．

2) 包装製品の変敗

包装かまぼこ類は，ほとんど10℃以下で保存，流通されるので，通常は1ヶ月間，変敗の虞はないが，保存温度が上昇すると変敗する．その兆候は多くは内容物の表面に現れ，気泡，斑点，軟化が主で，*Bacillus cecereus*, *B. licheniformis*, *B. subtilis*, *B. coagulans*, *B. polymyxa*, *B. circulans* などが原因菌とされている．

ねり製品の変敗を防止するには，①加熱直後に生き残る細菌数をできるだけ少なくする．そのためには原材料の細菌汚染を極力防止する．②二次汚染の機会を減らし，③低温に保存して付着細菌の増殖を遅らせることが重要である．

8・4 魚肉ハム・ソーセージの製造

魚肉ハムは，マグロやカジキなどの肉片に食肉や豚脂などのブロック肉と魚のすり上がり身を混合し，ケーシングに詰め，両端をアルミワイヤーで結紮して加熱したものである．魚肉ソーセージは，スケトウダラ，アジ，マグロなどの挽き肉に植物油または豚脂などの油脂と香辛料を加えて練り合わせ，魚肉ハ

ムと同様にケーシングフィルムに詰めて加熱したものである．以下に製造方法を示す．

8・4・1 魚肉ハム

魚肉ハムは，畜肉のプレスハムに相当するものである．マグロなどの魚肉片を 2 cm 角に細切して精製ラードとつなぎ用冷凍すり身を加え，さらに食塩（3～4％），亜硝酸塩，砂糖，グルタミン酸ナトリウム，香辛料，燻液などを加えて冷蔵庫内で漬け込む．この操作を塩漬け（curing）という．漬け込み終了後デンプンなどの副原料や添加物を加えてミキサーでよく混合し，スタッファーでケーシングフィルムに詰めて加熱殺菌する．日本農林規格（Japan Agricultural Standard, JAS）規格では，魚肉の肉片の割合は 20％以上，つなぎ肉は 50％未満，植物タンパク質は 20％以下，デンプンは 9％以下とされている．つなぎ肉には，クロカジキが使用されていたが，現在ではスケトウダラ冷凍すり身が主として用いられる．マグロをそのまま加熱するとミオグロビン（myoglobin, Mb）が酸化して濃い茶褐色の製品となり肉色が損われる．あらかじめ，亜硝酸塩処理により Mb をニトロソミオグロビン（nitric oxide myoglobin, MbNO）へ誘導しておくと，肉色は加熱してもピンク色に保持される．

加熱処理はレトルト殺菌（加圧加熱殺菌）によるが，径の太いものは 90～95℃の熱湯中で殺菌した後，スライスして真空包装し，再び 120℃で 4 分間相当の加圧加熱殺菌をする．水分活性 a_w が 0.94 以下または pH4.5 以下の製品は常圧殺菌でよい．いずれの製品も常温流通が許可されている．

以下に，魚肉ハムの製品概要を示す．

製品名称：品名；魚肉ハム，種類；高温殺菌製品．

原料の名称：肉片；マグロ，豚肉，植物タンパク質（小麦），魚肉；スケトウダラ冷凍すり身，アジ冷凍すり身，ホッケ冷凍すり身，結着剤；デンプン（馬鈴薯，コーン），植物タンパク（小麦，大豆），ゼラチン，卵白，その他；精製ラード，砂糖，食塩，エキス，香辛料．

添加物の名称：調味料；グルタミン酸ナトリウム，リボ核酸ナトリウム，保存料；ソルビン酸（ソルビン酸カリウム），発色剤；亜硝酸ナトリウム，着色料；赤色 106 号．

容器包装の形態：形態；ロケット型の製品をピロー包装したもの，内装フィルム；塩化ビニリデン（PVDC），結紮部；アルミ（両端），外装紙；ポリプロピレン（PP）．

製品の規格及び特性：重量；120 g，荷姿：50 本／箱，デンプン含有量；9％以下（JAS），加熱殺菌；120℃×4分（中心温度）以上，大腸菌群；陰性，ソルビン酸；2 g / kg 以下，発色剤；残留亜硝酸根 0.05 g / kg 以下．

賞味期限及び保存方法：賞味期限；常温で3ヶ月，保存方法；直射日光を避け常温または冷所で保存．

輸送条件：常温流通可能．

喫食または利用方法：内包装をはがしそのまま食するか，加熱調理して食する．

販売の対象とする消費者：消費者一般．

表示上の指示：①フィルム開封後はラップに包んで冷蔵庫で保存し，早めに喫食を指示．②電子レンジで温める場合は，フィルムをはがしてラップに包んでから温める．③包装に使用している金属クリップ及びフィルムを歯で噛み切ることを禁止．④賞味期限内での喫食を指示．

8・4・2 魚肉ソーセージ

魚肉ソーセージは，魚肉に油脂と洋風香辛料を加えて作られるソーセージ風ねり製品で，耐熱性，バリア性に富むケーシングフィルムに充填密封した後，高圧加熱殺菌したものである．この種の製品は，1935 年代から各地で開発が行われていたが，企業化されたのは，耐熱性でバリア性に富む塩酸ゴムケーシングと殺菌料ニトロフランが開発され，使用が禁止になった1952 年ころまでで，常温で長期間保存可能なねり製品として脚光を浴びた．1955 年代に入って塩化ビニリデンケーシングフィルムと自動結紮機の開発によって量産化が可能となった．1965 年代に入るとマグロ類の魚価の高騰から，原料はスケトウダラ冷凍すり身に依頼するようになる．殺菌料はニトロフランに代わって AF-2 が許可されていたが，1974 年に使用が禁止されたため，保存性を確保するため殺菌には加圧加熱殺菌法が導入され，レトルト殺菌食品として流通するようになった．

原料としてかつてはマグロ，カジキ，アジなどの赤身魚と鯨が用いられたが，現在では，主にスケトウダラ冷凍すり身に依存している．副原料としては，豚脂身，デンプン，小麦タンパク質，大豆タンパク質などである．JAS 規格が定める配合基準は，魚肉50％以上，植物タンパク質20％以下，デンプン10％以下である．

原料魚及び副原料をサイレントカッターか，高速攪拌機で破砕・混合してから自動結紮機を用いて塩化ビニリデンケーシングフィルムに充填して密封する．貯湯式レトルト殺菌装置で（加圧下 120～125℃で 20～25 分間加熱）殺菌する．加熱後，冷却する．製品概要は以下のようである．

製品の名称：品名；魚肉ソーセージ，種類；高温殺菌製品．

原料名称：魚肉；スケトウダラ冷凍すり身，アジ冷凍すり身，ホッケ冷凍すり身，結着剤；デンプン（馬鈴薯，コーン），植物タンパク質（小麦，大豆），ゼラチン，卵白．

添加物の名称及び容器包装形態及び材質：魚肉ハムに同じ．

製品の規格及び特性：重量；95 g，デンプン含有量；15％以下（JAS），DHA；200 mg / 100 g 以上，加熱殺菌；120℃×4 分間（中心温度）以上，大腸菌群：陰性，ソルビン酸；2 g / kg 以下，発色剤；残留亜硝酸塩（NO_2）0.05 g / kg 以下

賞味期限及び保存方法，輸送条件，喫食または利用方法，販売の対象とする消費者及び表示上の指示：魚肉ハムに同じ．

なお，魚肉ハム・ソーセージは，主に間食用やおつまみ用とされてきたが，今後は保存料など無添加で素材の味を生かし，DHA などを強化して健康機能性をアッピールする製品を開発することで差別化を図り，製品市場を拡大することに期待が寄せられている．

(加藤　登)

引用文献

阿部洋一（1996）：東京水産大学学位論文, 1-106.
魚肉ねり製品 HACCP 研究班編著（2001）：HACCP；衛生管理計画の作成と実践（魚肉ねり製品実践編）追補版, 5.
橋本昭彦・小林章良・新井健一（1982）：日水誌, **48**, 671-684.
岡田　稔（1987）：魚肉ねり製品（岡田・衣巻・横関編），恒星社厚生閣, 169-212.
岡田　稔（1999）：かまぼこの科学, 成山堂書店, 73-116.
大泉　徹（1991）：添加物による制御, 水産加工とタンパク質の変性制御（新井健一編），恒星社厚生閣, 48.
志水　寛（1991）：ねり製品加工, 水産加工技術（太田冬雄編），恒星社厚生閣, 128-149.

参考資料

新井健一（1994）：タンパク質, 現代の水産学（日本水産学会出版委員会編），恒星社厚生閣, 272-

278.
新井健一・山本常治（1987）：冷凍すり身，日本食料経済社.
岩井久和（1993）：蒲鉾の製造，光琳，65-118.
加藤　登（1999）：HACCP：衛生管理計画の作成と実践（魚肉ねり製品実践編）（厚生省生活衛生局乳肉衛生課監修），中央法規出版，64-208.
加藤　登（2000）：食品・医薬品包装ハンドブック（新田茂雄監修），幸書房，210-218.
加藤　登（2001）：食材図典，小学館，56-65.
野口栄三郎ら（1966）：かまぼこの技術，食品資材研究会.
太田冬雄編（1991）：水産加工技術，恒星社厚生閣.
関　伸夫・伊藤慶明編（2001）：かまぼこの足形成，恒星社厚生閣.
清水　亘（1975）：かまぼこの歴史，日本食糧新聞社.
山中英明・藤井建夫・塩見一雄（1999）：食品衛生学，恒星社厚生閣.

第9章　発酵食品

　食品に微生物が付着し，その分解作用で生成した物質がヒトにとって有益であり，食品として好ましい場合には，その過程を発酵と呼ぶ．一方，微生物が産生した物質が有毒であったり，腐敗臭を発して不可食化するような過程は腐敗という．人類は古くから食品を保存する目的で，有用微生物による発酵作用を積極的に利用する工夫をしてきた．魚介類の組織中に存在する自己消化酵素と外因性の微生物由来の酵素を利用して作られる水産発酵食品（fermented seafood）は，先人達の生活の知恵から生み出された優れた保存食品である．化学合成法では得難い独特の風味があることから豊な食生活を営む上で，重要な役割を担っている．
　わが国で生産されている代表的は水産発酵食品には，塩辛（salted and fermented seafood），魚醤油（fish sauce），すし類（soured fish product），水産漬物などがある．

9・1　発酵食品と酵素

9・1・1　発酵生産物と酵素

　発酵食品特有の風味は，原料中のタンパク質，糖質，脂質などが自己消化や外因性の微生物の発酵作用で分解することにより醸成される．発酵食品の製造原理は，腐敗を起こす有害微生物の増殖を極力抑制しながら，自己消化作用ならびに有用微生物の繁殖を促進することにある．水産発酵食品のうち塩辛や魚醤油は，原料魚の腐敗を高濃度の食塩によって阻止しつつ，魚肉の自己消化ならびに微生物の発酵作用によって熟成が進行し，独特の風味が作り出される．製造の際，肝臓，膵臓，胃，幽門垂，腸などの内臓を用いると，魚肉に含まれるタンパク質分解酵素カテプシンに加えて，内臓由来ペプシン，トリプシン，糖質分解酵素アミラーゼ，脂質分解酵素リパーゼ，ホスホリパーゼなどの作用で，風味に重要な遊離アミノ酸などが生成する．塩辛は，食塩含量が高いので微生物にとって必ずしも繁殖しやすい環境ではないが，いか塩辛について調べ

た結果では，*Staphylococcus*, *Micrococcus* などの細菌と *Rhodotorula mucilaginosa*, *Debaryomuces kloeckeri* などの酵母が検出されている．しかし，これらの微生物の風味醸成に及ぼす影響については明らかにされていない．

すし類のうちなれずしは，原料魚を多量の食塩で長期間塩漬けにした後，食塩および水溶性成分を水洗して除き，ついで食塩を加えた米飯とともに漬け込んで長期間熟成をさせたものである．その製法から，なれずし独特の風味の醸成には，自己消化の影響は少なく，米飯に漬け込んで以降における微生物の発酵作用によるところが大きい．微生物の糖質分解酵素により，米飯に含まれるデンプンが分解して糖が生成すると，糖はさらに乳酸発酵，酪酸発酵，アミノ酸発酵及びアルコール発酵によってそれぞれ乳酸，酪酸，アセトン，ブタノール，グルタミン酸，リジン，スレオニン及びエタノールを産生する．また，エタノールの酢酸発酵によって酢酸が生成する．なれずしに特有の風味の醸成には，このような低分子の発酵生産物が重要な働きをする．

水産漬物は，塩漬けした魚介類を酒粕，米糠(ぬか)，味噌，食酢などに漬け込み，それぞれの風味成分を魚介類に浸透させたものである．糠漬けを除き，熟成期間は比較的短いので，風味特に旨味の醸成は自己消化作用によるところが大きい．糠漬けは，塩漬け，糠漬けがともに長期間に亘るので，自己消化とともに微生物による発酵作用が風味の醸成に重要である．

9・1・2 発酵食品の保存性

水分の多い食品は腐敗しやすいが，よく乾燥した食品は腐敗しにくいことは誰もが経験的に知っている．しかし，多量の食塩を添加して作る塩辛や魚醤油は，水分が多いにも拘らず保存性がよいことも周知の通りである．このことは，微生物が食品中で発育，増殖して，活発に分解活動を行うことができるか否かは，必ずしも食品中に含まれている全水分の多寡によって決まるわけではないことを示している．微生物の活動は，全水分量よりむしろ食品が示す水蒸気圧，すなわち水分活性（water activity，a_w，第 4 章 4・2・2 参照）によって制限されるものと考えられる．それは，微生物の発育可能な a_w の範囲は，微生物の種類によってほぼ定まっているからである．細菌類，酵母類およびカビの発育可能な a_w の下限値はそれぞれ 0.90，0.88 及び 0.80 程度である．塩辛や魚醤油が貯蔵性のよいのは，これらの製品の a_w が細菌類の発育可能な a_w の下限値 0.90 より低いためである．例えば，市販のいか塩辛の a_w は表 9・1 に示すように，試料 B の製品を除き，いずれも細菌類の発育可能な a_w の下限値より低い．

したがって，貯蔵条件にもよるが，これらの塩辛に普通の細菌類が発育する可能性は低く，容易に腐敗する虞はない．しかし，試料 A～C の製品には酵母類とカビが，また試料 D の製品にはカビが発育してくる可能性がある．試料 E，F の製品の場合には，a_w が低いのでカビが生えてくる心配も少なく，長期貯蔵が可能と思われる．塩辛の a_w が低いのは，添加した食塩の作用によるところが大きいが，この他に熟成中に自己消化および発酵作用により生成した親水性官能基（-OH, -NH, -COOH, -CONH など）をもつ各種低分子化合物も有効に作用しているものと考えられる．一般に加工食品の保存性は，主としてその食品の a_w に依存するといわれる．

表9・1 市販いか塩辛の成分分析

試料	一般成分					食塩%	水分活性 25℃
	水分%	灰分%	粗タンパク質%	糖質%	粗脂肪%		
A	67.29	14.97	13.19	1.61	1.36	14.17	0.892
B	63.35	14.51	14.56	0.36	2.20	13.85	0.904
C	69.09	12.54	13.88	0.09	1.68	11.50	0.882
D	64.97	13.18	14.87	6.68	0.34	11.00	0.875
E	54.14	18.21	11.44	6.17	0.50	17.80	0.797
F	53.33	17.11	9.13	18.12	0.57	15.98	0.788
G	58.22	10.42	11.88	14.43	0.78	10.15	—

（宇野・坂本，1974）

なれずしや水産漬物の場合には，塩辛や魚醤油ほど多量の食塩が含まれていないので，各発酵食品ごとに保存性を高める工夫がなされている．自己消化や発酵作用で生成する低分子化合物による a_w 低下作用に加えて，なれずしの場合には，発酵生産物のうち乳酸，酢酸，酪酸などの pH 低下作用が保存性向上に重要である．水産漬物のうち，粕漬けは酒粕に含まれているアルコールの静菌作用が，また酢漬けは食酢の pH 低下作用が保存性に大きな影響を与えているものと思われる．

9・2　各種発酵食品の製造

9・2・1　塩　辛

塩辛類は魚介類の可食部および内臓を食塩で防腐しながら，原料に含まれる自己消化酵素および微生物酵素の作用により，主としてタンパク質を分解し，生成する遊離アミノ酸で風味を付加した貯蔵食品である．主原料によって分類

すると次のようである.
　① 可食部を主原料とするもの：いか塩辛，アンチョビー，切り込みうるか，さざえ塩辛，あわび塩辛など，
　② 内臓を主原料とするもの：かつお塩辛，このわた，にがうるか，さけめふん塩辛など，
　③ 生殖巣を主原料とするもの：うに塩辛，子うるか，たいの子塩辛など．

1）いか塩辛

　イカを塩漬けして熟成をさせた製品で，製法によって赤づくり，白づくり，黒づくりの3種類がある．いずれも原料にはスルメイカが用いられる.

　赤づくり　イカの胴部を切り開き，内臓および頭脚部を肝臓，墨袋を破らないように除去する．胴肉は短冊形に細切する．頭部は眼球及び口ばしを除去し細切する．脚肉は強く揉んで環状軟骨を除いて細切する．胴肉，頭部肉及び脚肉は，肉挽機に掛けて皮を除いた肝臓と食塩を加えて漬け込む．用塩量は夏期には18～20％，春秋期には16～20％，冬期には10％程度を目安とする．また，肝臓の添加量は好みにより肉重量の3～10％程度である．漬け込み後，毎日十分に攪拌して食塩の溶解を促進する．熟成には1～2週間を要する．食塩10％以下の低塩製品の場合には，貯蔵性を高め，風味を調整するため，a_w 低下作用のあるソルビット及び砂糖，みりん，グルタミン酸ナトリウム，重合リン酸塩，アルコール，麹などを加えることもある.

　白づくり　イカ胴部の表皮をはぎとってから短冊形に細切りし，赤づくりと同様に肝臓と食塩を加えて熟成させる．用塩量や添加物は赤づくりの場合とほぼ同様である.

　黒づくり　富山県の特産品である．イカの表皮をはぎとった後，胴部を切り開き，頭脚部を離し，内臓と軟骨を除去する．胴肉は10～18％の食塩で2～3日間漬け込んだ後，水洗する．肝臓は20％の食塩で3～4ヶ月間漬け込み熟成をさせておく．また，墨袋も20％の食塩で塩蔵し，凍結貯蔵しておく．水洗した胴肉は，白づくりの場合と同様に短冊形に細切し，肉挽機に掛けて皮を除いた肝臓と袋を除いたイカ墨を加えて混合し，漬け込む．肝臓及び墨の添加量は，10尾の胴肉に対して肝臓は1尾分，墨は10尾分程度である．漬け込みの際に，赤づくりの場合のように各種の添加物を使用する．毎日攪拌し，熟成には1～2週間を要する．黒づくりは塩分の少ないのが特徴である.

　黒づくりには，赤づくりと異なる独特の風味があり，貯蔵性もよい．高井ら

(1992) は，用塩量 10％，肝臓添加量 5％の赤づくりと，これにイカ墨 3％を加えた黒づくりについて熟成中の品質変化を比較した．その結果，赤づくりでは塩辛特有の香味のある食べごろ期間は，熟成 4 日目から 14 日目までの 10 日間であったが，一方，黒づくりでは，同様に香味のある食べごろ期間は 5 日目から 25 日目までの 20 日間であったという．この両者の相違から，イカ墨には，微生物に対して熱に安定な選択的増殖抑制物質が含まれていると推定している．しかし，その本体については未だ明らかにされていない．

いか塩辛に特有の風味の醸成については，未だ十分に解明されていない．いか塩辛（用塩量 20％）の熟成（10℃）中における遊離アミノ酸組成の変化について調べた結果によれば，表 9・2 に示すようにタウリン以外のすべての遊離アミノ酸は，熟成中に増加し，熟成が適度と思われる 33 日後には遊離アミノ酸の合計量は，熟成前の約 2.5 倍に達したという（福田ら，1981）．いか塩辛

表9・2　いか塩辛の熟成中における遊離アミノ酸組成の変化（mg / 100g）

アミノ酸	製造時 (0 日後)	熟成時 (33 日後)	過熟成時 (67 日後)
タウリン	690	738	695
アスパラギン酸	44	298	366
スレオニン	39	153	186
セリン	32	145	180
グルタミン酸	84	546	621
グリシン	75	146	156
アラニン	102	270	336
バリン	45	212	288
シスチン	39	46	47
メチオニン	42	172	221
イソロイシン	46	225	293
ロイシン	96	444	534
チロシン	49	162	199
フェニルアラニン	54	209	246
リジン	60	331	451
ヒスチジン	78	124	145
カルノシン	82	194	230
アルギニン	141	393	473
プロリン	380	432	465
その他	91	149	105
合　計	2,215	5,389	6,226

塩辛の食塩含量：13.7％，熟成温度：10℃

（福田ら，1981）

の風味の生成に遊離アミノ酸の増加が寄与いることは明らかであるが，個々のアミノ酸の役割については解明されていない．また，用塩量20％のいか塩辛の好気性細菌は熟成（25℃）中に減少傾向を示すという森ら（1979）の研究結果を考え合わせると，この遊離アミノ酸の増加要因は主として自己消化作用によるものと推測される．

近年，消費者の健康志向と家庭用冷蔵庫の普及によって，塩分を抑えた製品が市場に出回るようになった．いか塩辛の低塩化について函館における実態調査の結果を図9・1に示す（大石ら，1987）．いか塩辛は，1974年頃には食塩含量が約12％の製品が最も多かったが，年を追うごとに低塩側に移行する傾向が認められた．調査の最終年の1985〜6年には，食塩含量約7％にピークが現れ，その中には6％以下の製品もかなり含まれていた．このときの平均食塩含量は7.69％であった．また，日本食品標準成分表に収録されているいか塩

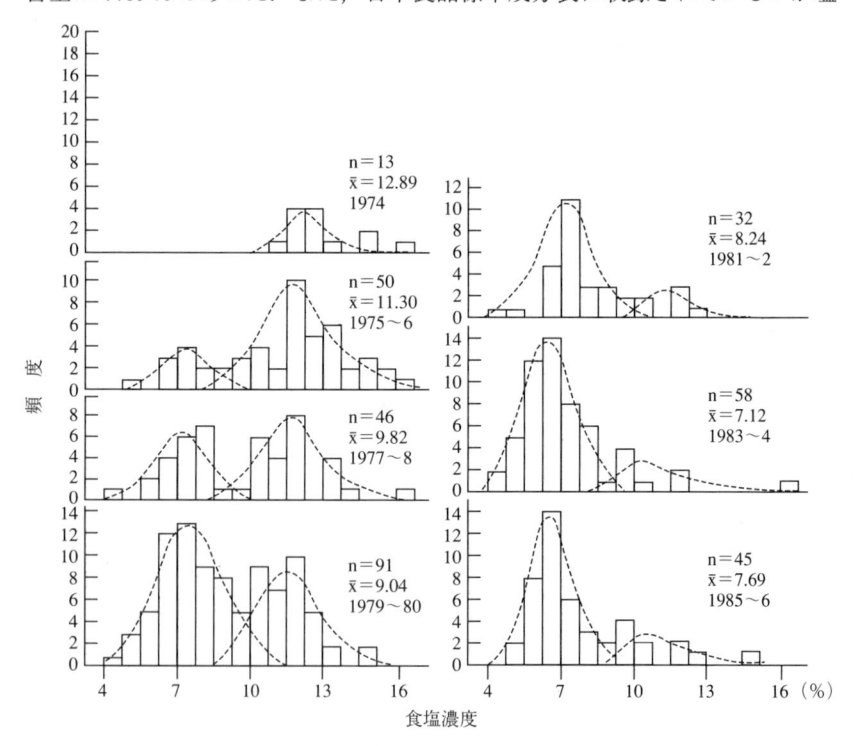

図9・1 いかの塩辛の食塩含量の推移

（大石ら，1987）

辛の食塩量も，四訂版（1982年）では11.4g/100gであったが，五訂版（2002年）では6.9g/100gで，この10年間に低塩化現象が著しく進行していることが分る．このような低塩分の製品は，熟成期間が短く旨味の生成が不充分なため，各種の呈味調味料を添加し，これを補ったものが多い．また，保存性が劣るので，低温熟成，低温流通などの微生物対策が必要である．

2）かつお塩辛

酒盗（しゅとう）とも呼ばれ，酒の肴として珍重される．原料にはかつお節製造時の副産物である内臓が用いられる．内臓のうち肝臓，胆のう，腎臓，脾臓，生殖巣を取り除き，食道，胃袋，幽門垂（みのわた），腸などが用いられる．幽門垂はタンパク質の消化作用が強く，熟成後にはほとんど液化し，かつお塩辛の風味の醸成に重要な成分と考えられる．胆のうは苦味が強いので，特に注意して完全に取り除く必要がある．また，肝臓は脂質含量が高いので，肝臓を加えた製品は熟成中に脂質が酸敗（oxidative rancidity）や油焼け（rusting of oil）を起こして，風味を損うことがある．消化管は切り開き，内容物を丁寧に取り除き，十分に水で晒してから食塩を加えて漬け込む．用塩量は原料の約30％を目安とする．熟成の初期には，毎日表面に分離した液体を除き，充分攪拌して食塩の溶解を促す．約2ヶ月で熟成する．最近は低塩化を目的に，ある程度熟成した製品をアルコールや食酢で洗浄し，これに調味料を加えて，1週間ほど熟成をさせて製品としたものもある．

3）うに塩辛

ウニの生殖巣を塩漬けし，熟成をしたものである．ウニは有史以前から食用に供されていたという．江戸時代には，下関市の六連島から長府藩へ，豊北町和久地区から萩藩へ献上した記録が残っている．現在，うに塩辛は下関市を中心として長崎県五島列島，福井県，岩手県，青森県，北海道などで主に生産されている．

ウニの種類は多いが，塩辛に用いられるのはバフンウニ（*Syrongylocentrotus pulcherrimus*），アカウニ（*Pseudocentrotus depressus*）及びムラサキウニ（*Heliocidoris crassispina*）の3種である．バフンウニの卵巣は黄紅色を呈し，最も良質で，越前うになどの優良品の原料とされる．アカウニがこれにつぎ，ムラサキウニは最も劣る．生殖巣が発達した時期のものは，歩留りはよいが，産卵期のものは品質が低下する．塩辛の原料には，漁獲後直ちに採卵した新鮮な生殖巣が用いられる．

泥うに　　泥うには下関及び五島が発祥の地といわれている．先ず，ウニの赤道に沿って殻を割り，内臓を除去した後，殻に付着している生殖巣をえぐりとる．この際，棘が混入しないように注意する．採卵量は季節によって異なるが2〜10％の範囲である．生殖巣は，海水中で軽くかき混ぜて殻などの夾雑物や汚物を洗い去る．畳表の上に食塩を撒き，その上に生殖巣を並べ，さらにその上から食塩を撒いて，畳表の両端をもって揺り動かし混合する．あるいは，板の上で竹べらを用いて生殖巣に食塩をよくまぶす．ついで別の畳表に移し替えて傾けた状態にして放置しておくと液汁が流出する．普通，この水切りには10〜12時間を要する．十分に水分を除かないとよい製品は得られない．水切りした生殖巣は，たるまたはつぼに詰め込んで熟成を行う．練うにに比べて，泥うには水分が多く食塩が少ないので，腐敗する虞があり，また生殖巣に含まれているグリコーゲンが夏季に発酵して品質低下を招くことがある．木村ら（1927）は，泥うにから分離した食塩に抵抗力の強い2種の酵母は，食塩を30％になるまで添加した培地やアルコールを12.5％以上添加した培地では，発酵を起さないことを認めている．市販の塩辛では2.5％のアルコールで発酵を防止できたという．実際には，アルコール添加量が多いと風味を損うことがあるので1％程度が添加される．

練うに　　福井県の名産品で北海道，長崎県でも生産されている．たる詰め後1週間程度，熟成した泥うにをたるから板の上に取り出し，練りながら混入した異物を竹べらで取り除く．練ったうには，再びたるに隙間のないように詰め込み熟成を行う．練り工程は，異物を除去し，食塩を均一にする目的で行われる．しかし，最近では調味料や増量剤をミキサーを使って混入することも行われるようになった．うにの呈味成分については小俣（1964）の研究がある．

表9・3　うにの成分

種類	水分	タンパク質	脂肪	含水炭素	灰分	食塩
筑前うに	41.95	29.21	8.70		20.14	
〃	45.605			還元糖 1.07 転化糖 8.48		10.637
うに	44.50	25.10	6.30	5.10	18.83	16.74
練うに	44.29	20.14	7.58		18.08	17.00
焼きうに	11.69	69.61	11.14		5.73	1.77
泥うに	50.42	21.25	6.39		21.79	19.17

（木村・小谷，1927）

アミノ酸とヌクレオチドが主として旨味を構成し，旨味に関与するアミノ酸はグリシン，アラニン，バリン，グルタミン酸，メチオニンである．このうちグリシンとアラニンは甘味に，バリンはウニ特有の苦味に，グルタミン酸とイノシン酸は旨味に，そしてメチオニンはウニらしい味の発現に関与していることを明らかにしている．うに塩辛の分析例を表9・3に示した．

4）その他の塩辛

このわた ナマコの腸の塩辛で，古くからいりこ（干しなまこ）の製造の際の副産物である腸を塩辛に加工していた．しかし，現在では酢なまこの製造における副産物を利用するところが多い．採捕したナマコは生簀（stone pot）中で一夜放置して砂や泥を吐かせる．腸から内容物を取り除き，10～15％の上質の精製塩で塩漬けにする．

うるか アユの塩辛で，切り込みうるか，にがうるか及び子うるかの3種がある．切り込みうるかは魚体全体を，にがうるかは内臓のみを，子うるかは卵巣と精巣を混ぜたものを原料として用いたものである．精巣のみで製造したものをしろうるかという．

めふん サケ・マスの腎臓（せわた）の塩辛で，塩漬け後3年以上経過しないと生臭いといわれる．サケの内臓を除いた後，腹腔内の背骨に密着している腎臓を2分するように縦に切れ目をいれかきとる．希薄食塩水で洗浄し，水切り後15～20％の食塩を混合し，冷暗所に保存して仮漬けにする．次で，めふんを清水で洗浄，水切りした後，化学調味料を1％，45度アルコールの焼酎を4％添加し，瓶に詰めて製品とする．

がに漬け がん漬けともいう．有明海で獲れるタカアシガニ（シオマネキ）を叩き潰して塩辛にしたものである．

かますの塩辛 塩干品の副産物，すなわちカマス及びその内臓を塩漬けにする．ただし，胃の内容物は除去する．

9・2・2　魚醤油

魚醤油は魚醬とも呼ばれ，醤油の一種で塩辛に近い製品である．製造原理は塩辛類と同様で，魚介類の可食部または内臓に食塩を加えて防腐しながら自己消化酵素と微生物の作用により熟成をさせ，分離した液状部分を加熱，濾過したものである．わが国では，大和朝時代から奈良時代にかけて，すでにフナを原料にした「ふなのししびしお」があり，平安時代以降になると，発酵には少量の麹を加えていたようである．その後，室町時代には「うおびしお」と呼ば

れ，江戸時代に入ると調味料として魚醬ではなく，塩辛が登場するようになる．また醬油が調味料として普及するようになると，塩辛は調味料としてではなく珍味として嗜好された．現在では魚醬油は，極く一部の地方でのみ使われている．

　魚醬油は秋田県で生産されるハタハタやイワシを原料とした"しょっつる"がよく知られている．石川県能登にはイカの内臓を原料にしたいか醬油（いしり，いしる），四国にはイカナゴを原料としたいかなご醬油がある．魚醬油に類似した製品は外国にも多く，英国のアンチョビーソースは有名である．東南アジアにおける塩辛や魚醬油は種類も多くベトナム，タイなど多くの国で海産魚，淡水魚，小エビなどを原料として生産され，国により異なる名称で呼ばれ日常的に用いられている．これらのうちベトナムのニョクマム（nuocmam），タイのナムプラ（nampula），フィリピンのパチィス，カンボジアのタクトレイ，中国の魚露などは有名である．朝鮮半島においても塩辛は盛んに作られ，ジョッカルと呼ばれる多種類の製品がキムチとともに食卓に欠かせない調味料ないしは副食品として使用されるが，魚醬のような液状ではない．

1）しょっつる

　製造方法は地方によって多少異なる．ハタハタ，小アジ，小サバなどの頭部と内臓を除去し，これに原料魚に対して20〜30％の食塩をまぶしてたるに漬け込み，落し蓋の上から重石をして1年から数年間冷暗所に保存して熟成をさせる．この間，少量の食塩を追加してよくかき混ぜる．次にこれを釜に入れて約20分間加熱（火入れ）して，酵素作用を止めるとともにタンパク質を熱凝固させ，放冷後麻袋で濾過する．さらに，数ヶ月間静置して沈殿物を除き，上澄液を瓶に詰めて製品とする．この他，頭部，内臓とともに魚を食塩に漬け込む方法や，漬け込みのとき10〜20％の麹を添加する方法なども行われる．歩留りは製造方法によっても異なるが約90％である．しょっつるは高濃度の食塩を含むので貯蔵性はよいが，製品によって夏季には1ヶ月程度で腐敗するものもあるので，冷所で保存するなどの注意が必要である．

　最近，船津ら（2000）は，マルソウダを原料としてテストプラント規模で，醬油麹を用いた魚醬油の製造試験を行い，呈味成分の特徴を国内産魚醬油及び大豆濃口醬油と比較している．分析に供した試料は次のようである．

　マルソウダ魚醬油：ひき肉を醬油麹を用いて発酵をさせたもので，製品はpH4.7，食塩17.0％．

しょっつる：ハタハタを原料とした市販品で，pH5.2，食塩24.5％．
いかいしる：主としてスルメイカの内臓を原料とした市販品で，pH5.2，食塩20.8％．
いわしいしる：主としてマイワシを原料とした市販品で，pH5.8，食塩28.8％．

表9・4及び表9・5に魚醤油の呈味成分に影響する遊離アミノ酸組成及び有機酸組成を示す．先ず，遊離アミノ酸を旨味系（Uで表示），苦味系（Bで表示）及び甘味系（Sで表示）の3グループに大別し，各グループ毎に合計したアミノ酸量の遊離アミノ酸総量に対する割合から，魚醤油におけるアミノ酸の呈味成分としての役割を推定している．その結果，国内産魚醤油は，いずれも旨味，苦味及び甘味を示す遊離アミノ酸の呈味への関与は大豆濃口醤油とはかなり異なるという．これは，魚醤油が主として動物性タンパク質由来であるの

表9・4　魚醤油及び大豆醤油の遊離アミノ酸組成　　(mg / 100 ml)

味		マルソウダ魚醤油	大豆濃口醤油	しょっつる	いかいしる	いわしいしる
Tau	—	119.9	ND	131.5	401.2	369.0
Asp	U	703.3	309.1	910.9	876.4	750.0
Thr	S	446.2	328.8	533.1	433.4	230.0
Ser	S	353.8	430.9	257.3	454.2	233.8
Glu	U	1,178.1	1,365.8	1,306.5	1,473.6	1,084.0
Gly	S	238.6	200.7	392.0	390.3	364.9
Ala	S	689.0	703.7	765.7	452.0	797.4
Val	B	595.0	443.0	626.4	394.2	512.4
Cys	—	ND	ND	28.6	21.2	ND
Met	B	245.1	32.0	229.0	127.5	185.8
Ile	B	542.6	416.4	388.6	195.0	395.0
Leu	B	807.2	645.1	474.7	222.7	684.4
Tyr	B	81.9	79.0	116.2	48.8	158.3
Phe	B	436.1	363.5	366.2	238.6	248.6
Trp	—	70.0	ND	ND	ND	ND
Orn*	B	143.4	35.7	80.5	67.0	248.0
Lys	B	922.7	427.9	1,071.6	756.1	870.9
His	B	794.8	124.5	372.4	144.4	74.4
Arg	B	434.9	351.4	12.1	499.5	222.0
Pro	S	221.8	335.6	361.1	380.5	208.9
合計		9,024.4	6,593.1	8,424.4	7,576.6	7,637.8

ND：検出せず，*L-オルニチン，B：苦味，S：甘味，U：旨味

（船津ら，2000）

表9・5　魚醬油及び大豆醬油の有機酸組成　　　　（mg / 100 ml）

	マルソウダ魚醬油	大豆濃口醬油	しょっつる	いかいしる	いわしいしる
クエン酸	ND	ND	3.7	ND	22.1
ピルビン酸	ND	38.9	ND	25.9	ND
リンゴ酸	ND	40.0	55.5	ND	21.4
コハク酸	37.6	50.8	39.0	36.0	32.2
乳酸	1,823.7	838.0	44.2	38.2	482.3
ギ酸	27.0	28.5	29.2	26.5	26.1
フマール酸	ND	ND	ND	ND	ND
酢酸	47.9	81.2	54.7	29.9	92.7
レヴリン酸	ND	ND	13.5	ND	ND
ピログルタミン酸	124.0	106.0	236.1	106.6	79.7
合計	2,060.2	1,183.4	475.9	263.1	756.5

ND：検出せず　　　　　　　　　　　　　　　　　　　　　（船津ら，2000）

に対して，大豆濃口醬油は植物性タンパク質由来であること，また発酵方法の相違によるものと考えられる，と述べている．有機酸組成では，マルソウダ魚醬油及び大豆濃口醬油は，有機酸総量ならびに乳酸含量がともに高く，一方，しょっつる及びいかいしるは，前2者よりピログルタミン酸含量が高く，有機酸総量は低かった．いわしいしるの有機酸総量及び乳酸含量は，両者の中間に位置している．マルソウダ魚醬油及び大豆濃口醬油のpHが低いのは，主として乳酸とリン酸によるものと推定されている．

9・2・3　すし類

すし類には本なれずし，生なれずし及び早ずしがある．魚肉と米飯を交互に重ねて漬け込み，乳酸発酵をさせたもので，現在のすしの原型といわれる．なれずしは，米飯を用いた食品であることから，地理的には米食文化圏で生まれたものと推定され，東南アジア地方で古くから保存食品として作られていたと考えられる．やがて中国に伝わり，紀元前後には長江流域で漢族が食していたようで，その頃には魚肉の外に獣肉も用いられていたといわれる．わが国で鮨の名が登場するのは奈良時代で，当時は魚肉や獣肉のなれずしが各地から朝廷に献上された記録が残っている．その中には雑魚，アワビ，アユ，フナ，イガイなどの魚介類の他，シカ，イノシシなどの獣肉も見られる．その後，次第にフナなどの淡水魚が用いられるようになった．

古い時代のなれずしは，3～6ヶ月という時間をかけて発酵が行われていたの

で，米飯が軟化し崩れやすかった．そこですしを食べる時には米飯の部分を除き，魚肉だけを食べていた．しかし，室町時代になると，発酵期間を3〜4日間と大幅に短縮し，米飯の部分に弱い酸味が出る程度にして米飯も魚肉と一緒に食べるようになった．このようななれずしを"生なれ"といい，和歌山県で作られるさばなれずしはよく知られている．

滋賀県のふなずしや秋田県のはたはたずし（いずし）は，代表的な本なれずしである．これらは，長期の自然発酵によって乳酸が生成し，貯蔵性が付与される．一方，米飯を調味酢で味付けする速醸法で作るすしは"早ずし"という．北海道，青森，富山，石川などの各県で作られる"さけ・ますずし"，千葉県の"こはだ粟漬け"，金沢の"にしん漬け"などは早ずしの一種である．

1）ふなずし

原料として琵琶湖産のニゴロブナとゲンゴロウブナが使用される．4〜6月ごろ漁獲される550 g位の産卵前の子持ちの雌が好まれる．鱗，鰓を除去した後，卵巣を残して他の内臓を丁寧に抜き取る．これを"つぼ抜き"という．鰓蓋から腹腔内に食塩を十分に詰め込み，また目，鰭の付け根に食塩をすり込んでおけに漬け込み，落し蓋をして重石を載せる．用塩量は原料魚の重量の1/2程度，漬け込みは"塩切り"といって約4ヶ月間行う．塩切り後，腹腔内の食塩をかきだし，十分に水洗してから半日程度水切り後，本漬けにする．本漬けは，硬めに炊いた米飯を30℃以下に放冷し，少量の食塩を加えてフナの腹腔内に詰め込み，おけの中にフナと米飯を層状に交互に重ね，落し蓋をして軽い重石をする．翌日，重石を追加し，空気と遮断するためおけ一杯に水を張り4〜6ヶ月間熟成をさせる．

ふなずしの漬け込み中における魚肉の成分変化を表9・6に示す．食塩含量は塩漬けにより約11％に増加するが，その後，本漬け中に減少し2％前後となる．この減少は，食塩が米飯中へ移行するためである．モノアミノ窒素量は，本漬け中に著しく増加するが，これは自己消化作用及び微生物の発酵作用により，タンパク質が分解して遊離アミノ酸が生成することによる．米飯に麹を加えた製品は，米飯だけの製品よりもモノアミノ窒素が著しく高いが，このことは麹の作用で発酵が促進されたことを示している．乳酸や酢酸も本漬け中に著しく増加する．乳酸菌や酢酸菌が繁殖したためである．松下（1937）は，本漬け後70日経過した漬け粕に含まれている有機酸は，大部分が不揮発酸で主に乳酸であることを確認するとともに4種類の乳酸菌を分離している．そのうちの

Lactobacillus plantarum は発酵力及び酸, 食塩に対する抵抗力が大きいことから, ふなずしの発酵に重要な役割を果たしていると推定した. 生成した乳酸, 酢酸などの有機酸により, ふなずしの pH はかなり低いものと予想される

表9·6 ふなずし (魚肉部) の製造工程中における成分変化　　　(%)

	原料	塩漬け(50日)	本漬け	
			米飯 (107日)	米飯+麹 (130日)
水分	80.5	53.3	63.9	66.4
食塩	―	11.3 (24.3)	2.3 (6.3)	1.9 (5.6)
水溶性窒素	0.99 (5.1)	1.1 (2.3)	1.9 (5.2)	2.8 (8.4)
モノアミノ窒素	0.032 (0.16)	0.24 (0.51)	0.35 (0.97)	1.3 (4.0)
粗脂肪	1.7 (8.7)	3.8 (8.1)	4.5 (12.5)	4.8 (14.3)
乳酸	0.008 (0.04)	0.025 (0.053)	1 1 (3.0)	1.4 (4.3)
酢酸	―	0.01 (0.02)	0.08 (0.22)	0.22 (0.65)
その他の酸*	0.004 (0.02)	0.006 (0.01)	0.30 (0.83)	0.08 (0.24)

( ):乾燥重量に対する値, *キ酸, プロピオン酸, 酪酸など.

(黒田・毛呂, 1954)

が, 実際に市販品を調べたところでも魚肉が pH3.95, 米飯が pH3.75 でかなり低かったという. 多くの腐敗細菌は, pH5.5 以下では発育を阻害されるので, ふなずしは常温流通でも容易に腐敗する虞はないが, 酵母やカビは pH4 前後でも発育が可能であるから, それらの作用で品質を損う可能性はあるものと思われる. ふなずしの香気成分については笠原 (1979) は次に示す 22 種類の揮発性成分を検出している.

　カルボニル類:アセトアルデヒド, プロピオンアルデヒド, メチルエチルケトン, アセトン

　アルコール類:エチルアルコール, n-プロピルアルコール, n-ブチルアルコール, sec-ブチルアルコール, イソアミルアルコール, フルフリルアルコール, β-フェニルエチルアルコール

　酸性成分:酢酸, プロピオン酸, イソ酪酸, n-酪酸, イソバレリアン酸

　エステル類:n-カプロン酸エチル, 乳酸エチル, ミリスチン酸エチル, パル

ミチン酸エチル
炭化水素：n-ペンタデカン，n-ヘプタデカン

これらうち，エチルアルコール，酢酸及び酪酸は，ふなずし特有の酸臭及び発酵臭を，またβ-フェニルエチルアルコール及び乳酸エチルはさわやかな芳香を感じさせると指摘している．

2）さばなれずし

"紀州の腐りずし"とも呼ばれ，特有の臭気をもつ製品である．和歌山県以外にも類似の製品が作られている．

マサバを背割りにし内臓及び鰭（ひれ）を除去する．水洗し，水切りした後約1ヶ月間塩漬けにする．用塩量は1 kg前後のマサバ150尾に対して25 kgを目安とする．塩漬け後，中骨及び眼球を除去してから，真水に漬け約一昼夜塩抜きをする．その間，用水は3回程度交換する．水切り後，少量の食塩で薄味をつけ団子状に丸めた米飯を，魚の腹腔内に包み込むようにして詰め込み，外側をアセ（アシ）の葉で巻いておけに重層にして漬け込む．最上部に落し蓋をし，重石を乗せ，おけ一杯に水を張り熟成させる．熟成期間は季節によって異なるが，気温の高い季節には5日前後，低い季節には7～10日が食べごろである．

さばなれずしの漬け込み中の魚肉の成分変化を表9・7，9・8及び9・9に示す．魚肉のpHは塩抜き工程までは変化しないが，熟成中に低下して本漬け3日目及び10日目のpHはそれぞれ5.0及び4.4である．水分は塩漬けにより脱水が起こるため減少するが，塩抜き工程で塩漬け前の水分にまで回復する．しかし，熟成中に再び減少する．食塩含量は塩抜きにより著しく減少するが，本漬け中の減少はわずかである．

遊離アミノ酸組成の変化で注目されるのはヒスチジンである．ヒスチジンは塩抜きまでは減少傾向で推移するが，その後の本漬け中に完全に消失する．これはヒシチジンがヒスタミンに変換されることによるもと思われるが，本漬け

表9・7 さばなれずし（魚肉部）の製造工程中におけるpH，水分，食塩含量の変化
(mg / 100 g 乾物)

	原料	塩漬け		塩抜き	本漬け		市販品
		15日	30日		3日	10日	
pH	6.1	6.0	5.9	6.0	5.0	4.4	4.6
水 分	73.6	49.8	54.0	74.6	67.0	65.8	54.7
食 塩	1.9	40.0	33.2	6.3	6.4	4.4	5.2

(張ら，1992)

表9・8　さばなれずし（魚肉部）の製造工程における遊離アミノ酸組成の変化　（mg/100 g乾物）*

アミノ酸	原料	塩漬け		塩抜き	本漬け		市販品
		15日	30日		3日	10日	
ホスホセリン	1	2	3	2	3	2	1
タウリン	689	497	504	184	90	39	36
アスパラギン酸	5	60	93	94	5	19	4
スレオニン	72	60	78	70	53	25	32
セリン	75	77	103	88	15	6	2
グルタミン酸	84	102	141	102	283	69	51
グルタミン	12	37	49	43	43	44	35
プロリン	7	3	4	6	8	ND	ND
グリシン	105	70	87	51	182	106	118
アラニン	330	203	260	175	516	862	283
α-アミノ-n-酪酸	3	ND	ND	ND	51	165	17
バリン	82	77	106	130	244	361	126
メチオニン	22	40	54	54	84	119	45
イソロイシン	61	73	97	97	164	295	124
ロイシン	91	163	220	228	357	418	218
チロシン	26	47	60	60	ND	ND	ND
フェニルアラニン	33	63	81	88	118	116	69
β-アラニン	2	3	3	ND	ND	ND	ND
γ-アミノ酪酸	TR	ND	ND	ND	64	531	156
エタノールアミン	2	10	12	4	2	ND	ND
オルニチン	13	3	4	ND	43	190	28
リジン	186	115	145	90	81	29	20
ヒスチジン	2,040	953	901	343	ND	ND	ND
アルギニン	41	88	123	107	ND	ND	ND
ヒドロキシリジン	96	58	69	32	114	284	66
合計	4,080	2,810	3,200	2,050	2,530	3,690	1,430

* 食塩を除いた乾物100 g 当りのmg数，ND：検出せず，TR：こん跡

(張ら，1992)

表9・9　さばなれずし（魚肉部）の製造工程中における有機酸組成の変化　（mg/100g乾物）*

有機酸	原料	塩漬け		塩抜き	本漬け		市販品
		15日	30日		3日	10日	
ギ酸	82	75	78	88	105	89	72
酢酸	80	70	103	84	354	732	206
酪酸	ND	ND	ND	ND	ND	268	ND
イソカプロン酸	ND	ND	ND	ND	ND	154	ND
乳酸	3,260	1,380	1,370	448	1,670	4,090	1,140
コハク酸	2	27	27	4	49	114	12
リンゴ酸	14	3	3	ND	ND	ND	ND
合計	3,440	1,560	1,580	624	2,170	5,450	1,430

* 食塩を除いた乾物100 g 当りのmg数，ND：検出せず，

(張ら，1992)

3日目及び10日目のヒスタミン含量は，いずれも150 mg / 100 g 乾物程度であって，アレルギー様食中毒を懸念するほどの蓄積量ではなかった．遊離アミノ酸総量は，塩漬け，塩抜きにより原料の1/2にまで減少するが，熟成中に増加して本漬け3日目及び10日目には原料の約60％及び90％にまで回復した．熟成中に減少した主なアミノ酸はヒスチジン，タウリン，リジン，スレオニン，セリンなどであり，一方，その他のアミノ酸は多少増加し，後述する有機酸とともに"さばなれずし"の風味の醸成に寄与しているものと思われる．

有機酸総量の変化を見ると，塩抜き工程までの間に総量は原料の約20％まで減少するが，熟成中に増加し，本漬けの10日目には原料の約1.6倍にまで達した．原料魚の有機酸の大部分を占める乳酸は，塩漬け，塩抜き工程で減少するが，熟成中に増加し，本漬け10日目には原料の約1.3倍となった．乳酸に次いで多かったのは酢酸で，熟成中に増加するが，一方，酪酸とイソカプロン酸は，本漬け10日目の試料のみに検出された．酪酸，イソカプロン酸は，本漬け3日目の試料にも，また市販品にも検出されていないので，本漬け10日目の試料は，発酵がやや過度に進行していたのではないかと推測される．なれずしに特有の旨味成分といわれるコハク酸は，熟成中に増加し，本漬け10日目には約100 mg / 100 g 乾物であった．熟成中に多量に生成する有機酸は，さばなれずしの風味の醸成とともにpHの低下作用による保存性の向上に寄与しているものと思われる．

さばなれずし中の脂質は，製造工程中に加水分解を受け，トリグリセリド及びリン脂質は減少し遊離脂肪酸が増加する．また，脂質酸化も進行するが，その程度は軽微であると推定される．

9・2・4 水産漬物

水産漬物には粕漬け，糠漬け，味噌漬け，酢漬けなどがある．

1）粕漬け

魚介類を塩漬けした後，酒粕とともに漬け込んだもので古くから作られている．岐阜のアユ，宮城のメヌケ，三重のアワビなどの製品はよく知られている．その他，タラ，サケ，すじこ，タイ，アマダイ，サワラなどを原料とした製品もある．粕漬けには，一般に酒粕が用いられるが，甘味を付けるためみりん粕を加えることもある．まず，魚を調理して塩漬けにし，風味付けと脱水を行う．酒粕は気温の高い時期には酢酸発酵，酸敗，腐敗などを起こしやすいので注意を要する．特に魚体の接触する部分は水分が遊離しやすいので悪変することが

2) 糠漬け

魚介類を塩漬けし米糠(ぬか)とともに漬け込んだ製品である．熟成中，米糠の成分と発酵生産物により特有の風味が付与される．発酵は主として酵母や乳酸菌によって進行する．イワシ，ニシン，サバ，フグ卵巣などの製品がある．いわし糠漬けは次の要領で製造される．

新鮮なイワシの頭部と内臓を除去し，水洗した後約25％の食塩で数日間塩漬けする．次に，日乾してから原料10 kg当り米糠3 l と共に漬け込み落し蓋をし，その上から重石をする．数日後，重石を追加するとともに20％の食塩水を樽に一杯になるまで注入して数ヶ月間熟成をさせる．盛夏に熟成をさせた製品は品質が良質といわれている．

3) 酢漬け

魚介類を食塩と食酢で漬け込んで風味付けした製品である．主として食塩のa_w低下作用と食酢のpH低下作用によって腐敗を防止している．キス，アジ，タイ，サメなどの製品がある．北欧ではニシンを原料として独特の風味のある酢漬け製品が製造されている．

9・3　貯蔵中の品質低下

発酵食品は水分，食塩量，a_w，pH，酸素分圧などを巧みに調節して有害微生物の増殖を抑制しつつ，有用微生物の発酵作用を利用して作られる保存食品である．従って，伝統的製造法が忠実に守られている限り，容易に腐敗する虞はないものと考えてよい．しかし，近年のように消費者の健康志向に伴う過度な減塩化に伴って，発酵食品としての本来の特性が失われ，製造，貯蔵条件によっては常に腐敗の危険をはらんでいる．減塩化の著しい塩辛類では，熟成も貯蔵も低温室で行われ，しかも短期間内に消費される傾向にある．

一般に，水産加工食品は加工，貯蔵中に油焼け（rusting of oil）を起こして品質低下を招きやすい．それは原料となる魚介類に含まれる脂質が，極めて酸化しやすい高度不飽和脂肪酸（highly unsaturated fatty acid）に富んでいるからである．油焼けに伴って食品は異味，異臭を発するとともに褐変を起こすようになり，食品として重要な色・味・香りが著しく損なわれる．発酵食品で脂質酸化が問題になるのは，原料に魚類の内臓，特に脂質含量の高い肝臓を用

いた製品である．いか塩辛やかつお塩辛には，風味を整える目的で製造時に肝臓が添加されることが多い．しかし，添加量が多いと熟成中に脂質が酸敗(oxida-tive rancidity)を起こし製品は酸味，渋み，不快な刺激臭をもつようになり，品質低下の原因となる．このような水産加工品における品質劣化の防止には，天然及び合成酸化防止剤がある程度有効であるが，酸化防止剤は消費者から忌避される傾向がある．張ら（1992）によれば，さばなれずし（生なれずし）の製造工程中における脂質酸化は軽微であるという．なれずしの場合には，脂質酸化が品質低下の原因になる虞はないようである．

かつて，ハタハタなどのいずしを原因食とするボツリヌス（*Clostridium botulinum*）E 型菌による食中毒が北海道，東北地方で度々発生したが，これらは製造法の改善以降はほとんど見られなくなった．しかし，ボツリヌス E 型菌は北海道，東北地方の海岸，河川，土壌などに広く分布しているので，今後とも食中毒の防止には万全を期す必要がある．

(望月　篤)

引用文献

福田　裕・柞木田義治・長谷川幸雄（1981）：青森水産加工研報，95-106.
船津保浩・砂子良治・小長谷史郎・今井　徹・川崎賢一・竹島文雄（2000）：日水誌，66（6），1036-1045.
笠原賀代子（1979）：栄養と食糧，32，119-122.
木村金太郎・小谷和夫（1927）：水講試験報告，22，292-305.
小俣　靖（1964）：日水誌，30（7），749-756.
黒田栄一・毛呂恒三（1954）：滋賀大学紀要（自然），3 号，26-30.
松下憲治：農化会誌（1937）：13，629.
森　勝美・信濃晴雄・秋場　稔（1979）：日水誌，45（6），771-779.
大石圭一・岡　重美・飯田　優・小松一郎・二瓶幹雄・小泉恭三（1987）：北大水産彙報，38，165-180.
高井典子・川合祐史・猪上徳雄・信濃晴雄（1992）：日水誌，58，2373-2378.
張　俊明・大島敏明・小泉千秋（1992）：日水誌，58（10），1961-1969.
宇野　勉・坂本正勝（1974）：北水誌月報，31（3），15-21.

参考文献

藤井建夫（1992）：塩辛・くさや・かつお節，恒星社厚生閣.
細貝祐太郎・松本昌雄（編）（1998）：新食品衛生学要説，医歯薬出版.
科学技術庁資源調査会編（2000）：五訂日本食品標準成分表.
児玉　徹・熊谷英彦（編）（1997）：食品微生物学，文永出版.

三輪勝利（監修）(1983)：水産加工品総覧，光琳.
奈須敬二・奥谷喬司・小倉道男（共編著）(1991)：イカ，成山堂書店.
農林水産消費技術センター：「大きな目小さな目」（全国版）（農林水産消費技術センター広報誌）1996年9月　第29号.
岡田　稔・横関源延・衣巻豊輔編（1974）：魚肉ねり製品，恒星社厚生閣.
太田冬雄（編）(1985)：水産加工技術，恒星社厚生閣.
清水　亘（1962）：水産利用学，金原出版.
須山三千三・鴻巣章二（編）(1987)：水産食品学，恒星社厚生閣.
須山三千三・鴻巣章二・浜部基次・奥田行雄（1980）：イカの利用，恒星社厚生閣.
食品技術士センター（編）(1990)：食品加工技術工程図集，三しゅ書房.
露木英男・瀬戸　貞（1965）：つくだ煮の化学と製造法，光琳.
高瀬　明（1956）：水産食品衛生，新紀元社.
渡邉悦生（編著）(1995)：魚介類の鮮度と加工・貯蔵，成山堂書店.

第10章　調味加工品

　水産物に各種の調味料を加えて加工した製品，または発酵により特有の風味を付加した製品を総称して調味品と呼び，古くから各地の名産品として親しまれてきた．調味加工品は魚介藻類に砂糖，醤油を主体とする濃厚調味液を加えて調味をするとともに，煮熟，焙乾，焙焼，乾燥などの処理をして保存性を高めた食品である．このうち，調味煮熟品には佃煮，角煮，甘露煮，魚味噌などがあり，また調味乾燥品にはみりん干し，裂きいか，のしいか，ふりかけなどがある．それぞれ独特の風味があり，保存性もよく，手軽で便利な副食品として賞味されている．

10・1　調　味

10・1・1　調味による貯蔵原理

　魚介類を醤油，砂糖を主体とする濃厚調味液の中で加熱すると，脱水と同時に魚介類へ食塩や砂糖が侵入する．水分の減少および食塩，砂糖の濃度の上昇によって，魚介類の水分活性（water activity, a_w，第4章4・2・2参照）は低下する．このような変化が顕著に起こると，魚介類の a_w は微生物の発育に可能な a_w の下限値以下にまで低下し，微生物の増殖は阻止されるようになる．これが調味加工品の貯蔵性がよい主な理由であるが，一方，煮熟，焙乾，焙焼など加熱工程を伴う場合には，加熱による生菌数の減少も貯蔵性に寄与することはいうまでもない．

10・1・2　保存性と水分活性

　塩味や砂糖による甘味の強い佃煮ほど日持ちがよいことから，調味加工品では，水分量や食塩，砂糖などの調味料の濃度が保存性の良否の決め手になることは明らかである．佃煮の場合には，普通の細菌は食塩含量が10％では発育しにくく，17％では著しく阻害され，20％以上になると阻止されるといわれている．各種濃度の食塩および砂糖の水溶液について，それらの濃度と a_w の関係を表10・1に示す．この表から，普通の細菌の発育可能な a_w の下限値0.90

は約14%の食塩水のa_wに相当し,酵母のa_wの下限値0.88は14%と19%の中間濃度に,さらにカビの下限値0.80は約23%の食塩水のa_wに相当することが分かる.佃煮の平均的な食塩含量は8～10%程度といわれているので,佃煮のa_wは細菌の発育可能なa_wの下限値よりかなり高いことになる.一方,砂糖も微生物の発育に関与し,水分が40%以下,糖分が50%以上であれば腐敗細菌の発育を阻止することが可能である.しかし,一般的な佃煮の砂糖含量は平均25%程度であるから,これだけではカビや酵母はもとより細菌の繁殖を阻止することさえ困難である.このことは,表10・1に示す砂糖の水溶液の濃度とa_wの関係からも明らかで,腐敗防止には,かなり高濃度の糖分が必要であることが分かる.しかし,佃煮の製造には,醤油や砂糖が単独で用いられることはなく,ほとんどの場合,両者が併用されるので,市販品のa_wは表10・2に示すように,かなり低いものが多い.水分が高い製品は炭水化物(主としてデンプンおよび砂糖)含量は低いが,食塩含量が高く,一方,水分が少ない製品

表10・1 食塩および砂糖の水溶液のa_w(25℃)

a_w	食塩		砂糖	
	モル[*1]	%[*2]	モル[*1]	%[*2]
0.995	0.150	0.869	0.272	8.51
0.990	0.300	1.72	0.534	15.5
0.980	0.607	3.43	1.03	26.1
0.960	1.20	6.55	1.92	39.6
0.940	1.77	9.34	2.72	48.2
0.920	2.31	11.9	3.48	54.3
0.900	2.83	14.2	4.11	58.5
0.850	4.03	19.1	5.98	67.2
0.800	5.15	23.1	—	—

[*1]:1,000 g の水に加えた溶液のモル数.
[*2]:モル数から計算した重量%(筆者注).

(W. J. Scott, 1957)

表10・2 佃煮のa_w

製品	a_w	水分(%)	タンパク質(%)	脂質(%)	灰分(%)	食塩(%)	炭水化物*(%)
あみ佃煮	0.61～0.63	59.2	13.1	2.37	11.8	11.2	9.42
まぐろ角煮	0.64～0.65	60.8	22.3	2.99	8.76	8.58	8.54
あさり佃煮	0.78～0.80	52.1	19.7	1.05	9.18	6.32	13.2
しらす佃煮	0.64～0.65	47.9	15.6	2.34	10.2	5.38	19.2
いか佃煮	0.60～0.61	20.3	27.5	1.11	4.78	3.45	50.2
でんぶ	0.59～0.60	10.3	12.9	0.20	3.65	3.56	72.8

*還元糖として表示(筆者注)

(小泉ら,1980)

は食塩含量も低いが，炭水化物含量が高い傾向が認められる．このように，佃煮の製造においては，水分や食塩，砂糖の濃度を巧みに調整することによって，製品の a_w が低下し，貯蔵性が確保されている．

佃煮は，ほとんどの場合，煮熟工程で高温（100〜120℃）による比較的長時間の加熱処理を受けるので，耐熱性の細菌芽胞を除いてほとんどの微生物は死滅する．その後の二次汚染を避けることによって保存性を高めることが可能である．

なお，最近の製品はソフトで低塩分のものが好まれる傾向が強いため，従来のものに比べて保存性が劣り，保存料としてソルビン酸およびそのカリウム塩が添加されることが多い．

10・2 調味煮熟品

10・2・1 佃煮の味の変遷

調味煮熟品の代表的な製品である佃煮は，徳川時代に江戸佃島において雑魚の保存を目的に創製されたといわれているが，現在では名産品として各地で製造されている．魚介藻類を醤油，砂糖，水あめ，グルタミン酸ナトリウムなどの濃厚調味料とともに高温で，長時間煮熟する，という製造工程が比較的簡単なことから，佃煮は小規模生産に向いている．原料の種類や形態および混合物などの違いにより製品の種類は多く，三重県桑名の時雨煮，大阪の塩昆布，函館の昆布菓子などは名産品としてよく知られている．

佃煮は，古くから鍔釜を用いて原料に調味液がよく浸透するよう，とろ火で長時間煮詰めて作られてきた．鍔釜に替えて二重釜とスチームによる加熱方式が導入され広く使われるようになったのは戦後になってからである．佃煮の食味も昔ながらの製品は辛口であるが，新しい製品は糖分と水分が比較的多い甘口でソフトなテクスチャーに仕上げられる．

清水ら（1934）は，当時の代表的な佃煮の市販品について成分組成を比較している．その結果は表10・3に示すように，えび佃煮の全糖および食塩含量を見ると，まず1930年の製品では全糖が8.82％，食塩が9.59％，食塩に対する全糖の比率が0.92である．わかさぎ佃煮についても食塩に対する全糖の比率は1.01でほぼ同様である．これに対して，1932年および1934年の製品は1例を除いて食塩は8〜10％，1930年のそれとほぼ同様であるが，全糖が

表 10・3 佃煮

種類	製造者	水分(%)	全糖(%)	還元糖(%)	ショ糖(%)
エビ	---	---	8.82	4.32	4.50
ワカサギ	---	---	9.17	4.10	5.07
ノリ	---	---	5.61	3.48	2.13
コンブ	---	---	10.44	5.12	5.32
エビ	佃茂	18.99	26.27	6.01	20.26
〃	玉木屋	30.09	9.72	3.36	6.36
〃	天安	24.83	27.36	4.91	22.45
〃	佃仙	26.28	23.00	3.61	19.39
〃	佃源	28.61	24.10	3.47	20.63

酸(または塩基)は N/10NaOH または N/10HCl で滴定した ml 数.

23～27％,食塩に対する全糖の比率が2.4～3.1で大幅に増加している.

その後の変化は,「日本食品標準成分表」の三訂(1963)と五訂(2002)を比較することにより知ることができる(表10・4および10・5).まず,三訂に記載されている佃煮類(12品目)の平均食塩含量は6.66％,最高値は昆布佃煮の13.7％である.一方,五訂に掲載の佃煮類(15品目)のそれは5.04％,最高値は同じく昆布佃煮の7.4％である.一方,炭水化物(糖質)含量については,三訂の佃煮類(15品目)の平均値が35.1％で,食塩に対する糖質の比率が5.27であるのに対し,五訂ではそれぞれ36.3％および7.20である.糖質の増加量はわずかであるが,食塩含量が低下しているため,食塩に対する糖質の比率は増加し,最近の40年間における佃煮類の食味が確実に甘口化していることは明らかである.

佃煮のテクスチャーには水分含量が深くかかわっている.あさり佃煮について,水分と食塩含量を1930年代の製品(表10・6)と「五訂日本食品標準成分表」(表10・5)に掲載の製品について比較すると,前者は水分が19～35％,食塩が6～13％であるが,後者はそれぞれ38％および7.4％で,この約70年間における佃煮の高水分化と低塩化の傾向が明らかである.また,はまぐり佃煮についてもほぼ同様である.最近の消費者は低塩分で,口当たりがソフトな高水分の佃煮を好む傾向にあることがよく分かる.

10・2・2 原 料

佃煮は雑魚の利用から始まったといわれ,ハゼ,ワカサギ,シラウオ,シラス,イカナゴ,フナ,タナゴ,ゴリなどの小魚類,アサリ,ハマグリ,アカガイ,カキ,シジミなどの貝類,コンブ,ヒトエグサ,アオサ,アオノリなどの

の分析（1）

食塩（%）	アミノ窒素（%）	酸（塩基）(ml)	pH	全糖／食塩	分析年度
9.59	0.64	80	5.4	0.92	1930
9.07	0.60	80	5.13	1.01	〃
14.77	0.60	150	4.88	0.38	〃
11.63	0.45	104	4.67	0.89	1932
8.36	0.72	(320)	---	3.14	〃
15.05	1.21	(266.7)	---	0.65	〃
9.70	0.60	(40.0)	7.4	2.82	〃
9.70	0.82	(53.3)	7.2	2.37	〃
9.35	0.64	(40)	7.2	2.58	

（清水ら，1934）

海藻類などが用いられ，さらにエビ，アミ，カツオ，マグロ，イカ，マダラ，スケトウダラ，ウナギなども利用される．これらは生原料，乾燥品および半乾燥品が用いられるが，乾燥品の使用が圧倒的に多く80％を占める．その理由は，乾燥品は生原料に比べて保管が容易であり，四季を通じて入手しやすいことにある．

10・2・3　調味料

佃煮に用いられる主な調味料は醤油，砂糖，ブドウ糖，水あめ，食塩，天然旨味成分および化学調味料である．

1）醤　油

醤油は食塩濃度が高いので，天然調味料としてだけでなく保存料としての役割がある．醤油には醸造による醤油とアミノ酸醤油および両者を配合したものとがある．また，製法や品質によってふつう醤油，薄口醤油，溜醤油に分けられる．薄口醤油は，製造時になるべく色がつかないように操作されるので，ふつう醤油より色が薄く，食塩含量が高い．

薄口醤油は，関西方面で生産されるわかさぎ，小あゆ，しらうお，切りいか，いかあられなどの佃煮に用いられる．これに対して，ふつう醤油はあみ，貝類，はぜ，昆布などの佃煮を色濃く煮上げるのに用いられる．溜醤油は，貝類の時雨煮などに使われる．醤油の複雑な味と香りは，加熱により変化しやすいので，佃煮の製造に用いる場合には注意が必要である．

2）砂　糖

砂糖にはサトウキビから作った甘しょ糖とサトウダイコンから作ったてん菜糖とがある．

270　第10章　調味加工品

表10・4　主な佃煮類の100g中の成分（1963）

品名 （可食部100g当たり）	廃棄率	エネルギー kcal	水分 g	タンパク質 g	脂質 g	炭水化物 g	灰分 g	ナトリウム mg	カルシウム mg	リン mg	鉄 mg	レチノール μg	カロチン μg	ビタミンD μg	ビタミンB₁ mg	ビタミンB₂ mg	ナイアシン mg	ビタミンC mg	食塩相当量 g
かつお角煮	0	275	30.0	31.0	5.5	24.1	9.4	—	60	220	5.0	0	0	0	0.06	5	17.0	0	3.8
かつお削り節佃煮	0	284	25.0	22.0	1.2	46.4	5.4	1500	20	550	8.0	0	0	0	0.02	0.04	7.0	0	3.9
まだらでんぶ	0	343	8.0	8.4	0.1	79.0	4.5	1800	480	307	5.0	0	0	0	0.04	0.08	2.0	0	4.6
はぜ佃煮	0	252	28.6	28.3	2.1	29.0	12.0	3000	1800	980	7.0	7.5	0	10	0.1	0.11	2.5	0	7.6
はぜ甘露煮	0	269	27.5	14.8	1.3	50.2	6.0	1200	1000	570	8.0	30	0	10	0.04	0.08	—	0	3.0
ふな甘露煮	0	281	24.8	20.4	4.1	40.6	10.1	—	1900	1000	30	100	0	80	0.04	0.12	3.0	0	—
わかさぎあめ煮	0	282	25.5	23.6	4.9	35.4	10.6	2100	900	800	5.0	10	0	20	0.1	0.2	1.0	0	5.2
わかさぎ佃煮	0	265	29.5	26.7	5.1	27.0	11.7	3100	1000	850	5.0	10	0	20	0.1	0.2	1.0	Tr	7.9
あさり佃煮	0	237	30.4	24.8	2.1	29.1	13.1	2600	260	570	25.0	5	45	0	0.04	0.11	4.5	0	6.6
はまぐり佃煮	0	154	53.0	22.9	0.3	13.9	9.9	2900	220	280	13.6	0	0	0	0.03	0.16	—	—	7.4
あみ佃煮	0	206	35.0	23.7	1.7	23.0	16.6	3200	1400	800	20.0	0	0	0	0.12	0.11	—	0	8.2
切りいかあめ煮	0	287	28.0	22.0	3.0	43.0	4.0	—	30	470	1.0	0	0	0	0.09	0.09	1.4	0	—
いかあられ	0	290	28.0	21.5	3.5	43.0	4.0	—	30	460	0.6	0	0	0	0.07	0.08	1.4	0	—
えび佃煮	0	234	30.9	25.9	2.6	25.8	14.8	3200	1500	400	10.0	30	0	0	0.14	0.11	5.0	0	8.0
こんぶ佃煮	0		60.4	6.3	0.9	17.3	15.1	5400	420	270	14.0	0	30	0	0.07	0.16	2.0	0	13.7

（科学技術庁資源調査会、1963）

10・2 調味煮熟品　271

表 10・5　主な佃煮類の100g中の成分（2000）

品名（可食部100g当たり）	廃棄率	エネルギー kJ	エネルギー kcal	水分 g	タンパク質 g	脂質 g	炭水化物 g	灰分 g	ナトリウム mg	カルシウム mg	リン mg	鉄 mg	レチノール μg	カロチン μg	ビタミン D μg	ビタミン B₁ mg	ビタミン B₂ mg	ナイアシン mg	ビタミン C mg	食塩相当量 g
かつお角煮	0	937	224	41.4	31.0	1.6	21.4	4.6	1500	10	220	6.0	Tr	0	5	0.15	0.12	17.0	(0)	3.8
かつお削り節佃煮	0	992	237	36.1	19.5	3.3	32.3	8.8	3100	54	290	8.0	Tr	0	6	0.13	0.1	12.0	(0)	7.9
まだらでんぶ	0	1163	278	26.9	25.5	1.1	41.5	5.0	1600	260	220	1.3	Tr	(0)	1	0.04	0.08	1.9	(0)	4.1
はぜ佃煮	0	1188	284	23.2	24.3	3.0	39.9	9.6	2200	1200	820	12.4	150	51	5	0.11	0.41	2.4	0	5.6
はぜ甘露煮	0	1109	265	29.5	21.1	2.2	40.3	6.9	1500	980	650	4.2	21	10	6	0.05	0.11	0.9	0	3.8
ふな甘露煮	0	1138	272	28.7	15.5	3.6	44.4	7.8	1300	1200	710	6.5	60	10	2	0.16	0.16	1.3	0	3.3
わかさぎあめ煮	0	1310	313	21.0	26.3	5.1	40.4	7.2	1600	960	740	2.1	420	53	9	0.28	0.35	3.6	0	4.1
わかさぎ佃煮	0	1326	317	19.3	28.7	5.5	38.2	8.3	1900	970	780	2.6	460	32	8	0.24	0.32	3.4	Tr	4.8
あさり佃煮	0	941	225	38.0	20.8	2.4	30.1	8.7	2900	260	300	18.8	26	200	(0)	0.02	0.18	1.1	0	7.4
はまぐり佃煮	0	916	219	40.1	27.0	2.8	21.4	8.7	2800	120	340	7.2	Tr	Tr	(0)	0.02	0.1	1.6	(0)	7.1
あみ佃煮	0	975	233	35.0	19.1	1.8	35.1	9.0	2700	490	410	7.1	170	16	(0)	0.13	0.21	1.8	0	6.9
切りいかあめ煮	0	1331	318	22.8	22.7	4.7	46.1	3.7	1100	65	300	0.8	Tr	(0)	(0)	0.06	0.1	7.0	(0)	2.8
いかあられ	0	1226	293	26.7	20.0	1.8	49.1	2.4	700	18	260	0.4	Tr	(0)	(0)	0.07	0.1	7.0	(0)	1.8
えび佃煮	0	1021	244	31.8	25.9	2.2	30.1	10.0	1900	1800	440	3.9	Tr	56	(0)	0.14	0.11	5.0	(0)	4.8
こんぶ佃煮	0	351	84	49.6	6.0	1.0	33.9	9.5	2900	150	120	1.3	0	0	0	0.05	0.05	0.6	Tr	7.4

（科学技術庁資源調査会，2000）

表 10・6 佃煮の

種　類	製造者	水分(%)	糖(%)	還元糖(%)	ショ糖(%)
ハマグリ	—	—	9.94	4.24	5.70
〃	玉木屋	27.28	8.93	3.92	5.01
〃	佃仙	25.83	15.25	4.39	10.86
〃	佃原	24.07	19.47	4.64	14.83
ハマグリ・アサリ	佃茂	22.87	29.52	5.93	23.59
アサリ	—	—	6.53	3.66	2.87
〃	佃茂	19.11	39.33	6.01	33.32
〃	天安	23.05	23.32	6.06	17.26
〃	佃源	23.41	20.3	5.17	15.13
〃	佃仙	25.31	23.38	5.50	17.88
〃	玉木屋	30.49	7.11	2.14	4.97
〃	佃源	22.89	19.76	4.38	15.38
〃	天安	24.87	18.12	5.38	12.74
〃	松屋	24.28	23.00	3.10	19.90
〃	白木屋	35.34	15.50	5.00	10.50

　商品別に分類すると黒砂糖，赤砂糖，白下糖，黄ざら目，赤ざら目，白ざら目，三盆白などの製品がある．さらに精製して作る氷砂糖，玉砂糖などもある．これらのうち黒砂糖は脱色を行わない粗製品で，ざら目は結晶をやや大きく成長させた純度の高いものである．

　古くからの佃煮は魚介類を塩辛く煮込んだものであるが，嗜好の変化により甘味の強いものが好まれるようになり，水あめや糖蜜とともに砂糖の使用量が増加している．

3) デンプン糖

　デンプンを酸で加水分解すると，最終的にはブドウ糖にまで分解するが，条件により各種の中間分解生産物が得られる．これらをデンプン糖と呼んでいる．デンプンをブドウ糖生成酵素で加水分解する酵素糖化法もある．デンプン糖を分類すると，水あめ（酸糖化水あめ，麦芽水あめ），粉あめおよびブドウ糖（結晶ブドウ糖，精製ブドウ糖，ふつうブドウ糖）などである．水あめは佃煮に甘味を付けるだけでなく光沢を与える働きがあるので，砂糖と併用される．水あめの粘稠性により調味液が佃煮の表面に付着し，微生物の繁殖を防ぐとともに製品の表面を滑らかにする．

4) 食　塩

　食塩の原料は海水，かん水および岩塩である．食塩の品質は結晶の大小，硬

分析（2）

食塩（%）	アミノ窒素(%)	酸（ml）	pH	全糖／食塩	分析年度
10.35	0.60	104	4.98	0.96	1930
12.85	0.87	120.0	6.4	0.70	1932
9.00	0.58	66.7	5.4	1.70	〃
8.35	—	—	—	2.33	1934
6.25	—	—	—	4.72	〃
8.08	0.60	80	5.39	0.81	1930
5.83	0.83	106.7	4.4	6.75	1932
10.05	0.67	80.0	4.81	2.32	〃
9.35	0.76	93.3	4.9	2.17	〃
9.00	—	—	—	2.60	1934
12.5	—	—	—	0.60	〃
9.00	—	—	—	2.20	〃
8.95	—	—	2.02	〃	
10.35	—	—	—	2.22	〃
7.45	—	—	2.08	〃	

（長谷川，1936）

軟，光沢の有無，色相の良否，塊の有無および水分の多寡などにより判定される．

佃煮は，醤油やアミノ酸液が十分含まれている場合は食塩を必要としないが，不十分な場合には調味のためばかりでなく，保存性を高めるために食塩が必要である．また，佃煮をなるべく淡色に仕上げる場合にも醤油の使用量を控えて食塩が用いられる．

5）だ し

日本料理で使用される代表的な調味料である「だし」は昆布，かつお節，シイタケ，貝などから調製される．これらのだしは佃煮の製造にも用いられる．

6）みりん

焼ちゅうに米こうじと蒸したもち米を加え，こうじカビでもち米を糖化して作られるもので，佃煮に甘味を与えることから古くから使われてきた．しかし，近年砂糖が多く使用されるようになったため，みりんの使用量は減少している．みりんは製品に甘味，風味，色沢を付与するのに適しているので，高級品には今なお使用されている．

7）酢 酸

特有の刺激臭を有する 98～100％の純度のものが多く，食酢は 3～5％の酢酸を含んでいる．佃煮の製造には一般に酢酸が用いられ，特に昆布などの海藻

類の佃煮には必要で，原料の軟化および防腐の目的で使用される．

8）寒　天

寒天は 0.4％以上の濃度でゼリー化し，これ以下の濃度の溶液では凝固しないが，粘稠性を与える．その結果，佃煮に光沢を与え，調味液を製品に付着させる働きがある．

9）化学調味料

現在，広く用いられている化学調味料は昆布，かつお節，シイタケ，貝などの天然旨味成分を解明することから生まれた．

L-グルタミン酸ナトリウム　水で希釈した場合，3,000～3,500 倍（約 0.03％）でも旨味を感じる．グルタミン酸ナトリウムは，食品に添加することによって旨味を増強するばかりでなく酸味，苦味，塩味を緩和し，イノシン酸を含む食品では相乗作用により旨味をさらに増大する．食品に添加するグルタミン酸ナトリウムは，食塩の濃度の 10％が最低必要といわれるが，消費者の嗜好の変化により添加割合は 20～30％に増加している．佃煮に対するグルタミン酸ナトリウムの添加量は食塩の 10％程度がよいとされる．

コハク酸およびコハク酸ナトリウム　コハク酸は魚類および軟体動物の筋肉に多く含まれ，貝類の有力な旨味成分である．コハク酸およびコハク酸ナトリウムは，佃煮をはじめ各種の加工食品に調味料として広く使われている．しかし，過剰に使用すると，他の味との調和が損なわれる．

核酸系調味料　佃煮に用いられる化学調味料は，グルタミン酸ナトリウムとコハク酸ナトリウムが主なものであるが，5-イノシン酸ナトリウム，5-グアニル酸ナトリウムなどのいわゆる呈味性核酸関連化合物も使われる．イノシン酸ナトリウムは，グルタミン酸ナトリウムとの相乗作用が認められることから，加工食品にグルタミン酸ナトリウムとともに微量添加することで旨味を増強する顕著な効果を表わす．グルタミン酸ナトリウムとの複合調味料として販売されているのは，このような理由からである．グルタミン酸ナトリウムに加える量は15％くらいがよい．

10・2・4　一般的製造法

佃煮は魚介藻類の各種原料を原型のままか，適当な大きさに切断，圧伸あるいは粉砕して，醤油またはアミノ酸液，砂糖，水あめ，糖蜜，みりんなどを配合した濃厚な煮熟液で調味料がよく浸透するまで煮詰めて調味するとともに保存性を高めた調味加工品である．a_w の低下および高温加熱による殺菌作用に

より貯蔵期間が長く，常温でも腐敗しにくいのが特徴である．

佃煮の製造には，調味液を予め配合調製しておく場合と，煮熟しながら調味料を個別に添加する方法とがある．また，煮熟法にも「浮かし煮」と「いり付け煮」とがある．

① **原料の選別**：原料に付着している汚物，異物，不良品の除去および等級分けなどを行う．

② **成形および洗浄**：選別した原料を製品によりそのまま水洗するか，昆布などの場合には適当に切断してから洗浄する．洗浄機，ふるい分け器，刻み機，砂とり機などが使われる．

③ **煮熟および味付け**：洗浄，成形された原料の煮熟および味付けは，浮かし煮か，いり付け煮によって行われる．

1) 浮かし煮

主として生原料を使用する場合の煮熟方法である．配合した調味液を釜に7～8分目ほど入れ，加熱沸騰させた後原料を投入して，初めの10～20分間は強火で加熱し，以後は火を少し弱めて40～50分間煮熟する．煮熟後すくい上げ，液をよく切ってから急速に冷却する．乾燥原料を使用した場合には，冷却前に調味掛け液を振りかけ，よく混合してから冷却する．煮熟に用いた調味液の残液はたれと称し，これに醤油や砂糖を追加して次の煮込みに使用する．この際，食塩や砂糖の製品への浸透速度は，原料の種類などによって異なるので，このことを勘案して追加量が決められる．

2) いり付け煮

切りいか，いかあられ，干しえびなどの乾燥原料から佃煮を作る場合には，ほとんどこの方法による．1回の煮上げ量は4～10 kgが適当で，それ以上になると攪拌が困難になり，調味料が浸透しにくく，そのため製品が不均一になる虞がある．いり付け煮は，あらかじめ配合した調味液を規定量釜に入れ，沸騰させた後原料を投入し，焦げ付かないように十分攪拌しながら調味液がなくなるまで煮詰める．佃煮は濃厚な調味液で調味すると同時に保存性を付与することに特徴があるので，十分に煮熟して調味料を均等に浸透させることが重要である．

10・2・5 主な調味煮熟品の製造

1) 昆布佃煮

原料の昆布は製品に応じて角形，短冊形，糸状などに切断し，洗浄して砂，

ごみなどを除いた後水を切る．水洗の際，水に適量の酢酸を加えると香味がよくなり，品質が向上する．次に，水切りをした原料 15 kg をたるに入れ，醤油またはアミノ酸液 1.35 kg，カラメル 50 g を入れて一晩放置し，翌日釜に移して砂糖 1.87 kg を加えて，初めは強火で十分加熱し，昆布が軟らかくなったら火を弱めて約 2 時間煮込む．煮熟終了の約 30 分前に水あめ 370 g を入れて煮上げると，約 18.75 kg の昆布の佃煮が得られる．しいたけ昆布，まつたけ昆布は，一釜に対して干ししいたけ，またはまつたけ 600〜700 g を入れて煮込む．

   2) のり佃煮

  原料には主として青のりが使われる．青のりには紙状に干した「青板」と「ばら干し」とがある．のり佃煮用の煮熟釜には 70 cm 程度の平釜かやや底の深い鍔釜が使用される．この中に醤油またはアミノ酸液を 18 l，食塩 750 g，カラメル 350 g，砂糖 1.5 kg を入れて加熱し，よく攪拌して溶解したら原料の青のり 1.5 kg とばら干しのりを水洗脱水したもの 5.8 kg を同時に投入し煮熟する．初めは強火で約 20 分間煮熟してから中火にし，水あめ 4 kg を入れた後，弱火でさらに 20〜30 分間煮込む．

   3) いか佃煮

  主としてスルメイカを原料とした切りするめ佃煮，伸ばしするめ佃煮がある．いか佃煮は昆布やのり佃煮と味付けが異なり，あめ煮状の佃煮である．いか佃煮の製造にはいり付け煮が適し，直火式の釜が使われる．調味液は水あめ 25 kg，砂糖 22 kg，食塩 1 kg，寒天 50 g，水 12.6 kg の割合で溶解して調製する．佃煮 4 kg を製造するには，この調味液 2.8 kg を加熱沸騰をさせ，原料 1.7 kg を投入して焦げ付かないように攪拌しながら注意して煮る．いり付け煮の場合には，煮上げ時間は短時間で 7〜10 分間程度である．

   4) いかなご佃煮

  原料魚に混ざっている貝殻，小石などの異物をきれいに取り除き，魚体の大小を選別する．いり付け煮の場合は，水 2 l に寒天 130 g を入れて加熱溶解し，これに醤油 6 l，水あめ 16 kg，砂糖 2.5 kg を加えて混合した調味液を一たん煮沸しておく．平釜に調味液 5.5 l を入れて沸騰させ，この中に原料 5 kg を入れて，焦げ付かないようによく攪拌しながら 10〜15 分間で煮あげる．

10・3 調味乾製品

　魚介藻類を濃厚な調味液に浸漬するか添加して調味し，煮熟・乾燥・焙焼・圧延などの処理をして保存性を高めた食品を調味乾製品という．調味乾製品には調味焙焼品とみりん干し類がある．調味焙焼品は種類が多く，儀助煮，裂きいか，味付けするめ，味付けのり，魚せんべい，ふりかけ，でんぶなどがある．みりん干しは桜干しまたは末広干しともいわれる．

10・3・1　主な調味乾製品の製造

1）儀助煮

　明治の中ごろに福岡の宮野儀助が，底曳き網で漁獲された小雑魚を利用する目的で考案したものといわれる．原料としてヒイラギ，イシモチ，小ダイ，小アジ，小カレイ，ウシノシタ，ハゼ，テンジクダイ，小エビ，小ガニなどの3～6 cm位のものを使用し，これにアオノリを配合する．淡水産のフナ，ワカサギ，ヒガイ，エビなども利用される．

　漁期に，原料魚を素干し，煮干しまたは焙乾により乾燥しておき，閑散期または需要期に調味を行う．調味料には醤油，砂糖，グルタミン酸ナトリウムおよび水あめを用い，香辛料を配合する．香辛料にはこしょう，唐辛子，胡麻，けし，青のりなどが用いられる．これらを配合した調味液に乾燥原料を浸漬してから焼き干しにする．

2）魚せんべい

　姿焼きと薄焼きとがあり，姿焼きは原料にタイ，アジ，キス，サヨリ，エビ，ハマグリ，トリガイ，カキなどが用いられ，表面にデンプンをまぶして焼き形に入れて焼く．これを調味液に浸けてから焼き干しまたは油揚げにする．薄焼きはエビ肉，ウニまたは魚肉を小麦粉またはデンプンに加えて練り食塩，砂糖，グルタミン酸ナトリウム，鶏卵などで調味をしてから焼き上げる．

3）裂きいか

　スルメイカ，アカイカなどを細く裂き，調味して乾燥した製品である．するめを原料とする「するめ裂きいか」と生鮮または冷凍イカを原料とする「生裂きいか」とがある．製造当初には，原料としてスルメイカが用いられたが，現在はアカイカが主体で，その外にニュージーランドスルメイカ，カナダレックス（マツイカ）なども用いられる．

生裂きいかの製造は，まずイカの内臓，頭脚部，鰭を除去し，ついで50～55℃の温湯中で5～6分間攪拌して剥皮する．ついで，水洗後煮熟するが，煮熟温度と時間および焙焼温度と時間は製品のソフトな仕上がりに影響するので，重要な製造工程である．煮熟は，70℃で1～2分間行うのが適当とされている．60℃では裂きが悪く，80℃，1分間ではソフト性が失われる．煮熟後冷水中で冷却し，水切りをする．次に一次調味を行う．砂糖，グルタミン酸ナトリウムを主体とする調味料を水切りしたイカ肉に加え，ミキサーで混合した後，容器に移し2～3時間～一夜漬け込んで調味をする．調味したイカ肉は，乾燥機を使って水分が40％以下になるまで乾燥する．次に，自動圧焼機（ロースター）や電化焼機などを用いて105～115℃で焙焼する．焙焼後伸展機により1.3～1.5倍に圧延してから裂き機にかける．裂き工程後，仕上げ調味を行うことが多い．保存料を加えた調味料を添加して，ミキサーで十分に混合し，一夜放置してから乾燥機にかけて製品とする．

4）みりん干し

　大正時代の初期に，イワシを醤油に浸けて乾燥した製品が長崎県で作られたのが始まりといわれる．その後，調味液にみりん，砂糖，水あめ，食塩なども使われるようになり，次第に全国各地で作られるようになった．原料には，カタクチイワシとマイワシが主に使われていたが，今ではサンマ，サバ，カワハギなども使用されている．

　原料にはマイワシがよいとされ頭部を直角に切断し，腹部を開いて内臓を除去し，はらも（腹部の肉）と尾鰭の一部を切り取る．水洗，水切り後腹開きにし，背骨を尾部側から約1/3残して除去する．ついで，醤油，砂糖，食塩などを配合した調味液に浸漬する．製品表面のつや出しに以前は寒天が用いられていたが，現在ではアラビヤゴムの水溶液，デキストリン，可溶性デンプンなどを噴霧して，その上から白ごまを散布している．水分が20～30％の製品は貯蔵性はよいが，脂質含量の高い製品は脂質が酸化してしぶ味を帯びてくることがあるので，−20℃以下で保存することが望ましい．

（望月　篤）

引用文献

長谷川漸成（1936）：水産研究会誌, 31, 323.
科学技術庁資源調査会編（1963）：三訂日本食品標準成分表.

科学技術庁資源調査会編（2000）：五訂日本食品標準成分表．
小泉千秋・和田　俊・野中順三九（1980）：東水大研報, **67**（1），29-34．
Scott, W. J.（1975）：*Adv. Food Res.*, 7, 84-127, Academic Press.
清水　亘・白石友義・新村大三郎（1934）：水産製造会誌, **2**, 17．

第11章　海藻工業製品

11・1　寒　天

　寒天（agar）は，紅藻のテングサ目，スギノリ目，イギス目の細胞間充てん物質として存在する粘質の多糖類である．わが国では寒天は古くから日常生活でな染みの深い食品であり，その起源は約 350 年程前の京都にさかのぼる．薩摩藩主島津候の参勤交代の宿となった美濃屋太郎左衛門方で，接待に用いて余った心太(ところてん)を屋外に捨て，それが凍結融解を繰り返して寒天ができたとの説である．寒天は単一の多糖類ではなく，2 種類の多糖類，アガロース（agarose）とアガロペクチン（agaropectin）の混合物である．アガロースが約 70％，アガロペクチンが約 30％であり，アガロースが寒天の主成分である．アガロースの構造は，D-ガラクトースと 3, 6-アンヒドロ-L-ガラクトースが β-1, 4 結合したアガロビオースと呼ばれる二糖類（図 11・1）が多数 α-1, 3 結合で連なる中性の直鎖状の高分子化合物である．アガロペクチンはアガロビオースに少量の硫酸，ピルビン酸が結合した複雑な多糖類である．市販されている寒天の分子量は数万から数十万である（埋橋，1996）．

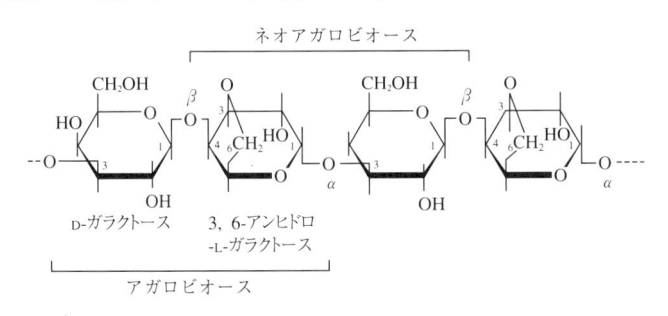

図 11・1　アガロースの化学構造

11・1・1　寒天の製造法
1) 寒天原藻

寒天製造に使われる海藻を寒天原藻という．英語で agarophyte と呼ばれる

ように，世界各地で採集される．表11・1 に示したものが主な寒天原藻である．寒天製造にはこれらの原藻を単独で使用することは稀で，幾種類かを混合して使用する．その主な理由は，単独で使用すると原藻の種類や，産地，採集時期などによってできる寒天の品質が変動するので，多種類の原藻を混合して一定品質の寒天を製造するためである．この原藻の混合を草割(くさわり)と呼ぶ．現在，わが国で採取する原藻は，マクサとオゴノリが半々で両者でおおよそ 1,600 トン程度である．国内産の寒天原藻は不足しているので外国から輸入をしている．外国産原藻は国内産の 2 倍強ある．外国産ではマクサよりオゴノリが多い．テングサ類がチリ，モロッコ，ポルトガルその外から 1,700 トン程度，オゴノリなど他の寒天原藻がチリ，フィリピン，インドネシアその外から 1,300 トン程度輸入されている．寒天製品もチリ，韓国，モロッコその外から 1,300 トン程度輸入されるとともに，わが国から 50 トン程度は輸出されている．原藻の輸

表11・1 寒天製造に使用される各種海藻

テングサ目	
テングサ科	
テングサ属（Gelidium）	**マクサ***，**ヒラクサ，オニクサ，オオブサ**
	（テングサ属は原藻として品質に優れる）
	G. latifolium
オバクサ属（Pterocladia）	オバクサ
ユイキリ属（Acanthopeltis）	ユイキリ（トリアシとも呼ぶ）
シマテングサ属（Gelidiella）	シマテングサ
ムカデノリ属（Grateloupia）	ムカデノリ（配合用原藻）
スギノリ目	
ミリン科	
キリンサイ属（Eucheuma）	キリンサイ（配合用として使われたこともある）
オゴノリ科	
オゴノリ属（Gracilaria）	**オゴノリ，カタオゴノリ**
	（配合用として使われたこともあるが，現在はアルカリ処理により工業寒天原藻として重要である）
イバラノリ属（Hypnea）	イバラノリ（配合用原藻）
オキツノリ科	
サイミ属（Ahnfeltia）	**イタニグサ**
イギス目	
イギス科	
エゴノリ属（Campylaephora）	エゴノリ（配合用原藻）
イギス属（Ceramium）	イギス，アミクサ（配合用原藻）
	C. rubrum

* ゴシック体は特に重要なもの　　　　　　　　　　　　　（埋橋，1996より改変）

入が減少傾向で，寒天製品の輸入が増加している．寒天製品の輸出は減少している．

2）寒天の種類

寒天にはその形状から，角寒天，細寒天（糸寒天とも呼ぶ），粉末寒天，フレーク寒天，固形寒天（錠剤寒天とも呼ぶ）がある（図11・2）．角寒天は約 3.2×3.4×27 cm，細寒天は約 0.3×0.3×29～36 cm の大きさである．粉末寒天は 20～30 メッシュである．フレーク寒天は薄膜状で不定形であるが一辺が 0.5～1 cm，厚さは 0.2～0.3 cm 程度である．固形寒天は直径 3.3 cm，厚さ 0.8 cm 程度の錠剤型のものが生産されている．また，製造方法の違いから天然寒天，工業寒天がある．以前には原藻をアルカリ処理して寒天質を抽出したものを化学寒天と呼んだこともあったが，現在この名称は使用されない．

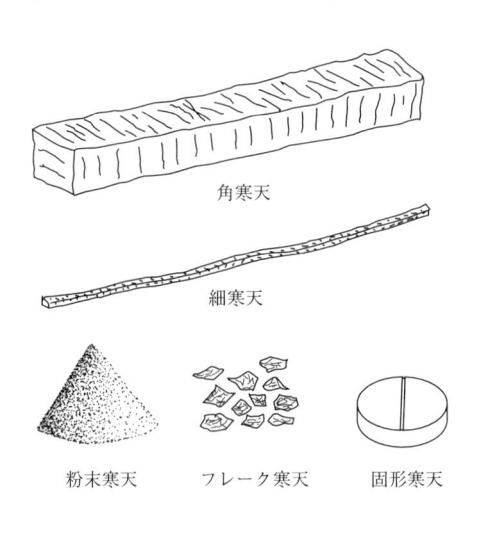

図11・2 形状からみた寒天の種類

3）製造法

天然寒天は，主としてテングサ属を用いるが，オゴノリを混合することもある．長野県や岐阜県を中心に冬季の寒さを利用して作られる．天然寒天には製品の形から角寒天と細寒天がある．角寒天は主に長野県で，細寒天は主に岐阜県で生産されている．図 11・3 に製造工程の原理を示す．混合した複数の原藻を水につけ軟らかくした後，水洗する．熱水煮熟時に少量の硫酸を入れる．濾過後冷えて凝固したものが心太（ところてん）である．これを切断または突き出して自然凍結・融解で脱水する．その後，天日で乾燥して角寒天あるいは細寒天とする．

一方，工業寒天は工場内で製造するために，年間を通じて天候に関係なく生産ができる．工業寒天製造工程の原理を図 11・4 に示す．オゴノリを主原藻に使用するときは，アルカリ処理で硫酸基を減少させないと凝固しない．脱水方法には，圧搾脱水法と凍結脱水法とがある．オゴノリ寒天はシネリシス（285

ページ参照）が大きいので圧搾脱水が有効である．粉末寒天の主原料はオゴノリである．フレーク寒天はマクサを原藻とし，高品質である．

```
原藻 → 水洗 → 抽出         → 濾過          → 凝固
              (熱水煮熟)     (圧搾または自然)   (自然冷却)

  → 切断 → 脱水(自然凍結，自然融解) → 天日乾燥 → 角寒天

  → 突き出し → 脱水(自然凍結，自然融解) → 天日乾燥 → 細寒天
```

図1・3　天然寒天の製造工程の原理

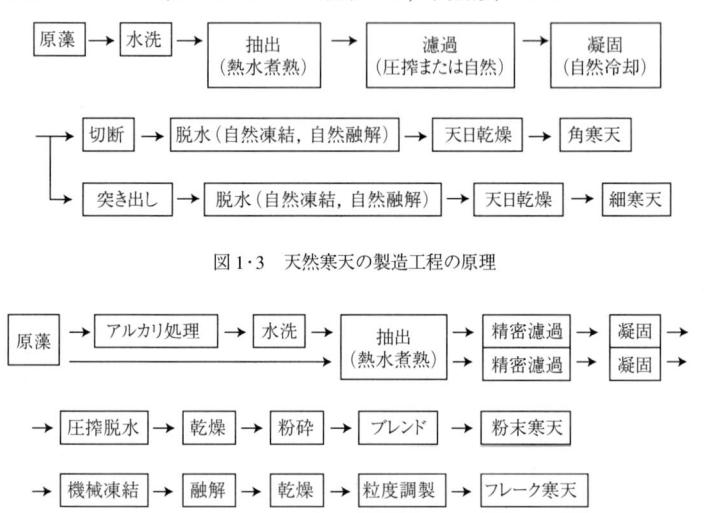

```
原藻 → アルカリ処理 → 水洗 → 抽出       → 精密濾過 → 凝固 →
                            (熱水煮熟)    精密濾過 → 凝固 →

  → 圧搾脱水 → 乾燥 → 粉砕 → ブレンド → 粉末寒天

  → 機械凍結 → 融解 → 乾燥 → 粒度調製 → フレーク寒天
```

図1・4　工業寒天の製造工程の原理

11・1・2　性質と用途

寒天の性質は，原藻の種類や同じ種類でも産地，季節によって微妙に変化するので，でき上った寒天の性質を常に同じにするためには原藻の選択や混合が重要となる．

1) 性　質

ゲル化　寒天は加熱すると溶解してゾルになり，冷えるとゲルになる．0.1%のような希薄溶液でも完全に凝固するほどゲル化しやすい．寒天はゲル化すると網目構造を形成する（図11・5）．すなわち，ゾル中では寒天分子はランダムコイル状であるが，ゾルの温度が下がるにつれて寒天分子鎖内で水素結合がおこり，分子は棒状で二重らせん構造になる．更に冷却されると分子鎖間水素結合が加わり，カゴ状の三次元網目構造となる（埋橋，1996）．

ゼリー強度　寒天の1.5%溶液で作ったゲルを20℃で15時間放置後，表面1 cm^{2}当たり20秒間耐えられる最大重量（g数）をゼリー強度と呼ぶ（林・岡崎，1970）．原藻の採取時期によってゼリー強度に季節変動が認められ，夏季は冬季の約2倍になる例もある．一般にゲル形成能はアガロースや3,

6-アンヒドロ-L-ガラクトースの多いほど，また，硫酸基含量の少ないほど大きい．使用目的に応じてゼリー強度の低い 30 g / cm^2 からゼリー強度の高い 2,000 g / cm^2 のものまで各種生産されている（松島，1994）．

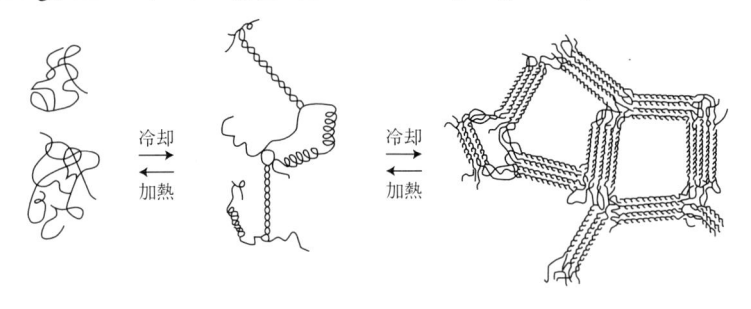

図 11・5　ゾルからゲルへの転移による寒天の構造変化
(埋橋，1996)

融点と凝固点　寒天の特徴の一つに凝固温度と融解温度の違いがある．寒天ゾルは通常 40℃前後で凝固し，90℃前後で再溶解する．この凝固温度と溶解温度が異なることをヒステレシス（hysteresis）と呼ぶ．

離漿（離水）　寒天ゲルは放置しておくと表面に水がにじみ出てくる．これを離漿（シネリシス，syneresis）という．寒天濃度の低いゲルほど離漿水が多い．また，原藻の種類，採取時期などで変動する．離漿水の多い寒天は保水性に劣り，和菓子などの長期保存には適さない．

2）用　途

寒天はその性質によって，食用のみならず様々な用途がある（伊那食品工業，1989；埋橋，1997）．

食品用　最も用途の広い分野である．ゼリー強度などの物理的性質に基づく用途でみると，一般食品用としてゼリー強度 530～1,030 g / cm^2 程度のものが佃煮，あん，ペースト状食品，魚介類・畜肉・コンビーフなどの缶詰用に使用される．原藻は主にオゴノリで溶解性がよく，作業効率に優れる．また乳製品用にはプリン，アイスクリームなどにゼリー強度 400～800 g / cm^2 程度のものが使用されるが，ヨーグルトではそれに加えて凝固温度が 30℃以下の低いものが使用される．このものは特に溶解性に優れる．和菓子用，高級和菓子用としてゼリー強度 350～600 g / cm^2 程度のものが羊かん，水羊かんなどに使用される．原藻は主にマクサであり，離漿水が少ない．ゼリー強度が 30～200 g

/ cm² 程度と低いものはドレッシング，飲料，マヨネーズなどに使用される．なお，みつまめや杏仁豆腐(あんにん)の缶詰などにはゲル強度 730～1,300 g / cm² 程度で，ゲル融点が 90℃以上の耐熱性寒天が使用される．

寒天の形状からみると角寒天は一般に用途が広く各種食品（佃煮，あん，缶詰，コンビーフ，ヨーグルト）に使われる．細寒天は和菓子，フレーク寒天は高級和菓子，固形寒天は錠剤状で 1 個当たりの重量が一定にしており，秤量の手間が省け，和菓子に使用される．粉末寒天は食品一般に広く使用される．

医薬品・化粧品　薬品用ソフトカプセル，歯科用印象剤，シャンプー，クリームなど．

トイレタリー　練り歯磨き，芳香剤．

試　薬　遺伝子研究用アガロース，細菌検査用培地，植物組織培養用培地など特殊な分野で使用．

その他　蚕用粉末桑の固形剤など幅広く使用．

3）安全性と使用量

寒天は極めて安全性が高く，1 日当たりの許容摂取量には制限がない．食品への添加量は用途によって使用量が異なるが，おおよそ 0.1～1.4％程度である．

11・1・3　生理機能

1）食物繊維としての機能

寒天はヒトの消化酵素では消化できない食物繊維である．寒天は食物繊維を最も多く含む食品であり，その含量は五訂食品成分表によれば 100 g 当たり 74.1 g である．緩下作用・便量の増加することが知られている（原ら，2000a；b；佐藤，1994）．

2）血圧低下作用

ラットに寒天を 2.5％加えた餌を 20 日間与えて収縮期血圧を測定したところ，対照に対して 89％に低下した（$p<0.01$）（D. Ren et al., 1994）．

3）アガロオリゴ糖の機能

アガロースを分解したアガロビオースは誘導型一酸化窒素合成酵素を阻害するために，腫瘍増殖抑制作用を示し（榎ら，1999），炎症性のプロスタグランジン E_2 産生を抑制することやアポトーシスを起こすこと（加藤・佐川，2000）が知られている．

11・2 アルギン酸

アルギン酸（alginic acid）はあらゆる褐藻類の細胞間充てん物質として存在する粘質の多糖類である．アルギン酸は1883年にスコットランドのスタンフォードにより褐藻 *Ascophyllum* から単離された．海藻酸，コンブ酸，Tang酸と呼ばれることもある．アルギン酸は海藻の葉体内では金属イオンと塩を作り，ゼリー状のアルギン酸塩として細胞間に存在しているといわれる．アルギン酸は褐藻から希アルカリで抽出される酸性の多糖類で，その構造は図11・6に示すようにβ-D-マンヌロン酸とα-L-グルロン酸の2種類のウロン酸が1,4結合したものである．アルギン酸はその分子構

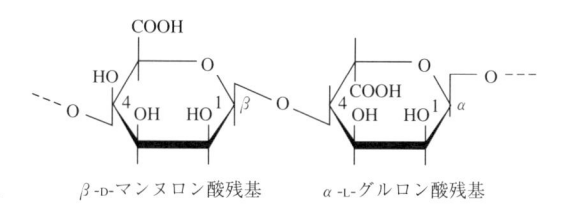

図11・6　アルギン酸のMGブロックの構造

造の中にβ-D-マンヌロン酸（以下Mと略す）とα-L-グルロン酸（以下Gと略す）が1つずつMGと結合している部分（MGブロック）やMGブロック中でもMMG，MGGのように結合している部分がある．更にMのみが結合しているMブロック，Gのみが結合しているGブロックも分子中に存在する．分子量は32,000～240,000程度と考えられる．含量は海藻により異なるが，ワカメ，コンブ属，アラメ，カジメ，ヒジキ，レッソニア属，マクロシスティス属，アスコフィラム属に多く，乾燥藻体重量の25～35%にも及ぶものがある．

11・2・1　アルギン酸の製造法
1）アルギン酸原藻（alginophyte）

アルギン酸は全ての褐藻に含まれるが，製造に使用される海藻は表11・2のコンブ目，ヒバマタ目の2種類である．中でも大量に使用される原藻はアメリカ西部のジャイアントケルプと呼ばれるマクロシステス属，北大西洋北部のコンブ属とアスコフィラム属，中国の養殖マコンブ，チリのレッソニア属，タスマニアのダービリア属，南アフリカのカジメ属などである．

2）製造法

アルギン酸の製造方法には酸法とカルシウム法の2つの方法がある．酸法に

表11・2 アルギン酸製造に使用される海藻

コンブ目	
レッソニア科	
レッソニア属（Lessonia）	*Lessonia nigrecens**, *L. flavicans*
マクロシステス属（Macrocystis）	*Macrocystis pyrifera*
コンブ科	
コンブ属（Laminaria）	マコンブ, *L. hyperborea*
アラメ属（Eisenia）	アラメ
カジメ属（Ecklonia）	カジメ, *Ecklonia maxima*
ヒバマタ目	
ダービリア科	
ダービリア属（Durvillea）	*Durvillea antarctica, D. potatorum*
ヒバマタ科	
アスコフィラム属（Ascophyllum）	*Ascophyllum nodosum*

* ゴシック体は特に重要なもの　　　　　　　　　　　　（(株)キミカ資料より改変）

よるアルギン酸の製造工程の原理を図11・7に示す．酸を加えて遊離アルギン酸を凝固析出させる酸法に対して，カルシウム塩を加えて凝固析出させるカルシウム法もあるが，酸法の方が製品の品質は優れている．

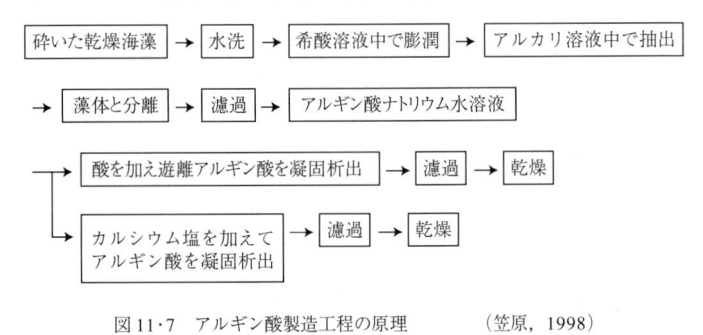

```
砕いた乾燥海藻 → 水洗 → 希酸溶液中で膨潤 → アルカリ溶液中で抽出
→ 藻体と分離 → 濾過 → アルギン酸ナトリウム水溶液
  ┌→ 酸を加え遊離アルギン酸を凝固析出 → 濾過 → 乾燥
  └→ カルシウム塩を加えて
     アルギン酸を凝固析出 → 濾過 → 乾燥
```

図11・7　アルギン酸製造工程の原理　　　（笠原, 1998）

11・2・2　性質と用途
1) 性　質

ゲル化　遊離のアルギン酸は白色無臭で水に不溶であるが，Na，K，NH$_4$塩は水溶性になり粘性のあるゾルとなる．このゾルにMg，Hg以外のCa，Fe，Alなどの二価以上の金属塩を加えると一価の塩が二価以上の塩にイオン交換され，カルボキシル基はイオン架橋されゲル化する．Caイオンによるゲル化の機構は図11・8に示すようにGブロック同士がCaイオンを抱き込んでいわゆ

る egg box junction を形成するためとされている．このようにアルギン酸はカルボキシル基と対をなす陽イオンによって物性に変化がおきる．従って，ゲルは水を加えて加熱しても再溶解しない熱不可逆性であり（(株)キミカ資料），この点が寒天と異なる．

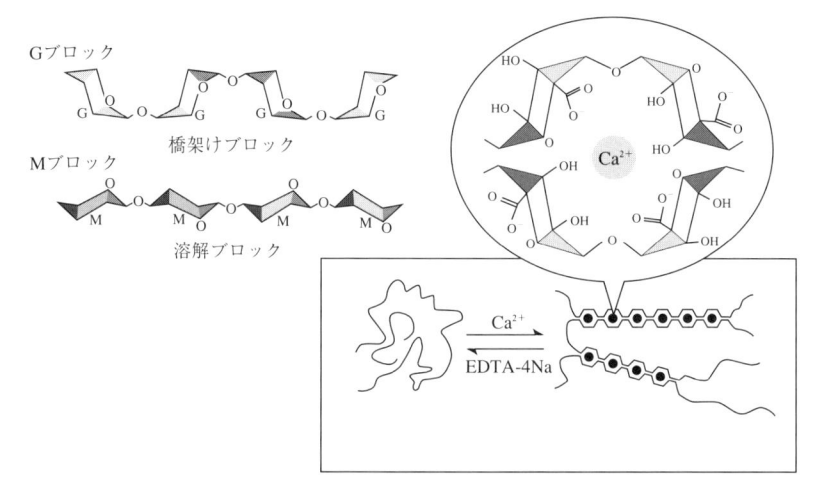

図11・8 アルギン酸ナトリウムのカルシウムによるゾル－ゲル転移モデル（Egg Box Junction）
((株)キミカ資料)

ゲル強度 アルギン酸のゲル強度はマンヌロン酸（M）とグルロン酸（G）の比率（M/G 比）によって大きく異なる．M の多いアルギン酸は軟らかいゲルに，G が多いアルギン酸は硬いゲルになる．アラメ，カジメ，コンブ類，ジャイアントケルプ（*Macrocystis*）など多くの褐藻の M/G 比は 1.4～2 前後であるが，3 を超えるものや 0.5 のものもある．M/G 比は海藻の種類によって異なるが，同じ海藻でも，時期，産地，海藻の部分によって変動する（天野，1991）．M/G 比の異なるアルギン酸を混合することで，必要なゲル強度をもたせアルギン酸を製造している．ゲル強度は製造工程中の低 pH，高温で低下するので，pH と温度の管理が大切である．

離 水 アルギン酸のゲルを放置すると表面に水がにじんでくる．これを離水という．G の多い硬いゲルの離水量は M の多い軟らかいゲルよりも多い．アルギン酸分子中では M ブロックが水を保持している部分である．

2）用 途

アルギン酸の用途は広いが，主要な用途は工業用である（笠原，1998）.

工業用用途　世界総需要量は年間35,000トン程度で，その60％の21,000トン程度が工業用であり，主に染色用捺染糊剤，溶接棒添加剤，水処理用高分子凝集剤，製紙用コーティング剤，養魚飼料用バインダー，人工種子などに使用されている．その他，アルギン酸繊維紙，ステレオのスピーカー・コーンとしての開発研究もなされた．工業用アルギン酸の生産量は中国が世界第1位で15,000～18,000トンである．その他，アメリカ，フランス，日本，チリなどで生産されている．

医療分野　X線造影剤安定剤，歯科印象剤，錠剤崩壊剤，湿布薬などに使用される．

食品用　食品・医薬品の需要は工業用より少ないが，幅広い用途がある．食品添加物としてアルギン酸，アルギン酸ナトリウム，アルギン酸プロピレングリコールエステルの3種類が認められている．増粘剤，安定剤，ゲル化剤，乳化安定剤，めん質改良剤として，アイスクリーム，シャーベット，スープ，ケチャップ，ソース，各種垂れ，乳酸菌飲料，ドレッシング，ゼリー，めん類，パスタ，人造イクラ，ふかひれ状食品，オニオンリング成形基材，成形肉などに幅広く使用されている．安全性については，アメリカ食品医薬品局（Food and Drug Administration，FDA），国際連合食糧農業機関／世界保健機関合同添加物専門家委員会（FAO/WHO Joint Expert Committee on Food Additives）も安全性が高いと評価している．世界の総需要は15,000トン程度であり，中国では約4,000トンが中華料理のふかひれやくらげとして使用される．日本の食品用需要は400トン程度である．

11・2・3　生理機能

1）抗腫瘍作用

アルギン酸の抗腫瘍効果は腫瘍の種類によって異なり，サルコーマ37腹水型腫瘍細胞，サルコーマ180固型腫瘍，L-1210白血病細胞，メス-A腹水腫，B-16黒色腫には効果があるが，ルイス肺腫瘍，エールリッヒ腫瘍には無効であることが動物試験の延命効果を指標に知られている（西澤・村杉，1988）．アルギン酸の構成成分のうち，Mブロック，Gブロックそのものには効果がないが，Mブロック含量の高いアルギン酸の方がMブロック含量の低いアルギン酸より効果がある（M. Fujihara and T. Nagumo，1993）．

2) 血圧低下作用

高血圧自然発症ラットを用いた動物実験で，アルギン酸カリウムは特に強い血圧上昇抑制効果が認められている．その機作は腸内でアルギン酸がカリウムとナトリウムを交換し，ナトリウムを糞中へ排泄すると同時に血中でカリウム濃度が上昇するためといわれる（辻，1993）．

3) コレステロール上昇抑制作用

コレステロール投与によるラットの血中コレステロール，肝臓のコレステロールの上昇は，同時に与えたアルギン酸ナトリウムやアルギン酸プロピレングリコールによって抑制される（辻，1993）．アルギン酸の粘度が高いものと低いものとでは，後者で短期間の投与によりその効果が認められた（久田ら，1997）．

4) 整腸作用

アルギン酸は食物繊維であり，ヒトの消化酵素では消化されないために，便量を増加させたり，排便促進効果がある．動物実験では摂取されたアルギン酸の一部は腸内フローラによって発酵され整腸作用を示すと考えられている（T. Kuda et al., 1988；河津ら，1995）．

11・3　カラギーナン

カラギーナン（carrageenan）は紅藻スギノリ科，ミリン科，オキツノリ科の海藻の細胞間粘質多糖類であり，分子内の硫酸基の数と結合位置の違いにより6種類が知られている（Mackie and Preston, 1974）．それらの構造を図11・9に示す．D-ガラクトースとC_2とC_6に硫酸基のついたD-ガラクトースの繰り返しでできるν-，μ-，λ-カラギーナンと，D-ガラクトースと3, 6-アンヒドロ-D-ガラクトースがβ-1, 4結合してできた二糖類のカラビオースがα-1, 3結合で連なるとともにエステル硫酸を含むι-，κ-，ξ-カラギーナンがあり，ν-，μ-，λ-カラギーナンは各々ι-，κ-，ξ-カラギーナンの前駆体と考えられている．分子量は10万～100万と考えられている．

11・3・1　製造法

1) カラギーナン原藻

カラギーナン製造に使用される海藻をカラギーナン原藻（carrageenophyte）という．その主なものを表11・3に示す．原藻の種類によって，得られるカラギーナンの種類が異なる．キリンサイからは主にι-カラギーナンが，*Kappa-*

図11·9 カラギーナンの反復単位の推定構造
(W. Mackie and R. D. Preston, 1974)

phycus alvarezii からは主に κ-カラギーナンが,スギノリ属からは主に λ-カラギーナンが得られる.

2) 製造方法

現在,産業的に製造されているカラギーナンは κ-, ι-, λ-カラギーナンの3種類である.図11·10にカラギーナンの製造方法の原理を記す.

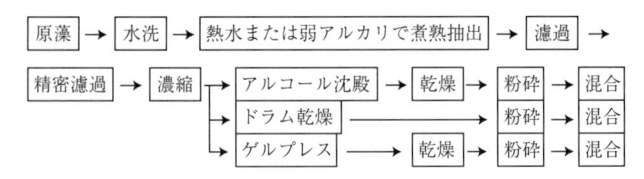

図11·10 カラギーナンの製造方法の原理

アルコール沈殿法は製造コストが高いが品質のよいものができる.ドラム乾燥法は円筒形のドラムに剥離助剤として脂肪酸エステルなどの乳化剤を使用するために乳化剤が混入するが,カラギーナンを乳化剤目的で使用する場合には

好都合である．ゲルプレス法は濃縮したカラギーナン液をゲル化させた後，凍結・融解し，その後，加圧脱水してカラギーナンを回収する．

現在，カラギーナンの主な生産国はデンマーク，アメリカ，韓国，フランス，フィリピン，スペイン，チリなどであり，わが国はこれらの国々から年間1,500トン程度を輸入しているが，国内の需要量は年々増加傾向にある．

表11・3 カラギーナン製造に使用される主な海藻

JECFA[*1]	指定の科，属，または種		
	日本	アメリカ	ヨーロッパ
スギノリ科			
スギノリ属（Gigartina）	スギノリ属	**Gigartina pistillata**[*2]	スギノリ属
		G. radula **G. stellata**	
ツノマタ属（Chondrus）	ツノマタ属	トチャカ	
		ツノマタ	
ギンナンソウ属（Iridaea）			
スズカケベニ科			スズカケベニ科
ファーセラリア属			
ミリン科			ミリン科
キリンサイ属（Eucheuma）	キリンサイ属	キリンサイ	
Anatheca 属		**Kappaphycus alvarezii**	
トサカノリ属（Meristotheca）			
イバラノリ科			
イバラノリ属（Hypnae）	イバラノリ属		
オキツノリ科			
オキツノリ属（Gynmogongrus）			
サイミ属（Ahnfeltia）			
Phyllophora 属			

(山ральной，2000；岩本2004より改変)

[*1] FAO/WHO Joint Expert Committee on Food Additives（国際連合食糧農業機関／世界保健機関合同添加物専門家委員会）．
[*2] ゴシック体は特に重要なもの

11・3・2 性質と用途

1) 性 質

溶解性　カラギーナンの水溶液には粘性があるが，糸ひくことはほとんどなく，高温では粘度が下がる．カラギーナンのタイプによって溶解性は以下のように異なる．

① κ-カラギーナン，ι-カラギーナン　60℃以上の熱水には溶けるが，冷水にはナトリウム塩のみが溶ける．熱いミルクには溶けるが，冷たいミルクには溶けない．κ-カラギーナンは高濃度の糖溶液に溶けるが，ι-カラギーナン

は溶けない．高濃度の塩溶液に κ-カラギーナンは溶けないが，ι-カラギーナンは溶ける．

② λ-カラギーナン　水・ミルクにはともに温度に無関係に溶ける．また，高濃度の糖溶液にも，高濃度の塩溶液にも溶ける．

ゲル形成性　κ-及び ι-カラギーナンはゲルを形成する性質があるが，λ-カラギーナンはゲル化に必要とされる 3, 6-アンヒドロ-L-ガラクトースがないために，K イオンや Ca イオンが存在してもゲル化しない．κ-及び ι-カラギーナンのゲル形成性は次のようである．

① κ-カラギーナン　熱水溶液を冷却するとゲルとなり，K イオンと Ca イオンの存在でゲル化が増強されるが，特に K イオンの効果が強い．

② ι-カラギーナン　熱水溶液を冷却するとゲルとなり，K イオンと Ca イオンの存在でゲル化が増強されるが，特に Ca イオンの効果が強い．

以上のゲル形成性は水中での性質であるが，全てのカラギーナンはタンパク質と結合する性質がある．この性質を利用して，ミルクにカラギーナンを添加し，Ca を介したミルクカゼインとの結合によるゲル形成能を起こさせ，各種の乳製品に用いている．更に，ビールのタンパク質に基づく"おり"の除去に，カラギーナンを添加し濾過することが行われている．図 11·11 に κ-カラギーナンのゲル化様式図を示す．

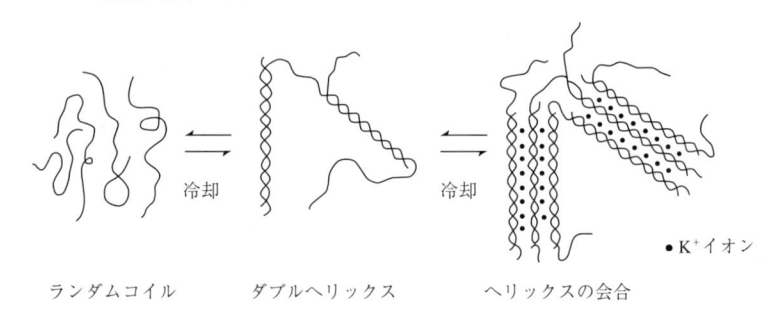

ランダムコイル　　ダブルヘリックス　　ヘリックスの会合

図 11·11　κ-カラギーナンのゲル化様式図

(唐川，2001)

安定性　カラギーナンは粉末状態では徐々に分解する．溶液ではアルカリ性では安定であるが，pH4 以下の酸性ではグリコシド結合が加水分解され，粘度，ゲル形成性が低下する．ゲル状態ではこの加水分解は起こらない．

安全性　カラギーナンの安全性は高く，現在 1 日の摂取量（ADI 値）は設

定されていない．しかし，加水分解で低分子化したものは炎症を誘発するので，食品用カラギーナンは粘度が 5cP（P は粘性率の CGS 単位ポアズ，5cP は 5/100 ポアズで分子量として 100,000）以上あるように定め，低分子化したものが混在しないように注意がはらわれている．

2）用途

カラギーナンの用途は主として食品用である．以下にその用途をカラギーナンの種類ごとに記す．

① κ-カラギーナン　乳製品のアイスクリーム，ミルクプリン，チョコレートミルク，ヨーグルト，マーガリン，チーズ，ホイップクリームなどに使用される．製菓製品のデザートゼリー，水羊かん，あん，フルーツゼリー，ジャム，ママレードなどに，また，魚・畜肉製品としてハム，ソーセージ，缶詰，ねり製品などに使用される．その他，医薬品・トイレタリーとして緩下剤，芳香剤，飼料，ペットフードなどに用いられる．

② ι-カラギーナン　乳製品のミルクプリン，ムース，カスタードなどに使用される．製菓製品のフルーツゼリーなどに，また，魚肉・畜肉製品の缶詰などに使用される．その他，人工肉などにも使用されている．

③ λ-カラギーナン　乳製品のプリン，ミルクセーキ，ホイップなど，調味料のソース，ケチャップ，垂れ，味噌などに使用される．魚・畜肉製品ではハム，ソーセージ，ねり製品などに，また，医薬品・化粧品では錠剤，練り歯磨き，シャンプー，ローションなどに使用される．その他に塗料，捺染，陶業などに使用される．

11・3・3　生理機能

カラギーナンの抗腫瘍作用をラットを用いる動物試験（Noda ら，1990）で調べたところ，κ-カラギーナンはエールリッヒ固型腫瘍に対して，体重 1 kg 当たり1日 50 mg の経口投与で腫瘍の増殖を 24.5％抑制し（$p<0.05$），λ-カラギーナンは同じく 75 mg の経口投与で腫瘍の増殖を 62.7％抑制した（$p<0.05$）．ι-カラギーナンは無効であった．メス-A 固型繊維芽肉腫には，κ-，ι-，λ-カラギーナンはいずれも体重 1 kg 当たり1日 40 mg の腹腔内投与で腫瘍の増殖をそれぞれ 54％，40.1％，45.8％抑制した（$p<0.05$）．更に，カラギーナンには抗ヘルペス活性，抗 HIV 活性が認められている（M. Neushul，1990）．

〔天野秀臣〕

引用文献

天野秀臣(1991):海藻の生化学とバイオテクノロジー,水産生物化学(山口勝巳編),東京大学出版会,173.
榎 竜嗣・奥田真治・富永隆生・佐川裕章・加藤郁之進(1999):第6回日本がん予防研究会要旨,37.
Fujihara, M. and T. Nagumo (1993):*Carbohydr. Res.* 243, 211-216.
原 博文・滝 ちづる・今 留美子・埋橋祐二・笹谷美恵子・佐々木一晃(2000a):栄養学雑誌, 58, 239-248.
原 博文,滝 ちづる・今 留美子,埋橋祐二,笹谷美恵子,佐々木一晃(2000b):日本食物繊維研究会誌, No.4, 17-27.
林 金雄・岡崎彰夫(1970):寒天ハンドブック,光淋,333-334.
久田 孝・横山理雄・藤井建夫(1997):食科工, 44, 226-229.
唐川 敦(2001):水溶性・水分散型高分子材料の最新技術動向と工業応用(加藤忠哉監修),日本科学情報, 188.
笠原文善(1998):藻類, 46, 173-178.
加藤郁之進・佐川裕章(2000):藻類, 48, 13-19.
河津大輔・田中みさ子・藤井建夫(1995):日水誌, 61, 59-69.
Kuda,T., H. Goto, M. Yokoyama, and T. Fujii (1988):*Fisheries Sci.*, 64. 582-588.
Mackie, W. and R. D. Preston (1974):(W. E. D. Stewart ed.), Algal Physiology and Biochemistry, Blackwell, 64.
松島雅美(1994):フードケミカル, 6, 71-72.
Neushul, M. (1990):Hydrobiologia, 204/205, 99-104.
西澤一俊・村杉幸子(1988):海藻の本 —食の源をさぐる—,研成社, pp.29-30.
Noda,H., H. Amano, K. Arasima, and K. Nisizawa (1990):*Hydrobiologia*, 204/205, 577-584.
Ren, D., H. Noda, H. Amano, T. Nishino, and K. Nishizawa (1994):*Fisheries Sci.*, 60, 83-88.
佐藤伸一郎(1994):日本栄養・食糧学会誌, 47, 227-233.
辻 圭介(1993):海藻の科学(大石圭一編),朝倉書店,132-138.
埋橋祐二(1996):FFIジャーナル,FFIジャーナル編集委員会, No.168, 91-99.
埋橋祐二(1997):ゲルテクノロジー(阿部正彦・村勢則郎・鈴木敏幸編),サイエンスフォーラム,332-338.
山田信夫(2000):海藻利用の科学,成山堂書店,112.
岩元勝昭(2004):有用海藻誌(大野正夫編著),内田老鶴圃,433.

参考資料

伊那食品工業(株)(1989):寒天の知識 No.4, 1-18.
(株)キミカ資料(キミカalginate).

第12章 フィッシュミール，魚油及びフィッシュソリュブル

12・1 概　要

　環境問題に対する社会的な関心の高まりの中で，2000年6月の「循環型社会形成基本法」続いて2001年5月に「食品環境資源の再利用などの促進に関する法律（食品リサイクル法）」が公布され，水産加工残滓の発生抑制，再資源化，再使用が大きな課題となってきた．魚類残渣のリサイクルについては機能性素材の製造，全面食品化などの新たな取り組みが見られるが，採算面で多くの課題があり当面はフィッシュミール（fish meal）の製造に頼らなければならない現状にある．

　本章では，水産加工残滓（不可食部）の再資源化を念頭に，魚粉，魚油及びフィッシュソリュブル（fish solubles）の加工と利用について述べる．

12・2 フィッシュミール

12・2・1 フィッシュミールの輸出入と国内生産

　世界のフィッシュミール年間平均生産量は650万トンとほぼ安定しており，その9割以上は多脂魚を原料として生産されている．1998年には南米海域におけるエルニーニョ発生による原料魚の供給不足により，フィッシュミールの生産量が落ち込んだ．原料供給量とフィッシュミール生産量は当然ながら密接に関連している．アンチョビーを原料とするペルーとチリの南米諸国は世界のフィッシュミール用原料の約37％を供給している．その他に，ロシアと日本を中心とする極東地域が約27％，タイをはじめとする東南アジア地域が12％，ヨーロッパではデンマーク，アイスランド及びノルウェーが各々5％のカペリンを主要とする原料魚を供給している．2001〜2003年のフィッシュミール生産量はペルー，チリ，アイスランド，デンマーク，ノルウェーが多く，この5ヶ国で世界生産量の約48％を占めている（表12・1）．

　一方，わが国では主にマイワシをフィッシュミール及び魚油の製造原料とし

てきた．1980年代後半からのマイワシ漁獲量の減少を受けて生産量は大幅に減少したが，近年は徐々に生産量の回復をみている．これは，表12・2に見るように製造原料を加工残滓の44％を占める魚類残滓へと転じたことによる．国内でのフィッシュミール生産量は2002年には22.2万トンであり，北海道と静岡県が4.2万トンで多く，以下，宮城県，埼玉県，大阪府，鹿児島県における生産量が続き，国内生産量の8割近くを占めている．近年は処理される原料

表12・1 原料魚の漁獲量とフィッシュミール生産量（千トン）

地域	国	漁獲量	生産量
南アメリカ		8,017	—
	ペルー	6,540	1,251
	チリ	1,445	664
EU		1,524	597
	デンマーク	1,043	246
その他のヨーロッパ		2,393	—
	ノルウェー	1,010	212
	アイスランド，フェロー諸島	294	279
極東		5,829	—
	中国	—	420
	日本	—	230
東南アジア		2,688	—
	タイ	—	397
北アメリカ	米国	350	318
合計		21,571	5,402

（International Fishmeal and Fish Oil Organization, 2004）

表12・2 北海道における漁業系廃棄物発生量の推移（千トン）

		1999	2000	2001	2002
魚類残滓		192	252	217	195
	ホタテガイ内臓	38	36	39	37
	イカ内臓	10	14	14	11
貝殻		161	202	194	187
	ホタテガイ内臓	152	196	184	184
付着物		39	36	41	55
魚網		4	3	2	2
合計		396	493	454	439

（北海道水産林務部，2003）

の9割以上が水産加工残滓に頼っている（表12·3）．一方，フィッシュミールの輸出入量を見てみると，2002年には48万トンの輸入に対して輸出量はわずかに1.7万トンであり，近年では国内消費の7割近くを輸入に頼っている．

筋肉色素タンパク質含量の高い赤身魚を原料とするブラウンミール（brown fish meal）の色は暗褐色であるが，白身魚を原料としたホワイトミール（white fish meal）の色調はブラウンミールよりも淡い．後に述べるフィッシュソリュブルを添加して栄養価を上げたフィッシュミールは，ホールミール（whole fish meal）と呼ばれる．このほか，国内産ホールミール，輸入フィッシュミール，荒かすなどを用途に応じて配合して成分調整した調整ミールなどがある．

表12·3　わが国のフィッシュミール工場における原料処理及び生産量（千トン）

		1997	1998	1999	2000	2001	2002	2003
稼動工場数		66	69	68	67	66	69	68
原料処理量	ラウンド	84	108	48	20	20	31	71
	残滓	1,022	1,053	1,053	1,039	958	939	976
生産量	魚油	73	76	73	70	63	63	67
	フィッシュミール	251	252	249	242	227	222	233

（日本油脂協会，2004）

上述のとおり，わが国のフィッシュミール工場で生産される製品の9割以上は，水産加工場が排出する頭，骨及び内臓などの水産系残滓が主原料となっている．一方，諸外国におけるフィッシュミールの原料は，アンチョビー，ニシン，ピルチャード，サバ及びアジなどの多獲性赤身魚が主である．多脂魚の脂質含量は2%から30%以上まで広範囲にわたる．少脂魚の脂質含量は高くても2%である．原料魚の種類により製造された魚粉の一般成分組成は大きく異なる（表12·4）．フィッシュミールは高品質のタンパク質を含むと同時に，比較的高いエネルギーを示し，カルシウム，リン及びセレンなどのミネラル類やn-3系高度不飽和脂肪酸に富んでいる．一般には，ニシンやメンハーデンなどの多脂魚を原料とするブラウンミールの脂質含量は白身魚を原料とするホワイトミールよりも高い．ホワイトミールとブラウンミールの粗タンパク質含量には10%近くの開きがある場合もあるが，必須アミノ酸組成には大きな相違は見られない．

微生物及び内在酵素類による自己消化が引き起こす魚体成分の分解は，水溶

第12章 フィッシュミール,魚油及びフィッシュソリュブル

表12・4 異なる原料から製造したフィッシュミールの栄養成分組成

		ヘリング	白身魚	アンチョビー	メンハーデン
一般成分（%）	粗タンパク質	71.9	64.5	66.4	61.3
	粗脂肪	7.5	4.5	9.7	9.9
	水分	8.4	10	8.6	7.8
	灰分	10.1	20	15.4	18.9
エネルギー量（MJ/Kg）	家禽	13.7	11.6	13.5	12.8
	豚	18.1	15.6	16.9	16.5
	反芻動物	16.4	13.4	13.1	12.8
	魚類	17.0	16.5	16.5	16.0
アミノ酸	リジン	7.73	6.9	7.75	7.39
（タンパク質中%）	メチオニン	2.86	2.6	2.95	2.67
	シスチン	0.97	0.93	0.94	0.99
	トリプトファン	1.15	0.94	1.20	0.80
	アルギニン	5.84	6.37	5.82	6.03
	フェニルアラニン	3.91	3.29	4.21	3.60
	スレオニン	4.26	3.85	4.31	4.01
ミネラル（%）	カルシウム	1.9	8.0	3.9	4.9
	リン	1.5	4.8	2.6	3.0
	ナトリウム	0.4	0.8	0.9	0.7
	マグネシウム	0.1	0.2	0.3	0.2
	カリウム	1.2	0.9	0.7	1.0
	鉄（ppm）	150	300	246	864.6
	銅（ppm）	5.4	7.0	10.6	7.5
	鉛（ppm）	120	100	111	97
	マンガン（ppm）	2.4	10	9.7	39.8
	セレン（ppm）	2.8	1.5	1.4	1.8
ビタミン類（ppm）	パントテン酸	30.6	15	9.3	8.8
	リボフラビン	7.3	6.5	2.5	4.8
	ナイアシン	126	50	95	55
	コリン	4,396	4,396	4,396	4,396
	B_{12}	0.25	0.07	0.18	0.06
	ビオチン	0.42	0.08	0.26	0.26
必須脂肪酸	18：2 n-6	2	1	1	1
（全脂肪酸中%）	18：3 n-3	1	1	1	1
	18：4 n-3	2	2	2	2
	20：4 n-6	1	—	1	1
	20：5 n-3	6	12	16	12
	22：5 n-3	1	2	2	3
	22：6 n-3	13	19	14	9

(A.P. Bimbo and J.B. Crowther, 1992)

性タンパク質と脂質を含むドリップの大量流失を招く．これは，製品の歩留りの低下と環境汚染防止のための廃水処理費用の増大，並びに製品の栄養成分の低下につながる．したがって，原料としての適性は，一般成分組成とトリメチルアミン及びアンモニアなどの総揮発性塩基窒素（TVN）含量で決まる．一例として，養豚用初期飼料及び養魚用飼料として用いられるLT（低温乾燥）フィッシュミールの組成を表12·5に示す．品質の指標としてTVNとカダベリン含量が用いられている．また，製了後の脂質成分の自動酸化を防止するために，エトキシキンが添加されている．

表12·5　LTフィッシュミール（ホールミール）の品質規格の一例

粗タンパク質	72％以上
粗脂肪	12％以下
水分	6％以上，10％以下
ナトリウム（NaCl）	2.5％以下
灰分（食塩以外）	14％以下
アンモニア態窒素	0.18％以下
水溶性タンパク質	20％以上，32％以下
消化率	90％以上
原料中の総揮発性塩基窒素	50 mg / 100g 原料魚以下
カダベリン	1,000 mg / kg 以下
抗酸化剤（エトキシキン）	添加量として 400 ppm

（W. Schmidtsdorff, 1995）

このように，フィッシュミール原料の鮮度管理は製品の品質を左右する重要な要因であることから，原料の低温管理及び短時間の処理は不可欠である．養豚用及び養鶏用フィッシュミールの製造に用いられる原料魚のTVNは，原料魚100 g 当たり80 mgまでとされている．LTフィッシュミール製造用の原料魚の鮮度はさらに良く，原料魚100 g当たりTVNは50～60 mgである．

12·2·2　フィッシュミールの製造工程

フィッシュミールの製造は，熱変性によるタンパク質の凝固・分離及び脂質成分の抽出性の向上を目的として行われる生原料の蒸煮，搾汁として液体画分の分離を目的として行われる圧搾及び，固形分の回収を目的とする乾燥の主要工程から成る．国内での製造の多くが熱媒体として水蒸気を用いる湿式法で行われている．このほかに，秤量，粉砕，搾汁から脂質を分離するための遠心分離，環境基準に適応する排気，排水の処理などの工程・装置が付随する（図12·1）．

1）蒸煮（cooking）

原料はタンパク質が未変性で保水性が高く，自己消化酵素が活性を保ち，且つ組織細胞が堅牢である．したがって，水分と脂質を効率よく除去するために

蒸煮が必要である．すなわち，タンパク質の熱変性に基づく保水性の低下に伴う水分の分離，酵素活性の熱失活並びに細胞壁の軟化による水分と油分の分離の容易化が蒸煮の目的となる．蒸煮が不十分であると水分と脂質の分離が十分に行われない．脂肪細胞壁は50℃以下で破壊されるという．反対に，蒸煮が過度であると組織が崩れて圧搾による固形分と液汁との分離が難しくなる．このように，蒸煮はフィッシュミールの品質と歩留りを左右する重要な工程である．

サルモネラ菌は原料魚の主要フローラではない．蒸煮工程前に二次汚染を受

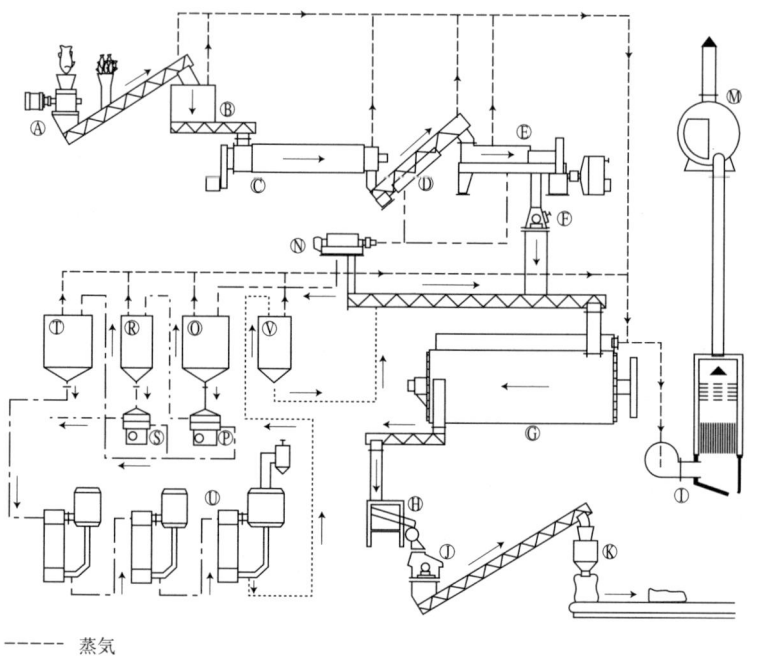

```
----- 蒸気
----- 圧搾液汁
---- 魚油
—·— スティックウォーター
……… スティックウォーター濃縮物
```

図12・1　フィッシュミールプラントの概略
A：粉砕機，B：投入機，C：間接式加熱機，D：ストレイナー，E：二軸スクリュープレス，F：湿式粉砕機，G：直接式加熱乾燥機，H：震とう式ふるい，J：ハンマー式粉砕機，K：軽量秤，N：遠心分離機（スラッジはGへ），O, R：液だめ，P, S：遠心分離機，T：貯油タンク，U：蒸留器．

けた場合でも 80℃以上の蒸煮で死滅するが，その後の工程の衛生状態によっては二次汚染を受けることがあるので，全工程における微生物管理に留意する必要がある．一般には，95〜100℃で 15〜20 分間の加熱蒸煮が行われている．蒸煮を行うクッカーには蒸気を原料に吹き込む直接式と，熱交換器の隔壁内側に蒸気を通す間接式とがある．クッカーの容量は 1 日処理量 600トンを超える大型のものもある．

 2）圧搾前処理（pre-straining）
 クッカーと圧搾機との間に設置されたスクリュー式コンベヤー上を移動させる間に液体を予備的に分離する．圧搾工程前にクッカー内で分離した水分と油分をドレインとして予め分離しておく前処理工程であり，圧搾効率を上げるのに効果がある．

 3）圧搾（pressing）または遠心分離（centrifugation）
 蒸煮した原料を圧搾して，水分と油分を固形分から搾り取る．固形分中の脂質含量を下げて製品の品質を向上させるとともに油分の回収率を向上させるだけではなく，水分を下げることにより乾燥工程における燃料費を節約する点でも重要な工程となる．
 一般には，2 軸スクリュープレスが圧搾に用いられている．鮮度が比較的よい原料を用いた場合には，圧搾後の固形分の水分量は 50%以下まで低下する．しかしながら，原料鮮度が悪く水溶性成分が多いと圧搾では十分な効果が期待されない．この場合には，遠心分離で脱脂・脱水する．油脂の回収率を向上させる利点があるが，一度に大量処理を行うことはできない．

 4）分離（separation）
 圧搾あるいは遠心分離により回収された水溶性タンパク質を主成分とする固形分（スラッジ，sludge），油分及び水分が混合した状態の魚汁（スティックウォーター，stick water）は，さらに，それぞれの比重が異なることを利用して遠心分離により分画する．この際に，魚汁を 90〜95℃に再加熱することで，スラッジの凝固を促して油分と水分との分離をよくする．内部形状の異なるローターにより，段階的にスラッジ，スティックウォーター及び油分に分ける．スラッジは固形分とあわせて乾燥しホールミールとする．スティックウォーター及び油分はそれぞれフィッシュソリュブルと魚油の製造に使われる．

 5）乾燥（drying）
 圧搾固形分の水分を10%以下まで低下させて，貯蔵中の微生物の生育を抑制

する大切な工程である．一般には圧搾固形分を加熱乾燥させるが，栄養成分の熱劣化を避けるために品温が90℃を超えないようにする必要がある．減圧加熱乾燥機を用いると加熱温度は70℃以下で済むので，ビタミン類，リジン，シスチン，トリプトファン，ヒスチジンなどのアミノ酸及び高度不飽和脂肪酸などの，熱に対して不安定な成分の劣化を抑えた高品質の魚粉を製造するのに適している．

乾燥機には，熱風を直接吹き付ける直接乾燥機（直接回転乾燥機，フレームドライヤー）と，熱媒体を水蒸気とした熱交換器を介して加熱する間接乾燥機とがある．前者は高温の空気を直接吹きかけることから品質低下を招きやすい．さらに，大量の加熱空気を装置内に送り込むので，臭いの発生を抑制し難い欠点がある．新たに導入されることは少なくなったが，日産1,000トンを超える処理能力をもつ装置もあり，全世界の約50%のフィッシュミールは依然としてこの乾燥法で製造されている．後者は，ロータリー式の熱交換器により1時間当たり3トンの水分除去が可能で，日産350トンの装置が普及している．過熱による品質劣化を起こしにくく，発生した水蒸気を回収することが比較的容易なことから悪臭の発生を抑えることが出来るなどの利点が多く，近年は乾燥機の主流となっている．

6）粉砕（milling）

乾燥後の固形分はハンマーミルを用いて粉砕したのち，目的に応じて10〜100メッシュのふるいを通して粒子径を均一化する．乾燥フィッシュミールはきわめて脂質酸化を起こしやすいので，一般には乾燥後粉砕工程前に抗酸化剤としてエトキシキンをスプレー添加する．原料魚により油脂のヨウ素価が異なるので添加量はまちまちであるが，南アフリカ産ピルチャードでは200〜400 mg/kg，ヘリングでは200 mg/kg以下とされる．なお，アンチョビーを原料として直接乾燥法で製造された場合には1,000 mg/kgのエトキシキンが添加される．

粉砕後のフィッシュミールの温度は60〜70℃であるので，これを室温まで放冷する．通常は50 kgのフィッシュミール袋詰めを数日間にわたって積み替えることで，放熱を促す．この工程をcuringまたはagingと呼ぶ．抗酸化剤を添加しない場合などには脂質酸化により発熱するので，curingまたはagingに1ヶ月程度を要することがある．

12・2・3 フィッシュミールの利用と栄養

世界のフィッシュミール消費量の1990～2001年における推移を表12・6に示す．全世界のフィッシュミール生産量の約半数が中国と日本を中心とする極東

表12・6 フィッシュミール消費の多い国（千トン）

	1996	1997	1998	1999	2000	2001	2002	2003
中国	1,240	1,516	1,113	1,366	2,030	1,682	1,406	1,183
日本	802	792	699	744	710	691	687	596
タイ	566	466	418	481	504	484	408	405
ノルウェー	232	320	247	223	361	276	246	289
米国	306	360	256	301	276	285	291	262
台湾				308	315	303	254	253
イギリス	278	313	266	253	269	265	229	228
デンマーク	73	141	116	131	141	122	141	21
スペイン	107	161	137	145	214	205	182	193
ロシア連邦	276	250	108	127	58	202	145	118
チリ	293	261	149	351	270	222	351	97

(International Fishmeal and Fish Oil Organization, 2004)

地域で消費されている．この他に，近年はチリとカナダにおけるフィッシュミールの消費が増大している．フィッシュミールの利用目的は養魚，養豚及び養鶏用が，各々，全体の37％，29％及び24％を占め農産分野での利用が主である．農産分野での利用目的は過去10年間で大きく変化している（表12・7）．養鶏用飼料としての利用は1988年には約59％を占めていたが2000年には24％まで減少した．一方，養魚用飼料としての利用は1988年の10％から2000年には35％まで増大している．養魚用飼料としてのフィッシュミールの利用は現在も増大しており，2010年には56％を占めると予想されている．

表12・7 フィッシュミールの利用目的と今後の予測（千トン）

	1998	2000	2010（予想）
養魚	10	35	56
養鶏	59	24	12
養豚	20	29	20
反芻動物	3	3	—
その他	8	9	12

(International Fishmeal and Fish Oil Organization, 2004)

12・3 魚　油

12・3・1　魚油の国内生産と輸出入

　魚油製造に用いる原料魚は国によって異なる．わが国ではマイワシの外にカタクチイワシなどのイワシ類とタラ類などが主原料であるが，米国ではメンハーデン，ペルーとチリではアジ，イワシ，アンチョビーが使われる．1970年代にはわが国で生産された魚油はいわし油，にしん油，ほっけ油，さば油，さんま油，いか油，さめ肝油，たら・すけとう油その他の魚油・肝油・内臓油など多様であった．さば油，さんま油，いか油の生産量の減少にともない，1980年代にはいわし油の生産が急増した．しかし，わが国のイワシ類の漁獲量は1992年に前年の約半分に激減してから漸減し，2000年の漁獲量はイワシ類が62.9万トン，マイワシが15万トンである．原料魚漁獲量の減少に伴っていわし油の生産量は漸減し，1997年の生産量はいわし油2,322トン，たら・すけとう油8,529トン，その他魚油・肝油4万トンであった．なお，1998年以降は「いわし油」，「たら油」及び「その他の魚油・肝油・内臓油」は「魚油・肝油・内臓油」に統合されている．2001年のわが国の魚油の総生産量は6.3万トンであった．

　1997～2001年の世界の魚油・魚肝油の生産量は約97～141万トンで推移した．2001年のペルーの生産量は30万トンでわが国のほぼ5倍であった．次いで，デンマーク，チリ，米国，アイスランド，ノルウェーの生産量が多く，これらの国々で全世界の魚油生産量の85％を生産した（表12・8）．わが国の魚油の輸入実績は2001年には9万トンでその多くはペルー及び米国からであった（表12・9）．魚肝油は多くがスペインからの輸入であり，同年には1,000トンであった．一方，魚油の輸出量はここ数年減少する一方であったが，2001年には前年とほぼ同量の242トンであった．その約半量は韓国に輸出された．魚肝油の輸出量も同様に減少し，2001年には前年の僅か45％の64トンであった．その約半量が台湾に輸出された．国内で食用加工油脂向けに消費された硬化魚油は2000年には前年より12％増の6.3万トンであり，1995年の76％まで減少した．このうち国産硬化油は輸入硬化油の約2倍を占めている．国内で魚油・魚肝油の生産量が多いのは埼玉県，北海道，静岡県であり，全体の約50％を占める．宮城県，千葉県，大阪府がこれに続いて生産量が多い．

表12・8　魚油, 魚肝油の国別生産量 (千トン)

	種別	1997	1998	1999	2000	2001
ペルー	魚油	330.0	123.0	514.0	593.0	300.0
チリ	魚油	206.0	106.7	201.4	171.0	145.0
デンマーク	魚油	137.9	137.2	132.6	147.0	156.0
(含フェロー諸島)	魚肝油	0.2	0.2	0.1		
アイスランド	魚油	130.0	88.4	86.0	95.0	108.0
	魚肝油	1.6	1.5	1.7		
米国	魚油	128.5	101.2	129.8	87.0	118.0
ノルウェー	魚油	84.7	98.0	68.9	83.0	66.0
	魚肝油	3.3	3.8	3.3		
日本	魚油	51.7	57.9	68.5	59.8	63.5
世界合計		1,211.8	871.3	1,360.0	1,416.0	1,121.0

アイスランド, ノルウェー, デンマークの2000年以降は魚油と魚肝油の合計量.
(農林水産省統計部, 2004. FAO, 2004)

表12・9　魚油の輸入実績 (千トン)

輸入先	1997	1998	1999	2000	2001
ノルウェー	6	113	—	—	5
デンマーク	2,020	3,204	4,116	4,486	4,007
ロシア	369	505	—	—	—
米国	7,027	17,921	12,934	4,732	32,438
ペルー	51,536	2,729	6,196	39,103	39,442
チリ	4,136	897	533	15	8,009
オーストラリア	—	63	30	—	—
ニュージーランド	631	677	1034	712	345
合計	68,223	26,581	24,863	49,808	90,791

(財務省, 2003)

12・3・2　製　造
1) 採油 (fluid extraction)
原料魚の種類や形態の違いによって採油法が使い分けられている.
2) 直接蒸煮法
　イワシ類などの小型魚を原料とする場合に, 工程が比較的単純で経済的な抽出法として広く用いられている. 魚体中心温度が低すぎると油相分の回収が不十分であったり, 水相と乳化して十分に分離しないことがある. さらに, 酵素的加水分解が進行し遊離脂肪酸含有量が増大する. 反対に蒸煮が過度になると,

魚油の酸化に基づく品質劣化を招く．一般には，魚肉タンパク質が凝固するのに十分な85～88℃（場合によっては70～75℃）まで蒸煮する．温度が下がると水相中のゼラチンが凝固して油分の回収率が落ちるだけでなく，絞り粕（フィッシュミールの原料）中の水分が高くなりその後の乾燥工程での時間がかかるので，魚体温度が下がらないうちにスクリュープレスにより圧搾して油相分を分離する．連続的装置としてはミーキン式クッカープレスが広く用いられている．

得られた水分を含む油相分はフィルターを通して固形分を除去したのち，連続遠心分離して油相分を回収する．一方，水相分はフィッシュソリュブルの原料として用いる．圧搾残渣は乾燥してフィッシュミールとする．

3) 非加熱抽出法，浮上法

脂溶性ビタミンや魚油は魚類肝臓から抽出されるが，脂質組成と含量が異なるので魚種により異なった抽出法が用いられる．浮上油をすくい取るか，連続遠心分離することで液状油を分離したのちに浮遊物を濾過する．鮮度の悪い肝臓を用いると，酵素的加水分解で生成した遊離脂肪酸の含量が高い粗悪な魚油しか得られない．

"非加熱抽出法"では肝臓を蒸煮せず組織を磨り潰して，そのまま遠心分離して油層を分離し浮遊物を濾過する．この方法は生産コストが安い反面，抽出中に脂質加水分解酵素の作用によって遊離脂肪酸含量が高くなることがある．

タンパク質を効率よく取り除くために，肝臓をあらかじめ薄いホルマリン，フェノール，エタノールなどで処理してタンパク質及び内在する酵素類を変性凝固させたのち，上述の非加熱抽出を行なう"浮上法"も脂質の抽出に用いられる．また，同じくタンパク質を除去する目的で塩化カルシウムを添加したり，蒸煮時間を短縮するために真空中で加熱する場合もある．

4) 精 製

採油された原油は遊離脂肪酸，モノグリセリド及びジグリセリド，水溶性酵素及び遊離脂肪酸由来の石けん，微量金属，ヘムタンパク質，色素，トコフェロール類及びリン脂質などの不純物を多く含みそのままでは食用に適さない（表12・10）．水素添加に用いる触媒作用の妨害物質として，リン酸化合物，含窒素及び含流化合物，ハロゲン化合物があげられる．そのほか，テルペン，ワックス，ステロールなどの非グリセリド脂質や色やにおいに影響する糖も微量ではあるが含まれている．これらの不純物を取り除き魚油の安定性を向上させ

るためには，以下に述べる精製 (refining) が不可欠である．

貯　油　原油は底部に排水ドレインを設けた原油タンクに静置する．分離した水相及び不溶成分は底部から除くことにより貯油中の酸化と加水分解を防止する．原油の温度が下がると融点の高いトリグリセリドが固化するので，これを防ぐために貯油タンクはタンク外周に設置したヒーターで適度に加温しておく．

脱ガム　貯油工程を終えた原油はリン脂質，樹脂状物質，タンパク質などの不純物を含んでいるが，これらは水和することで沈殿となり除去することができる．この工程を脱ガム (degumming) という．70℃に加温した原油に1～3％の水を加え，約30分間ゆっくりと撹拌する．あるいは，酸を加えて水和を完全に行う工程も広く採用されている．すなわち，70～85℃に加温した原油に85％リン酸を終濃度0.1％に，またはクエン酸を終濃度0.3％になるように加え，十分に撹拌して水和を促す．その後，水を加えて連続遠心分離により水和物の沈殿を分離するが，最近ではガム質の沈殿を分離しないでアルカリ精製工程に移すことも行われている（図12・2）．

脱酸（アルカリ精製）　脱ガム油に含まれる遊離脂肪酸及び脱ガム工程で除去しきれなかった微量

表12・10　未精製魚油の特性

遊離脂肪酸（％）	2～5
水分及び不純物（％）	0.5～1.0
過酸化物価（meq/kg）	3～20
アニシジン価	4～60
ヨウ素価（ウィス法）	
カペリン	95～160
ニシン	115～160
メンハーデン	150～200
イワシ	160～200
アンチョビー	180～200
	12～14
鉄（ppm）	0.5～7.0
銅（ppm）	0.3以下
リン（ppm）	5～100
イオウ（ppm）	30以下

(F.V.K. Young, 1985)

図12・2　脱ガム工程に於ける連続遠心分離

金属類はアルカリ精製（alkali refining）によって取り除くことができる．生産現場では脱酸と呼ばれる．すなわち，50℃程度に加温した魚油に塩基として水酸化ナトリウムを加え，80～90℃で攪拌して遊離脂肪酸と反応させ，石けんを形成し沈殿させる．ガム質は塩基を吸収して水和するが，色素類はこの水和物に吸着し不溶化する．沈殿物は連続遠心分離機により石けんとして回収される．さらに，魚油に対して10～20％の軟水を加えて95℃程度まで温度を上げ，過剰のアルカリを水洗する．連続遠心分離機により魚油の水分を0.1％以下にした後，真空スプレードライヤー中に噴霧して乾燥魚油を得る．一般に，アルカリ精製には水酸化ナトリウムが用いられるが，その所要量は原油中の遊離脂肪酸含量に左右される．過剰の水酸化ナトリウムは魚油の色をよくする反面，トリグリセリドをアルカリ条件下でけん化して石けんを生成し収率を悪くする．事前に原油の酸価を測定し，含まれる遊離脂肪酸量に見合う水酸化ナトリウムの添加量を求める．一連の工程を連続して行うことのできるシャープレス式連続アルカリ精製装置が広く用いられている．

脱色（白土処理） アルカリ精製で除去しきれなかった色素やにおい成分は酸性白土に吸着させて除去する．この工程を脱色（bleaching）といい，魚油に対して2％の酸性白土を用いて脱色すると，酸化指標として用いられるTotox価（過酸化物価×2＋アニシジン価）が半減する．酸性白土は火山灰が風化して生成された鉱物で，モンモリロナイト（$Al_4Si_8O_{20}(OH)_4 \cdot nH_2O$）を主成分とする．酸性白土を強酸で処理して水洗，乾燥したものは活性白土といい，吸着力が一層大きい．シリカゲルと同様に水やアルコールなどの極性分子と吸着しやすいので，脱色に際しては魚油を乾燥しておくことが重要となる．通常は魚油の0.5～3.0％相当量の白土を用いる．

大気中で行うバッチ処理法（batch atmospheric bleaching）が古くから行われてきたが，今日では油脂の酸化を抑える目的で真空下において脱色を行う真空バッチ処理法（batch vacuum bleaching）と連続処理法（continuous vacuum bleaching）とが主流である．真空バッチ処理法では26～28 in. vacuumの真空下で活性白土と混和し70℃で15～20分間脱色する．高温における脂質酸化を避けるために，大気圧に戻す前に温度を38～65℃まで下げる．連続処理法では魚油を55℃まで加温して活性白土を混和する．真空度を50 mmHgまであげた後，魚油と白土の混合スラリーを熱交換器に導入し，93～105℃まで昇温する．この際に，少量の水蒸気を導入し空気の除去を促し，さらに脱色

効率を上げる．10分間程度脱色したのちスラリーを圧搾濾過して魚油を冷却し回収する（図12・3）．

図12・3　脱色工程に於けるスラリーの圧搾濾過

脱　臭　魚油精製の最終工程として脱臭（deodorization）が行われる．油脂を次項に記述する水素添加（hydrogenation）で加工した場合には，その後に脱臭を行う．脱臭により，遊離脂肪酸含有量は0.1％以下，鉄は0.12 ppm以下，銅は0.05 ppm以下，ニッケルは0.20 ppm以下に下がるほか，過酸化物価，Totox価，色調及びにおいを大幅に改善できる．とくに，脂質酸化に起因する揮発性カルボニル化合物の除去に有効とされている．脱臭操作は真空水蒸気蒸留にほかならない．大豆油などの植物油は280℃程度の高温で処理されるが，魚油の場合，蒸留温度が高すぎると酸化を招くので注意を要する．キレート作用のあるクエン酸，リン酸及びシュウ酸などを魚油に添加して脱臭を行うと，微量金属による脂質酸化を抑制できる．抗酸化剤を脱臭魚油に高温で添加した場合には抗酸化剤の熱分解が起こるので，脱臭直後に油温が130～160℃まで下がってから加えるべきである．

5）加　工

魚油に対して水素添加，エステル交換，加水分解などの化学的処理を施すことで，融点，脂肪酸組成を目的に応じて変えることが一般に行われている．

水素添加　水素添加は魚油脂肪酸の二重結合に水素を付加し飽和化するこ

とにより，魚油のヨウ素価を下げる加工法である．魚油はEPAやDHAなどの高度不飽和脂肪酸の含有率が高いので多くの場合常温では液体であるが，水素添加を施した魚油は融点が上昇するとともに個体脂の割合が増えることから，硬化油と呼ばれる．硬化油は原料魚油に比べて不飽和度が低いので，酸化安定性が向上し，においと味の安定性が改善される．水素の添加量を制御することにより，使用目的に合った硬化油を調製することができる．融点の高い食用硬化油（融点35～37℃）を融点の低い植物油と混合することによって，目的に応じた融点に調整する．このように二重結合の一部に水素添加する方法を部分水素添加（partial hydrogenation）といい，多くの食用硬化油はこの製法で生産される（表12・11）．

表12・11 水素添加魚油の特性

融点（℃）	26～27	30～32	32～34	34～36	36～38	40～42	43～45	45～47
ヨウ素価（ウィス法）	95～100	78～85	75～83	71～80	68～75	50～60	40～45	35～40
温度（℃）								固体脂の割合（％）
10	19	39	40	44	50	59	67	69以上
15	15	33	35	41	47	59	67	73
20	11	26	29	37	43	57	67	74
25	8	16	20	30	34	53	66	73
30	4	5	9	18	22	44	65	68
35	0	0	1	4	9	30	59	約60
40			0	0	2	12	36	約40
45					0	0	0	約20

（F.V.K. Young, 1986；A.P. Bimbo, 1987）

硬化油の加工原料には，上述した活性白土処理を施した脱臭工程前の精製魚油を用いる．触媒には白金類及びニッケル類を用いることができるが，工業的にはケイソウ土担体表面にニッケル（炭酸ニッケル，燐酸ニッケルなど）を付着させた回収・再利用が可能な触媒が多く用いられる．水素添加装置は温度，触媒量などの水素添加条件を制御しやすい5～20トン容のバッチ式装置（第1種圧力容器）が広く用いられる．装置下部から水素ガスを油中に吹き込み，タービンを用いて攪拌，分散する．水素添加効率を上げるためにタンク内容物を加温するが，最終的には180℃程度まで油温が上昇する．部分水素添加の終点を見極めるには原料油の脂肪酸組成から必要水素量を算出するほか，ヨウ素価を用いる方法が一般的である．一般に食用硬化油は目的に応じてヨウ素価60

〜90 の範囲で水素添加を終了する．触媒に用いたニッケル類は濾過で取り除くが，微量に残存する金属類はキレート作用のあるクエン酸溶液を加えて錯体として除去する．

　魚油の水素添加は，二重結合の飽和化に伴うアシル基内のラジカル伝播により複数の位置異性体を生じる．同時に，魚油の脂肪酸はほとんどがシス型であるが，水素添加に伴う二重結合のトランス転位が起こる．炭素数と不飽和度が同じシス型とトランス型の脂肪酸幾何異性体の融点は大きく異なるが，一般にトランス型の割合が増えるにつれて融点は上昇する．すなわち，硬化油の物性の変化に基づく品質が大きく影響をうける．

　水素添加した硬化油は，水素添加臭と呼ばれ食用油としては好ましくない独特の着臭がある．したがって，水素添加した硬化油は前項で述べた蒸留による脱臭を行う．

　エステル交換　　魚油の主成分であるトリグリセリドはアルコールと置換反応を起こし，脂肪酸エステルとグリセリンを生成する．このエステル交換反応をアルコリシス（alcoholysis）という．とくに，メタノールとエタノールを用いたアルコリシスを各々メタノリシス（methanolysis）及びエタノリシス（ethanolysis）というが，工業用中間体である脂肪酸メチルエステルと食用乳化剤のモノグリセリドの製造に広く用いられている．また，アルコールとしてショ糖やポリグリセリンをエステル交換させたショ糖エステルやポリグリセリンエステルは，食用乳化剤として重要である．エステル交換は水分を嫌うので，原料油は遊離脂肪酸含有量の低い精製油を脱水して用いる．触媒としては，原料油に対して 0.5％ までの無水ナトリウムやナトリウムメトキシドなどのアルカリ触媒が有効である．不飽和度の高い魚油では，自動酸化を抑えるために減圧下でエステル交換を行う．いずれの場合も 80℃ 程度に加温すると反応は速やかに進行する．

　一方，トリグリセリドと脂肪酸との間でエステル交換反応を起こすと，異なる脂肪酸組成をもつトリグリセリドと遊離脂肪酸を生成する．この反応をアシドリシス（acidolysis）という．さらに，トリグリセリド分子内でもトランスエステル交換（transesterification）によってアシル基の交換反応が起こる．このようなエステル交換反応を利用してアシル基の組合せが異なるトリグリセリド分子種（molecular species）に変換することができる．異なるトリグリセリド分子種は融点や物性などの物理的性質が異なるので，カカオ脂，落花生油

や豚脂の改質に多用されている．

リパーゼを用いる酵素的エステル交換により，油脂の改質を行うことも行われる．精製魚油の主成分であるトリグリセリドを原料として，リパーゼによりEPAやDHAなどのn-3系高度不飽和脂肪酸を優先的にエステル結合させて，EPAやDHAの含量が60％を超える高度不飽和脂肪酸高含量トリグリセリドが製造されている．

加水分解　トリグリセリドを触媒存在下で加水分解することにより，遊離脂肪酸とグリセリンあるいは石けんが生成する．アルカリを用いた加水分解はけん化（saponification）といい，生成物として石けんを得る．工業的には廃水処理の問題もあり，酸やアルカリを用いない高圧連続法が普及している．50 kg/cm^2 の高圧タンク内で原料油と工業用軟水を接触させ，これに高圧水蒸気を吹き込み250～260℃で連続的に加水分解を行う．分解物であるグリセリンは水相に分配される．

分　別　魚油から融点の高い油脂画分を分別するウィンタリング（winterization）は脱ロウとも呼ばれる油脂分別法で，ワックス，非グリセリド及び油脂にあらかじめ含有されていた，あるいは水素添加やエステル交換によって生成した融点の高いトリグリセリドなどを取り除くために行われる．

溶媒を使わないドライ分別法（dry fractionation）に用いるタンクは低温室内に設置され，精密な温度制御が可能な冷却管を備えるが，冷却管に接触する油脂の過冷却を防止するために，冷却管と油脂の温度差は極力小さく制御する．冷却速度は小さく設定する．常温から魚油の冷却を始め，6～12時間かけて13℃まで下げたところで固体脂の結晶化が始まる．さらに冷却速度をゆっくりとし，12～18時間かけて7℃まで冷却する．この時点で，固体脂の結晶化速度は最大に達し，凝固熱により油脂温度は上昇するが，再び温度が7℃まで下降した時点で冷却を停止し静置する．固体脂は濾別するが，結晶を壊さないようにプレスを使わないため，濾別には数日間を要することがある．

溶剤に対する溶解度の相違を利用した油脂の分別法である溶剤結晶分別（solvent crystallization）では，溶剤としてアセトンやヘキサンが用いられることが多い．魚油原油をアセトンに溶解し－60℃まで冷却すると，コレステロール，ビタミンA及び遊離脂肪酸は約5時間で結晶化する．結晶を濾別した魚油は依然としてコレステロールとビタミンA含有量が高いので，アセトンを留去したのち残渣を3％含水エタノールに溶解し静置すると，溶解しない画分の

コレステロールとビタミンAの含有量を減らすことができる．条件は異なるが，精製イワシ油に対する同様の溶剤結晶分別によってEPAとDHAの濃度を上げることも可能である．

12・3・3　魚油の利用

1）マーガリン

マーガリンの主要生産国はパキスタン（2000年の生産量150万トン），インド（同139万トン），米国（同101万トン），旧ソ連（同91万トン）であり，わが国の生産量は17.3万トンである．わが国で生産されるマーガリンは家庭用，学校給食用及び業務用に用途が分けられるが，2001年におけるそれぞれの国内消費量は6.7万トン，1,842トン及び17.9万トンであり学校給食用及び業務用はその全てが，また家庭用の97％が国内生産品である．1995年以降，この傾向には変化がない．

日本農林規格（表12・12）では色調，香味及び乳化状態の性状の違いによりマーガリンは「上級」と「標準」に区分されるが，油脂含有量は何れも80％

表12・12　食用加工油脂の原料

油脂		マーガリン	ファットスプレッド	ショートニング	精製ラード	食用精製加工油脂	その他食用加工油脂	合計
植物油合計		90,572	46,657	156,558	6,342	29,153	74,493	403,775
動物硬化油	国産魚油	21,432	3,084	12,025	—	112	4,022	40,675
	輸入魚油	12,731	1,242	7,546	—	237	372	22,128
	国産牛脂	460	0.21	1,266	105	8,217	7,163	17,232
	輸入牛脂	—	—	—	—	—	—	—
	国産豚脂	136	—	981	1,601	12,073	1,492	16,283
	輸入豚脂	—	—	—	—	76	—	76
	その他	852	—	250	—	—	50	1,152
動物油	国産牛脂	3,435	229	4,457	3,089	1,501	28,999	41,710
	輸入牛脂	—	—	—	—	—	—	—
	国産豚脂	6,547	924	5,232	50,675	1,303	2,259	66,940
	輸入豚脂	53	—	101	379	—	—	533
	その他	7,041	261	478	—	—	1,594	9,374
食用分別油	牛脂	—	—	—	—	—	—	—
	その他	—	—	—	—	—	665	665
食用エステル交換油	牛脂	—	—	—	—	—	—	—
	その他	—	—	—	—	—	19	2,253
動物油合計		52,777	5,761	34,480	55,849	23,519	46,635	219,021

（日本水産油脂協会，2004）

以上と同等である．この外に，油脂含量75％以上80％未満，水分が22％以下とされる「調整マーガリン」及び油脂含有量がさらに少ないファットスプレッドが分類されている．なお，業務用マーガリンには，製菓・製パンの練り込み用などの広い用途に用いることができる「一般用」のほか，展延性と口当たりのよい「デニッシュペストリー用」，腰の強い「パイ用」，原料油脂に熟成工程を施した「バタークリーム用」，展延性に優れた水中油分散エマルション（oil-in-water（o/w）emulsion）である「逆相型」，カゼインや糊料を添加して粘性を付与した「シュー用」など用途により様々な製品がある．

マーガリンの原料油脂としてはパーム油，豚脂及び牛脂などの固形脂だけではなく，ナタネ油，ダイズ油及び魚油などの液状油を水素添加して融点35～38℃に調整した硬化油も用いられる．豚脂及び牛脂はテクスチャの面で難点があり，マーガリン原料としては7％程度しか使われていない．なお，硬化油の割合が30～40％では5℃（冷蔵庫の温度）で延びがよく，10～20％に減らすと室温で形状を保ったまま溶けない状態を保つ．さらに硬化油の割合を3％以下にすると，35℃（口中の温度）で完全に溶解するようになる．このような性質を利用して，硬化油の割合を少なくすることで冷蔵庫から取り出してすぐにパンにぬることができる軟らかいマーガリンも開発されている．わが国のマーガリン製造用原料油の70％は輸入されているが，原料油全体の約23.6％（精製油換算）を魚油が占めている．魚油と同じく高度不飽和脂肪酸含量の高い鯨油も硬化油に加工してマーガリンの原料として用いられてきた．資源的な問題で原料供給は難しいが，他の硬化油にはない口どけのよさがあるため，業務用マーガリンの原料として用いられる．ファットスプレッド原料油のうち魚油が占める割合は，2000年では輸入と国産を併せて約8.3％（精製油換算）であった．

一般のマーガリンは17～20％に相当する水層が微小水滴となって80％以上の油脂に分散した油中水分散エマルジョン（water-in-oil（w/o）emulsion）を形成する．常温において固化するように融点（夏季38～40℃，冬季28～33℃）を調整した上述の原料油脂（調合油）を乳化槽内で50～60℃に加温して液状とする．食塩，食品添加物として認可されている植物性色素（β-カロチンまたはアナトー），香味料（バターフレーバーやバニラ），ビタミンA及びD，合成保存料，酸化防止剤（トコフェロールやアスコルビン酸）などを副原料として加える．現在は，合成着色料は使われていない．乳化剤としてはモノグリセリドと大豆レシチンがよく用いられる．風味の向上を目的として，加熱殺菌し

表 12・13 マーガリン類の日本農林規格

区　分	マーガリン	ファットスプレッド	ショートニング
性　状	鮮明な色調を有し、香料及び乳化の状態が良好であって、異味異臭がないこと	1. 鮮明な色調を有し、香味及び乳化の状態が良好であり、異味異臭がないこと。2. 風味原料を加えたものにあっては、風味原料固有の風味を有し、夾雑物をほとんど含まないこと	急冷練り合わせをしたのにあっては、鮮明な色沢を有し、香味及び組織が良好であること。その他のものにあっては、鮮明な色調を有し、香味が良好であること
油脂含有率	80％以上であること	80％未満であり、かつ、表示含有量に適合していること	
乳脂肪含有率	40％未満であること	40％未満であり、かつ、油脂中50％未満であること	
油脂含有率及び水分の合計量	—	85％(砂糖類、はちみつ又は風味原料を加えたものにあっては65％)以上であること	
水　分	16.0％以下であること。ただし、業務用の製品(25g以下のものを除く)にあっては、17.0％以下であること	—	
融　点（業務用の製品以外のものに限る）	35℃以下であること。ただし、25g以下のものにあっては、38℃以下であること	—	
異　物	混入していないこと		
内容量	表示重量に適合していること		

区　分	ショートニング
性　状	急冷練り合わせをしたのにあっては、鮮明な色沢を有し、香味及び組織が良好であること。その他のものにあっては、鮮明な色調を有し、香味が良好であること
水分（揮発分を含む）	0.5％以下であること
酸　価	0.2％以下であること
ガス量	急冷練り合わせをしたのにあっては、100g中20 ml以下であること
食品添加物以外の原材料	食品油脂以外のものを使用していないこと
異　物	混入していないこと
内容量	表示重量に適合していること

(農林水産省, 2003)

た乳成分（牛乳，発酵乳，クリーム，脱脂粉乳など）を副原料として加えることが行われている．これらの主及び副原料を乳化槽内で攪拌，乳化する．さらに，乳化物は外側を冷媒で冷却した密閉チューブを配した熱交換器に高圧ポンプを介して送られ，10～20℃まで急冷されて固化する．チューブ内側には回転シャフトに取り付けられたスクリューがあり，密閉チューブ内側で固化したエマルションを順次掻きとることにより冷却を円滑に行う．家庭用マーガリンはレスチングチューブと呼ばれる空洞の筒をゆっくりと通して核型棒状に成型する．あるいは，カップに充填する．業務用マーガリンは包装形態が大きいため，涅和機を用いてよく練って延びのよいマーガリンを製造する．一連の工程は連続・密閉系で能率よく衛生的に行われる．現在では，米国式のボテーター（Votator），デンマーク式のパーフェクター（Perfector），ドイツ式のコンビネーター（Kombinator）などの連続式製造機がマーガリンの製造に用いられている．

2) ショートニング

ショートニングは製品の口当たりをよくする目的でパンやビスケット製造の原料や食用揚げ油として用いられる．マーガリンとは異なり，水分は0.5％以下である．日本農林規格では原料油の精製植物性油脂，硬化油またはこれらの混合油を急冷して練り合わせたもの，あるいは乳化剤などを加えて製造されたものと定義されている．わが国のショートニング生産量はここ数年間ほぼ一定しており，2001年には19.6万トンであった．このうち，国産製品の割合は約90％であり，近年僅かながら増加している．

魚油硬化油を大豆硬化油や大豆油などと混合した配合油脂原料として用いる場合が多い．副原料として乳化剤（モノグリセリド，大豆レシチン），酸化防止剤（天然トコフェロール）が用いられる．なお，食品衛生法では酸化防止剤として0.02％以下のBHTの添加が許可されているが，昨今は使われる例が少ない．製造方法は業務用マーガリンのそれとほぼ同様であるが，製菓・製パン用の白色で展延性のよい製品を製造するためには，ボテーターなどの連続式製造機で油脂を急冷する際に窒素ガスを吹き込む．一方，フライ・冷菓用には，急冷工程において窒素ガスを吹き込まない半透明グリース状のショートニングが製造される．

3) 魚油カプセル

ビタミンA及びDなどの脂溶性ビタミン類や高度不飽和脂肪酸を供給する

目的で，軟質ゼラチンカプセルに精製魚油を封入したカプセル化魚油が市販されている（図12・4）．原料油は，イワシ，サケ，タラの肝油などの海産魚油のほか，アザラシの皮下脂肪を用いた製品も開発されている．自動酸化を抑えるために数百 ppm の α-トコフェロールが添加されている．

4）EPA製剤

閉塞性動脈硬化症に伴う潰瘍，疼痛及び冷感の改善並びに高脂血症の治療薬として，EPAを主成分とする医薬品がマイワシ油を原料として開発されている（図12・5）．EPAは魚油の中ではトリグリセリドの形態で存在する．EPAの純

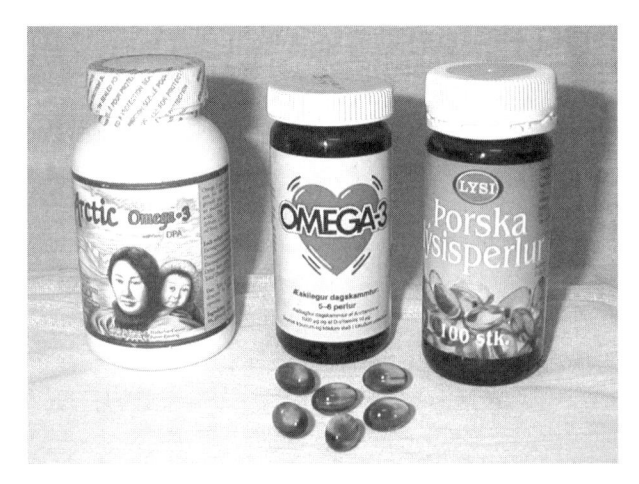

図 12・4　魚油カプセル製品

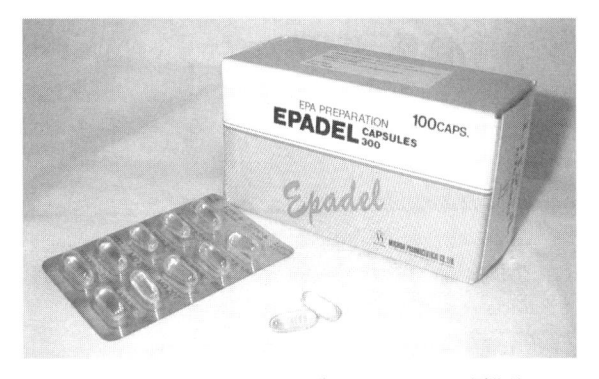

図 12・5　エイコサペンタエン酸エチルエステルの医薬品

度を上げるため，この医薬品の製造工程ではEPAをエチルエステル誘導体として純度を92％以上にまで上げている．

　脂肪酸エステルは約1～5 mmHgの真空下，200～235℃の範囲で炭素数ごとに分別蒸留が可能である．そこで，原料のマイワシ油から混合脂肪酸エチルエステルを得る．次に，4本の蒸留塔からなる精密蒸留装置によってEPAエチルエステルを含有する炭素数20の画分を分留する．この工程でEPAエチルエステルの純度は約83％まで上昇する．さらに，尿素が直鎖をもつ分子を取り込みながら結晶化する性質を利用し，冷却することによって不飽和度の低い脂肪酸の尿素付加物を濾別する．この工程を繰り返したのちEPAエチルエステルをヘキサンで抽出すると，92％以上の純度のEPAエチルエステルを得ることができる．酸化防止剤としてトコフェロールとともに軟質ゼラチンカプセルに封入する．酸素との接触を遮断すれば室温3年間程度の保存ではEPAエチルエステルは安定であるとされている．

5）DHA添加食品

　乳児の網膜機能の発達にはDHAが関与している．そこで，乳児用粉ミルクにDHAを添加した製品が市販されている（図12・6）．DHAを含有する精製魚油は酸化に対して不安定であるので，DHA及び精製魚油を食品に添加する場合にはマイクロカプセル化（microencapsulation）して抗酸化性を付与する．カプセルの大きさを数十ミクロンまで小さくしてそのまま食材に混入させても食材のもつ本来の触感などを損なわないよう工夫されている．

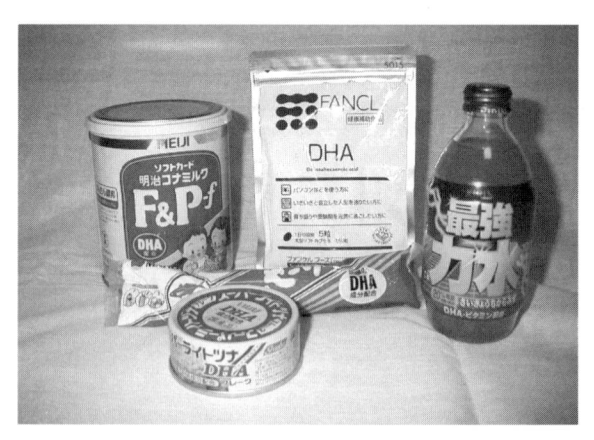

図12・6　ドコサヘキサエン酸添加食品

家禽の飼料にDHAを含有した魚油を添加すると，その卵黄は卵黄リン脂質中5〜8％のDHAを含むようになる．ここから抽出されるDHA含有卵黄油や，卵黄を噴霧乾燥して粉末化した製品が開発されている．この他に，DHAを含有する精製魚油をあとから食品に添加した数多くのDHA添加食品が開発されている．DHAを強化した乳酸菌飲料，炭酸飲料，パン，キャンディー，飴，チョコレートなどの菓子類をはじめ，魚肉ハム・ソーセージなどの練り製品，味噌，ツナ缶詰，DHA強化卵など，製品の種類は200種を超えるといわれている．

12・3・4 魚油の生理活性

動物が魚介藻類に含まれる脂肪酸を含むグリセリド脂質を食餌から摂取すると，リパーゼによる加水分解で生成した遊離脂肪酸は肝臓まで運ばれてアシルCoAに変換される．さらに，ミトコンドリアにおいてβ酸化を受けてエネルギー源として代謝される過程で約9 kcal / gの熱を放出する．一方，動物は生体機能の維持に不可欠であるPUFA合成の出発物質としてのリノール酸及びリノレン酸を生合成できない．これらの脂肪酸を食餌から摂取しなくてはならないことから，リノール酸とリノレン酸は必須脂肪酸と呼ばれている．数段階の酵素的不飽和化と鎖長伸長反応を経てリノール酸からはアラキドン酸（AA）が，リノレン酸からはEPA及びDHAなどの高度不飽和脂肪酸（PUFA）が生合成される（図12・7）．一部のPUFAはタンパク質と結合してリポタンパク質のかたちで組織に運ばれて，主に細胞膜の構成脂質であるリン脂質とコレステロールエステルに取り込まれる．

エイコサノイドとは単素数20の高度不飽和脂肪酸（主としてAAとEPA）から生成される，様々な生物活性を有する一連の代謝産物の総称である．細胞膜が生理的ストレスを受けると膜に局在するホスホリパーゼA_2が活性化され，リン脂質からAAやEPAなどのエイコサノイド前駆脂肪酸が遊離する．エイコサノイド前駆脂肪酸はシクロオキシゲナーゼやリポキシゲナーゼ（LOX）の作用によりプロスタグランジンエンドパーオキサイドを経てエイコサノイドへと速やかに変換され，様々な生物活性を発現する．これらの代謝経路のうち，AAを前駆脂肪酸としてシクロオキシゲナーゼによる酸素化を経てエイコサノイドへ変換される経路をとくにアラキドン酸カスケードという．オレイン酸から生合成された20:3n-9は5-LOXによりロイコトリエンA_4（LTA_4）へ変換される．リノール酸から生合成された20:3n-6とAAはそれぞれプロスタグランジン（PG）類，トロンボキサン（TXA_2）及びLTA類へと変換される．また，リ

オレイン酸
　18:1n-9
　↓
　18:2n-9　→　20:3n-9　→　LTA$_4$

パルミトオレイン酸
　16:1n-7
　↓
　16:2n-7　→　8:2n-7　→18:3n-7　→　20:3n-7
　　　　　　　　　　　　　　　　　　　↓
　　　　　　　　　　　　　　　　　　20:4n-7

リノール酸
　18:2n-6
　↓
　18:3n-6　→　20:3n-6　→　PGE1, PGF$_{1a}$
　↓
　20:4n-6　→　PGE$_2$, PGF$_{2a}$, TXA$_2$, PGI$_2$, PGD$_2$, LTB$_4$, LTC$_4$
　↓
　22:4n-6　→　22:5n-6

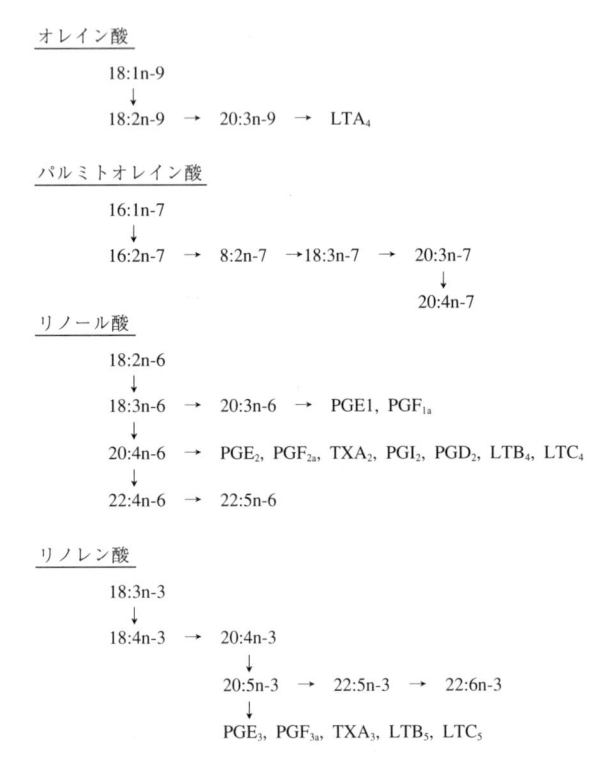

リノレン酸
　18:3n-3
　↓
　18:4n-3　→　20:4n-3
　　　　　　　　↓
　　　　　　　20:5n-3　→　22:5n-3　→　22:6n-3
　　　　　　　　↓
　　　　　　　PGE$_3$, PGF$_{3a}$, TXA$_3$, LTB$_5$, LTC$_5$

図12・7　2食餌性脂肪酸の生合成経路とエイコサノイドの生成
矢印は下方向が不飽和化反応，右方向は主として鎖長延長反応を示す．
(D. Hwang, 1992)

ノレン酸に富むナタネ油を摂取したヒトの血漿脂質には著量のEPAが蓄積しないことから，ヒトにおけるリノレン酸からのEPAの生合成は血漿以外の組織で行われている可能性がある．EPAはAAの場合と同様にシクロオキシゲナーゼと5-LOXによりトリエンPG類，TXA$_3$及びLT類を生成する（図12・8）．

　生体組織におけるエイコサノイドの生合成は様々な要因によって制御されている．食餌由来のエイコサノイド前駆脂肪酸は生体膜のリン脂質に取り込まれるが，上述の酵素類の作用を受ける際にはホスホリパーゼA$_2$により遊離している必要がある．一方，ある種のホスホリパーゼA$_2$活性を阻害する薬物は前駆脂肪酸の遊離を抑制してエイコサノイドの酵素的な生成を阻害するので，シクロオキシゲナーゼとLOX経路で生成するエイコサノイドの生成が抑制され

12・3 魚油 *323*

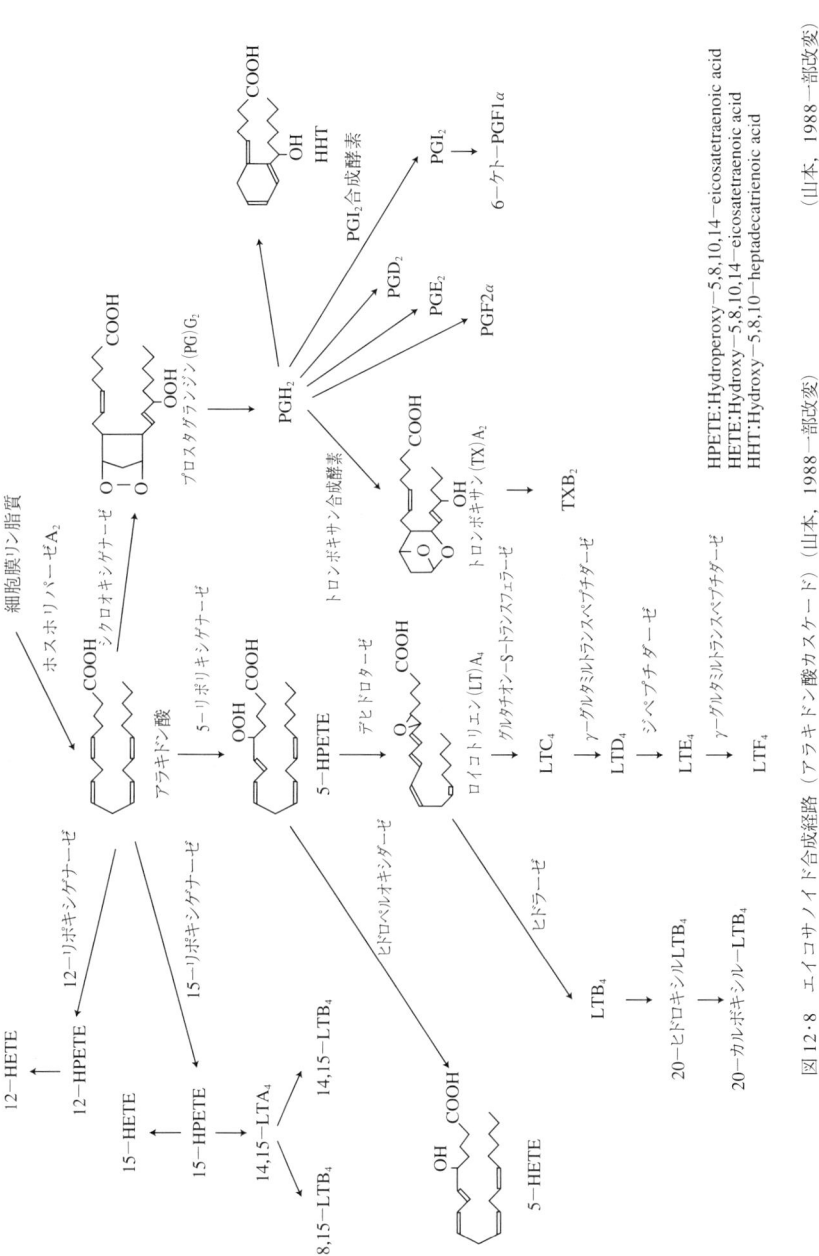

図12・8 エイコサノイド合成経路（アラキドン酸カスケード）(山本, 1988一部改変)

HPETE：Hydroperoxy-5,8,10,14-eicosatetraenoic acid
HETE：Hydroxy-5,8,10,14-eicosatetraenoic acid
HHT：Hydroxy-5,8,10-heptadecatrienoic acid

る．また，シクロオキシゲナーゼはハイドロパーオキサイドにより活性化するので，ハイドロパーオキサイドの含量に影響するフェノール化合物などの抗酸化物質やグルタチオンパーオキシダーゼはともにエイコサノイドの生成を抑制する．

12・3・5 エイコサノイドの生物活性

エイコサノイドは心臓血管系，内分泌系，免疫系，神経系，呼吸器，生殖，じん臓，皮膚などに対して広範にわたる生物活性を呈するホルモン様物質である（表12・14）．刺激を受けて産生された細胞内に蓄積することなく排泄されるが，循環血流中で一定レベルを維持することなく，産生細胞の近傍で極めて短い時間作用を発現する点でホルモンと異なる．産生されたエイコサノイドは標的細胞膜にある固有の受容体を刺激して，細胞内セカンドメッセンジャーの産生を介して情報伝達を行い，多様な生物活性を発現する．したがって，過剰なエイコサノイドの生合成，あるいはこれに基づいて生じるエイコサノイド類の量的な不均衡は，血栓症，炎症，ぜんそく，潰瘍，じん臓疾患などの様々な病態発現を誘発する．

表12・14 エイコサノイドの生物活性

エイコサノイド	生理作用
PGE_1	血小板凝集抑制
PGE_2	血管拡張，cAMPレベルの上昇，胃酸分泌抑制，気管支平滑筋弛緩，子宮筋収縮
PGI_2	血小板凝集抑制，血管拡張，血管平滑筋弛緩，cAMPレベルの上昇
TXA_2	血小板凝集促進，血管平滑筋収縮，気管支平滑筋収縮
PGD_2	血小板凝集抑制、cAMPレベルの上昇，気管支収縮
LTB_4	白血球誘引，cAMPレベルの上昇，好中球凝集
LTC_4, LTD_4	肺及び気管支平滑筋収縮，血漿漏出，cAMPレベルの低下，細動脈及び冠動脈収縮
12-HETE, 12-HEPTE	血管中膜平滑筋細胞の遊走能更新，グルコース誘導インシュリンの分泌
15-HETE	5- 及び12-リポキシゲナーゼ活性の阻害
LXA	スーパーオキシドアニオンの生成，NK細胞の活性抑制
LXB	NK細胞の活性抑制

(D. Hwang, 1992)

1）高度不飽和脂肪酸と脂質代謝

食餌からのEPAの摂取は血清コレステロール，トリグリセリド（TGs），超低密度リポタンパク質（VLDL）の含量低下及び高密度リポタンパク質（HDL）－コレステロール含量の上昇に関与する．EPAの純品を用いた投与試験の結果，

EPA の投与は血清脂質成分のうちリポタンパク質である VLDL 及び低密度リポタンパク質（LDL）の含量を低下する方向に働くが，HDL に対する作用は弱い．血清脂質に対しては TGs 及びコレステロール含量を低下させるが，逆に HDL-コレステロールには作用が弱いが含量を上昇させる．TGs 含量の低下作用の機序は依然不明であるが，EPA の摂取が肝臓内での TGs 合成を抑制している可能性が指摘されている．VLDL 含量の低下作用は EPA 摂取による肝臓内での TGs 合成の抑制とこれに伴う VLDL-コレステロールと VLDL-TGs 合成の抑制によるものと考えられている．一方，LDL-コレステロール含量の低下は EPA 摂取による飽和脂質の摂取量の低下に起因する LDL の低下によるものと考えられているが，HDL-コレステロールへの作用機作と同様に，その詳細は依然不明である．

DHAの投与による血漿 TGs 含量の挙動はまちまちである．高度に精製したDHAエチルエステルをラットに投与すると α-リノレン酸エステルに比べて血漿コレステロール含量が有意に低下する．同様の知見は DHA 高含有魚油を投与したラットの血漿コレステロールと HDL-コレステロールにおいても見られる．これらの DHAのコレステロール低下の作用機序については，DHAや EPA による小腸からのコレステロールの吸収阻害や肝臓コレステロールの生合成の抑制などの脂質代謝に及ぼす影響が考えられている．

2) 高度不飽和脂肪酸と疾病

食餌由来の高度不飽和脂肪酸は組織中の脂肪酸組成に影響を及ぼし，これに引き続いて起こるエイコサノイドの生合成が影響されることが明らかとなった．すなわち，組織中の PUFA が増加するにつれてエイコサノイドの量的，質的変化が誘導されることにより，血液凝固系，血圧調節系及び抹消循環系の調節に変化が現れる．一方，エイコサノイドの生理活性作用とは別に，魚油に多く含まれる n-3 系脂肪酸は血清 TGs の低下，血液粘度の低下を引き起こすが，その一方で飽和脂肪酸であるステアリン酸とその不飽和化したオレイン酸は高コレステロール血症の危険因子である．したがって，病態の発現に及ぼす脂肪酸の影響は脂肪酸の種類と摂取量の両面から考察されるべきである．

EPAを摂取すると血小板凝集を抑制する作用（抗血小板作用）が認められる．この抗血小板作用の機序は以下のように考えられている．すなわち，血小板膜中の AA が EPAと置換して AA 含量が低下することから，アラキドン酸カスケードにおける TXA_2 の産生量が低下する．同時に，血小板膜に取り込まれ

たEPAからは抗血小板作用をもたないTXA$_3$が産生される．さらに，EPAを取り込むことで血小板膜の物性が変化することによりホスホリパーゼA$_2$に対する親和性が変化して，AAの遊離が抑制される．しかし，血小板におけるEPAからTXA$_3$への変換はごく少ない．そこで，EPAの血小板凝集抑制作用は，EPAの12-LOXによる代謝産物である12-ハイドロパーオキシEPAによるものと考えられている．

EPAは抗動脈硬化作用への因子として重要である．EPAが細胞膜に多く取り込まれてAAの割合が減少すると，AAを前駆体とするプロスタグランジンI$_2$（PGI$_2$）の生成量は減る．一方，血管壁からのEPA由来のPGI$_3$や血管拡張因子の放出が亢進される．PGI$_3$は血小板凝集抑制作用を有するので，EPA摂取により低下したPGI$_2$の生理作用を十分に補っているものと考えられる．

慢性関節リューマチや潰瘍性大腸炎などの慢性炎症性病態だけではなく急性炎症モデルにおいても，EPAの投与が抗炎症的に作用することが確認されている．このEPAの抗炎症作用の機序は，炎症のような外的刺激時によるAA由来の炎症惹起性エイコサノイドの産生の抑制と，これらに比して同様の生物活性の弱いEPA由来のエイコサノイドの生成増加により説明されている．すなわち，EPAを多く摂取すると，EPAの生体膜への取り込みはAAのそれを上回り生体膜中のEPA含量が増える．それと同時に，生体膜におけるAAの含量が減少する．さらに，外部刺激を受けた生体膜からのホスホリパーゼA$_2$によるAAの遊離は，EPAにより競合的に抑制される．また，シクロオキシゲナーゼの基質特異性はEPAよりAAに対して高いので，シクロオキシゲナーゼによるAAからのプロスタグランジンE$_3$やTXB$_3$などのエイコサノイドの生成が拮抗的に阻害される．一方で，リポキシゲナーゼはEPAの過酸化反応をよく触媒し，LTB$_5$，LTC$_5$，LTD$_5$，LTE$_5$及びLTF$_5$の生物活性をもつエイコサノイドが産生されるが，その中間代謝産物である5-ハイドロキシEPAはアラキドン酸カスケードにおけるLTA$_4$からLTB$_4$への代謝を抑制する．

洗浄血小板懸濁液にDHAを作用させると血小板凝集が抑制されるが，これはシクロオキシゲナーゼによりAAから代謝されたPGH$_2$の同族体による作用である．DHAはリン脂質のうちホスファチジルエタノールアミン（PE）によく取り込まれることがラット及びヒトの*in vivo*の系で確認されている．このDHAによる血小板凝集抑制作用はEPAのそれよりも強い．これらDHAの血小板凝集に対する抑制作用の機序は，血小板膜PEに取り込まれたDHAが膜

の酵素活性，受容体活性を変化させる，PEからホスホリパーゼA_2により切り出されたDHAがAAカスケードにおける合成を抑制することでTX受容体に拮抗的に阻害作用を示すと考えられている．

n-3系高度不飽和脂肪酸の摂取は発ガン抑制の方向で働くものと思われる．魚油摂取に伴っておこるガン細胞膜脂質におけるEPA組成比の増加とAA組成比の減少といった脂肪酸組成の変化は，細胞膜の流動性を増加させてガン治療における化学的制ガン剤及び温熱療法に対する感受性を上昇させる．同様の細胞膜脂肪酸組成の変化に伴う細胞膜の流動性上昇による物質透過性，抗ガン剤及び熱感受性の上昇は，魚油投与による細胞膜へのDHAの取り込みにおいてもみられる．PGE_2は乳ガンの組織を増殖させ同時に転移を促進するが，PGD_2は悪性黒色腫細胞の増殖を抑制する．このように，プロスタグランジン類はその種類によりガン細胞の増殖，転移に深く関わっている．DHAはEPAと同様にエイコサノイドの質的，量的生成に影響する．すなわち，EPAと同様にDHAもガン細胞の増殖，転移に何らかの関与をしているものと考えられる．EPA及びDHAの投与は細胞のプロテインキナーゼC活性に影響を及ぼすものと考えられている．すなわち，プロテインキナーゼCはタンパク質をリン酸化することにより細胞からの情報を細胞内に伝えることから，細胞内情報伝達のキーエンザイムと考えられる．ラットに魚油を投与するとプロテインキナーゼC活性と細胞増殖割合が高くなるが，ガン抑制作用との関わりについてはさらに検討を要する．DHAにはガンのような未分化細胞を正常細胞へ分化誘導する作用がある．ニジマス受精卵より得たグリセリド炭素の1位にパルミチン酸，2位にDHAをもつホスファチジルコリン分子種は，ある種の白血病細胞に対して分化誘導活性を示す．その作用機序の詳細については依然不明であるが，白血病細胞膜にDHAが取り込まれたために起こった分化誘導能の惹起が一因として考えられている．

DHAを多く摂食させたラットから生まれた仔ラットの脳のホスファチジルエタノールアミンとホスファチジルセリン中のDHA含量は，DHAを含有しない飼料を摂食した対照のラットから生まれた仔ラットのそれに比べて2週齢までは明らかに高く，7週齢でほぼ同様になる．このような脳中のDHA含量の異なる2週齢のラットに対して4日間にわたる遊泳試験法により学習能力を検討したところ，DHA投与群で1日目と2日目の記憶学習能が優れていたが，脳中のDHA含量との相関は明らかにされていない．さらに，絶水したマウスを

迷路に入れ水のある出口に到達するまでの時間で記憶学習能を判定すると，DHA に富むイワシ油摂取群とパーム油摂取群では 2 回目までの記憶学習能に差があるものの，3 回目には両群の記憶学習能に差がなくなる．これらの結果から，DHA 摂取による学習能，行動に対する何らかの関係が考えられているが，この点に関しては更に詳細な検討が必要であろう．

食餌から摂取された DHA は網膜を構成するリン脂質画分に直接取り込まれるほか，α-リノレン酸や EPA などの n-3 系脂肪酸を摂取しても肝臓における不飽和化，鎖長延長化を経て網膜を構成するホスファチジルエタノールアミンとホスファチジルセリンに蓄積する．DHA 欠乏飼料で継代飼育して得たサルの出生後の同日数における視力は，対照群のそれと比較して約 50% である．今のところ，DHA と網膜機能との関係は不明であるが，ヒトの未熟児に n-3 系脂肪酸欠乏乳を投与すると血漿及び血球中の n-3 系脂肪酸の取り込みは低く，網膜電図を指標とした場合の目の活動性は低くなる（図 12・9）．これらのことから，未熟児の眼の発達には DHA は必須であると考えられている．

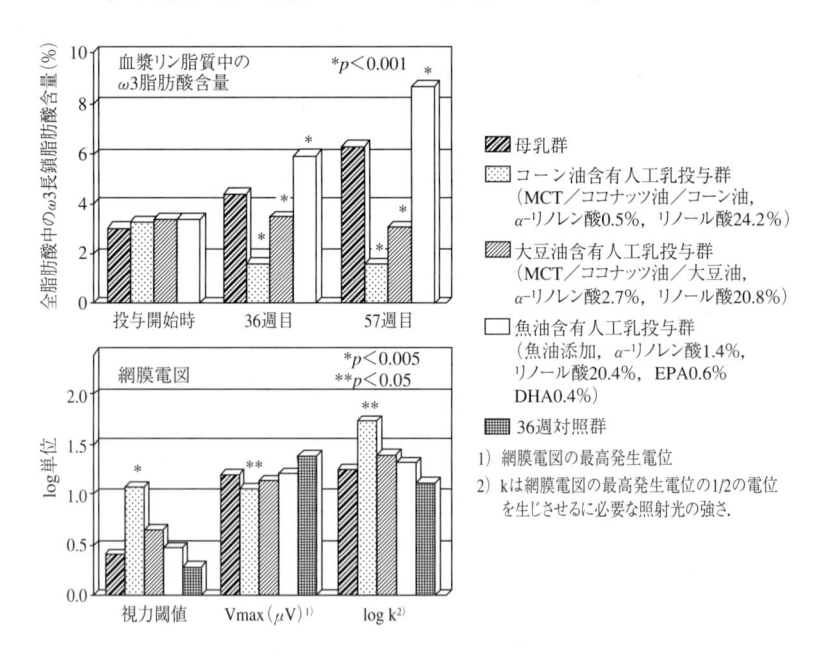

図 12・9　母乳，及び人工乳投与未熟児血漿リン脂質中の n-3 系脂肪酸含量と網膜伝図
(R. Uauy ら，1992)

12・4 フィッシュソリュブル

フィッシュミール製造の際に圧搾,分離工程で得られたスティックウォーターを濃縮して固形分30〜50％のペースト状に加工したものをフィッシュソリュブル (fish solubles) という．フィッシュソリュブルは水溶性タンパク質を多く含むことから,圧搾後の固形分に添加しホールミールに加工するのが主な用途となっている．また,油分を抽出後の植物の絞り粕にフィッシュソリュブルを吸着させて成分調整をしたフィッシュソリュブル吸着飼料は,動物性タンパク質,アミノ酸,ビタミン類の供給源として養魚用,養鶏用飼料として利用される． (大島敏明)

引用文献

秋場　稔・元広輝重 (1980)：水産加工技術 (太田冬雄編) 恒星社厚生閣, pp.78-112.
Bimbo, A.P. (1987)：*J. Am Oil Chem. Soc.*, 64, 706-715.
Bimbo, A.P. and J.B. Crowther, (1992)：*J. Am. Oil Chem. Soc.*, 69, 221-227.
Food and Agricultural Organization (2004)：FAO Yearbook Fishery Statistics vol. 95.
北海道水産林務部 (2003)：漁業系廃棄物発生量調査.
Hwang, D. (1992)：Dietary Fatty Acids and Eicosahoids, In" Fatty Acids in Foods and Their Health Implications. (C.K. Chow ed.)", Marcel Dekker, New York, 545-557.
International Fishmeal and Fish Oil Organization (2004)：Fishmeal and Fish Oil Statistical Year Book.
日本油脂協会 (2004)：油脂統計年鑑.
農林水産省 (2003)：告示736号「マーガリン類の日本農林規格の一部を改正する件」
農林水産省統計部 (2004)：水産物流通統計年報.
Schmidtsdorff, W. (1995)：Fish Meal and Fish Oil, *In Fish and Fishery Products* (ed. by Ruiter, A.), Cab International, Wallingford, Oxon, pp. 347-376.
Uauy,R., E. Birch, D. Birch and P. Peirano (1990)：*J. Pediatr.* 120, S168-180.
Young, F.V.K. (1985)：Fish Oil Bulletin17, International Fish Meak Manufacturers, p.27.
Young, F.V.K. (1986)：Fish Oil Bulletin20, International Fish Meak Manufacturers, p.8.
財務省 (2003)：財務省貿易統計.

参考資料

Brown, E.R. and P.V. Subbaiah (1994)：*Lipids*, 29, 825-829.
Dyerberg, J., H.O. Bang and N. Hjørne (1975)：*Am. J. Clin. Nutr.*, 28, 958-966.
Fisher, S. and P.C. Weber (1983)：*Biochem. Biphys. Res. Commun.*, 116, 1091-1099.

Gibson, R. A., M. A. Neumann, S. L. Burnard, J. A. Rinaldi, G. S. Patten and E. J. McMurchie, (1992):*Lipids*, 27, 169-176.
原 健次 (1995)：脳機能と DHA, 生理活性脂質 EPA・DHA の生化学と応用, 幸書房, pp.147-166.
Harris, W.S., W.E. Connor, N. Alam and D.R. Ilingworth (1988)：*J. Lipid Res.*, 29, 1451-1460.
秦 和彦 (1993)：EPAの医療品化, 水産脂質-その特性と生理活性-(藤本健四郎編), pp.101-110.
Inagaki, M. and W.S. Harris (1990)：*Athroscrerosis* 82, 237-246.
Makrides, M., K. Simmer, M. Goggin and R.A. Gibson (1993)：*Pediatric Res.*, 33, 425-427.
Mann, N.J., G.E. Warrick, K. O'dea, H.R. Knapp and A.J. Sinclair (1994)：*Lipids*, 29, 157-162.
Miller, M., M. Motovalli, D. Westphal, P.O. Kwiterovich, Jr. (1993)：*Lipids*, 28, 1-5.
三輪勝利編 (1992)：水産加工品総覧, 光琳.
Morita, I., Y. Saito, W.C. Chang and S. Murota (1983)：*Lipids*, 18, 42-49.
日本水産学会編 (2001)：水産学用語辞典, 恒星社厚生閣.
農林統計協会編 (2003)：図説水産白書.
Muriana, F.J.G. and V. Ruiz-Gutierrez (1992)：*J. Nutr. Biochem.*, 3, 659-663.
太田冬雄編 (1980)：水産加工技術, 恒星社厚生閣.
Stubbs, C.D. and A.D. Smith (1984)：*Biochim. Biophys. Acta*, 779, 89-137.
Surette, M.E., J. Lu, G. Whelan, I. Hardardóttir and J.E. Kinsella (1995)：*Biochim. Biophys. Acta*, 1255, 185-191.
Takenaga,M., A. Hirai, T. Terano, Y. Mamura, H. Kitayama and Y. Yoshida (1986)：*Thromb. Res.*, 37, 373-384.

第13章 その他の水産加工品

13・1 エキス

　昆布やかつお節などから，水を用いて旨味成分を抽出したものを「だし汁」と呼び，和食における各種調理の基本として用いられる．一方，西洋料理ではスープストックやブイヨン，中国料理では湯（タン）と呼び，肉や野菜から抽出したエキスで各種料理の味を引き立てている．エキスには水産物と畜産物を原料とした動物性エキス及び農産物ならびに海藻を原料とした植物性エキスがある．これらエキスの旨味成分としてグルタミン酸ナトリウム，イノシン酸ナトリウムなどいろいろな成分が知られている．化学調味料は，これら旨味成分を発酵法や化学合成により製造したもので，多くの食品加工に利用されてきた．しかし，近年になって，自然回帰や自然尊重の考え方に基づくものと思われるが，原料のもつ天然物の風味を味わおうとする機運が消費者の間に高まってきている．農畜産物ならびに水産動植物から抽出，調製したエキスを天然調味料と呼んでいるが，その定義や規格については未だ明確なものはない．しかし消費者の嗜好から天然調味料の市場は著しく拡大し，今日では食品産業として重要な地位を占めるようになった．

　天然調味料の製法としては，魚介類や畜肉の動物性原料及び野菜，きのこ，海藻などの植物性原料からエキス成分を抽出する方法ならびに動物タンパク質の加水分解（hydrolyzed animal protein, HAP），植物タンパク質の加水分解物（hydrolyzed vegetable protein, HVP），及び酵母の自己消化分解物からエキス成分を抽出する方法が一般に用いられている．これらの天然調味料はスープ，めんつゆ，たれ，ソース，ドレッシング，漬物，インスタントラーメン，即席カレー，魚肉ねり製品，食肉加工品，冷凍食品，レトルト食品などに添加される外，ポテトチップス，コーンスナックなどのスナック菓子の製造にも使用されている．

　一方，風味調味料は日本農林規格（Japan Agricultural Standard, JAS）により，「化学調味料及び風味原料に，糖類，食塩等（香辛料を除く）を加え，乾燥

し，粉末状，顆粒状にした調味料であって，調理の際，風味原料の香り及び味を付与するものをいう」と定義されており，この中の風味原料は「かつお節，昆布，貝柱，干ししいたけ等の粉末または抽出濃縮物をいう」と決められている．

13・1・1 一般的製造法

水産物エキスの原料には，缶詰の煮汁（クッカードレイン），かつお節製造時の煮汁，煮干し品製造時の煮熟液，及び冷凍すり身や魚肉ねり製品製造時の水晒し液などが用いられる．この外に，乾燥フィッシュミールや削り節を原料とする場合もあるが，多くの場合，食品加工工場の加工残滓が利用されるので，原料の鮮度には十分注意する必要がある．原料は低温貯蔵により，鮮度低下に伴う揮発性塩基の生成や異味・異臭の発生を抑えることが，品質のよい製品の製造に不可欠である．

1）熱抽出法

原料となる魚介類に適量の水を加え，通常は水蒸気で加熱して，原料中の水溶性成分（エキス分）を抽出する（図13・1）．実際には缶詰やかつお節などの

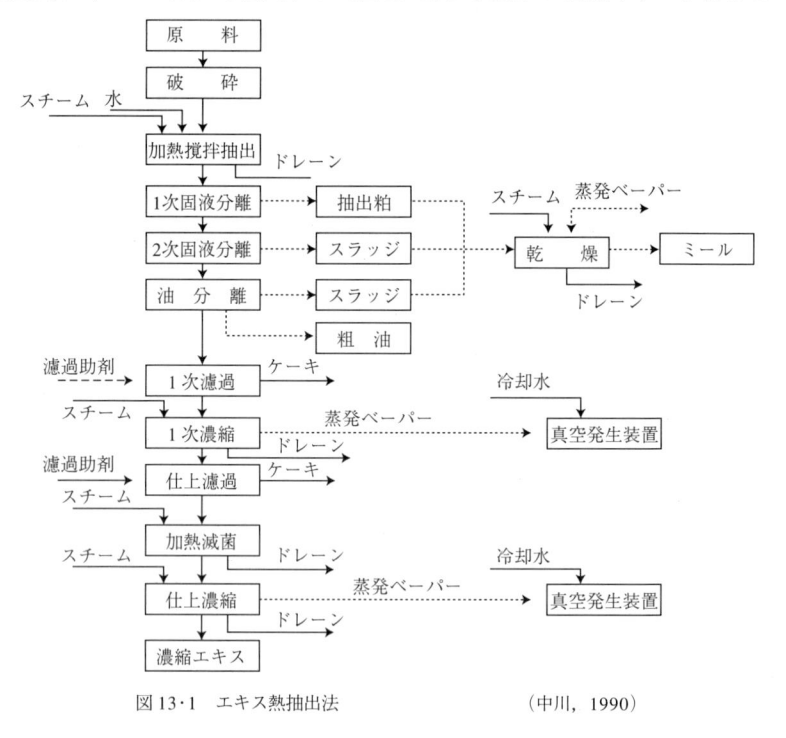

図 13・1　エキス熱抽出法　　　　　　　　　　　　（中川，1990）

製造時の煮熟液が主に用いられる．抽出液に含まれる油脂ならびにタンパク質の凝固物などは，遠心分離機や濾過装置で十分に除去し，エキスの濁りや異臭の発生などによる品質低下が起きないようにする．次いで，液体調味料，ペースト調味料，粉末調味料などを作るため，珪藻土などの濾過助剤を用い，濾過・脱色・脱臭工程を兼ねて濾過し濃縮エキスとする．濃縮法としては，減圧加熱濃縮法が最も一般的で，その外に凍結乾燥法や噴霧乾燥法も用いられる．

2）塩酸分解法

乾燥魚粉や乾燥肉粉を原料とし，これに水及び塩酸を加え，反応缶内で加熱してタンパク質をアミノ酸及びペプチドへ加水分解する．次いで分解液は水酸化ナトリウムで中和した後，図13・2 に示す工程で精製される．

塩酸による加水分解後，水酸化ナトリウムで中和するため，多量の食塩が生成し塩味が強くなるので，脱塩処理をする．また，精製したエキスはタンパク質の分解で生じたアミノ酸により，遊離アミノ酸組成が変わるため，原料に特

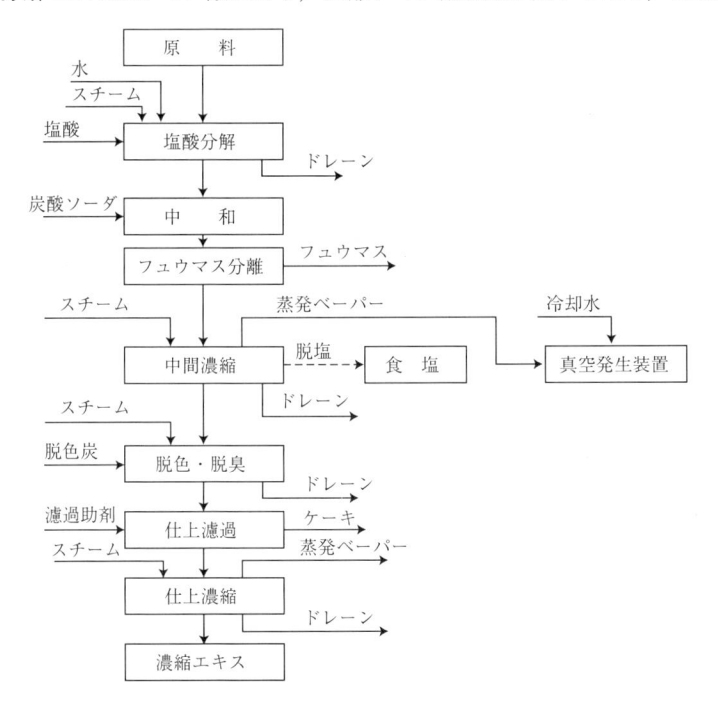

図13・2　塩酸分解法によるエキスの製造　　　（中川，1990）

有な味は消失する．

3) 酵素分解法

原料に水及びタンパク質分解酵素（細菌プロテアーゼなど）を加え，pH及び温度を最適に調整した後，一定時間酵素反応を行う．分解後加熱昇温（80℃以上）して酵素を失活させ，エキス分を分離して精製する（図13・3）．酵素によるタンパク質の加水分解により生成するペプチドには，苦味を有するものがあるので注意が必要である．ペプチドの内部を切断するエンドペプチダーゼの活性より，ペプチドの端末を切断するエキソペプチダーゼ活性の高い酵素を使用すると，苦味ペプチドの生成を抑えることができる．

13・1・2　各種魚介類エキスの製造

主な魚介類エキスは，かつおエキス，かつお節エキス，ほたてエキス，かにエキス，かきエキス，昆布エキスなどである．

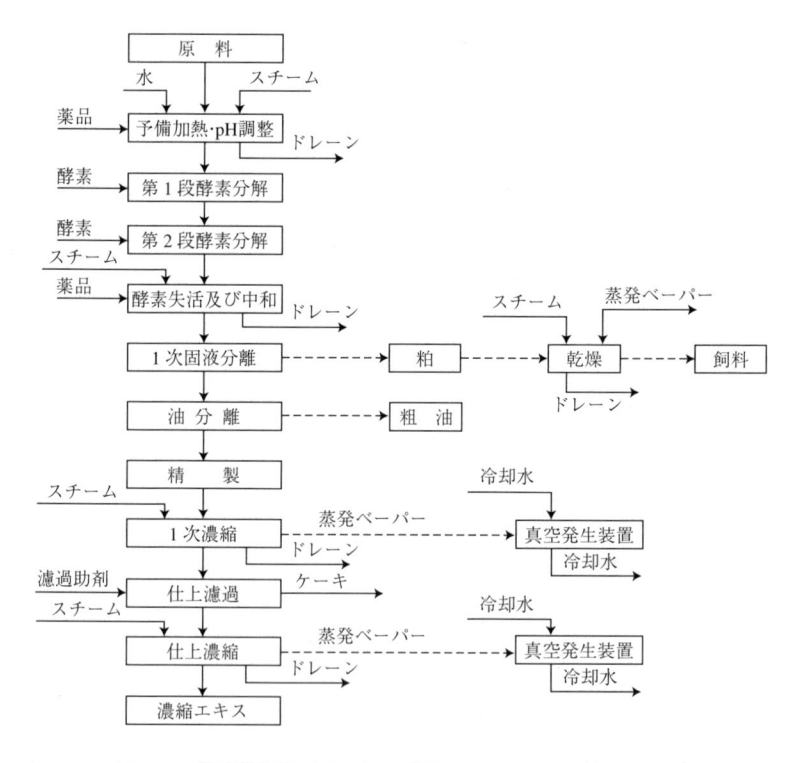

図13・3　酵素分解法によるエキスの製造　　　　　　　（中川，1990）

1）かつおエキス

かつお節製造時の煮熟液及びかつお缶詰製造時に生じるクッカードレインには原料カツオから溶出したエキス成分が含まれているので、これらを原料としてかつおエキスが製造される.

魚は熱水で加熱抽出すると、体表を覆っている皮の構成成分であるコラーゲンが一部分解してゼラチンとなり、抽出液中に溶解する．ゼラチンは温度低下に伴ってゲル化するので、抽出液を濃縮する際大きな妨げとなる．そのため、濃縮する前にゼラチンをタンパク分解酵素により、低分子ペプチド及びアミノ酸に分解して可溶化するする必要がある．この際、苦味ペプチドの生成を抑える必要があるが、そのためには適切な酵素を選ぶことが特に重要である．

2）かつお節エキス

削り節製造時の破砕物，かつお節製造時の削り工程（第4章4・4・6, 1) 参照）で生じる削り屑などを原料としてエキスが製造されてきたが、原料の供給が不安定なことからかつお節も使用されるようになった．かつお節エキスの特徴はかつお節特有の香気にある．粉砕した原料からエキスとともにかつお節特有の香気成分を抽出することが重要で、そのため熱水抽出及びアルコール抽出が併用される．濃縮工程でかつお節の香気が消失しないよう、高度に濃縮することは避けるように注意する．

3）ほたてエキス

ほたて貝柱の煮干し品（干し貝柱，ほたて白干し）の製造時に生じる煮汁が原料である．貝殻を開くための蒸煮あるいは湯煮（1番煮）で生じる煮熟液及び貝柱を熱凝固させるため食塩水中で煮熟（2番煮）する際に生じる煮熟液を、精製，濃縮して製品とする．2番汁中には食塩が多量に含まれているので、必要に応じて電気透析や逆浸透膜法により低塩化する．貝柱缶詰製造時の煮汁もエキス製造に使用されている．

4）かにエキス

かに缶詰製造の際、原料が生きたカニの場合には煮熟時の煮汁を、また冷凍原料の場合には解凍・水晒し・圧縮時のドリップを原料とし、濃縮・濾過してかにエキスを製造する．

5）かきエキス

かき燻製缶詰製造時の煮熟液を濃縮して製造し、主としてオイスターソースの原料として利用されている．

6) 昆布エキス

昆布加工品製造時の破砕物などの煮汁及び昆布佃煮製造時の煮熟液を原料として製造される．

(鈴木　健)

13・2　食品素材

　古代の人々は，海や川で採捕した魚介類をそのまま調理して食用に供していたが，やがて生鮮魚介類を腐敗から守るため工夫をするようになり，次第に日持ちのよい水産加工品が作られるようになった．このように加工技術が進歩してくると，原料である魚介類の肉質に適した加工法が開発され，各種の優れた水産加工品が製造されるようになり，近年水産加工業は食品産業として急速に発展を遂げた．しかしながら魚種によっては肉質ばかりでなく外観，形態，組織，呈味などの面で，生鮮魚としてもまた新しい加工品を開発するにしても，必ずしも適当でないものがある．このような利用価値の低い魚介類を，高度利用の観点から食品素材化するための技術が活発に研究され，その結果，例えば1960年以前には，当時漁獲されたスケトウダラは卵巣がたらこに利用されるのみで，魚体は利用価値がほとんどなく顧みられなかった．しかし，魚体を原料として冷凍すり身化技術が開発されると，魚肉ねり製品の原料として急速に利用されるようになった．その主な理由は，魚肉ねり製品原料の計画的かつ安定的な供給が可能になったことにある．

13・2・1　食品素材の種類

1) 冷凍すり身

　原料魚の落し身を水晒し，脱水後，糖類（ショ糖，ソルビトールなど），重合リン酸塩などを添加して凍結したもので，ねり製品の素材として広く利用されている．糖類及び重合リン酸塩を添加するのは，タンパク質の冷凍変性防止やpH調整のためである．

　イワシやサバが多獲されていた時期に，赤身魚の有効利用法の一つとして，すり身化の研究が活発に行われた．赤身魚は，スケトウダラのような白身魚に比べて，死後筋原繊維タンパク質が変性しやすく，筋形質タンパク質が多いため水晒しが困難な上，血合肉が多く脂質含量が高いため，製品は灰褐色を呈し，異臭を発生しやすいなど多くの問題があったが，これらの困難を克服して，多

獲性赤身魚の冷凍すり身化技術が確立された．しかしながら漁獲量の減少などに伴い，現在，生産量はあまり伸びていない（第8章8・2・3参照）．

2）魚肉タンパク質濃縮物

魚肉タンパク質濃縮物（fish protein concentrate，FPC）は国連食糧農業機関（Food and Agricultural Organization of the United Nations，FAO）が食料不足の国に供給しようと提唱し開発したもので，「鮮魚から衛生的に製造され，高い栄養価を持ち，安価で貯蔵性に富んだ有益な魚類製品で，その中にタンパク質，その他の栄養成分が生原料より遙かに濃縮されて含まれているもの」と定義されている．

3）畜肉様タンパク濃縮物

畜肉様タンパク濃縮物マリンビーフ（marine beef）は，タンパク質含量が高く脂質を含まない顆粒状の製品で，吸水性にすぐれており，水戻しすると無味，無臭のひき肉状となり，種々の調理素材に利用することができる．製造コストなど経済的理由によって，企業規模での生産はまだ行われていない．

4）その他の食品素材

資源量の多いことで知られる南極オキアミの有効利用に関する研究は，世界人口の増加に伴う食糧難時代が到来するであろう21世紀に備えるという性格もあって盛んに行われた．しかし，南極オキアミを食品として利用加工する上で，筋肉タンパク質の著しい不安定性，内臓酵素によるタンパク質の分解，異臭の発生，黒変現象などいくつかの問題点が明らかにされた．これらの困難を克服して，冷凍すり身化，冷凍ブロック化，ならびにこれらを用いたかに肉様食品などの新規食品素材の製造法が開発されたが，未だ実用化には至っていない．

13・2・2 各種食品素材の製造

1）FPC

製造法は溶剤処理法と液化法に分けられる．溶剤処理法では，イソプロパノール，エタノール，ヘキサンなどで魚肉を脱脂・脱水した後，乾燥・粉砕してFPCを製造する．一方，液化法では，酵母・細菌などの微生物から分離した酵素製剤を用いて魚肉を液化し，遠心分離や溶剤処理により脂質を分離した後濃縮して，液体または粉末状の製品とする．

2）畜肉様タンパク濃縮物

まず，魚肉に炭酸水素ナトリウム（重曹）を加えて弱アルカリ性とした後，

1〜2％の食塩を加え粘性のある肉糊を作る．次に，エタノール中で，脱脂，脱水，脱臭を行うとともに，魚肉タンパク質を変性・凝固させる．イワシやサバなどを原料とする際は，高温にしたエタノールを用いてほとんど完全に脱脂する．最後に温風乾燥して粒状の製品とする．

なお，動物タンパク質の加水分解，植物タンパク質の加水分解，酵母の自己消化による分解など，酸あるいは酵素を用いて各種原料に含まれるタンパク質を分解した加工品が作られているが，これらは天然調味料の製造時に味の増強を目指したもので，ここで述べる食品素材とは目的を異にしている．（第 2 章 2・1・5 参照）

（鈴木　健）

13・3　キチン，キトサン

キチン（chitin）は N-アセチル-D-グルコサミン（2-acetamido-2-deoxy-D-glucose）残基が 5,000 以上も β-1, 4 結合した分子量 100 万以上のアミノ多糖で，脱アセチル化したものをキトサン（chitosan）という．化学構造は図 13・4 のようにセルロースの構造に類似している．キチンはエビ・カニなどの

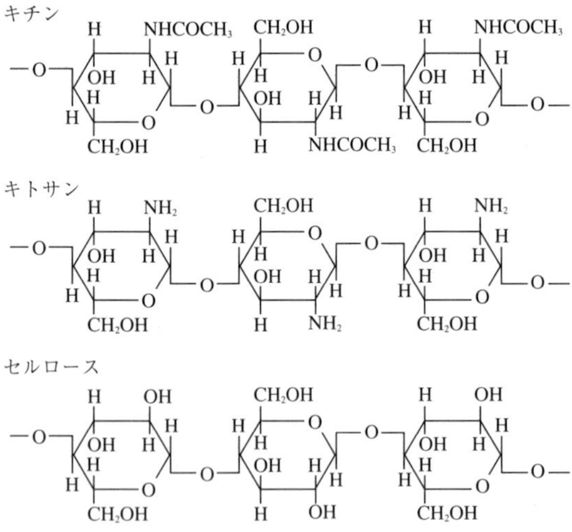

図 13・4　キチン，キトサンの化学構造

甲殻, オキアミの皮殻, カブトムシをはじめとした昆虫類の甲皮, イカの軟骨, 菌類の細胞壁などに存在し (表13・1), 生物界での年間生成量は 10 億トンとも, セルロースに匹敵する 1,000 億トンとも推測されている.

表13・1 主な食品原料などのキチン質の含量

	キチン質（重量%）		キチン質（重量%）
甲殻類		軟体動物の器官	
イチョウガニ	72[*3]	ハマグリ貝殻	6[*2]
ガザミ	0.4〜3.3[*1]	オキアミ殻	42[*4]
ワタリガニ	14[*1]	カキ殻	4[*2]
ズワイガニ	26[*4]	イカ軟骨	41[*2]
ケガニ	18[*4]		
イソガニ	11[*4]	菌類	
タラバガニ	10[*1], 35[*2]	Asperigillus niger	42[*5]
アラスカエビ	28[*4]	Lactarius vellerus（キノコ）	19[*4]
シャコ	5〜8[*2], 12[*4], 69[*3]	Mucor rouxii	45[*5]
シバエビ	32[*4]	Penicillium chrysogenum	20[*5]
ウミザリガニ	70[*3]	Penicillium notatum	19[*5]
フジツボ	58[*3]	Saccharomyces cervisiae（パン酵母）	3[*5]
クルマエビ	25[*4]		

[*1] 含水重量当り　[*2] 乾燥重量当たり　[*3] 表皮乾燥重量当たり　[*4] 全乾燥重量当たり
[*5] 乾燥細胞壁重量当たり　　　　　　　　　　　　　　　　　　　(S. Hirano, 1986)

13・3・1 製造法

キチンの工業的原料であるエビ, カニの甲殻は, キチンの外にタンパク質, 炭酸カルシウムのような無機塩類, 色素, 脂質などを含む. 甲殻類の甲殻は乾燥重量の約 20％がキチンで, 残りは約 50％がカルシウム, 約 30％がタンパク質である. 通常キチンはこれら共存物質を以下の 3 段階で除去することによって単離される.

① 無機塩類の除去　希塩酸（約5％）あるいはエチレンジアミン四酢酸 (ethylenediamine tetraacetic acid, EDTA) 溶液に浸漬する. 希塩酸により甲殻に含まれる $CaCO_3$ が $CaCl_2$ と CO_2 に変化する.

② タンパク質の除去　水酸化ナトリウム溶液（約5％）中で加熱する. プロテアーゼを使用することもある.

③ 色素, 脂質の除去　有機溶媒で処理する.

一般には希塩酸と水酸化ナトリウムによる処理を採用するが, 苛酷な条件のため, キチンの分解や脱アセチル化がある程度起こる.

キトサンは精製したキチンに30〜60％の濃水酸化ナトリウム溶液を加え，80〜120℃で加熱処理する脱アセチル化反応により調製する．脱アセチル化処理に用いる水酸化ナトリウムの濃度，処理温度・時間によって，脱アセチル化度の異なるキトサンが得られる．また，脱アセチル化と同時にグリコシド結合も部分的に切断され，生成キトサン分子量の低下を招く．エビ，カニ甲殻からのキトサンの収量は15〜30％である．

13・3・2 キチン，キトサンの用途

キチンは分子内アミノアセチル基の強固な分子間力による結晶構造をもつため，キチンを溶解できる溶媒は少ない．ほとんどの無機・有機溶媒に不溶で，濃厚な塩酸，硫酸，硝酸などには溶解するが分解を伴う．一方，キトサンは0.2％程度の酢酸溶液に溶ける．

キチンはアミノ多糖であるため，セルロースを超えたあるいは異なった利用開発が可能であり，新しい機能性素材として注目されている．それにも拘わらずキチンの利用が遅れているのは，各種溶媒に不溶で取扱いが困難であることが最大の原因である．そこで，キチンを各種化学反応によって修飾し，その特性を引き出す試みが行われている．一方，キトサンは遊離アミノ基をもっているため，タンパク質，染料，コレステロールなどの吸着性に優れ，更に生体内でもその利用が期待されている．

1) 抗菌性

キチン，キトサンの抗菌性に関するこれまでの研究では，キチンに関する報告は皆無に等しく，ほとんどの研究でキトサンが使用されている．表13・2は E. coli に対するキトサンの抗菌性をキトサンの粘度との関連で検討した結果である．キトサンの粘度が低いほど最小阻止濃度（MIC）が小さく，キトサンの分子量が小さいほど抗菌性に富むことを示している．細菌の外にキトサンはカビに対しても増殖抑制活性がある．カビの生育はキトサン濃度の増加とともに抑えられ，Fusarium solani の場合には，添加0.1％で生育は完全に阻止される．カビの種類や細胞壁の化学組成でキトサン

表13・2 キトサンの粘度とE. coliに対する最小生育阻止濃度（MIC）

キトサンの粘度（cps）(0.5％)	MIC（％）	
	2日後	4日後
200*	0.015	0.020
160	0.010	0.015
50	0.010	0.010
5	0.005	0.005

* 脱アセチル化度は，上からそれぞれ96, 100, 100, 85％

（内田，1988）

の抗カビ性は左右されるようである．キトサンの抗菌メカニズムとしては，キトサンのアミノ基が細菌やカビの細胞壁中の陰イオン性成分と結合することにより，細胞壁の生合成や物質の移動が阻止されるためと考えられている．

2) **食品素材**

キチン，キトサンは水に不溶で，白色，無味，無臭である．両者とも保湿性，保水性，乳化性，増粘性，賦形性がセルロースよりも優れている．キトサンは希有機酸溶液中で第四級アンモニウム塩を形成するため苦みを呈するが，脱アセチル化度と分子量を低下させると苦みは抑えられる．

キチン，キトサンの各種機能が明らかになるとともに，食品素材としての利用が注目され始め，厚生労働省はキチン，キトサン及びそれらの分解物を食品添加物として承認している．キチン，キトサンの毒性はグルコースや砂糖の毒性に比べても著しく低い．たとえば，マウスにキトサンを体重 1 kg 当たり 18 g 経口投与しても毒性は認められない．このようにキチン，キトサンは毒性がないうえ，腸内細菌相の改善，血清コレステロールの低下などの効果が期待できることが明らかになりつつある．

健康志向，自然志向を受けて脚光を浴びているのが食物繊維である．セルロース，ペクチン，寒天，コンニャクマンナンなどがその代表で，大腸に刺激を与えて便通をよくし，有害物質の腸内滞留時間を短縮し，さらにコレステロール吸収を抑えるなどの効果がある．キチン，キトサンの構造からも明らかなように，これらも食物繊維の仲間である．

抗コレステロール飼料であらかじめ飼育したラット，ニワトリ，ウサギに，飼料に対して 2〜5％のキトサンを添加すると，血清や肝臓のコレステロール値が低下することから，ヒトの場合でもキトサン摂取によりコレステロールの体内蓄積を予防できると考えられる．さらに，ラットの飼料にキチンあるいはキトサンを 5％添加すると尿中の尿酸濃度の上昇が抑えられるので，痛風の予防にも使用できそうである．

3) **医療用材料**

キチン，キトサンが医療用資材として使用されている例を表 13・3 にまとめて示す．縫合糸や人工皮膚はヒトの体組織と密着する必要があるため，生体適合性をもっていなくてはならない．まず動物実験，次いでヒトを対象としていずれも長期間にわたって試験・検査を行い，その効果や副作用，安全性を徹底的に調べた後に初めて使用が許可される．キチンから調製した縫合糸や人工皮

膚も同様の試験・検査を受けた結果，優れた性質をもつことが証明されている．

キチンから調製した製品は，体内の酵素リゾチームによって分解される．体内に侵入した各種細菌に対して防御機能を果たすのがリゾチームの役割である．キチンから作った縫合糸は体内で時間とともに分解されて消滅する．また，キチン製品は生体親和性に富むため，生体となじみやすく，拒否反応をもたらさない特徴がある．さらに，キチンには創傷治癒効果があるため，人工皮膚などに使うと表皮形成が速やかで，傷跡も残りにくい．

表13-3 キチン，キトンサンの主な性質と医療材料への応用

生体適合性と生物に対する作用	主な加工性	製造可能な用途
毒性がない	粉末	人工皮膚・人工骨
生分解性がある	ペースト／軟膏	包帯
天然高分子化合物である	溶液／ゲル	眼帯用コンタクトレンズ
傷口治癒の促進，傷跡の縮小	膜	縫合糸
止血性，浸出液の吸収	繊維	傷口保護用粉剤，軟膏
免疫系刺激作用，感染防止作用	不織布	スプレー剤
血中コレステロール値低下作用	スプレー剤	食物繊維

4）浄水用材料

産業の発達，生活活動の活性化に伴って，大量の廃水が排出される．工業廃水や生活廃水には多量の有機物が存在し，これらの取扱いを慎重にしないと河川，湖沼，海をはじめとする環境の汚染や破壊を招くことになる．現在の排水量は自然浄化作用により浄化できる量を遙かに超えているため，各所に廃水処理場が設置されている．廃水の浄化は通常活性汚泥法か凝集沈殿法によって行われる．

活性汚泥法とは，微生物などが共存した固まりである活性汚泥を廃水中に発生させ，これに空気を強制的に吹き込んで処理する方法である．活性汚泥は酸素が豊富な状況下で廃水中の有機物を分解して増殖を続ける．こうして増殖した生物集団である汚泥を回収することにより，廃水は浄化される．この方法の欠点は，浄化中に活性汚泥量が急増し，その処理が困難なことである．この問題を解決するために，キトサンが使用される．活性汚泥の表面を覆っている微生物などが作り出すゲル状物質は，大量の水を吸収するため脱水が難しい．これらゲル状物質は通常負に荷電したポリマーであるため，正に荷電しているキトサンのようなポリマーを加えると，両者は高分子の複合体を形成して凝集沈殿する．この沈殿物は脱水しやすいため，以後の処理が容易になる．現在では，

脱アセチル化度70%以上のキトサンが，し尿処理汚泥，下水処理汚泥，ビール工場汚泥の凝集・脱水用として製造・販売されている．

5）その他の利用

キチン，キトサンはこの他，シート材，粒状多孔質材，化粧品材料，農業資材としての利用も大いに期待される．食べ終わると残滓となる多量のエビ，カニの甲殻をキチン，キトサンの原料として積極的に利用することは，限られた地球資源の有効利用，環境保全の面でも重要である．

（田中宗彦）

13・4　その他の加工品

13・4・1　コンドロイチン硫酸

コンドロイチン硫酸（chondroitin sulfate）はD-グルクロン酸とN-アセチル-D-ガラクトサミンが交互に結合した直鎖状の酸性ムコ多糖類で，二糖あたり1個の硫酸エステルをもっている．硫酸基の位置によって異なる種々の化合物が存在する（図13・5）．いずれも分子量は2～5万程度，コラーゲンとともに軟骨・角膜・血管壁をはじめとする結合組織の主要成分で，軟骨には20～40%含まれる．酸性多糖類で負に荷電しているため，生体内ではタンパク質と静電的に結合して存在し，結合組織の弾力，抗張力の原因となっている．ヒアルロン酸，ヒアルロン酸硫酸などと同様に多くの生理機能を有する．軟骨を塩化カリウム，塩化カルシウムなどの濃溶液を用いて長時間常温で抽出し，酢酸酸性下に酢酸ナトリウムを添加し，ナトリウム塩としてアルコールで沈殿させて分離する．

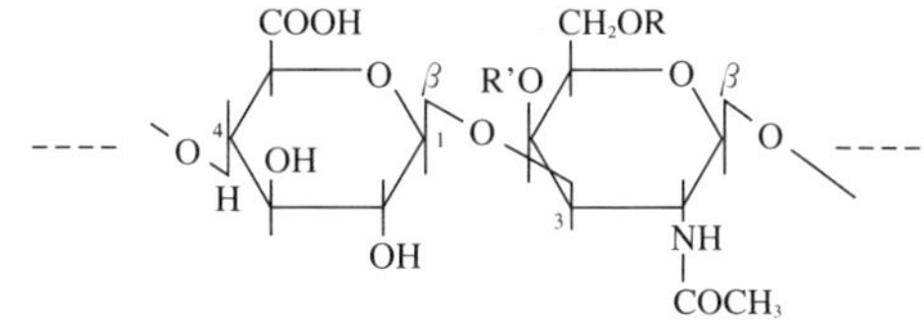

$A: R=H, R'=SO_3H$
$C: R=SO_3H, R'=H$

図13・5　コンドロイチン硫酸A及びC

コンドロイチン硫酸ナトリウムは食品添加物として使用される．無臭の白色粉末で，吸湿性に富み，水によく溶けるが，アルコール，アセトンをはじめとする有機溶媒には溶けにくい．水溶液は粘稠性を示し，酸やアルカリにはやや不安定である．保水剤，魚臭除去剤，乳化安定剤として使用され，魚肉ソーセ

ージ，マヨネーズ，ドレッシングに対してのみ使用が認められている．使用基準は，魚肉ソーセージで 3 g/kg 以下，マヨネーズとドレッシングで 20 g/kg 以下である．この外，錠剤や飲料をはじめとした健康食品用に向けた開発も行われ，現在は約 10 億円の売上高となっている．

13・4・2 プロタミン

イクラ，すじこ，かずのこ，たらこのような魚卵塩蔵品は需要も多く，最近では高級品としてのイメージが強い．一方，魚類の精巣（いわゆる白子）は，新鮮であれば味噌汁や鍋物の具として食される．しかし，鮮度低下が速く，冷凍にすると味が落るなどの理由から，白子のほとんどはフィッシュミールの原料とされているのが現状である．特にサケの場合，人工孵化技術の発達に伴い，回帰率が向上して漁獲量が増加し，その結果白子の量も増加している．しかし，白子は独特のにおいと味が受け入れられにくく，加工食品への適性に乏しい．従って，白子の有効利用は水産加工業にとって極めて重要な課題である．

白子の主成分は精子であり，DNA と遺伝情報を調節する塩基性タンパク質がほぼ 2：1 の割合で結合した核タンパク質からなる．従って，白子は塩基性タンパク質に富み，構成アミノ酸としてアルギニンが圧倒的に多い（モル％で約 60％）．この精子核内塩基性タンパク質を通常プロタミン（protamine）というが，各種魚類から得られるプロタミンの名称はそれぞれの魚の学名に因み，サルミン（サケ，*Salmo salar*），クルペイン（ニシン，*Clupea harengus*）などと呼ばれる．プロタミンの生理作用に関しては，血圧低下，血液凝固阻害，血糖濃度上昇，抗菌作用，受精における役割など多くの研究が行われている．ここでは食品の保存剤として用いられているプロタミンの抗菌作用の利用について簡単に述べる．

白子からプロタミンを調製するには，細切した白子を希酸とともに攪拌して塩基性タンパク質を抽出した後，遠心分離，濾過，イオン交換などによって分離・精製し，乾燥して製品とするのが一般的である．表 13・4 に各種細菌のプロタミンに対する感受性を示す．この表から明らかなように，グラム陽性菌は顕著に発育が抑制されるが，グラム陰性菌はほとんど影響を受けない．生鮮魚介類や食肉に付着している腐敗原因菌などはほとんどがグラム陰性菌であるため，プロタミンはこの種の食品に添加しても保存効果は期待できない．しかし，食品の二次汚染に関与するバチルス属（*Bacillus* 属）の細菌などは，プロタミンによって増殖が阻害されるため（表 13・5），熱抵抗性の低いグラム陰性菌が

殺滅されている食品（加熱食品）の保存にプロタミンは有効である．

プロタミンはタンパク質であるが，加熱に対して安定であり，プロタミン溶液を120℃で30分間加熱しても，*Bacillus subtilis* に対する抗菌性は全く失

表 13・4　プロタミンに対する細菌類の感受性

Strain	Agar dilution method 500 μg/m*l* media		Paper disc method 500 μg/disc	
	Clupeine	Salmine	Clupeine	Salmine
Pseudomonas fluorescens	−	−	−	−
Serratia marcesens	−	−	−	−
Proteus morganii	−	−	−	−
Escherichia coli	−	−	±	±
Salmonella enteritidis	−	−	±	±
Vibrio parahaemolyticus	−	−	−	−
Enterobacter areogenes	+	+	+	+
Staphylococcus aureus	+	+	±	±
Bacillus coagulans	++	++	++	++
B. megaterium	++	++	++	++
B. lichiniformis	++	++	+	+
B. subtilis ruber	++	++	++	++
B. subtilis niger	++	++	++	++
B. subtilis mesentericus	++	++	++	++
Lactobacillus plantarum	++	++	++	++
Lactobacillus casei	++	++	++	++
Streptococcus faecalis	++	++	+	+

−＝resistant　；±＜＋＜++＝ grade of growth inhibition

(N.M. Islam *et al.*, 1984)

表 13・5　各種微生物に対するプロタミンの最小発育阻止濃度

菌　　株	MIC (μg/m*l* medium)	
	クルペイン	サルミン
Bacillus subtilis ruber	200	225
B. subtilis var.*miger*	125	175
B. subtilis var.*mesentericus*	150	175
B.megaterium	75	75
B. licheniformis	200	225
B. coagulans	75	75
Lactobacillus plantarum	100	150
Lactobacillus casei	150	150
Streptococcus faecalis	400	400
Enterobacter aerogenes	650	700

注）寒天希釈法

(N.M. Islam *et al.*, 1984)

われない．また，pH5〜9の範囲で抗菌活性を保持し，酸型抗菌剤であるソルビン酸のように，pH5.5以下になると活性が急激に低下することはない．プロタミンはアルカリ性で抗菌作用が強く，デンプン系食品である米飯や中華麺での効果が顕著である．現在では，プロタミンの保存剤としての効果を向上させるため，種々の薬剤や賦形剤*（グリシン，酢酸ナトリウム，エチルアルコール，モノグリセライドなど）と混合・併用されている．

(田中宗彦)

---

* 薬剤を服用しやすくするために加える物質

引用文献

Hirano, S. (1986)：*Ullmann's Encyc.Ind.Chem.*, A6, 231.
Islam, N.M., T. Itakura, and T. Motohiro (1984)：*Bull. Japan. Soc. Sci. Fish.*, 50, 1705-1708.
内田 泰 (1988)：キチン，キトサンの応用，技報堂出版，74．

参考資料

キチン，キトサン研究会 (1995)：キチン，キトサンハンドブック，技報堂出版．
木船鉱爾 (1994)：キチン，キトサンのメディカルへの応用，技報堂出版．
野崎一彦 (1995)：プロタミンの抗菌性とその利用，防菌防黴，23, 635-642.
奥田拓道 (1994)：キチン・キトサン，基礎と薬理，薬局新聞社．
高野光男・横山理雄 (1998)：食品の殺菌，その科学と技術，幸書房．

索 引

《あ行》

合塩　149
アイスグレーズ　71
I 帯　47
青板　276
青肉　194
青のり　276
赤いネト　239
赤色の好塩細菌　165
赤色の斑紋　239
赤貝缶詰　192
赤づくり　248
赤身魚　34
赤むき　119
アガロース　281
アガロオリゴ糖の機能　286
アガロビオース　281
アガロペクチン　281
アクチニン
　α-アクチニン　50
アクチン　23, 26, 46
　F-アクチン　24
　G-アクチン　23
アクトミオシン　26, 202, 203
アグマチン　55
揚げかまぼこ　231
あげ氷法　62, 63
揚げ物　224
あさり缶詰　191
足　203, 238
味付缶詰　191, 192
アシドリシス　313
足の補強効果　214, 215
亜硝酸根　161, 162
亜硝酸ナトリウム　161, 162
アスタキサンチン　46, 81, 162

Aspergillus 属　119
圧搾塩蔵法　151
圧搾脱水法　283
圧搾前処理　303
アデニンヌクレオチド　40
アデノシン5'-一リン酸　40
アデノシン5'-二リン酸　24
アドヒージョン　194
油漬缶詰　189, 190
油焼け　78, 104, 125, 133, 139, 150, 167, 251, 262
　——臭　237
甘口化　268
アミノ化合物　125
アミノ酸醤油　269
アミノ多糖　340
網目構造　203
網目構造強化剤　215
アミログラフ　212
アミン類　54, 125
あめいか　108
アユの塩辛　253
あらい　49
アラキドン酸カスケード　321
粗タンパク質　20
アラニンベタイン
　β-アラニンベタイン　39
荒節　117, 119
新巻き塩蔵法　157
アルカリ精製　310
アルカリ触媒　313
アルギニンリン酸　47
アルギン酸　287
　——原藻　287
　——の製造法　287
アルコールの静菌作用　247
アルデヒド類　132

アルミニウム缶　181
アルミニウム箔　183
アレルギー様食中毒　52
あん蒸　108, 110, 113, 116, 118, 136
アンセリン　39
安全性　290, 294
　——と使用量　286
アンチョビー　160, 189
　——ソース　254
あんべい　233
イージーオープン缶　182
EPA　319, 325
　——の抗炎症作用　326
　——の摂取　324
いか缶詰　191
いか塩辛　192, 248
　——の a_w　246
　——の低塩化　250
イカ墨　248
いか調味燻製品　138
いか佃煮　276
いかなご醤油　254
いかなご佃煮　276
いか巻き　232
イクラ　161
　——醤油漬け　192
石臼式擂潰　227
異常肉　133
いしり　254
いしる　254
いずし　257
位置異性体　313
一次冷媒　69
一番するめ　107
1 番煮　112, 113, 335
1 番火　118
一夜干し　114

一価不飽和脂肪酸　35
一般食品用　285
一般成分　19
　──組成　145
一般的製造法　225
糸寒天　283
イノシトール　41
イノシン　40
　イノシン5'-一リン酸　40
　5'-イノシン酸ナトリウム
　　274
いり付け煮　275
医療用資材　341
色・外観　237
いわし缶詰　189
ウィンタリング　314
魚河岸揚げ　232
魚醤油　192, 245, 253, 254
　──の呈味成分　255
魚せんべい　277
魚そうめん　233
浮かし煮　275
薄口醤油　269
薄焼き　277
うに塩辛　251
ウニの生殖巣　251
うにの呈味成分　252
畝　160
旨味成分　331
うるか　253
ウレアーゼ　52
上乾き　101, 104, 110, 118
上乾品　114, 120
宇和島式焼き抜きかまぼこ
　　238
上干し品　115
上身　118
エイコサノイド　321, 324
　──前駆脂肪酸　321
エイコサペンタエン酸　1, 35
HACCP　73
HDL　325
A帯　47

ATPase 活性　23
エーテルグリセロリン脂質
　　28
液化ガス凍結法　70
エキス　331
　──成分　38
液体炭酸　70
液体窒素　70
エクスパンションリング
　　187
エステル交換　311
　──反応　313
エタノリシス　313
エチルメルカプタン　53
エトキシキン　304
F_0 値　177
F 値　175, 177
FPC　337
M 線　47
エラスチン　26
LDL　325
塩化ビニリデンケーシングフィ
　ルム　242
塩酸分解法　333
遠心分離機　227
遠赤外線解凍　89
塩蔵畝須　160
塩蔵かたくちいわし　160
塩蔵こんぶ　163
塩蔵法　149
　──と脂質酸化　167
　──の影響　151
　──の種類　149
円筒式乾燥機　104
横紋筋　21, 47
大阪式焼き板かまぼこ　238
大阪焼きかまぼこ　230
大羽　6
　──イワシ　158
オキシミオグロビン　45, 81
おせかけ　116
小田原かまぼこ　229
小田原式蒸しかまぼこ　238

落し身　203, 217, 226, 336
鬼節　117
オピン類　40
雄節　118
折り昆布　117
オレンジミート　195
温燻品　130, 137, 139
温燻法　135
温帯性魚類　207
温度効果　59
温度の影響　153
温風乾燥　108

《か 行》

加圧脱水法　116
カード　194
貝　273
解砕　4, 50
　──軟化　50
海藻塩蔵品　163
海藻酸　287
回転式貝離し機　113
回転ドラム洗浄機　113
解糖　47
解凍　83
　──終温度　86
　──魚の品質　91
　──硬直　49, 84, 86
　──条件　84
　──装置　87
　──速度　84
　──適温　85
　──と伝熱　90
　──ドリップ　86
　──方法　86
　──むら　85, 89
外部加熱方式　87
灰分　20
灰鮑　112
海面漁業　8
界面腐食　194
回遊群の識別　5
改良立塩漬け　150

改良漬け　150
　——塩蔵法　157
加塩すり身　219
香り・味　237
化学調味料　274
かきエキス　335
かき缶詰　192
架橋　204, 216
角寒天　116, 283
核酸関連化合物　40
核酸系調味料　274
各種かまぼこの製造　228
各種糖類　219
かけ氷　62
陰干し　117
加工基準　72
加工種類別経営体数　14
加工適性　20
加工品の分類　12
かご立て　118
かご離し　118
過酸化脂質　126
過酸化水素　163
過酸化物　126
寡脂魚　34
可食期間　130
加水分解　80, 311, 314, 333
ガス置換包装　139
粕漬け　247, 261
ガス炉　228
固塩にしん　159
固塩もの　149
カダベリン　55
かつおエキス　335
かつお塩辛　192, 251
かつお節　117, 273
　——エキス　335
　——特有の香気　335
カツオブシムシ類　120
褐色化　81
かっぱするめ　108
褐変　126, 195

家庭用マーガリン　318
カテプシンL　51
カテプシンD　51
かにエキス　335
かに缶詰　190
　——の青変　195
がに漬け　253
かに風味かまぼこ　224, 236
加熱　228
　——減少時間曲線　176
　——後摂取冷凍食品　75
　——殺菌条件の設定　175
　——脱気法　185
　——致死時間曲線　176
　——致死速度曲線　176
　——調理済食品　75
　——媒体温度　85
　——媒体の種類　85
　——方法による分類　222
かば焼缶詰　190
カビつけ　119
　——工程　117
カビの発生　139, 165
カビ類の繁殖　239
カプセル化魚油　319
芽胞　174
　——形成細菌　174
　——の耐熱性　172
かますの塩辛　253
かまぼこ　222, 229
　——の味　238
　——の起源　201
　——の形態別分類　222
　——の原料魚　204
　——の種類　221
　——の製造原理　202
　——の弾力　203
　——の品質鑑定　237
　——の変敗　238
亀節　118
カラギーナン　291
　——原藻　291
　——の安全性　294

　——の抗腫瘍作用　295
　——の製造方法　292
　——の用途　295
ガラス瓶　182
　——及びレトルト食品容器
　　　の密封検査　197
ガラス様結晶　196
仮漬け　115, 151
カルジオリピン　28
カルニチン　39
カルノシン　38
カルパイン　50, 51
カルボニル化合物　125
枯節　117
カロテノイド　30, 45, 162
カロテン類　45
皮ちくわ　235
皮付きえび　111
簡易包装製品の変敗　239
還元的脱アミノ反応　53
乾重量水分　95
緩衝能　39
甘しょ糖　269
乾製品の貯蔵　120
間接乾燥機　304
完全解凍状態　86
乾燥法の種類　103
乾燥理論　101
寒帯性魚類　205
管棚式流動空気凍結装置
　　　69
がん漬け　253
缶詰　171
　——，瓶詰の規格　196
缶詰容器の膨張　193
寒天　115, 274, 281
　——原藻　281
　——の種類　283
　——の性質　284
缶内面塗装　180
缶内面塗料　180
缶内面腐食　193, 198
官能検査　54, 198

350 索引

官能評価　237
鑑別法　91
緩慢解凍　86
緩慢凍結　70, 115, 195
含硫アミノ酸　53
記憶学習能　327
機械乾燥　108, 111
――法　104
危害分析・重要管理点方式　73
キサントフィル　45
儀助煮　277
キチン　38, 338, 340
――の工業的原料　339
キトサン　338, 340
――の抗菌性　340
――の抗菌メカニズム　341
揮発性塩基窒素　54, 132, 147, 238
揮発性酸　55
基本検査　197
逆浸透膜法　335
吸湿　103
――と乾燥　120
急速解凍　86
急速凍結　70
――法　69
凝固温度　285
凝集沈殿　342
共晶点　67
業務用マーガリン　316, 318
共役二重結合　30, 45
魚介類エキス　334
魚介類の鮮度判定法　53
漁業生産　6
極板方式　88
魚種別生産量　8
魚醤　253
漁場と漁期　5
魚肉脂質の脂肪酸組成　34
魚肉重量の増減　156
魚肉すり身　217

魚肉ソーセージ　239, 241
魚肉タンパク質濃縮物　337
魚肉ねり製品　201
魚肉の水分及び固形量の変化　154
魚肉の成分変化　257, 259
魚肉ハム　239, 240
――・ソーセージ　201
――の製品概要　240
魚肉への水の出入り　156
魚油製造　306
魚油の生理活性　321
魚油の総生産量　306
魚油のヨウ素価　312
許容上限摂取量　44
魚卵塩蔵品　160
魚類塩蔵品　157
魚類筋肉脂質の種類　26
魚類の精巣　344
切り込みうるか　253
切りするめ佃煮　276
切り出し　236
キレート作用　311
筋基質タンパク質　21, 24
筋形質タンパク質　21, 22
筋原繊維　22, 47
筋原繊維タンパク質　21, 22, 46
――の変性　26
――の変性防止　26
きんこ　113
筋糸　110
筋収縮　47
筋小胞体　47
金属缶　179
――の密封検査　197
筋肉　21
――色素ミオグロビン　81
――脂質含量　33
筋肉タンパク質　21
――含量　34
グアニジノ化合物　40

グアニル酸ナトリウム　274
5'-グアニル酸ナトリウム　274
空気加圧蒸気　187
空気乾燥　101
空気線図　102
空気凍結法　69
偶数炭素脂肪酸　35
草割　282
グラム陰性桿菌　98
グラム陰性菌　98
グラム陽性菌　98
グリアジン　215
グリコーゲン　37, 38
グリコサミノグリカン　38
グリシンベタイン　39
グリセロ糖脂質　29
グリセロリン脂質　28
グルコース　41
――1-リン酸　41
――6-リン酸　41
グルタミン酸ナトリウム　274
L-グルタミン酸ナトリウム　274
グルテニン　215
クルペイン　344
クレアチニン　40
クレアチン　40
――リン酸　47
グレーズ　80
――亀裂防止　81
――処理　82
クロカジキ　210
黒づくり　248
黒はんぺん　233
クロロフィル　46
燻煙温度　135
燻煙工程　135
燻煙処理　129
燻煙成分の防腐作用　132
燻煙の発生方式　134
燻煙発生装置　134
燻乾　130

――法　105
燻材　134
燻蒸　121
燻製油漬缶詰　192
燻製かまぼこ　236
燻製室　133
燻製品　129
　　――の原料　133
　　――の製造工程　135
　　――の貯蔵　139
　　――の風味　134
鯨肉缶詰　189
ケーシングかまぼこ　233
ケーシング詰め特種かまぼこ　234
ケーシング詰め普通かまぼこ　233
K 値　55, 83
削り　119
　　――かまぼこ　236
　　――節　117
血圧低下作用　286, 291
血液色素ヘモグロビン　81
血液粘度の低下　325
結合水　20, 99, 129
血漿コレステロール含量　35
血小板凝集抑制作用　326
結露　120
煙成分　129
ゲル化　284, 288
ゲル強度　289
ゲル形成性　294
ゲル形成能　203
減圧加熱乾燥機　304
減圧加熱濃縮法　333
減圧乾燥　101
けん化　314
嫌気的代謝　47
原料魚の処理　226
原料の選別　275
高エネルギーリン酸　40
好塩細菌　147

好塩性の細菌　51
高温細菌　60
高温短時間殺菌　183
硬化魚油　306
硬化膜　101
硬化油　312, 316
工業寒天　116, 283
　　――製造工程の原理　283
工業用アルギン酸　290
工業用用途　290
抗菌・殺菌的効果　129
抗菌作用　132
抗血小板作用の機序　325
抗酸化剤　81
高脂血症　319
高湿度解凍装置　90
高湿度流動空気　90
高周波解凍装置　89
高周波（電磁波）加熱　88
抗腫瘍作用　290
孔食型腐食　194
高水分活性食品　98
合成容器　182
高速液体クロマトグラフィー　55
高速攪拌機　227
酵素チロシナーゼ　81
酵素的エステル交換　314
酵素糖化法　272
酵素分解法　334
硬直指数　49
硬直複合体　48
抗動脈硬化作用　326
高度不飽和脂肪酸　1, 123, 167, 262, 325
　　n-3 系高度不飽和脂肪酸　35, 314, 327
酵母の自己消化分解物　331
香味　130, 197
高密度リポタンパク質　35, 324
広葉樹　134
子うるか　253

氷の体積膨張率　77
コールドチェーン　82, 145
コーンスターチ　211
呼吸鎖　47
国際食品規格委員会　74
国際的品質管理体制　82
黒変　81, 195
固形寒天　283
固体脂の結晶化　314
粉あめ　272
コナダニ類　120
粉節　117
コネクチン　50
このわた　253
コハク酸　41, 274
　　――ナトリウム　274
こはだ酢漬け　257
小羽　6
　　――イワシ　158
ごぼう巻き　232
小麦タンパク質　214
小麦デンプン　211
コムシ　120
米糠　262
コラーゲン　24, 50
コレスタノール　33
コレステロール　33
　　HDL-コレステロール　35, 325
　　LDL-コレステロール　35
　　VLDL-コレステロール　35, 325
　　――含量　35, 325
　　――酸化物　126
　　――上昇抑制作用　291
コロイドの凝集　123
コンドロイチン　38
　　――硫酸　343
昆布　273
　　――エキス　336
　　――菓子　267
　　――佃煮　275
　　――巻きかまぼこ　229

コンブ酸　287
コンポジット缶　182

《さ 行》

最確数　66
細菌の加熱致死時間　175
細工かまぼこ　236
最小阻止濃度　340
最大氷結晶生成帯　67, 74
採肉　226
採油法　307
在来割り棒だら　109
サイレントカッター　227
魚の形態及び成分の影響　154
裂きいか　277
サキシトキシン　192
酢酸　247, 257, 273
索餌回遊　34
酒粕　261
さけフィレー温燻品　137
さけ棒燻の製造工程　136
さけ・ます缶詰　190
さけ・ますずし　257
サケ・マスの腎臓　253
雑魚の利用　268
笹かまぼこ　235
殺菌　186, 228
　──効果　179
　──作用　132
　──の加熱致死時間　175
サツマイモデンプン　211
砂糖　269
サニタリー缶　179, 180
さば缶詰　189
さばなれずし　259
さばの文化干し　106
サビの発生　193
サルコメア　47, 50
サルミン　344
酸化的脱アミノ反応　53
酸化防止効果　132
酸化防止剤　167, 263

酸化抑制効果　139
三次元網目構造　284
酸性食品　172
酸性多糖類　343
酸性白土　310
酸性プロテアーゼ　51
酸敗　167, 251, 263
さんま缶詰　190
ジアシルグリセリルエーテル　28
C-エナメル缶　191, 192, 195
シイタケ　273
シーリングコンパウンド　181, 185
ジェリーミート　133
塩いわし　158
塩かずのこ　162
塩辛　245, 247
塩くじら　160
塩くらげ　160
塩昆布　267
塩さけ・ます　157
塩さば　158
塩だら　158
塩漬け　240
塩にしん　159
塩抜きわかめ　117
塩干し品　114
塩ほっけ　158
しき氷　62
色素, 脂質の除去　339
色素タンパク質　21
色調　197
自給率　1
ジグリセリド　28
時雨煮　267
資源変動　6
死後硬直　4, 46, 47
自己消化　4, 51, 59, 67, 165, 169
脂質過酸化速度　123
脂質含量　2, 20
脂質酸化　121, 125

──防止剤　80
──抑制効果　126
脂質の酸化　123, 167
脂質の劣化　80
脂質ラジカル　123
下身　118
湿球温度　101
──差　101, 102
湿重量水分　95
質量平均温度　85
至適温度域　60
自動酸化　36, 80
──生成物　37
自動蒸し器　228
シネリシス　285
しのだ巻き　230
市販品の a_w　266
ジブチルヒドロキシトルエン　167
渋み　167
脂肪酸幾何異性体　313
脂肪酸組成　34
ジホスファチジルグリセロール　28
しぼり出し　237
〆かまぼこ　237
〆サバの風味　237
シャープレス式連続アルカリ精製装置　310
ジャガイモデンプン　211
じゃこてんぷら　231
JAS 規格基準　75
JAS 法　74
JAS マーク　74
収縮タンパク質　22, 46
自由水　20, 67, 100, 129
修繕　118
重要管理点　73
熟成　50
──中の品質変化　249
樹脂膜　139
酒盗　251
主要品目別輸出量　9

主要品目別輸入量　10
準結合水　100
食塩の防腐機構　149
昇華　78, 79, 105
商業的殺菌　174, 186
　　──処理　188
錠剤寒天　283
浄水用材料　342
焼ちゅう　273
蒸発潜熱　70
醬油　269
ショートニング　318
　　──生産量　318
初期腐敗　54, 148
食塩含量の増加　132
食塩相当量　145
食塩中の不純物の影響　154
食塩の原料　272
食塩の作用　203
食塩の浸透　169
　　──作用　154
食塩の浸入速度　151
食塩の浸入量　151, 154
　　──と用塩量　152
食品の凍結理論　67
食塩の防腐効果　145, 146
食害　120
食酢　262, 273
　　──のpH低下作用　247
食中毒菌　172
食品成分の濃縮　77
食品素材　341
　　──化　336
　　──の種類　336
食品添加物　290, 341, 343
食品の加熱殺菌処理　186
食品の殺菌条件　178
植物タンパク質　214
　　──の加水分解物　331
植物油　215
食物繊維　286, 291, 341
食用硬化油　312
食用乳化剤　313

しょっつる　254
しらす干し（ちりめん，釜あげ）　111
しろうるか　253
シログチ　207
白ちくわ　234
白づくり　248
白身魚　34
白焼きかまぼこ　230
真菌類　98
真空乾燥法　104
真空凍結乾燥　101, 121
　　──法　105
真空バッチ処理法　310
真空包装　80
真空巻締機　185
真空密封装置による脱気法　185
人工皮膚　341
浸漬凍結法　69
しんじょ　232
親水性　121
　　──官能基　247
　　──基　123
新だら　158
浸透圧　151
　　──調節　38, 40, 41
深部血合肉　21
針葉樹　134
水産加工食品の生産量　14
水産缶詰　188
　　──の膨張　193
水産食品の乾燥法　101
水産漬物　245, 246, 247, 261
水産発酵食品　245
水産瓶詰食品　192
水産物エキスの原料　332
水産物塩蔵品　145
水産物の脂質　1
水産物の凍結法　70
水産物の輸出　9
水産物の輸入　10

水産物の冷蔵法　65
水産レトルト食品　192
水蒸気蒸留法　55
水素添加　308, 311
水素添加臭　313
水中油分散エマルション　316
水氷法　62, 63
水分活性（a_w）　93, 96, 129, 172, 174, 265
　　──と食塩濃度　148
　　──の下限値　174
水分収着等温線　99, 103, 121
水和　20, 123, 202
スウェル　193
スーパーチリング　61, 63
姿焼き　277
スクリュープレス　227
スクワレン　30
スケトウダラ　205
　　──の冷凍変性　219
　　──冷凍すり身　205
すけとうだら調味燻製品　139
すじ　233
すじかまぼこ　233
すじこ　160
すし類　245, 256
スタキドリン　39
酢漬け　247, 262
スティックウォーター　303, 329
ストック・フィッシュ　109
ストラバイト　196
須の子　160
スフィンゴ脂質　28
スフィンゴシン　28
スフィンゴミエリン　28
スフィンゴリン脂質　28
スプリット　109
スプリンガー　193
スペルミジン　55

354 索引

スペルミン 55
素干し品 106
スポンジ状 115
スポンジ状の肉 80
簀巻きかまぼこ 229
スモークサーモン 130, 137, 139
スリーピース缶 180
すりえび 111
刷り出し 236
surimi 205
するめ 107
── 裂きいか 277
坐り 204
── と戻り 204
── の現象 204
生菌数 56, 238
成形 227
── 機 227
── および洗浄 275
精子核内塩基性タンパク質 344
精製 308
静置放冷 (あん蒸) 105
整腸作用 291
製品概要 222
製品検査 197
製品の貯蔵性と a_w 130
生物活性 324
成分組成 267
生理機能 286, 295, 343
世界の漁業生産 6
世界のすり身の生産動向 220
赤外線ランプ 228
赤変 165
接触解凍装置 88
接触凍結法 70
Z 線 47, 50
z 値 175, 176
Z 膜 22
背開き 114
ゼリー強度 284

鮮魚カステラ 237
全脂質含量 29
── の季節変化 33
鮮度低下 4
── 速度 59
鮮度と食塩の侵入 154
鮮度保持 5
双極子能率 202
相乗効果 132
創傷治癒効果 342
相変化 77
相対湿度 78
送風機械乾燥 114
送風凍結法 69
速醸法 257
組織脂質 33
ソフト温燻品 130
ゾル 203

《た 行》

第一次加工 5
耐乾燥性カビ 148
耐浸透圧性酵母 148
大豆タンパク質 214
大腸菌 75
── 群 72, 75
耐凍性 80
第二次加工 5
多価不飽和脂肪酸 3
抱き氷 62
タクトレイ 254
竹つきちくわ 234
多孔質状 105
だし 273
多脂魚 34
だし汁 331
たたみいわし 109
脱アセチル化処理 340
脱塩処理 333
脱ガム 309
脱気 185
── 包装 71
脱血装置 81

脱酸 309
── 素剤 80
脱湿 103
脱臭 311
脱色 310
脱水 115, 227
── ・乾燥法 116
── 法 106
脱スズ型腐食 194
脱炭酸反応 52
脱ロウ 314
立塩漬け 70, 114, 115, 135, 150
── の長所 150
だて巻 225
だて巻かまぼこ 236
多糖類 281, 287
ダニ類 120
多分子層 100, 121
溜醤油 269
たらこ 161
炭水化物 3, 20
── 含量 37
Tang 酸 287
タンク漬け 150
胆汁色素 46
単純脂質 26
タンパク質 2, 21
── 供給量 2
── と水和 202
── の除去 339
── の分解 53
── の変性 79, 126
── 分解酵素 167, 334
── 分子間の架橋 121
── ラジカル 123
単分子平衡水分活性 100
単分子層 99, 121
弾力 203
血合筋 49
血合肉 21, 22
チーズ入りちくわ 235
蓄積脂質 33

畜肉様タンパク濃縮物　337
蓄冷剤　63
ちくわ　234
致死率　179
中温細菌　52, 60
虫害　139
　――とその防除　120
中間水分活性食品　98
中性プラスマローゲン　28
中性プロテアーゼ　51
中羽　6
　――イワシ　158
中干し　115
腸内細菌　239
腸炎ビブリオ菌　66
長切り昆布　117
超高温加熱殺菌　183
調整マーガリン　316
超低密度リポタンパク質　35
調味塩溶液　135
調味加工品　265
調味乾製品　277
調味乾燥品　265
調味燻製品　138
調味煮熟品　265, 267
調味による貯蔵原理　265
調味焙焼品　277
調味料　215, 269
調理未加熱食品　75
調理冷凍食品　75
　――の製造法　73
直接回転乾燥機　304
直接蒸煮法　307
貯蔵可能な期間　167
貯蔵期間品温許容限界　74
貯蔵性と水分活性　129, 147
貯蔵性と用塩量　167
貯蔵中の品質低下　262
直火方式　134
貯湯式レトルト殺菌装置　242

チルド　61
珍味食品　138
追跡可能システム　73
ツーピース缶　180
佃煮の味の変遷　267
佃煮の高水分化と低塩化　268
つけ揚げ　231
粒にしん　159
つみいれ　232
積み氷　62
つみれ　232
デアミナーゼ　53
DI 缶　180
TCA サイクル　47
D 値　175, 176
DHA　320
　――添加食品　321
　――と網膜機能　328
TMAO 還元酵素　52, 54
低塩化　145
　――現象　251
低温緩慢解凍　84
低温効果　59, 60
低温細菌　52, 60, 62
　――法　186
低温と酵素　59
低温と微生物　60
低温煮熟法　195
低温流通　164
　――機構　82, 145
　――体系　82
低酸性食品　172
低水分活性食品　98
T.T.T.　74
　――の概念　76, 82, 83
呈味性核酸関連化合物　274
低密度リポタンパク質　35, 325
ティンフリースチール缶　181
デオキシミオグロビン　45
デキストラン　239

テクスチャー　121
　――の変化　123
デヒドロコレステロール
7-デヒドロコレステロール　33
電気抵抗　55
電気的センサ法　56
電気透析　335
電気炉　228
テングサ属　283
てん菜糖　269
伝熱物性値　90
天然寒天　116, 283
天然抽出物　167
天然調味料　215
　――の製法　331
天日乾燥　103, 108, 114, 115, 116
デンプン　210
　――糖　272
　――の糊化　212
凍乾品　115
凍干すけとうだら　115
凍乾法　106
凍結　115
　――乾燥法　333
　――障害　65, 69, 74, 79
　――前線　77
　――脱水法　283
　――貯蔵　61, 67
　――点　64, 65, 67, 77
　――変性　65, 80
　――法の種類　69
　――・融解　116
　――率　65
糖脂質　28
凍蔵　61, 67
橙赤色　125
等電点　202
胴にしん　108
糖の効果　219
動物タンパク質の加水分解　331

動脈硬化　126
　——性疾患　3
ドコサヘキサエン酸　1, 35
トコフェロール
　α-トコフェロール　31, 123
　dl-α-トコフェロール　167
心太（ところてん）　116, 281, 283
Totox 価　310
トマト漬缶詰　189
止塩　150
豊橋ちくわ　234
ドライ分別法　314
トランスエステル交換　313
トリグリセリド　28
トリグリセリド分子種　313
トリゴネリン　39
ドリップ　49, 69, 80, 84, 203, 335
トリメーター　56
トリメチルアミン　40, 54, 238
　——オキシド　38, 40, 195
泥うに　252
トロポニン　24
トロポミオシン　24
トロンボキサン　321
トンネル式乾燥機　104

《な 行》
内在酵素類　121
内臓酵素による分解　166
内部加熱式　87
内面塗料　180
内容物の化学的変化　194
内容物の過熱　188
生乾　108
生切り　118
生ぐさ臭　237
生グルテン　215

生裂きいか　277
生ちくわ　234
生なれ　257
　——ずし　247, 256
生干し　114
　——製品　115
　——品　115
生身欠きにしん　108
なまり節　117
生わかめ塩蔵品　163
並するめ　107
ナムプラ　254
なると　233
鳴門わかめ　117
なれずし　246, 247
軟質ゼラチンカプセル　320
なんば焼き　231
2 回漬け　151
にがうるか　253
苦味ペプチド　334
　——の生成　335
肉質　197
　——の変化　121
ニコラ・アペール　171
2 軸スクリュープレス　303
二重結合のトランス転位　313
二重巻締　185
　——機　185
　——の気密性　185
煮熟液　335
煮熟および味付け　275
煮熟工程　267
煮熟抽出　116
煮熟法　275
煮汁　335
二次冷媒　69
にしん温燻品　138
にしん漬け　257
にしん冷燻品　137
ニトロソヘモグロビン　161
ニトロソミオグロビン　240
二番するめ　107

2 番煮　112, 113, 335
2 番火　119
煮干しいわし（いりこ）　110
煮干し貝柱　112
煮干しさくらえび　111
煮干し品　110
日本型食生活　1
乳酸　41, 48, 247, 257
　——発酵　256
乳児用粉ミルク　320
尿素　41, 52
尿素付加物　320
ニョクマム　254
糠漬け　262
ヌクレオチドの分解速度　59
熱拡散率　90
熱間充填による脱気法　185
熱間充填法　186
熱源　104
熱水　187
熱帯性魚類　210
熱抽出法　332
熱伝導率　90
熱風乾燥　112, 116
　——法　104
ねと　118
ネトの発生　239
練うに　252
　——塩辛　192
ねり製品の品質　215
ねり製品用の化学調味料　215
粘稠な肉糊　227, 228
濃縮効果　60, 64, 65, 67
伸ばしするめ佃煮　276
の巻き　236
野焼きちくわ　234
のり・こんぶ佃煮　192
のり佃煮　276

《は 行》
パーシャルフリージング

64	非加熱抽出法　308	——原料油　316
バイオセンサ　56	非酵素的褐変反応　195	VLDL　325
焙乾　105, 112, 117, 118	ヒスタミン　52, 55	フィッシュソリュブル　329
焙乾炉　105	——生成菌　52	——吸着飼料　329
焙焼　228	ヒステレシス　285	フィッシュミール
灰干し法　106	微生物学的検査　198	——消費量　305
灰干しわかめ　117	微生物学的品質劣化　121	——生産量　297, 298
ハイレトルトパウチ　183	微生物による劣化　164	——の原料　299
はぎえび　111	微生物の死滅速度　176	——の製造　301
バキュームシーマー　185	微生物の耐熱性　174	——の利用　305
裸節　119	ビタミンD_3　33	フィトスフィンゴシン　29
はたはたずし　257	ビタミンA　31	フィルムの形態と利点　183
パチィス　254	必須元素　42	フィルム包装容器　183
発育可能なa_wの下限値	火床　105	フィレー油漬缶詰　189
99, 147, 246	一塩にしん　159	風味調味料　331
発煙温度　134	一塩ほっけ　159, 165	フェノール類　132
発ガン抑制　327	一つもの　237	不快な刺激臭　167
発酵　51, 245	ヒドロペルオキシド　36	不可逆的変性　121
——食品の保存性　246	ヒポキサンチン　40	不活性ガス置換包装　80
——生産物と酵素　245	火戻り　237	ふかひれ（さめひれ）　110
バッチ式　227	火山　105, 118	複合脂質　28
バッチ処理法　310	氷衣　71	——（リン脂質）含量　29
ハニカム　194	氷結晶　77	副資材　210
浜寄せ　116	——の生成　67	浮上法　308
ハモ　208	——の成長　79	浮上油　308
はもそうめん　233	表層血合肉　21	腐食　179
早ずし　256, 257	氷蔵法　62	節類　117
ばら凍結　70	氷点降下　77	普通筋　49
腹開き　114	表面熱伝達率　63, 90, 91	ふつう醤油　269
ばら干し　276	開きだら　109	普通肉　21, 22
パラミオシン　24	開き干し　114	太いフィラメント　47
半解凍状態　86	平割り棒だら　109	ブドウ糖　272
半乾　108	ビリベルジン　46	不透明なバター状物質　239
——品　114, 120	微量拡散法　54	プトレシン　55
パン立　70	ビリルビン　46	ふなずし　257
半立塩漬け　162	ビルビン酸　41	——の香気成分　258
バンド式通風乾燥機　104	品温緩和　89	腐敗　51, 60, 164
はんぺん　223, 232	品質表示基準　74	——細菌　139
ハンマーミル　304	品質保持　59, 82	——生産物　51, 238
ヒアルロン酸　38	品質保持期間　76	部分水素添加　312
B.E.T多分子収着理論　99	品質劣化速度　83	ブライン　69
pH低下作用　247	瓶詰　171	——凍結カツオ　195
ピーター・デュラン　171	ファットスプレッド　316	ブラウンミール　299

プラスマローゲン　28
フラットタンク　70
ブリキ缶　179
　――の種類　180
振り塩漬け　115, 149
　――の長所　149
フリッパー　193
フルクトース　41
　――1,6-二リン酸　41
フレーク味付缶詰　190
フレーク寒天　283
フレーク瓶詰　192
フローズンチルド魚　91
プロスタグランジン　321
プロタミン　344
プロテアーゼ　51
プロトヘム　44
粉末寒天　283
粉末グルテン　215
噴霧乾燥法　105, 333
平滑筋　21
平衡相対湿度　97
閉塞性動脈硬化症　319
β酸化　321
ベタイン類　39
べにざけ棒燻　136
Penicillium 属　119
ペプチド　38
ヘムタンパク質　34
　――含量の多寡　123
ヘム鉄　81
ヘモグロビン　44
ヘモシアニン　44, 195
ベンツアントラセン　134
ベンツピレン
　3,4-ベンツピレン　134
変敗の指標　238
ボイル塩蔵わかめ　163
縫合糸　341
芳香成分　134
飽差　78, 79
包装製品の変敗　239
棒だら　109

膨張と内圧　77
飽和脂肪酸　34
飽和蒸気　187
飽和蒸気圧　78
ポーチカ　159
ホールミール　299
干しあわび　112
干しえび　111
干し昆布　116
干したら　108
干しなまこ（いりこ，きんこ）　113
干しわかめ　116
ホスファチジルイノシトール　28
ホスファチジルエタノールアミン　28
ホスファチジルコリン　28
ホスファチジルセリン　28
細いフィラメント　47
細寒天　116, 283
保存基準　72
保存性と水分活性　265
ほたてエキス　335
ほたて貝柱缶詰　192
ぼたんちくわ　234, 235
ホッケ　206
ボツリヌス菌　61, 172, 174
骨抜き　118
ホマリン　39
ホルモン様物質　324
ホワイトミート　190
ホワイトミール　299
本枯れ節　117, 119
本乾　108
本漬け　115, 151
本なれずし　256, 257
本節　118

《ま 行》
マーガリン　315
　――の原料油脂　316
マイクロカプセル化　320

マイクロ波加熱　87
マイワシ　208
マエソ　208
撒き塩漬け　70, 135, 149
巻締　185
まぐろ・かつお缶詰　190
まぐろ缶詰の青肉　195
マサバ　209
まつたけかまぼこ　237
マツタケの香り　237
マリンビーフ　337
丸にしん　159
丸干し　114
　――いわし　114
慢性炎症性病態　326
ミオグロビン　21, 44, 195
ミオシン　22, 26, 46
　――重鎖の多量化　121
　――の高分子化　204
みがきするめ　107
身欠きにしん　108
水あめ　272
水氷法　62
水晒し　113, 115, 203, 226
水晒しの意義　203
水浸漬解凍　89
水煮缶詰　190
水抜き焙乾　118
水戻り性　121
味噌煮缶詰　189
密封加熱食品　184
　――の変敗　172
ミネラル　41
耳切り　116
みりん　273
　――干し　278
　――干し類　277
　――焼きかまぼこ　230
無塩すり身　219
　――と加塩すり身　219
無加熱摂取冷凍食品　72
無機塩類の除去　339
無機質　3, 41

無刺参　113
蒸しかまぼこ　229
蒸煮　228
無頭の背開き　115
むれ　101
明鮑　112
メイラード反応　125, 126, 127, 195
　──生成物質　126
メタノリシス　313
メチルメルカプタン　53
メト化　83
メト化率　81
メトミオグロビン　45, 81
雌節　118
めふん　253
目減り　69
メラニン　81
メロミオシン
　H-メロミオシン　22
　L-メロミオシン　22
めんたい　115
網膜機能の発達　320
元揃い昆布　117
戻り　204
　──の現象　204
モノアミノ窒素量　257
モル分率　96

《や 行》
焼きかまぼこ　230
焼きちくわ　223, 234
焼き通しかまぼこ　231
山口式焼き抜きかまぼこ　238
油圧式圧搾機　227
魚露　254
融解　115
　──温度　285
　──潜熱　62
　──熱　62
有機酸　41
　──総量の変化　261

　──組成　256
　──類　132
有刺参　113
融点と凝固点　285
誘電特性　55
誘電加熱　87, 88, 89
誘導脂質　30
有頭腹開き　158
遊離アミノ酸　38
　──組成　255
　──組成の変化　249, 259
遊離脂肪酸　28, 124
ユーレトルトパウチ　183
輸出水産物　10
油中水分散エマルジョン　316
油ちょう　228
茹でかまぼこ　232
湯通し　117
湯煮　228
湯抜きわかめ　117
用塩量の影響　152
溶剤結晶分別　314
溶解促進剤　215
容器の変化　193
容器の密封検査　196
容器包装詰加圧加熱殺菌食品　171
養魚用飼料　301, 305
養鶏用飼料　305
養鶏用フィッシュミール　301
ヨウ素価　312
養豚用初期飼料　301
ヨシキリザメ　210
予冷　195

《ら 行》
擂潰　227
　──機　227
ライトミート　190
Raoultの法則　96
ラウンド　109

酪酸　247
ラミネート　183
ランダムコイル状　284
卵白　212
卵粒　161
力輪　187
離漿　285
離水　285, 289
理想溶液　96
リテーナーかまぼこ　230
リテーナー成形かまぼこ　229
リボース　41, 126
　──1-リン酸　41
　──5-リン酸　41
硫化黒変菌　195
硫化水素　53
硫化スズ　195
硫化鉄の黒斑　195
硫酸紙　191
流動空気解凍　89
履歴現象　103, 121
履歴情報　73
リン酸アンモニウムマグネシウム　196
リン脂質　28
ルテイン　162
冷却　188
　──海水法　63
　──空気法　63
　──貯蔵　61
　──冷蔵　63
冷燻品　136, 139
　──の保存性　133
冷燻法　129, 135
冷蔵　61
　──法　62
冷凍食品　71
　──自主的取扱基準　72
冷凍すり身　201, 204, 217, 336
　──化技術　336
冷凍ちくわ　234, 235

冷凍パン　69, 70
冷凍法　116
冷凍焼け　71, 78, 79, 80
冷風乾燥　104, 111, 114
レトルト殺菌　187, 240
レトルト食品　172
　——の規格　196
　——用容器の特徴　183
レトルトパウチ　183
連続遠心分離　308
連続式　227
　——製造機　318
　——の真空凍結乾燥機　105
連続処理法　310
連続煮熟装置　113

ロイコトリエン　321
ロータリースクリーン　227
ロール式採肉装置　226

《わ 行》
ワックス　28

水産食品の加工と貯蔵

2005年5月20日　初版発行

（定価はカバーに表示）

編　集　小泉千秋・大島敏明

発行者　佐竹久男

発行所　　株式会社 恒星社厚生閣

〒160-0008　東京都新宿区三栄町8
Tel　03-3359-7371　Fax　03-3359-7375
http://www.kouseisha.com/

印刷：(株)シナノ
本文組版：恒星社厚生閣　制作部

© Chiaki Koizumi and Toshiaki Ooshima 2005

ISBN4-7699-1000-2　C3062

好評発売中

かまぼこ
―その科学と技術―

山澤正勝・関　伸夫・福田　裕　編
A5判/388頁/定価5,040円
7699-0985-3 C3062

かまぼこは魚肉タンパク質の特性を見事に活かした伝統食品であり，日本人の食生活に占める位置は高い。本書は，かまぼこ業者向けに編纂された，原料の化学・製造器機の技術革新・消費者のニーズに適う新製品開発・付加価値等を編集者を中心に，業界の技術指導者の執筆する「かまぼこ製造の百科事典」。

水産物の安全性
―生鮮品から加工食品まで

牧之段保夫・坂口守彦　編
A5判/257頁/定価3,675円
7699-0957-8 C3062

「食」に対する安全性が注目を集める。多種の魚介類を，多量に摂取する日本人にとって，水産物の安全性には関心が高い。本書は，沿岸魚介類，養殖魚，輸入魚介類，魚の寄生虫，加工食品の衛生，異物の混入対策，ねり製品・缶詰・惣菜・冷凍食品の安全性と感染性食中毒菌の検出法を個々に取上げ，消費者と製造者の対策法を解説。

水産食品の健康性機能

山澤正勝・関　伸夫　他編
A5判/252頁/定価3,675円
7699-0938-1 C3047

水産食品には，脳血栓症や糖尿病などの生活習慣病に，また老人性痴呆症に対して予防，症状の改善，治療効果のある成分が多く含まれている。本書は人の健康維持増進に深く関わる水産物の機能性を医学的解明とその利用，加工，流通技術の開発や食品素材化技術，嗜好性にかかわる研究などを中心に最新の知見をまとめた。

食品工業技術概説

鴨居郁三　監/堀内久弥・高野克己　編
A5判/350頁/定価2,940円
7699-0846-6 C1060

わが国の食品産業は製造・流通・外食産業を含めて国内総生産額50兆円を超える電気・自動車産業に匹敵する産業である。この全体像を技術の側面から把握するのに適した参考書。原料の選別・処理・製造技術・貯蔵・流通の実際を，機械・装置・物流・経済合理性など諸問題を含め多数の資料図表を配し解説。

水産物の品質・鮮度とその高度保持技術

中添純一・山中英明　編
A5判/147頁/定価2,940円
7699-1006-1 C3362

最近の水産業を取り巻く国内外の状況は厳しく，水産物の高付加価値化のための，高品質・高鮮度の水産物を生産する技術開発が求められている。本書はそのための基礎となる最新の水産生物生理，生産過程，流通過程での高品質・高鮮度技術を紹介。養殖・活魚輸送関係者には是非読んで頂きたい書。

（定価は5％税込みです）　　　　　　　　　　　　　　　　　恒星社厚生閣